Packt

C++ High Performance Second Edition

C++ 高性能编程

[瑞典] 比约恩 · 安德里斯特
[瑞典] 维克托 · 塞尔 著
王瑞鹏 译

中国电力出版社
CHINA ELECTRIC POWER PRESS

内 容 提 要

本书共分为14章，包括C++概述，C++必备技能，分析和度量性能，数据结构，算法，范围和视图，内存管理，编译时编程，Utilities基础，代理对象和惰性求值，并发，协程和惰性生成器，用协程进行异步编程和并行算法。

本书期望你具备基本的C++和计算机体系结构知识，并对提升自身专业技能真正感兴趣。希望阅读本书后，能对如何在性能和语法上改进自己的C++代码有更深入的认识。

图书在版编目（CIP）数据

C++高性能编程 /（瑞典）比约恩·安德里斯特，（瑞典）维克托·塞尔著；王瑞鹏译. —北京：中国电力出版社，2024.1

书名原文：C++ High Performance, Second Edition

ISBN 978-7-5198-8305-8

Ⅰ. ①C… Ⅱ. ①比… ②维… ③王… Ⅲ. ①C++语言–程序设计 Ⅳ. ①TP312.8

中国国家版本馆CIP数据核字（2023）第215109号

北京市版权局著作权合同登记 图字：01-2021-1899

出版发行：中国电力出版社
地　　址：北京市东城区北京站西街19号（邮政编码100005）
网　　址：http://www.cepp.sgcc.com.cn
责任编辑：刘　炽（liuchi1030@163.com）
责任校对：黄　蓓　常燕昆　于　维
装帧设计：王红柳
责任印制：杨晓东

印　　刷：北京雁林吉兆印刷有限公司
版　　次：2024年1月第一版
印　　次：2024年1月北京第一次印刷
开　　本：787毫米×1092毫米　16开本
印　　张：29.75
字　　数：623千字
定　　价：148.00元

序

几年前本书第一版出版时，我有幸撰写了序言。当时 C++17 还是最先进的技术，C++20 尚处于早期开发阶段。如今，C++20 早已被广泛应用，C++23 的规范工作已在进行中。

在 1983 年，C++正式登上历史舞台，并从那时起一直在不断自我革新。它已经从作为 C 语言的扩展逐渐演化为编程世界中备受关注的主流语言。随着 C++即将迎来其诞生 40 周年，它已经广泛应用，并持续展现出令人难以置信的深度和多样化功能。每个新的 C++标准都带来了大量新功能，有时甚至有些冗余。正如 Stroustrup 所言，“在 C++的内核中，有一种更精简、更简洁的语言正在努力崭露头角。”

然而问题是，C++中“更小更干净的语言”会随着不同情况而变化。掌握 C++就像掌握多个特定领域的语言一样，每种语言都有其特定使用场景。例如，对于嵌入式系统而言，一些特定的方言可能非常有意义，但对于大型企业应用来说可能毫无意义。而那些为游戏引擎提供动力的措辞，在文字处理器中使用则会显得不合适。

本书将带来用于快速开发高性能代码的 C++语言。从 C++11 开始，C++语言和 C++ STL 都引入了大量新特性。若能合理应用，将会节省出更多时间专注于应用程序的实现，同时可更快速地实现具体细节。这也是本书的重点与亮点所在。

在 C++中，区分专业人士和新手的方式之一是他们是否能全面理解自己代码中的每一个细节。归根到底，开发者实际上是驱动硬件为其目标服务的。本书将帮助你直观地了解代码的本质，每个主题都是在应用开发和计算机科学的大背景下构建的。对于需要在短时间内掌握最新 C++技术的读者来说，本书也提供了必要的指导。通过实际案例、方法和递进式的逻辑，将学习从 auto 和<algorithm>的基本用法，到使用异步编程和并行算法的理论知识。

有关现代 C++的基本问题，如内存管理和所有权、时间和空间的考量、模板的使用等，在本书中都有详细解释。到后面的章节，读者可以有信心地进入高级领域。自第一版以来，每个主题都重新经过审视和扩展，使其与最新的标准保持同步。

我经历过各种各样的项目，无论规模大或小，无论职位高或低，甚至使用了我设计和构建的定制语言，但 C++在我心中始终占据着非常特殊的地位。我第一份全职工作是在 21 世纪初期，为一家游戏技术公司编写 C++代码。我非常喜欢这份工作，最重要的原因是该技术的很大一部分围绕将 C++代码库映射到编辑器和脚本语言的。有人曾形容 C++有太多冗余的设计，甚至是画蛇添足，为此我花了很多时间重塑代码库，以便让 C++可以完成一些它本来无法做到的事情。所幸，我们最终创造出了一种独特而有效的方式。

自那时以来 C++早已有了长足的进步。我很荣幸能够为你打开它的大门，引领你走进一个令人兴奋且充满无限可能的世界。Viktor 和 Björn 都是优秀且经验丰富的开发者，他们也准备了许多精彩的内容。

——**Ben Garney**

CEO, The Engine Company

前　言

现今的 C++语言为开发者提供了“编写富有表现力和健壮性代码的能力，同时几乎可在所有硬件平台上运行，并满足关键性能要求”。这使得 C++成为一门独特的语言。在过去几年中，C++已经演变为一种现代化语言，使用更加有趣，并具有更实用的默认功能。

本书的目标是，为你奠定编写高效应用程序坚实的基础，并深入了解现代 C++中实现库的策略。与讲述 C++的历史相比，我更倾向于以实践为导向的形式介绍当前 C++的运行方式，包括其组成部分以及在 C++17 和 C++20 中引入的特性。

考虑到 C++20 中新增的特性，在编写本书时，我引入了能够与本书内容和重点相吻合的新特性。新特性更多的是关于概念的介绍，包含了少量的最佳实践和经过验证的解决方案。

在本书出版时，编译器对书中介绍的一些 C++20 特性的支持仍处于试验阶段。如果在出版日期阅读，可能需要一段时间才会被编译器完全支持。

此外，本书的许多章节难度跨度较大。它们从绝对的基础知识开始，一直延伸到高级主题，如自定义内存分配器。你可以随时跳过某一节，以后再来学习。除了前三章之外，大多数章节都可以独立阅读。

我们主要的技术审校者 Timur Doumler 对本书的新版本影响深远。他的热情和积极的反馈让本书第一版的部分内容得以重新修订，呈现出更彻底、更深入地讲解。C++20 的新特性自然地融入各章，Timur 也是重要的贡献者。此外，Arthur O'Dwyer、Marius Bancila 和 Lewis Baker 也审校了该书的部分内容。有如此多出色的审校者们参与到这个项目中，着实是件令人高兴的事情。希望你喜欢这个新版本，就像我享受编写它一样。

本书的目标读者

本书期望读者具备基本的 C++和计算机体系结构知识，并对提升自身专业技能真正感兴趣。希望阅读本书后，能对如何在性能和语法上改进自己的 C++代码有更深入的认识。此外，希望你在阅读本书时，能够有一些顿悟时刻。

本书涵盖的内容

第 1 章，C++概述，介绍了 C++的重要特性，如零成本抽象、值语义、常量正确性、显式所有权和错误处理。同时，本章还探讨了 C++的缺点。

第 2 章，C++必备技能，描述了使用 auto 进行自动类型推导、lambda 函数、move 语义和错误处理。

第 3 章，分析和度量性能，将教你如何使用大 O 符号来分析算法的复杂度，以及如何对代码进行剖析以找到性能瓶颈，并介绍了使用 Google Benchmark 进行性能测试的方法。

第 4 章，数据结构，阐述了构建高效数据结构的重要性，以便快速访问数据。同时介绍了标准库中的容器，如 std::vector,std::list、std::unordered_map 和 std::priority_queue。本章最后还演示了如何使用并行数组。

第 5 章，算法，介绍了标准库中最重要的算法。将学习如何使用迭代器（Iterator）和范围（Ranges）处理数据，以及如何实现自己的通用算法。

第 6 章，范围和视图，将学习如何使用 C++20 中引入的 Ranges 库来组织算法，以及 Ranges 库视图的实用性以及惰性求值的好处。

第 7 章，内存管理，重点关注安全而高效的内存管理。内容包括内存所有权、RAII、智能指针、堆栈内存、动态内存和自定义内存分配器。

第 8 章，编译时编程，介绍使用 constexpr、consteval 和类型萃取等元编程技术。你将学习如何利用 C++20 的概念和 Concepts 库，以及元编程的实际应用，如反射。

第 9 章，Utilities 基础，引导你了解 Utilities 库，如何利用编程技术从 std::optional、std::any 和 std::variant 等类型中受益。

第 10 章，代理对象和惰性求值，探讨如何在保留清晰语法的同时，使用代理对象对内部优化，以及操作符重载的一些创造性用法。

第 11 章，并发，涵盖并发编程的基础知识，包括并行执行、共享内存、数据竞争和死锁。介绍了 C++线程支持库、Atomic 库和 C++内存模型。

第 12 章，协程和惰性生成器，提供对协程抽象的综合介绍。你将学习如何在 CPU 上执行普通函数和协程，以及 C++20 的无栈协程和生成器的用法。

第 13 章，用协程进行异步编程，介绍使用 C++20 的无栈协程进行并发编程，并讨论使用 Boost.Asio 进行异步网络编程的话题。

第 14 章，并行算法，展示编写并行算法的复杂度及如何度量其性能，以及如何利用标准库算法和执行策略在并行环境中进行并行计算。

阅读本书的必要准备

为了从本书中获得最大的收益，你确实需要具备基本的 C++知识。如果你已经遇到与性能相关的问题，并正在寻找新的工具和实践方法来优化性能，那么你将能够更好地理解和应用本书中的内容，并从中获得更大的收获。

本书包含大量代码示例，其中一些来自真实项目，但大多数是经过改造或大幅简化的示例，用于说明概念，并不会直接提供可在生产环境中运行的代码。

我已经按照章节将所有代码示例划分并放置在相应的源文件中，这样做可以方便快速地找到实验案例。此外，我还使用了 Google Test 框架编写了自动化测试用例，以取代示例中的大部分 main()函数。我希望这些改变对你有所帮助，而不会增加困惑。这样做有助于我为每个例子提供有意义的描述，并使大家能够更便捷地一次性运行每章中的所有例子。

为了编译和运行这些示例，你将需要：

- 一台电脑。
- 操作系统（这些示例已经在 Windows、Linux 和 macOS 上得到了验证）。
- 编译器（我使用的是 Clang、GCC 和 Microsoft Visual C++）。
- CMake。

提供的示例代码中的 CMake 脚本将下载并安装其他依赖项，如 Boost、Google Benchmark 和 Google Test。

在撰写本书的过程中，我发现使用 **Compiler Explorer**（https://godbolt.org/）非常有帮助。它是一个在线编译器，可以在此尝试不同版本的编译器。如果你尚未尝试过这些工具，我强烈建议你去体验一下！它们将为你带来许多便利和优势。

下载示例代码文件

本书代码托管在 GitHub 上，位于 https://github.com/ PacktPublishing/Cpp-High-Performance-Second-Edition。代码会在现有 GitHub 代码库中持续更新。

你可在 https://github.com/PacktPublishing/找到其他由 Packt 出版社出版的书籍和视频中的代码。

下载彩色插图

本书还提供了一个包含本书中使用的屏幕截图和图表的彩色图片的 PDF 文件。可在这里下载该文件：https://static.packt-cdn.com/ downloads/9781839216541_ColorImages.pdf。

文本格式约定

本书使用以下文本约定。

CodeInText：表示文本、文件夹名称、文件名、文件扩展名、假的 URL 和用户输入。如："关键字 constexpr 是在 C++11 中引入的。"

以下是代码块的约定：

```
#include <iostream>

int main() {
  std::cout << " High Performance C++\n ";
}
```

本书在强调特定代码部分时会使用粗体来标记相关的行或项：

```
#include <iostream>

int main() {
  std::cout << " High Performance C++\n ";
}
```

命令行的输入输出格式如下：

```
$ clang++ -std=c++20 high_performance.cpp
$ ./a.out
$ High Performance C++
```

粗体字用于表示术语、重要词汇或在屏幕上可见的文字。例如：“填写表格并点击保存按钮”。

警告或重要说明会以这样的方式呈现。

联系方式

我们非常欢迎读者的反馈。

一般反馈：如果你对本书的任何方面有疑问，请在邮件主题中提及书名，并发送邮件至Packt（customercare@packtpub.com）。我们期待您的来信。

勘误：尽管我们已尽力确保内容的准确性，但错误可能仍会出现。如果你在本书中发现任何错误，我们将非常感激。请访问 www.packtpub.com/support/errata，选择本书，并点击“勘误提交表格”链接，并输入详细信息。

盗版：如果你在互联网上发现任何非法拷贝我们作品的形式，请向我们提供网址或网站名称，我们将非常感激。请通过 copyright@packt.com 与我们联系，并提供相关材料的链接。

如果愿意成为作者：如果你对某个专题有深入了解，并且对撰写书籍或投稿感兴趣，请访问 authors.packtpub.com。我们期待与您合作。

撰写书评

我们期待你的宝贵评论。在阅读并使用本书后，请在购买本书的网站上留下评论。供其他潜在读者参考你的意见，同时我们也可以了解你对 Packt 产品的看法，而作者也能够看到你对书籍的反馈。非常感谢你的支持！

如需了解更多关于 Packt 的信息，请访问 packt.com。

目　录

第 1 章　C++ 概　述

本书旨在为你奠定编写高效程序的坚实基础，并深入介绍使用现代 C++实现库的策略。我努力以更实用的方式解释现代 C++的工作方式，将 C++11 到 C++20 的功能作为 C++的自然组成部分加以阐述，而不仅仅关注其过去的工作方式。

在本章中，我们将：

- 涵盖一些对编写健壮且高性能应用程序至关重要的 C++特性。
- 讨论 C++相对于其他竞争语言的优劣。
- 介绍本书中使用的库和编译器，以供参考。

1.1　为什么是 C++

我们将先探讨一下为何仍然选择使用 C++。简而言之，C++是一种高度可移植的编程语言，具备零成本抽象的能力，使开发者能够编写和管理大型、表达力强且健壮的代码库。在本节中，我们将深入探讨零成本抽象的含义，将 C++的抽象能力与其他语言进行比较，并讨论可移植性和健壮性的重要性。

首先我们先来看一下“零成本抽象”。

1.1.1　零成本抽象

随着代码库不断增长，开发者需要处理越来越复杂的代码。为了管理这种复杂度，我们需要利用编程语言提供的变量、函数和类等功能来创建自定义的抽象，避免陷入实现细节中。

C++允许我们定义自己的抽象，同时也提供了内置的抽象概念。举例来说，函数本身就是控制程序流程的抽象概念。基于范围的 for 循环是另一个内置抽象的例子，它能方便地迭代范围内的每个值。作为开发者，我们不断引入新的抽象概念来编写代码。同时，新版本的 C++也引入了语言和标准库的新抽象概念。

然而，引入越来越多的抽象和层次也会带来效率的代价。这时候，零成本抽象的优势就凸显出来了。C++提供的许多抽象概念在空间和时间上的运行成本非常低。

在使用 C++时，你可以自由地处理内存地址和其他与计算机相关的低级术语。然而，在大规模软件系统中，最好使用领域语言来表达代码，让库来处理与低级术语相关的事务。举例来说，一个图形应用程序的源代码可能会涉及铅笔、颜色和过滤器，而一个游戏可能会涉及吉祥物、城堡和蘑菇。与计算机相关的低级术语，如内存地址，可以被隐藏在性能要求较高的 C++库代码中。

编程语言和机器码的抽象

为了让开发者不必处理与计算机相关的术语，现代编程语言采用了抽象概念。举个例子，一个字符串列表可以被直接视为字符串列表，而不仅仅是一个地址列表。因为在处理地址列表时，哪怕只是犯下了微小的错误，也很容易失去对代码的追踪。此外，抽象不仅使开发者摆脱了缺陷，还可以让开发者通过使用应用程序领域的概念使代码更具表现力。换句话说，代码的表达方式可以更接近于口语，而不仅仅是使用抽象的编程语言关键词。

如今，C++和 C 早已是两种完全不同的语言。然而，C++与 C 语言高度兼容，并从 C 语言中继承了很多语法和使用习惯。为了举例说明 C++抽象的概念，我将展示如何使用 C 和 C++来解决同一个问题。

下面的代码片段解决了问题：“在这个书单中，有多少本《哈姆雷特》？”我们先从 C 语言版本开始：

```
// C 语言版本
struct string_elem_t { const char* str_; string_elem_t* next_; };
int num_hamlet(string_elem_t* books) {
  const char* hamlet = "哈姆雷特";
  int n = 0;
  string_elem_t* b;
  for (b = books; b != 0; b = b->next_)
    if (strcmp(b->str_, hamlet) == 0)
      ++n;
  return n;
}
```

下面是使用 C++实现相同功能的代码：

```
// C++ 版本
int num_hamlet(const std::forward_list<std::string>& books) {
  return std::count(books.begin(), books.end(), "哈姆雷特");
}
```

尽管 C++版本仍然更接近机器语言，但由于它提供了更高级的抽象水平，许多编程细节被屏蔽了。下面是两个代码片段之间的明显区别：

- 指向内存地址的指针被隐藏起来。
- 手写的 string_elem_t 链表被替换为使用 std::forward_liststd::string 容器。
- for 循环与 if 语句被取代为使用 std::count()。
- std::string 提供了比 char*和 strcmp()更高级的抽象。

这两个版本的 num_hamlet()函数最终基本上都会被翻译成大致相同的机器码，但是 C++的语言特性使得它能够让库隐藏与计算机相关的术语，例如指针。C++的许多语言特性实际上可以看作是对 C 基本功能的抽象。

其他语言中的抽象

大多数编程语言都基于抽象的概念，这些抽象最终会被转化为机器代码，并由 CPU 执行。像许多其他流行语言一样，C++已经发展成为一种具有高度表现力的语言。而与其他语言不同的是，C++在努力实现抽象时，始终以零成本的方式进行运行时实现，而不是以运行时性能为代价。这并不意味着使用 C++编写的程序默认比使用 C# 编写的程序更快。相反，这意味着通过使用 C++，你可以在需要时更精确地控制所触发的机器码指令和内存占用。

实际上，现在很少有需要追求最佳性能的情况。在许多情况下，为了减少编译时间、进行垃圾回收或确保安全性，像其他语言一样牺牲一些性能也是合理的选择。

零开销原则

“零成本抽象”是一个常见术语，但它面临一个问题，大多数抽象通常都会有一些代价。即使不是在程序运行时，也往往在其他地方付出相应的代价，比如漫长的编译时间或难以解释的编译错误信息。更值得讨论的是“零开销原则”。C++的创始人 Bjarne Stroustrup 对零开销原则的定义如下：

- 对于不使用的东西，你无需为其付出任何代价。
- 对于要使用的东西，你无法编写比它更好的代码。

这是 C++的核心原则之一，也是语言发展的重要方面。你可能会问，为什么呢？基于这一原则构建的抽象在性能关键的情况下，会被具备性能意识的开发者广泛接受和使用。找到广泛认可且易于使用的抽象可以使代码库更易于阅读和维护。

相反，不完全遵循零开销原则的特性应该被开发者、项目和公司所避免。在 C++中，异常和运行时类型信息（**RTTI**）是最引人注目的两个特性。即使在不使用它们时，它们也会对性能产生影响。除非有非常充分的理由不使用异常，否则我强烈建议使用它们。与使用其他机制处理错误相比，在大多数情况下，异常的性能开销可以忽略不计。

1.1.2 可移植性

长久以来，C++一直是一种广受欢迎且功能全面的语言。它与 C 语言高度兼容，并且几乎没有被废弃的功能，无论是好是坏。C++的历史和设计使其成为一种高度可移植的语言，而现代 C++的发展也确保了它会在未来相当长的一段时间内继续保持这种状态。C++是一门充满活力的语言，编译器供应商在迅速实现新的语言特性方面也取得了令人瞩目的成就。

健壮性

除了性能、表现力和可移植性之外，C++还提供了一系列使开发者能够编写出健壮代码的语言特性。

根据我的经验，健壮性并不仅仅指编程语言本身的强大性。实际上，使用任何语言都有可能编写出健壮的代码。只不过 C++提供的一些特性，如严格的资源所有权、const 正确性、值语义、类型安全和对象的确定性析构，使编写健壮代码变得更加容易。这意味着我们能够较容易的编写易于使用和难以误用的函数、类和库。

如今的 C++

总而言之，如今的 C++提供了让开发者编写具有表现力和健壮代码库的能力，并且可以选择针对几乎所有的硬件平台或实时要求进行开发。在当前最常用的编程语言中，只有 C++拥有全部这些特性。

综上所述，我们简要了解了为什么 C++仍然是一种有价值且被广泛使用的编程语言。接下来的一节中，我们将对比 C++与其他现代编程语言。

1.2 与其他语言对比

自 C++首次发布以来，出现了众多的应用类型、平台和编程语言。然而，尽管如此，C++仍然被广泛使用，并且其编译器可用于大多数平台。目前主要的例外是基于 JavaScript 及其相关技术的 Web 平台。然而，随着 Web 平台的演进，它正在逐渐具备桌面应用程序中的功能。在这种情况下，C++已经通过技术如 Emscripten、asm.js 和 WebAssembly 进入了网络应用领域。

在接下来的部分，我们将首先从性能的角度来比较不同的编程语言。然后，我们将探讨 C++与其他语言在处理对象所有权和垃圾回收机制方面的差异，以及我们如何在 C++中避免空对象。最后，我们还将介绍 C++存在的一些缺点，以帮助用户在考虑该语言是否满足其需求时保持清醒。

1.2.1　竞争语言和性能

为了了解 C++在性能方面如何与其他语言相比，让我们讨论一下 C++和其他大多数现代语言之间的一些基本区别。

为简单起见，本节将着重比较 C++和 Java，尽管大部分比较也适用于其他基于垃圾回收机制的编程语言，如 C#和 JavaScript。

首先，Java 编译成字节码，然后在应用程序执行时编译成机器码，而大多数 C++的实现是直接将源代码编译成机器码。尽管字节码和即时编译器（JIT 编译器）在理论上可以达到与预编译的机器码相同（甚至更好）的性能，但实际上它们通常无法达到这个水平。然而，在大多数情况下，它们的表现仍然足够好。

其次，Java 和 C++在处理动态内存方面有完全不同的方式。在 Java 中，内存由垃圾回收器自动进行分配，而 C++代码则通过手动或引用计数机制来处理内存的分配。垃圾回收器确实可以防止内存泄漏，但其代价是代码的性能和可预测性。

再次，Java 将所有对象都放在单独的堆分配中，而 C++允许开发者将对象放在栈上或堆上。在 C++中，也可以在堆上创建多个相关对象。这种灵活性可以带来巨大的性能提升，原因有二：第一，创建对象时不总是需要分配动态内存；第二，多个相关对象可以在内存中相邻放置。

下面是一个分配内存的示例。C++函数将对象和整型数据都放在栈上，而 Java 则将对象放在堆上：

C++

```cpp
class Car {
public:
  Car(int doors)
      :doors_(doors){}
private:
  int doors_{};
};
auto some_func(){
  auto num_doors=2;
  auto car1=Car{num_doors};
  auto car2=Car{num_doors};
  //...
}
```

Java

```java
class Car {
   public Car(int doors){
     doors_=doors;
   }
  private int doors_;

  static void some_func(){
     int numDoors=2;
     Car car1=new Car(numDoors);
     Car car2=new Car(numDoors);
     //...
  }
}
```

续表

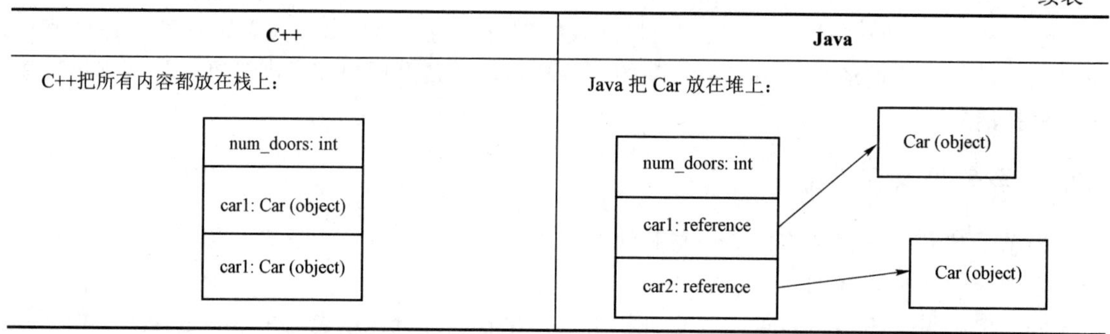

C++	Java
C++把所有内容都放在栈上：	Java 把 Car 放在堆上：
num_doors: int car1: Car (object) car1: Car (object)	num_doors: int car1: reference car2: reference Car (object) Car (object)

现在让我们来看第二个例子，看看在使用 C++和 Java 时，Car 对象的数组是如何在内存中存储的：

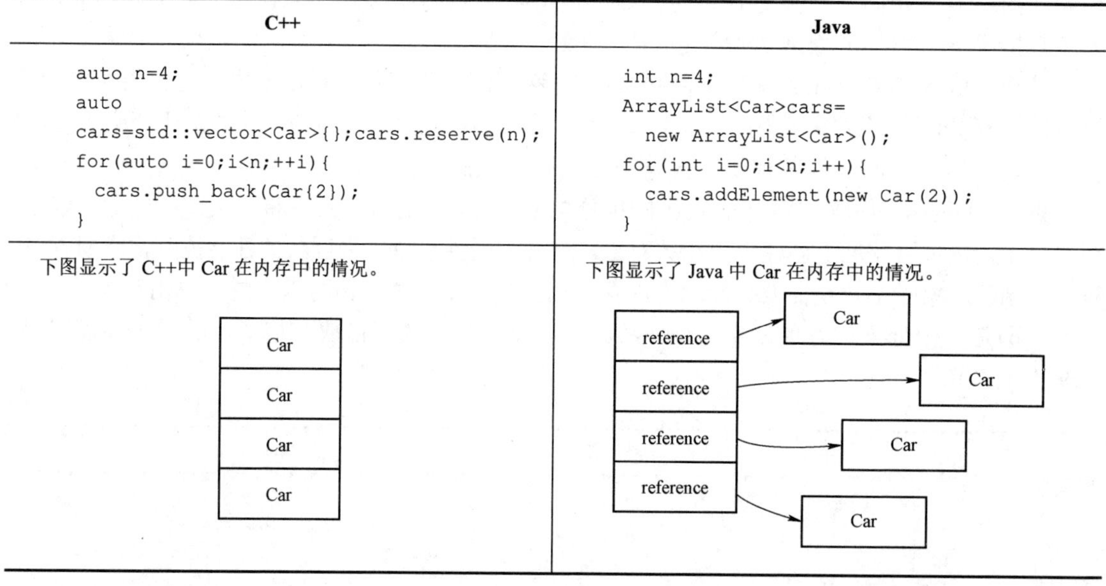

C++	Java

auto n=4;
auto
cars=std::vector<Car>{};cars.reserve(n);
for(auto i=0;i<n;++i){
  cars.push_back(Car{2});
}
	int n=4;
	ArrayList<Car>cars=
	  new ArrayList<Car>();
	for(int i=0;i<n;i++){
	  cars.addElement(new Car(2));
	}

下图显示了 C++中 Car 在内存中的情况。	下图显示了 Java 中 Car 在内存中的情况。
Car Car Car Car	reference reference reference reference Car Car Car Car

在 C++中，vector 包含实际的 Car 对象，并且这些对象存储在连续的内存中。而在 Java 中，vector 存储的是 Car 对象的引用，这些引用在内存中是连续的。此外在 Java 中，这些对象是单独分配的，它们可以在堆上的任何位置。

这种差异对性能产生影响。在这个例子中，Java 实际上执行了五次内存分配操作。相比之下，C++在访问列表时具有性能优势，因为它可以通过访问连续的内存来提高访问效率，而不是在内存中随机访问几个点。

1.2.2　与性能无关的 C++语言特性

在大多数情况下，我们更关注性能时才会选择使用 C++。然而，这种选择也带来了一些额外的复杂性，因为 C++要求手动处理内存，这增加了代码库的复杂度，还增加了内存泄漏的风险，同时也使得缺陷难以追踪。

然而，过去十年间 C++引入的许多新功能使其变得更加强大和易用。现代 C++标准库中提供的容器和智能指针类型使开发者能够依赖它们，从而简化了代码编写过程。

除了性能之外，我想强调一些古老但强大的 C++特性，这些特性与代码的健壮性密切相关，而不仅仅是性能方面的考虑。这些特性包括值语义、const 正确性、所有权、确定性析构和引用。

值语义

C++同时支持值语义和引用语义。值语义允许我们通过值来传递对象，而不仅仅是传递对象的引用。在 C++中，默认情况下对象具有值语义，这意味着当你传递一个类或结构体实例时，其行为类似于传递 int、float 或其他基本数据类型。要使用引用语义，我们需要明确地使用引用或指针来传递对象。

除此之外，C++的类型系统具有明确描述对象所有权的能力。让我们来对比一下在 C++和 Java 中实现一个简单类的代码。我们先看看 C++版本：

```
// C++
class Bagel {
public:
  Bagel(std::set<std::string> ts) : toppings_(std::move(ts)) {}
private:
  std::set<std::string> toppings_;
};
```

在 Java 中的相应实现是这样的：

```
// Java
class Bagel {
  public Bagel(ArrayList<String> ts) { toppings_ = ts; }
  private ArrayList<String> toppings_;
}
```

在 C++版本中，代码使用百吉饼类（Bagel）将馅料（toppings）完全封装起来。如果开发者想要在多个百吉饼之间共享馅料列表，可以将其声明为某种指针类型：如果所有权在多个百吉饼之间共享，可以使用 std::shared_ptr；如果其他对象拥有馅料列表，并且在代码执行期间可能对其进行修改，可以使用 std::weak_ptr。

然而，在 Java 中，对象之间默认以共享所有权的方式相互引用。因此，我们无法区分需求是希望在多个百吉饼之间共享馅料列表，还是在其他地方处理，或者像大多数情况下那样，馅料列表完全由百吉饼类拥有。

由于在 Java（以及大多数其他语言）中，默认情况下每个对象的所有权是共享的，开发者必须采取预防措施来防止这种微妙的缺陷。以下是一个对比的函数示例：

C++

```
//注意，百吉饼类（Bagel）不共享
//馅料列表（toppings）。

auto t=std::set<std::string>{};

t.insert ( " salt " );
auto a=Bagel{t};

//列表中插入 “pepper” 时
//'a' 不受影响
t.  insert ( " pepper " );

//'a' 中只有 " salt "
//'b' 中会有 " salt " 和 " pepper "
auto b=Bagel{t};

//不会有任何百吉饼实例受到影响
t.  insert (“oregano " );
```

Java

```
//注意，百吉饼类（Bagel）共享
//馅料列表（toppings）。

TreeSet<String>t=
  new TreeSet<String>();
t.add ( " salt " );
Bagel a=new Bagel (t);

//'a' 也会神奇的拥有 " pepper "
t.  add ( " pepper " );

//'a' 和 'b' 共享馅料列表't'
Bagel b=new Bagel (t);

//'a' 和 'b' 都会被影响
toppings.add ( " oregano " );
```

const 正确性

const 正确性是指一个类的每个成员函数签名都明确地告诉调用者该对象是否会被修改。如果调用者试图修改一个声明为常量的对象，代码将无法通过编译。在 Java 中，可以使用 final 关键字来声明常量，但它缺乏声明成员函数为常量的能力。

下面的例子将说明如何使用 const 成员函数来防止对象的意外修改。在下面的 Person 类中，成员函数 age()被声明为 const，因此不允许修改 Person 对象。而由于 set_age()会修改对象的状态，因此不能被声明为 const：

```
class Person {
 public:
   auto age() const { return age_; }
   auto set_age(int age) { age_ = age; }
private:
   int age_{};
};
```

const 正确性还可以区分返回可变和不可变的成员引用。在下面的团队类（Team）中，成员函数 leader()const 返回一个不可变的人（Person）对象，而 leader()则返回一个可能可变的人（Person）对象：

```
class Team {
public:
  auto& leader() const { return leader_; }
  auto& leader() { return leader_; }
private:
  Person leader_{};
};
```

现在看看，当我们尝试修改不可变对象时，编译器是如何发现错误的。在下面的例子中，函数参数 teams 被声明为 const，这是显式的表明函数不允许修改这些参数：

```
void nonmutating_func(const std::vector<Team>& teams) {
   auto tot_age = 0;

   // 编译通过,leader() 和 age() 都被声明为 const
  for (const auto& team : teams)
    tot_age += team.leader().age();

   // 编译失败,set_age() 需要一个不可变对象(immutable object)
  for (auto& team : teams)
    team.leader().set_age(20);
}
```

而如果我们想写一个可以改变团队（teams）对象的函数，只需删除 const 关键字即可。这会告诉调用者该函数可以改变团队（teams）对象：

```
void mutating_func(std::vector<Team>& teams) {
  auto tot_age = 0;

  // 编译通过，可变对象(mutable objects)可以调用 const 函数
  for (const auto& team : teams)
    tot_age += team.leader().age();

  // 编译通过，teams 是一个可变变量(mutable variable)
  for (auto& team : teams)
    team.leader().set_age(20);
}
```

对象所有权

除了少数需要手动处理内存的情况外，C++开发者应该依赖容器和智能指针来处理对象的所有权。

简单来说，在 C++中，可以通过对每个对象使用 std::shared_ptr 来模拟 Java 中的垃圾回收模型。然而，需要注意的是，支持垃圾回收机制的语言并不使用与 std::shared_ptr 相同的分配跟踪算法。基于引用计数算法的智能指针 std::shared_ptr 在处理对象循环依赖关系时可能导致内存泄漏。相反，支持垃圾回收机制的语言能够使用更复杂的算法来处理和释放循环依赖关系。

然而，与其被动依赖垃圾回收器，不如主动严格限制对象的所有权，从而像使用 Java 一样巧妙地避免了默认情况下共享对象导致的潜在缺陷。

如果在 C++中将共享所有权的使用降到最低程度，代码将变得更加易于使用且难以被滥用。因为这样做将强制代码使用者按照类的原始意图进行操作。

C++中的确定性析构

在 C++中，对象的析构是确定性的。这意味着我们可以准确地知道对象何时会被销毁。然而，在像 Java 这样支持垃圾回收机制的语言中，对象的销毁时间是由垃圾回收器决定的，而不是我们能够精确控制的。

在 C++中，能够撤销对象生命周期中所做的操作是可靠的。尽管这听起来可能是小事，

但实际上它对于确保异常安全性和正确处理资源（如内存、文件句柄、互斥锁等）在 C++代码中具有深远的影响。

确定性析构也是使得 C++成为可预测语言的重要特性之一。这一点不仅受到开发者的高度重视，也对于对性能要求较高的应用程序至关重要。

本书的后续内容将更详细地讨论对象所有权、生命周期和资源管理的相关内容。

使用 C++引用避免空对象

除了严格的所有权概念外，C++还引入了引用的概念，但与 Java 中的引用不同。在 C++中，引用是一个非空且不可重新指定的指针，因此将其传递给函数时不会涉及拷贝的问题。

因此，C++中的函数签名可以明确限制开发者传入非空对象参数，而在 Java 中，开发者需要使用文档或注解来声明非空参数。

下面展示了两个计算球体体积的 Java 方法。第一个方法在传入空对象时会抛出运行时异常，而第二个方法则会忽略空对象。

在 Java 实现的第一个方法中，如果传入一个空对象，就会抛出运行时异常：

```
//Java
float get volume1(Sphere s){
    float cube=Math pow(s.radius(),3);
    return(Math. PI * 4/3)* cube;
}
```

在 Java 版本的第二个方法中，会处理空对象的情况：

```
//Java
float getVolume2(Sphere s){
    float rad=s==null?0.0f:s.radius();
    float cube=Math.pow(rad,3);
    return(Math.PI * 4/3)* cube;
}
```

在 Java 的这两个实现中，方法的调用者必须了解代码的实现细节，以确定方法是否允许接受空对象作为参数。

而在 C++的实现中，第一个函数签名通过使用一个不能为空的引用，明确表示只接受已经初始化的对象作为参数。而第二个函数则使用指针作为参数，明确表示会处理空对象的情况。

以引用形式传入的 C++参数说明不允许出现空值的情况：

```
auto get_volume1(const Sphere& s){
  auto cube=std::pow(s.radius(),3.f);
  auto pi=3.14f;
  return(pi * 4.f/3.f)* cube;
}
```

以指针形式传入的参数说明函数会处理空值的情况：

```
auto get_volume2(const Sphere* s){
  auto rad=s?s->radius():0.f;
  auto cube=std::pow(rad,3);auto pi=3.14f;
  return(pi * 4.f/3.f)* cube;
}
```

在 C++中，通过使用引用或值作为参数，可以直接告知 C++开发者函数的使用方式。而在 Java 中，开发者必须了解方法的实现，因为对象（包括可能为空的对象）总是通过指针进行传递的。

1.2.3 C++的局限性

如果不提及 C++的局限性，将其与其他语言进行比较可能会有些不公平。如前所述，相比其他语言，C++有更多的概念需要学习，这也意味着它使用起来更难，而且需要正确理解和应用 C++中的这些概念才能充分发挥其实力。不过，一旦开发者掌握了 C++，这种复杂度反而会使代码库变得更强大、性能更优。

当然，C++也存在一些明显的缺点。其中最严重的问题之一是长时间的编译时间和复杂的库导入。直到 C++20，C++一直依赖于过时的导入系统，即将头文件简单地粘贴到包含它们的代码中。C++20 引入的 C++模块化将解决基于头文件的导入系统的一部分问题，并对大型项目的编译时间产生积极影响。

另一个明显的缺点是可用的库相对较少。其他语言通常提供了许多应用所需的库，如图形、用户界面、网络、线程、资源处理等，而 C++只提供了基本的算法、线程支持，并在 C++17 中才引入了文件系统。至于其他功能，开发者就只能依赖外部库了。

总之，尽管 C++的学习曲线比大多数语言陡峭，但如果能够正确使用，它的健壮性就会变成优势。因此，尽管 C++在编译时间和可用库方面存在一些不足，但即使对于那些不是以性能为首要考虑的项目，我仍然相信它还是非常适合用于大型项目的开发的。

1.3　本书使用的库和编译器

在本书中，我们需要依赖外部库来弥补 C++标准库的不足。其中最常用的库之一是 Boost（http://www.boost.org）。

为了满足需求，本书的部分内容使用了 Boost 库。我们仅使用 Boost 库的头文件部分，这意味着使用它们时无需进行特殊的构建设置，只需包含相应的头文件即可。

此外，为了度量代码片段的性能，我们还使用了 Google Benchmark，这是一个小型微基准测试支持库。你可以在第三章“分析和度量性能”中了解更多关于 Google Benchmark 的内容。

本书的代码可以在 https://github.com/PacktPublishing/Cpp-High-Performance-Second-Edition 上找到。这些代码使用了 Google Test，方便构建、运行和测试。

另外，本书还广泛使用了 C++20 的新特性。然而，在编写本书时，某些特性尚未完全由我所使用的编译器（Clang、GCC 和 Microsoft Visual C++）实现。因此，有些功能可能完全缺失，或者只是以实验性支持的方式存在。你可以在 https://en.cppreference.com/w/cpp/compiler_support 上了解主流 C++编译器对这些特性的支持情况。

1.4　总结

在本章中，我们讨论了 C++的特性和缺点，并了解了它是如何逐步演进的。此外，我们还比较了 C++相对于其他语言在性能和健壮性方面的优势和不足。

在接下来的章节中，我们将深入探讨那些对 C++发展产生了重大影响的创新和基本特性。

第 2 章　C++ 必 备 技 能

本章中，我们将深入研究 C++中的一些必备技能，包括移动语义、错误处理和 lambda 表达式。这些技术将贯穿本书的内容。即使是经验丰富的 C++开发者，面对其中某些概念时也可能感到困惑。因此，我们不仅要学习如何使用这些技术，还要深入理解它们的原理。

在本章中，我们将涵盖以下主题：

- 自动类型推断以及在声明函数和变量时如何使用 auto 关键字。
- 移动语义，五法则和零法则。
- 错误处理与契约。尽管这些主题并不是现代 C++的新概念，但异常和契约是当前 C++中争议较大的领域；
- 使用 C++11 中最重要的功能之一——lambda 表达式创建函数对象。

让我们从自动类型推断开始。

2.1　用 auto 关键字进行自动类型推断

自从 C++11 引入 auto 关键字以来，C++社区一直对于如何恰当地使用 auto，如 const auto&、auto&、auto&& 和 decltype（auto），等存在困惑。

2.1.1　在函数签名中使用 auto

尽管一些 C++开发者不赞成在函数签名中使用 auto，但根据我的经验，这种做法却可以提高头文件的可读性。

下面是使用 auto 与使用显式类型声明的代码对比：

<table>
<tr><th>显式类型声明的传统语法</th><th>使用 auto 的新语法</th></tr>
<tr><td><pre>
struct Foo {
  int val() const {
    return m_;
  }
  const int& cref() const {
    return m_;
  }
  int& mref() {
    return m_;
  }
  int m_{};
};
</pre></td><td><pre>
struct Foo {
  auto val() const {
    return m_;
  }
  auto& cref() const {
    return m_;
  }
  auto& mref() {
    return m_;
  }
  int m_{};
};
</pre></td></tr>
</table>

auto 语法可以与返回类型后置一起使用，也可以单独使用。有时返回类型后置是必要的，比如在虚函数中或在头文件中声明函数，而在.cpp 文件中定义函数的情况。

注意，auto 语法也可以用于自由函数：

返回类型	句法变体（**a**、**b**、**c** 对应相同的结果）：
值	`auto val()const` // *a*） auto，推断类型 `auto val()const->int` // *b*） auto，返回类型后置 `int val()const` // *c*） 显式类型
常量引用	`auto& cref()const` // *a*） auto，推断类型 `auto cref()const->const int&` // *b*） auto，返回类型后置 `const int& cref()const` // *c*） 显式类型
可变引用	`auto& mref()` // *a*） auto，推断类型 `auto mref()->int&` // *b*） auto，返回类型后置 `int& mref()` // *c*） 显式类型

使用 decltype（auto）转发返回类型

使用 decltype（auto）来转发返回类型的最常见方法是从一个函数中精确地转发类型。比如，我们正在为之前表格中声明的 val()和 mref()编写封装函数：

```
int val_wrapper(){ return val(); }          //返回 int
int& mref_wrapper(){ return mref(); }       //返回 int&
```

当我们想对封装函数类型推断时，auto 关键字会将以下两种情况的返回值都推断为 int：

```
auto val_wrapper() { return val(); }        // 返回 int
auto mref_wrapper() { return mref(); }      // 返回 int
```

如果想让 mref_wrapper()返回 int&，那么需要写成 auto& 才行。当然，在这个例子中，它写起来还好，由于我们知道 mref()的返回类型，所以写起来还相对容易。然而，情况并非总是如此。因此，如果想让编译器在不明确指定 mref_wrapper()返回类型为 int& 或 auto& 的情况下自动选择，可以使用 decltype（auto）：

```
decltype(auto) val_wrapper() { return val(); }        // 返回 int
decltype(auto) mref_wrapper() { return mref(); }      // 返回 int&
```

这样，在不知道函数 val()或 mref()返回类型时，可以避免显式地写出 auto 或 auto&。这种情况通常在泛型代码中发生，其中封装函数的类型是一个模板参数。

2.1.2 对变量使用 auto

C++11 引入 auto 关键字在 C++开发者中引发了相当大的争论。很多人认为 auto 降低了代码的可读性，甚至认为它让 C++变得类似于一种动态类型语言。我倾向于不参与这些争论，但我认为你应该（几乎）总是使用 auto，根据我的经验，auto 使代码更安全，也更整洁。

过度使用 auto 会导致代码难以理解。在阅读代码时，我们通常希望知道一个对象支持哪些操作。优秀的集成开发环境（IDE）可以为我们提供这些信息，但源代码本身并没有明确列出它们。C++ 的 Concept 通过关注对象的行为来解决这个问题。关于 C++ Concept 的更多信息，请参阅第 8 章，编译时编程。

我倾向于使用从左到右的方式对局部变量进行 auto 初始化。也就是说，将变量放在左边，中间放置等号，然后将类型放在右边，例如：

```
auto i = 0;
auto x = Foo{};
auto y = create_object();
auto z = std::mutex{};     // 从 C++17 开始是可以的
```

在 C++17 中引入了确保复制省略后，语句 auto x=Foo{} 与 Foo x{} 是等效的。换句话说，在这种情况下，语言保证不存在需要移动（move）或拷贝（copy）临时对象的情况。这意味着现在开发者可以放心使用从左到右的初始化风格，而不必担心性能问题。我们还可以将这种风格应用于不可移动/不可拷贝的类型，如，std::atomic 或 std::mutex。

使用 auto x 初始化变量的一个重要好处是，你永远不会留下未初始化的变量，因为这种写法无法通过编译。未初始化的变量是导致未定义行为的常见来源，遵循这种编码风格可以完全消除这种情况。

使用 auto 可以帮助开发者选择正确的变量类型。然而，开发者仍然需要明确指定是引用还是拷贝的变量，以及是想修改还是只读该变量。

常量引用

常量引用可以用 const auto&表示，它可以绑定到任何对象上。这种引用方式不能对原始对象进行修改。对于那些拷贝成本较高的对象来说，常量引用应该是默认的选择。

如果常量引用绑定到临时对象上，那么该临时对象的生命周期将延长至引用的生命周期。

下面的例子证明了这一点：

```
void some_func(const std::string& a, const std::string& b) {
  const auto& str = a + b; // a + b 返回一个临时对象
  // ...
} // str 离开作用域，临时对象将被销毁
```

我们还可以让 auto& 得到一个常量引用。如下所示：

```
auto foo = Foo{};
auto& cref = foo.cref(); // cref 是一个常量引用
auto& mref = foo.mref(); // mref 是一个可变引用
```

尽管这样做同样有效，但最好通过使用 const auto&来明确表达处理的是常量引用，更重要的是，使用 auto&时只表示可变引用。

可变引用

可变引用与常量引用相反，可变引用是不能绑定到一个临时对象的。如前所述，我们使用 auto&表示可变引用。建议仅在试图修改引用指向的对象时使用可变引用。

转发引用

auto&& 被称为转发引用（也被称为万能引用）。它可以绑定到任何值，这在某些情况下非常有用。与常量引用类似，转发引用可以延长临时对象的生命周期。然而，与常量引用不同，auto&& 可以修改引用的对象，包括临时对象。

对于那些仅用于转发给其他代码的变量，使用 auto&&。在转发的情况下，你很少需要关心它是常量还是可变的。因为你只是希望将该变量传递给真正需要使用它的代码而已。

需要注意的是，只有在函数模板中使用 auto&&和 T&&时，它们才是转发引用，其中 T 是该函数模板的模板参数。使用带有显式类型的&&语法，如 std::string&&，表示一个右值引用，不具有转发引用的属性（右值和移动语义将于本章后续探讨）。

易用实践

尽管这只是我的个人见解，但我建议在处理基本类型（如 int、float 等）和小型非基本类

型（如 std::pair 和 std::complex）时使用 const auto。对于可能具有高昂拷贝成本的大型类型，使用 const auto&。这应该足够涵盖大部分 C++代码库中的变量声明了。

使用 auto& 和 auto 应仅在需要可变引用或显式拷贝时使用，这会向代码的读者传达这些变量的重要性，因为它们要么在拷贝一个对象，要么在修改一个被引用的对象。最后，在转发代码时才使用 auto&&。

遵循上述规则可以使代码更易于阅读、调试和推断。

在继续之前，让我们花一点时间讨论 const 以及在使用指针时如何传递 const。

2.1.3 指针的常量传播

通过使用关键字 const，我们可以告知编译器哪些对象是不可变的。这样编译器就会检查我们是否在尝试去修改那些不可变对象。这种方式可以确保我们的代码满足常量正确性（const-correctness）。在 C++中编写符合常量正确性的代码时，一个常见的错误是，一个被声明为常量的对象仍然可以通过成员指针来修改其所指向的值。下面的例子说明了这一问题：

```
class Foo {
public:
  Foo(int* ptr) : ptr_{ptr} {}
  auto set_ptr_val(int v) const {
    *ptr_= v; // 尽管函数被声明为常量，但仍然可以通过编译！
  }
private:
  int* ptr_{};
};

int main() {
  auto i = 0;
  const auto foo = Foo{&i};
  foo.set_ptr_val(42);
}
```

虽然上面的函数 set_ptr_val()会修改 int 值，但将该函数声明为常量仍然是有效的。这是因为只有指针所指向的 int 对象会被修改，而指针 ptr_ 本身是不变的。

为了明确地防止这种情况发生，标准库扩展中引入了一个名为 std::experimental::propagate_const 的包装器（在撰写本书时，它已包含在最新版本的 Clang 和 GCC 中）。使用 propagate_const，函数 set_ptr_val()将无法通过编译。需要注意的是，propagate_const 仅适用于指针和类指针类，如：std::shared_ptr 和 std::unique_ptr，而像 std::function 这样的类型则不适用。

下面的示例展示了如何使用 propagate_const 来防止在常量函数内修改对象，并触发编译错误：

```
#include <experimental/propagate_const>
class Foo {
public:
  Foo(int* ptr) : ptr_{ptr} {}
  auto set_ptr(int* p) const {
    ptr_ = p; // 如预期的一样，它将不会通过编译
  }
  auto set_val(int v) const {
    val_ = v; // 如预期的一样，它将不会通过编译
  }
  auto set_ptr_val(int v) const {
    *ptr_ = v; // 常量被传递，将不会通过编译
  }
private:
  std::experimental::propagate_const<int*> ptr_ = nullptr;
  int val_{};
};
```

在大型代码库中，强调正确使用 const 是非常重要的，而引入 propagate_const 可以更有效的保证常量正确性。

接下来，让我们来讨论移动语义以及处理类内资源的一些重要规则。

2.2 移动语义

移动语义是 C++11 中引入的概念，根据我的经验，即使是经验丰富的开发者也很难完全掌握。因此，在这里我将尝试给出一个详细的解释，说明移动语义的工作原理、编译器何时利用它以及我们为什么需要它。

从根本上讲，正如第一章 *C++简介*中所讨论的，相比于大多数其他语言，C++之所以引入了移动语义的概念，是因为它是一种基于值的语言。如果 C++没有内置的移动语义，那么

基于值的语义优势在多数情况下就会丧失，而开发者也将不得不面临以下的权衡取舍：

- 执行成本高昂的冗余深拷贝操作以获取高性能。
- 将对象像 Java 那样使用指针，失去了值语义的健壮性。
- 进行容易出错的交换操作，而牺牲可读性。

我们不希望出现上述情况，因此让我们来看看移动语义如何帮助我们。

2.2.1 拷贝构造函数，交换与移动

在讨论移动语义的细节之前，我将首先解释和说明拷贝构造对象、交换两个对象以及移动构造对象之间的区别。

拷贝构造对象

当需要拷贝一个处理资源的对象时，需要分配一个新的资源，并且需要将源对象的资源拷贝到新对象中，以使两个对象完全独立。让我们想象一下一个名为 Widget 的类，它引用某种需要在构造时进行分配的资源。下面的代码演示了默认构造一个 Widget 对象，然后拷贝构造一个新实例的过程：

```
auto a = Widget{};
auto b = a;          // 拷贝构造器
```

图 2.1 说明了资源分配的全过程：

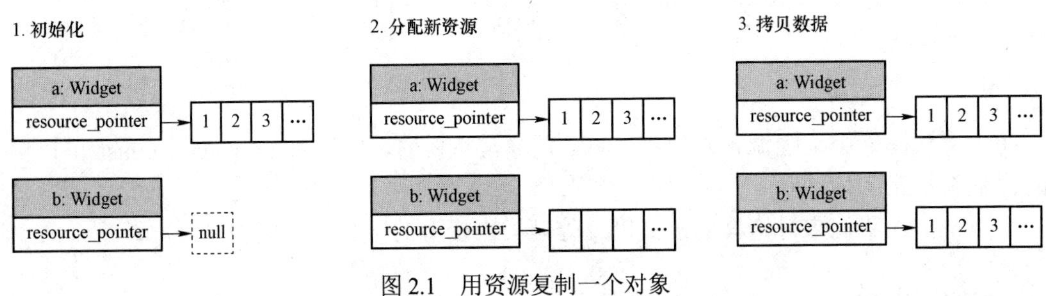

图 2.1 用资源复制一个对象

分配和拷贝内存的过程是相对较慢的，而且在许多情况下，一旦完成这些操作，源对象就不再被使用。使用移动语义，当编译器检测到旧对象不再绑定到任何变量时，它就会执行移动操作，而不是进行内存分配和拷贝操作，从而提升性能。

交换两个对象

在 C++11 引入移动语义之前，交换两个对象的内容是一种常见的且无需进行内存分配和

拷贝的数据传输方式。下面的示例展示了对象之间仅进行内容交换的情况：

```
auto a = Widget{};
auto b = Widget{};
std::swap(a, b);
```

图 2.2 演示了这一过程：

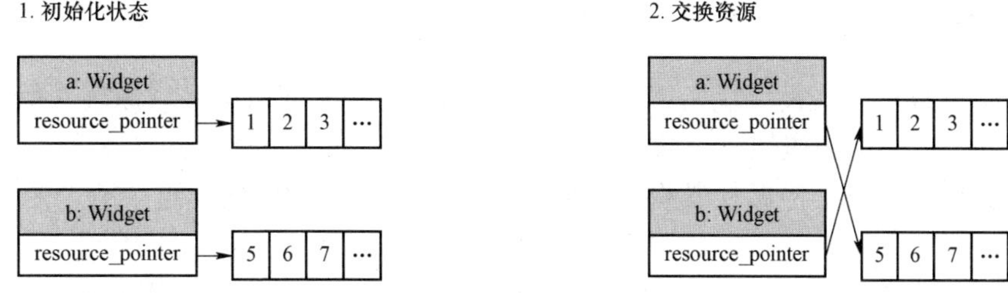

图 2.2　在两个对象之间互换资源

std::swap()函数是一种简单但实用的工具，它将在本章后面介绍的拷贝和交换惯用法中得到使用。

移动构造对象

在移动对象时，目标对象直接从源对象中“窃取”资源，而源对象会被重置。

正如你所看到的，这与“交换两个对象”非常相似，只是源对象不需要接收目标对象的资源：

```
auto a = Widget{};
auto b = std::move(a); // 告诉编译器将该资源移到 b
```

图 2.3 说明了这一过程：

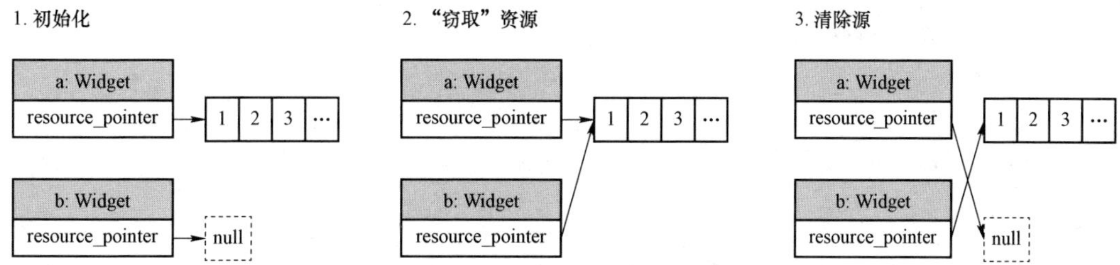

图 2.3　将资源从一个对象转移到另一个对象

尽管源对象被重置，但它仍然处于有效状态。源对象的重置不是由编译器自动执行的，而是需要开发者在移动构造函数实现重置操作，以确保对象保持有效状态，从而可以在后续被销毁或重新分配。我们将在本章后面更详细的讨论有效状态的问题。

只有当对象类型拥有某种资源（最常见的情况是堆分配的内存）时，移动对象才具有意义。如果所有的数据都包含在对象本身中，那么直接拷贝对象就是最有效的方法。

相信现在你已经对移动语义有了基本的了解，让我们进一步深入了解其中的细节吧。

2.2.2 资源获取与五法则

为了全面理解移动语义，我们需要从 C++中的类和资源获取的基本原理开始。C++中的一个基本概念是，一个类应该完全管理其资源。这意味着当一个类被拷贝、移动、拷贝分配、移动分配或析构时，该类应确保其资源得到适当的处理。通常将实现这个五个函数的必要性称为五法则。

让我们看看如何在一个处理分配资源的类中实现五法则。在下面代码片段中定义的 Buffer 类中，我们分配了一个由原始指针 ptr_ 指向的浮点数组：

```
class Buffer {
 public:
  // 构造函数

  Buffer(const std::initializer_list<float>& values)
      : size_{values.size()} {
    ptr_ = new float[values.size()];
    std::copy(values.begin(), values.end(), ptr_);
  }
  auto begin() const { return ptr_; }
  auto end() const { return ptr_ + size_; }
  /* 这 5 种特殊函数定义如下 */
private:
  size_t size_{0};
  float* ptr_{nullptr};
};
```

在这个例子里，Buffer 类的资源是在构造函数中分配的内存块。内存是我们要处理的最常见资源之一，不过资源的范围也可能会包括互斥锁、纹理句柄、线程句柄等等。

接下来，我们将介绍五法则中提到的五个函数。首先，我们将从需要参与资源处理的拷贝构造函数、拷贝赋值运算符和析构函数开始：

```
// 1. 拷贝构造函数
Buffer::Buffer(const Buffer& other) : size_{other.size_} {
  ptr_ = new float[size_];
  std::copy(other.ptr_, other.ptr_ + size_, ptr_);
}
// 2. 拷贝-赋值运算符
auto& Buffer::operator=(const Buffer& other) {
  delete [] ptr_;
  ptr_ = new float[other.size_];
  size_ = other.size_;
  std::copy(other.ptr_, other.ptr_ + size_, ptr_);
   return *this;
}
// 3. 析构函数
Buffer::~Buffer() {
  delete [] ptr_; // OK，删除 nullptr 是有效的
  ptr_ = nullptr;
}
```

在 C++11 引入移动语义之前，这三个函数通常被称为三法则。拷贝构造函数、拷贝赋值运算符和析构函数在以下情况会被调用：

```
auto func() {
  // 构造
  auto b0 = Buffer({0.0f, 0.5f, 1.0f, 1.5f});
  // 1. 拷贝构造
  auto b1 = b0;
  // 2. 由于 b0 已被初始化，所以拷贝赋值
  b0 = b1;
} // 3. 作用域结束时，自动调用析构函数
```

尽管正确实现这三个函数是一个类处理其内部资源的基本要求，但仍然存在两个问题：

- 不能被拷贝的资源：在 Buffer 类的例子中，资源可以被拷贝，但有些资源类型无法拷

贝，这使得拷贝操作变得没有意义。例如，一个类可能包含 std::thread、网络连接，或者其他不可拷贝的资源。在这些情况下，对象是不能被传递的。

- 不必要的拷贝：如果 Buffer 类从一个函数中返回，那么整个数组都需要被拷贝（虽然编译器在某些情况下可以优化拷贝，但现在暂不考虑此问题）。

解决这些问题的方法是使用移动语义。除了拷贝构造函数和拷贝赋值运算符外，我们还可以在类中添加移动构造函数和移动赋值运算符。使用移动语义的版本接受 Buffer&& 对象作为参数，而不是常量引用（const Buffer&）。

&& 修饰符表示该参数是一个我们打算移动而非拷贝的对象。按照 C++的术语，它被称为右值，我们在本书后面的章节中更详细地讨论这些内容。

copy()函数用于拷贝一个对象，对应的，move()函数的目标是将资源从一个对象迁移到另一个对象，然后释放被移动对象的资源。

下面是我们如何通过添加移动构造函数和移动赋值运算符来扩展 Buffer 类的示例。正如你所看到的，这些函数不会抛出任何异常，因此可以被标记为 noexcept。这是因为与拷贝构造函数/拷贝赋值运算符不同，移动函数不会进行分配内存或执行可能引发异常的操作：

```
// 4. 移动构造函数
Buffer::Buffer(Buffer&& other) noexcept
    : size_{other.size_}, ptr_{other.ptr_} {
  other.ptr_ = nullptr;
  other.size_ = 0;
}
// 5. 移动赋值运算符
auto& Buffer::operator=(Buffer&& other) noexcept {
  ptr_ = other.ptr_;
  size_ = other.size_;
  other.ptr_ = nullptr;
  other.size_ = 0;
  return *this;
}
```

通过添加这两个函数，当编译器检测到代码执行的似乎是拷贝操作时，例如从函数中返回一个 Buffer 实例，但源对象的值不再被使用。编译器就会优化使用不会抛出异常的移动构造函数/移动赋值运算符，而不会使用拷贝。

这种优化非常方便。因为接口仍然保持与拷贝相同的清晰性，但在背后，编译器已经执行了一次简单的移动操作。因此，开发者不需要使用复杂的指针或输出参数来避免拷贝，因为该类已经实现了移动语义，编译器会自动处理这种情况。

请记住，将移动构造函数和移动赋值运算符标记为 noexcept（除非它们可能抛出异常）。如果不将它们标记为 noexcept，在某些情况下，标准库中的容器和算法可能无法使用它们，并且只能使用常规的拷贝/赋值操作。

为了了解何时允许编译器移动对象而不是拷贝它，理解右值是必要的。

2.2.3　具名变量和右值

那么，什么时候允许编译器移动对象而不是拷贝它呢？简言之，当对象可以被归类为右值时，编译器就会执行移动操作。虽然右值这一术语听起来复杂，但实质上它只是指那些不与具名变量绑定的对象，具体包括以下情况：

- 直接从函数中返回的对象。
- 通过使用 std::move()将变量转换为右值。

下面的例子展示了这两种情况：

```
// 由 make_buffer 返回的对象不与一个变量绑定
x = make_buffer(); // 移动赋值

// 变量 "x" 被传入 std::move() 中
y = std::move(x);// 移动赋值
```

本书中，我将会交替使用左值和具名变量这两个术语。左值是指我们可以通过名称在代码中引用的对象。

现在，为了使示例更复杂些，我们将在一个类中使用 std::string 类型的成员变量。以下是使用 Button 类的示例：

```
class Button {
public:
  Button() {}
  auto set_title(const std::string& s) {
    title_ = s;
  }
  auto set_title(std::string&& s) {
    title_ = std::move(s);
```

```
  }
  std::string title_;
};
```

此外，我们还需要一个自由函数来用返回标题（title），以及一个 Button 变量：

```
auto get_ok(){
  return std::string ( " OK " );
}
auto button=Button{};
```

基于上述先决条件，让我们详细观察几个拷贝和移动的案例：

- **案例 1**：Button::title_进行了拷贝赋值操作，因为字符串对象与变量 str 绑定在一起：

```
auto str = std::string{"OK"};
button.set_title (str);                // 拷贝赋值
```

- **案例 2**：Button::title_进行了移动赋值操作，因为 str 是通过 std::move()传入的：

```
auto str = std::string{"OK"};
button.set_title(std::move(str));  // 移动赋值
```

- **案例 3**：Button::title_进行了移动赋值操作，因为新的 std::string 对象直接从函数中返回：

```
button.set_title (get_ok()); //移动赋值
```

- **案例 4**：Button::title_进行了拷贝赋值操作，因为字符串对象与变量 str 是绑定的（与案例 1 相同）：

```
auto str = get_ok();
button.set_title(str);       // 拷贝赋值
```

- **案例 5**：Button::title_进行了拷贝赋值操作，因为变量 str 被声明为常量，所以无法改变：

```
const auto str = get_ok();
button.set_title(std::move(str));  // 拷贝赋值
```

正如你所看到的，确定一个对象是被移动还是被拷贝非常简单。如果对象具有变量名，则它将被拷贝。否则，它就会被移动。如果使用 std::move()来移动一个具名对象，那么该对象就不能被声明为 const。

2.2.4　默认移动语义和零法则

在本节中，我们讨论了生成的拷贝赋值运算符。重要的是要知道，生成的函数并没有提供强有力的异常保证。因此，如果在拷贝赋值过程中抛出异常，对象可能最终会处于部分拷贝的状态。

就像拷贝构造函数和拷贝赋值运算符一样，移动构造函数和移动赋值运算符也可以由编译器自动生成。尽管某些编译器在某些条件下能够自动生成这些函数（稍后会详细介绍），但我们可以使用 default 关键字直接强制编译器生成它们。

对于 Button 类而言，由于它没有手动处理任何资源，我们可以简单地扩展它，如下所示：

```
class Button {
public:
  Button() {} // 像之前一样

  // 拷贝构造函数/拷贝赋值运算符
  Button(const Button&) = default;
  auto operator=(const Button&) -> Button& = default;

  // 移动构造函数/移动赋值运算符
  Button(Button&&) noexcept = default;
  auto operator=(Button&&) noexcept -> Button& = default;

  // 析构函数
  ~Button() = default;
  // ...
};
```

为了更简洁，如果我们没有声明任何自定义的拷贝构造函数、拷贝赋值运算符或析构函数，那么移动构造函数和移动赋值运算符也会被隐式声明。这意味着第一个 Button 类实际上已经处理了所有情况：

```
class Button {
public:
  Button() {} // 和前面一样

  // 这里不需要有什么，编译器自动生成了所有内容！
  // ...
};
```

我们很容易忘记，即使只添加这五个函数中的一个，也会阻止编译器生成其他函数。下面这个版本的Button类自定义了一个析构函数。因此，移动运算符不会被生成，并且该类将始终被执行拷贝操作：

```
class Button {
public:
  Button() {}
  ~Button()
    std::cout << "destructed\n"
  }
  // ...
};
```

接下来，我们看看如何利用生成函数这一技巧实现一个应用类。

真实代码库中的零法则

在实践中，需要自己编写拷贝/移动构造函数、拷贝/移动赋值运算符和析构函数的情况应该是非常少见的。在不需要显式定义（或使用default声明）以上这些特殊的成员函数的情况下编写自己的类，通常被称为零法则。这意味着，如果代码库中的一个类需要显式编写这些函数，那么这部分代码可能更适合放在代码库的lib库中。

在本书的后面，我们将讨论std::optional，它是一个方便的实用类，用于在应用零法则时处理可选成员。

关于空的析构函数的说明

编写一个空的析构函数可以阻止编译器自动执行某些优化。下面的代码片段展示了使用空的析构函数和 std::copy()来拷贝一个类数组的情况。这将生成与手动编写的基于 for 循环的自定义拷贝操作（未经优化）相同的汇编代码。以下是使用了空的析构函数和 std::copy()的第一个版本：

```
struct Point {
  int x_, y_;
  ~Point() {} // 空的析构函数，不要使用!
};
auto copy(Point* src, Point* dst) {
  std::copy(src, src+64, dst);
}
```

第二个版本是一个没有析构函数的 Point 类，但使用了自定义的拷贝操作，即使用 for 循环拷贝：

```
struct Point {
  int x_,y_;
};
auto copy(Point* src,Point* dst){
  const auto end=src+64;
  for(;src!=end;++src,++dst){
    *dst=*src;
  }
}
```

上述两个版本都生成了以下 X86 汇编代码，该代码对应的是一个简单的循环：

```
 xor eax, eax
.L2:
 mov rdx, QWORD PTR [rdi+rax]
 mov QWORD PTR [rsi+rax], rdx
 add rax, 8
 cmp rax, 512
 jne .L2
 rep ret
```

然而，如果删除析构函数或将析构函数声明为 default，编译器将对 std::copy()进行优化，即使用 memmove()而不是循环来实现拷贝操作：

```
struct Point {
  int x_, y_;
  ~Point() = default; // OK：使用 default 或不使用析构函数
};
auto copy(Point* src, Point* dst) {
  std::copy(src, src+64, dst);
}
```

上述代码会生成以下使用 memmove()进行优化过的 X86 汇编代码：

```
mov rax, rdi
mov edx, 512
mov rdi, rsi
mov rsi, rax
jmp memmove
```

上面两段汇编代码是使用 *Compiler Explorer*（https://godbolt.org/）中的 GCC 7.1 生成的。

总而言之，相较于使用空的析构函数，使用 default 定义析构函数或根本不使用析构函数，可以从应用程序代码中榨取更多的性能优势。

常见的陷阱——移动非资源

在使用默认创建的移动赋值运算符时，存在一个常见的陷阱，即将基本数据类型与更高级的复合类型混合在同一个类中。与复合类型不同，基本类型（如 int、float 和 bool）在移动时只是简单地进行拷贝，这是因为它们不涉及任何资源的管理。

当简单类型与资源占有类型混合在一起时，移动赋值运算符就变成了移动和拷贝的混合体。

以下是一个会导致问题的类的示例：

```
class Menu {
public:
  Menu(const std::initializer_list<std::string>& items)
      : items_{items} {}
  auto select(int i) {
```

```
      index_ = i;
    }
    auto selected_item() const {
      return index_ != -1 ? items_[index_] : "";
    }
    // ...
  private:
    int index_{-1}; // 当前选定的条目
    std::vector<std::string> items_;
  };
```

如果按照下面这样的方式使用，Menu 类将会产生未定义行为：

```
auto a = Menu{"New", "Open", "Close", "Save"};
a.select(2);
auto b = std::move(a);
auto selected = a.selected_item(); // 代码崩溃
```

在 items_ 向量被移动后变为空，就会导致未定义行为。另外，由于 index_ 只是被拷贝了，所以在被移动的对象 a 中，index_ 仍然是 2。当调用 selected_item()函数时，该函数尝试访问下标为 2 的 items_ 中的元素，这就导致了代码的崩溃。

在这种情况下，移动构造函数和移动拷贝运算符可以通过简单地交换成员来实现，如下所示：

```
Menu(Menu&& other) noexcept {
  std::swap(items_, other.items_);
  std::swap(index_, other.index_);
}
auto& operator=(Menu&& other) noexcept {
  std::swap(items_, other.items_);
  std::swap(index_, other.index_);

return *this;
}
```

这样一来，Menu 类就可以在不抛出异常的情况下安全地进行移动操作。在第 8 章“编译时编程”中，你将学习如何利用 C++的反射技术，自动生成交换元素的移动构造函数和移动赋值运算符。

2.2.5 将&&修饰符应用于类成员函数

类成员函数除了可以应用 const 修饰符外，还可以添加&&修饰符。与 const 修饰符类似，拥有&&修饰符的成员函数只有在对象为右值时才会被重载决议所考虑：

```
struct Foo {
  auto func() && {}
};
auto a = Foo{};
a.func();              // 无法编译，'a' 不是右值
std::move(a).func();   // 通过编译
Foo{}.func();          // 通过编译
```

尽管实现这样的操作可能看起来有些奇怪，但在实际场景中仍然存在一些需要使用它们的情况。我们将在第 10 章“代理对象和惰性求值”中研究其中一个场景。

2.2.6 当拷贝被省略时，无论如何都不要移动

看起来，当从函数中返回一个值时，使用 std::move()是很诱人的，比如这样：

```
auto func() {
  auto x = X{};
  // ...
  return std::move(x); // 不要这样做，返回值优化(RVO)被阻止了
}
```

然而，除非 x 是一个只能移动的类型，否则不应该这样做。std::move()的这种用法会使编译器无法利用返回值优化（**RVO**）来完全避免对 x 的拷贝，而返回值优化比移动更高效。所以，当将一个新创建的对象作为返回值时，不要使用 std::move()。相反，只需返回该对象即可：

```
auto func() {
  auto x = X{};
  // ...
  return x; // OK
}
```

这种具名对象被省略的特殊例子通常被称为 **NRVO**，或具名返回值优化。返回值优化（RVO）和具名返回值优化（NRVO）是现代主流的 C++编译器都支持的特性。如果你对返回值优化和复制省略机制感兴趣，你可以在以下链接中找到更详细的总结：https://en.cppreference.com/w/cpp/language/copy_elision。

2.2.7　适时使用值传递

要实现一个将字符串转为小写的函数时，我们可以考虑优化以在适当的情况下使用移动构造函数，而在其他情况下使用拷贝构造函数。这似乎需要两个函数的实现：

```
// 参数 s 是一个常量引用
auto str_to_lower(const std::string& s) -> std::string {
  auto clone = s;
  for (auto& c: clone) c = std::tolower(c);
  return clone;
}
// 参数 s 是一个右值引用
auto str_to_lower(std::string&& s) -> std::string {
  for (auto& c: s) c = std::tolower(c);
  return s;
}
```

然而，我们可以通过直接使用 std::string 作为入参来编写一个函数，该函数可以同时处理上述两种情况：

```
auto str_to_lower(std::string s) -> std::string {
  for (auto& c: s) c = std::tolower(c);
  return s;
}
```

让我们看看为什么这种方法实现的 str_to_lower()可以尽可能地避免不必要的拷贝。如下所示，在传入一个变量时，函数调用前，str 的值会被拷贝构造到 s 中，然后在函数返回时，被使用移动赋值将 s 的值移动回 str：

```
auto str=std::string{"ABC"};
str=str_to_lower (str);
```

当传入一个右值时，如下所示，函数调用前，str 的值被移动构造到 s 中，然后在函数返回时，会使用移动赋值将 s 移动回 str。因此，在函数调用过程中没有拷贝操作：

```
auto str=std::string{ " ABC " };
str=str_to_lower（std::move（str））;
```

乍一看，这种方法似乎适用于所有传入参数。然而，就像接下来将要讨论的那样，这种模式并不总是最佳选择。

不适用于值传递的情况

这种"逐值接受，逐值移动"的做法并不总是理想的。例如，在下面的类中，函数 set_data()将保留传入参数的副本：

```
class Widget {
  std::vector<int> data_{};
  // ...

public:
  void set_data(std::vector<int> x) {
    data_ = std::move(x);
  }
};
```

如果我们像下面这样调用 set_data()并传入一个左值：

```
auto v=std::vector<int>{1,2,3,4};
widget.set_data(v);                //传入一个左值
```

由于传入了一个具名对象 v，因此代码会拷贝构造一个新的 std::vector 对象 x，然后将该对象移动赋值给 data_ 成员变量。除非我们向 set_data()传入一个空的向量对象，否则 std::vector 的拷贝构造函数将为其内部缓冲区执行内存分配操作。

相比之下，下面是针对左值优化的 set_data()实现：

```
void set_data（const std::vector<int>& x）{
    data_=x; //如果可能的话，在 data_ 中重新使用内部缓冲区。
}
```

在这个实现中，只有当当前向量 data_ 的容量小于源对象 x 的大小时，才会在赋值运算符中进行堆分配操作。这意味着，在许多情况下，data_ 的内部预分配缓冲区可以在赋值运算符中被重复利用，从而避免额外的堆分配。

如果我们发现有必要为左值和右值进行优化 set_data()，在这种情况下，最好提供两个重载版本：

```
void set_data(const std::vector<int>& x) {
  data_ = x;
}
void set_data(std::vector<int>&& x) noexcept {
  data_ = std::move(x);
}
```

其中第一个版本对左值是最优的，第二版本对右值是最优的。

最后，我们来看一个可以安全地传递值而不必担心刚刚展示的不理想情况的场景。

移动构造函数参数

在构造函数中初始化类成员时，可以安全地使用“值传递，再移动”的模式。当构造一个新对象时，不可能有预分配的缓冲区来避免堆分配。下面是一个具有 std::vector 成员参数的构造函数的类，以演示该模式：

```
class Widget {
  std::vector<int> data_;
public:
  Widget(std::vector<int> x)          // 按值
      : data_{std::move(x)} {}        // 移动构造
  // ...
};
```

现在，让我们将焦点转移到一个即使在今天仍然经常讨论的话题，尽管它不被认为是现代 C++的范畴。

2.3　设计带有错误处理的接口

错误处理是函数和类的接口中重要但经常被忽视的部分。在 C++中，异常和其他错误机制是一个常引起激烈争论的话题。尽管异常是一个有趣的领域，但在关注错误处理的实际实现之前，理解错误处理的其他方面更为重要。异常和错误代码在许多成功的软件项目中被广泛使用，而将它们结合起来的项目也并不少见。

无论何种编程语言，错误处理中一个基本的方面是区分程序错误（即缺陷）和运行时错误。运行时错误可以进一步划分为可恢复的和不可恢复的运行时错误。不可恢复的运行时错误的一个例子是堆栈溢出（见第 7 章，内存管理）。当发生不可恢复的错误时，程序通常会立即终止，因此对此类错误的提示是没有意义的。不过，也有一些错误在某些程序中是可以恢复的，在其他的程序中则是不可恢复的。

在讨论可恢复和不可恢复的错误时，C++标准库在内存耗尽时的行为是一个常见的边缘案例。程序内存耗尽通常是不可恢复的，然而标准库（试图）在发生这种情况后抛出一个 std::bad_alloc 异常。在这里，我们不会花时间讨论不可恢复的错误，但如果你对此主题感兴趣，我强烈推荐观看 Herb Sutter（https://sched.co/SiVW）所做的演讲“De-fragmenting C++: Making Exceptions and RTTI More Affordable and Usable”。

在设计和实现一个 API 时，应该始终考虑代码所处理的错误类型，因为不同类型的错误需要以完全不同的方式处理。决定错误应归属于程序错误还是运行时错误可以通过使用契约式设计（**Design by Contract**）的方法完成。这是一个值得单独进行深入讨论的话题。但在这里，我将只介绍基本原理，以配合我们的主题。

尽管提议为契约在语言级别提供支持一直存在，但契约目前尚未纳入 C++标准。然而，由于契约所使用的术语使得讨论和记录类和函数的接口更加容易，因此许多 C++ API 和指南都假定你已经具备了与契约相关的基础知识。

2.3.1 契约

契约是函数调用者和被调用者之间一组规则集合。在 C++中，可以使用 C++类型系统来明确地指定这些规则。例如以下是一个函数签名的示例：

```
int func(float x, float y)
```

上述代码指定了 func()返回一个整数（除非函数抛出异常），且调用者必须传入两个浮点数作为参数。然而，上述代码并没有详细说明允许使用的浮点数的范围。例如，调用者可以传入 0.0 或负数？此外，x 和 y 之间可能存在一些必要的关系，而这些关系无法轻易地通过 C++的类型系统表达出来。我们在 C++中讨论契约时，通常指的是无法轻易用类型系统表达的、调用者与被调用者间的规则。

现在，我将非正式的介绍一些契约式设计的相关术语，这些术语在推导接口和处理错误时非常有用：

- 先验条件（**precondition**）规定了函数调用者的职责。它可能限制了传入参数的要求，或者对于成员函数而言，对象在调用该函数前可能需要处于什么样的特定状态。例如，调用 std::vector 的 pop_back()函数时，其先验条件就是向量不为空。pop_back()的调用者有责任确保向量不为空。
- 后验条件（**postcondition**）规定了函数返回时的职责。对于成员函数而言，它指定了函数离开对象时的状态。例如，std::list::sort()的后验条件就是列表中的元素按升序排列。
- 不变式（**invariant**）是应该永远成立的条件。不变式在多种情况下应用。"循环不变式为真"是每次循环迭代开始时都必须满足的条件。此外，类不变式定义了对象的有效状态。例如，std::vector 的一个不变式就是 size()<=capacity()。显式声明代码中的不变式可以帮助读者更好地理解代码。同时，不变式也是证明算法正确性的一种工具。

类不变式非常重要；因此我们将花更多的时间来讨论什么是类不变式以及它们如何影响类的设计。

类不变式

类不变式是定义对象有效状态的规则，它指定了类成员数据之间的关系。在成员函数执行期间，对象可能会暂时处于无效状态。然而，无论何时将控制权传递给其他可以观察对象的状态的代码，类不变式都必须保持不变。这种情况可能发生在函数返回、抛出异常、调用回调函数时，或者调用其他可能观察到当前对象状态的函数，其中常见的情况是将对象的引用传递给其他函数。

需要注意的是，类不变式是类成员函数的先验条件和后验条件之间的隐含部分。如果成员函数使对象处于无效状态，那么它无法满足后验条件。同样地，成员函数可以假设在调用时对象始终处于有效状态。但是，构造函数和析构函数是这个规则的例外。如果希望通过插入代码的方式来检查类不变式是否满足，可以考虑以下几点来实现优化：

```
struct Widget {
   Widget() {
     // 初始化对象…
     // 检查类不变式
  }
  ~Widget() {
     // 检查类不变式
     // 销毁对象…
```

```
    }
    auto some_func() {
      // 检查先验条件（包括类不变式）
      // 函数实现…
      // 检查后验条件（包括类不变式）
    }
};
```

在上面的示例中，遗漏了拷贝/移动构造函数和拷贝/移动赋值运算符，它们与前面提到的构造函数和 some_func()函数遵循相同的模式。

当对象被移动后，它可能处于空或重置的状态，但仍然是有效的，因此也属于类不变式的一部分。然而，在此时，该对象只能调用少数成员函数。例如，在已经被移出的 std::vector 上调用 push_back()、empty()或 size()函数是不允许的，但可以调用 clear()函数，该函数可以将向量重新置为可用状态。

值得注意的是，为了避免对象在移动后处于空或重置的状态，应在类的实现中插入额外的重置状态代码，即使这种额外的重置可能会削弱类不变式的作用。除非在极少数情况下，将对象重置为默认状态可能会带来巨大的性能损失，但通常建议始终使用额外的重置方法。这样可以更好地了解“被移动对象”的状态，并且由于可以始终在该对象上调用成员函数，所以类的使用也是安全的。

为了实现有意义的类不变式，类应该具有高内聚性和少量可能的状态。如果你曾经为类编写过单元测试，可能会注意到某些 API 与以前的版本相比有所改进。单元测试迫使我们关注类的接口而不是实现细节。同样，类不变式使开发者关注对象的所有有效状态。如果类不变式难以定义，通常是因为它具有过多的状态或承担了过多的责任。因此，定义类不变式通常意味着最终会得到良好设计的类。

如果代码能保证对象实例始终处于有效状态（即类不变式为真），那么这个类就很难被滥用，同时也更容易定位问题和错误。违反契约是一个很严重的问题，如果在代码库中发现某个类，但又无法确定它的某些行为到底是缺陷还是预期的功能，那对于开发者来说是最不希望遇到的情况。

维护契约

契约是开发者设计和实现的 API 的一部分。但如何维护并向 API 使用者传递契约内容呢？尽管目前 C++还没有内建对契约的支持，但这项工作已在进行之中。而现在，也有一些其他选项可供选择：

- 使用库：可以选择像 Boost.Contract 这样的库。
- 契约文档化：这种方法有一个缺点，那就是在程序运行时，不会自动执行契约检查。另外，当文档不与代码保持同步更新时，文档会过时。
- 使用断言：使用 C++标准库中的 static_assert()和<cassert>中定义的可移植的 assert()宏。
- 自定义宏：使用类似于 asserts 断言的自定义宏建立一个自定义库，以更灵活的把控违反契约时应触发的行为。

尽管书中使用了最基本的方法之一——断言，但这种方法仍然非常有效，并对代码质量有巨大影响。不过不管选择哪种方式来维护契约，关键是确保契约条件得到明确定义、正确实施和持续维护，以确保代码的正确性和可靠性。

启用和禁用断言

从技术上讲，在 C++中对代码断言的标准方法有两种：使用 static_assert()或是使用在<cassert>中定义的 assert()宏。static_assert()是在代码编译时验证，因此需要一个可以在编译时而非运行时被检查的表达式。这样违反 static_assert()断言的代码在编译时就会抛出编译错误。

对于那些只能在运行时才能求值的断言，需要使用 assert()宏来代替。assert()宏通常在调试和测试期间与运行时激活检查，而在 Release 模式下构建时则会被禁用。assert()宏的定义通常是这样的：

```
#ifdef NDEBUG
#define assert(condition) ((void)0)
#else
#define assert(condition) /* 实现代码 */
#endif
```

这意味着可以通过定义 NDEBUG 以删除所有的断言和用于检查条件的代码。

现在，在掌握了“契约式设计”的术语后，让我们重新聚焦在违反契约（错误）以及如何在代码中处理它们的内容上来。

2.3.2 错误处理

在设计具备良好容错能力的 API 时，首要任务是区分程序错误和运行时错误。在深入探讨错误处理策略之前，我们可以使用契约式设计来明确定义代码需要处理的错误类型。这样做有助于确保 API 的可靠性和可维护性。

程序错误？运行时错误？

当代码中存在违反契约的行为时，这意味着发现了一个错误。例如，如果我们检测到有人在空的向量上调用了 pop_back()函数，那么就知道源代码中至少存在一个需要修复的错误。当先验条件未满足时，我们就发现了一个程序错误。

另一方面，如果函数从磁盘中加载记录时，由于读取错误，无法正常返回，那么我们就发现了一个运行时错误：

```
auto load_record(std::uint32_t id) {
  assert(id != 0);              // 先验条件
  auto record = read(id);       // 读取磁盘，可能跑出异常
  assert(record.is_valid());  // 后验条件
  return record;
}
```

如果先验条件满足，但由于代码以外的因素导致后验条件无法满足，例如代码本身没有错误，但由于与磁盘相关的问题，函数无法返回在磁盘上找到的记录。由于后验条件未满足，除非调用者能够通过重试等方式自行解决，否则程序必须抛出一个运行时错误。

程序错误（缺陷）

通常情况下，编写代码来标识和处理缺陷是没有意义的。相反，使用断言（或前面提到的其他替代方法）可以使开发者在代码中出现问题时及时意识到。此外，开发者应只对可恢复的运行时错误使用异常或错误代码进行处理。这样做有助于提高代码的可读性和可维护性，并确保错误能够被恰当地处理和修复。

通过假设缩小问题空间

断言清楚地说明了开发人员作为代码作者所做的假设。只有当代码中的所有断言都满足时，才能确保代码按预期运行。断言的存在有效地限制了需要处理的场景数量，使编码变得更加简单。此外，在团队中使用、阅读和修改其他成员编写的代码时，断言也提供了巨大的帮助。所有的假设都以代码断言语句的形式清晰地记录下来，这有助于团队成员理解代码的预期行为和约束条件。通过断言，开发者可以更好地沟通并确保代码的正确性和可靠性。

通过断言找出缺陷

当断言失败时，通常意味着存在严重的缺陷。在测试过程中发现断言失败时，通常有三

种选择：

- 断言是正确的，实现代码是错误的（要么是由于函数实现中的缺陷，要么是调用方的缺陷）。按以往的经验来看，这是最常见的一种情况。毕竟确保断言的正确通常比确保周围代码的正确更容易。所以这种情况的解决办法就是修复代码并进行再次测试。
- 实现代码是正确的，但断言是错误的。这种情况时有发生，尤其是如果此时你在看的是旧代码。不过如果只是想简单的删改那个失败的断言往往会相当耗时，因为这需要你百分百确定实现代码是有效的，而且还要理解为什么这个旧断言突然失败。通常情况下，这是因为代码的原作者没有考虑到新的用例情况。
- 断言和实现代码都是错的。这通常需要对类或函数进行重新设计。这也可能是因为需求发生了变化，导致开发者之前所做的假设不再正确。但不要灰心，相反，你应该庆幸这些假设是以断言的方式显式地写出来了，这样一来，你也能很快的了解到代码为什么不再起作用。

运行时断言需要测试才能生效，否则它们就不会被执行。许多新添加的断言代码在测试时会失败。但这并不意味着你是一个糟糕的开发者，相反，这意味着你添加了有意义的断言，并成功捕获到了一些错误，否则这些错误就可能会在生产环境中出现了。此外，那些可能会使测试版本代码终止的缺陷也有可能被修复。

性能影响

代码中存在许多运行时断言，可能会降低测试版本代码的构建性能。不过，断言从不旨在用于经过优化的最终代码版本。如果断言导致测试版本代码构建速度过慢无法使用，通常很容易使用剖析器（参见第三章，性能分析与测量）找到并跟踪导致代码变慢的断言集。

通过在发布版本的代码中完全忽略各种可能的程序错误，可以节省检查由缺陷引起的错误状态的时间。相反，只需处理需要恢复的运行时错误，从而提高代码的运行速度即可。

总之，应该在测试阶段发现程序错误，不需要使用异常或其他错误处理机制来处理它们。因此，最好记录有意义的信息来指示程序错误，并通过终止程序来通知开发者需要修复该缺陷。遵循这一准则可以大大减少代码中需要处理异常的地方。在优化构建过程中，代码也将具有更好的性能，甚至可能具有更高的质量，因为缺陷可能已经在失败的断言检测中被发现。不过某些情况下，仍然存在需要我们自己编写代码处理和恢复运行时错误的可能。

可恢复的运行时错误

如果一个函数无法遵守契约的内容（即，后验条件），此时就产生了运行时错误，这也意味着代码需要向某个地方发出一个信号，以便这个错误能被处理并恢复到有效状态。处理可恢复错误的目的就是将错误从发生的状态转移到可以恢复的有效状态。我们有很多解决这一问题的办法。但它同样也伴有两面性：

- 对于信号处理的部分，常常可以采用 C++异常、错误代码、返回 std::optional 或 std::pair，boost::outcome 或 std::experimental::expected 等方法。
- 令代码处于有效状态而不泄露任何资源。确定性析构函数（deterministic destructors）和自动存储期（automatic storage duration）都是 C++中解决这一问题的工具。

工具类 std::option 和 std::pair 将在第九章，*Utilities* 基础中介绍。现在我们将聚焦在 C++ 的异常以及在恢复错误时如何避免资源泄漏。

异常

异常是 C++提供的标准错误处理机制。该语言被设计为与异常一起使用。其中一个典型的例子就是构造函数执行失败，而从构造函数触发错误信号的唯一方法就是使用异常。

根据我的经验，异常有多种不同的使用方式。其原因在于，不同的应用处理运行时错误的要求大有不同。对于某些应用而言，如心脏起搏器或发电厂控制系统，它们的崩溃可能会产生非常严重的影响，因此我们务求处理每一种可能的异常情况，比如内存耗尽，并必须保证该应用始终处于运行状态。另外一些应用甚至完全不使用堆内存，可能是因为平台根本没有可用的堆，也可能是因为分配新内存机制不受应用控制而引入了不可控的不确定性。

本书中，我会假设你已经知道如何抛出和捕获异常，故在此不做赘述。我们将一定不会抛出任何异常的函数标记为 noexcept。但要知道的是，编译器并不会验证这一点，因此这需要我们自己确定它是否会抛出异常。

被标有 noexcept 的函数会使编译器在某些情况下生成速度更快的代码。如果一个被标记为 noexcept 的函数抛出了异常，那么代码就会调用 std::terminate()而不是栈展开（unwinding the stack）。下面的代码演示了如何将一个函数标记为不抛出异常：

```
auto add(int a, int b) noexcept {
  return a + b;
}
```

细心的读者可能会发现，本书的示例代码并没有像我们提倡的那样在生产代码中使用 noexcept（或 const），这其实是为了成书的格式易读而作出的取舍。因为如果为所有需要标注 noexcept 和 const 的代码添加它们，反而会让示例代码变得难以理解。

保持有效状态

异常处理要求开发者思考异常的安全保障，也就是说，在异常发生之前和之后，代码的状态是什么？强大的异常安全可以被看作是一个事务。函数要么提交所有的状态变化，要么在发生异常的情况下完全执行回滚。

为了更具体的描述它，让我们看一下下面的函数：

```
void func(std::string& str) {
  str += f1(); // 可能抛出异常
  str += f2(); // 可能抛出异常
}
```

该函数将 f1()和 f2()的结果追加到字符串 str 中。那么如果在调用函数 f2()时函数抛出了异常会发生什么？此时，只有 f1()的结果会被追加到 str 上。而我们想要的却是，一旦发生异常，str 不会发生任何变化。这里我们可以使用 **copy-and-swap** 惯用法来解决这一问题。这意味着在不抛异常的 swap()函数修改代码状态前，代码是在临时副本上执行了这个可能会抛出异常的操作：

```
void func(std::string& str) {
  auto tmp = std::string{str}; // 拷贝
  tmp += f1();                 // 可变拷贝，可能抛出异常
  tmp += f2();                 // 可变拷贝，可能抛出异常
  std::swap(tmp, str);         // 交换，不会抛出异常
}
```

同样的模式也可被应用在成员函数中，以保持对象的有效状态。假设有一个持有两个数据成员，和一个类不变式的类，并且其中类不变式规定了两个数据成员不能相等，如下所示：

```
class Number { /* ... */ };

class Widget {
public:
  Widget(const Number& x, const Number& y) : x_{x}, y_{y} {
    assert(is_valid());         // 检查类不变式
    }
  private:
    Number x_{};
    Number y_{};
    bool is_valid() const {     // 类不变式
     return x_ != y_;           // x_ 和 y_ 不能相等
  }
```

```
};
```

接下来，假设要添加一个用于更新全部数据成员的函数：

```
void Widget::update(const Number& x, const Number& y) {
  assert(x != y && is_valid());   // 先验条件
  x_ = x;
  y_ = y;
  assert(is_valid());            // 后验条件
}
```

上面的代码中，先验条件指出 x 和 y 必须不相等。如果 x_ 和 y_ 的赋值都存在抛出异常的可能，那么就可能出现 x_ 被更新，而 y_ 没有被更新的情况。这就会导致类不变式被破坏；即，存在对象处于无效状态的可能。事实上，我们希望在错误发生时，函数能够保留对象在赋值操作前的有效状态。此时，**copy-and-swap** 惯用法再一次给了我们答案：

```
void Widget::update(const Number& x, const Number& y) {
    assert(x != y && is_valid());     // 先验条件
    auto x_tmp = x;
    auto y_tmp = y;
    std::swap(x_tmp, x_);
    std::swap(y_tmp, y_);
    assert(is_valid());              // 后验条件
}
```

首先，在不修改对象状态的情况下创建本地副本。随后，如果赋值操作没有抛出异常，那么就可以使用不抛异常的 swap()函数改变对象的状态。此外，在实现赋值运算符时，也可以使用 copy-and-swap 惯用法来实现异常安全保证。

值得注意的是，避免错误发生时产生资源泄漏是错误处理的另一个重要方面。

资源获取

由于 C++对象的销毁是可预测的，这就意味着我们可以完全控制获取到的资源将在何时，以及将以何种顺序被释放。我们会在下面的例子中进一步说明这一点，无论如何或从哪里退出函数作用域，区域锁（scoped lock）都会释放互斥锁变量 m：

```
auto func(std::mutex& m, bool x, bool y) {
  auto guard = std::scoped_lock{m}; // 锁定互斥锁
  if (x) {
    // guard 在提前退出函数时自动释放互斥锁
    return;
  }
  if (y) {
    // guard 在抛出异常时自动释放互斥锁
    throw std::exception{};
  }
  // guard 在函数退出时自动释放互斥锁
}
```

所有权、对象的生命周期和资源获取是 C++中的基本概念，我们将在第七章内存管理中介绍它们。

性能

一旦涉及性能，异常就让人开始头疼了。当然，有些担心是有其合理性的，而另一些则是出于历史经验，因为彼时编译器还没有有效地实现异常。而如今开发者弃用异常的主要原因有如下两个：

- 哪怕没有异常抛出，二进制包依然会增大。不过我们毕竟是在为了用不到的东西而付出代价，所以它看起来并不符合零开销原则。
- 抛出和捕获异常的成本相对较高。抛出和捕获异常的运行时成本是不确定的。这使得异常并不适合在有严格实时性要求的情况下使用。此时其他的替代方法，如返回一个带有返回值和错误代码的 std::pair，可能是更好的选择。

此外，没有异常抛出时，即代码按照成功路径运行时，异常的表现则非常优秀。相比其他的错误报告机制，如前文提到的错误代码，即使程序运行时没有任何问题，也需要在 if-else 语句中检查其返回代码是否正确。

我们期望异常少发生，并且即使发生了异常，异常的处理所增加的额外性能开销也不应该成为一种问题。我们通常可以在对性能要求很高的代码运行之前或之后执行异常的计算。这样一来，就可以避免在程序无法承受的地方抛出或捕获异常了。

为了在异常和其他错误报告机制之间进行公平的比较，就必须明确我们要比较的是什么。有时，大家会将异常和没有错误处理机制的情况做比较，但这显然是不公平的。毕竟异常需要与其他提供相同功能的机制进行比较才是有效的。因此在衡量异常可能产生的影响前，不要因为性能原因而放弃它。下一章中会有更多关于分析和度量性能的内容可供大家参考。

接下来，让我们从错误处理移步探索如何使用 lambda 表达式创建函数对象。

2.4 函数对象和 lambda 表达式

lambda 表达式自 C++11 引入，并在此后的每个 C++版本中都得到了进一步的增强，是现代 C++中最实用的功能之一。它们的多功能性不仅来自可以轻松地将函数传递给算法，同时在其他很多需要传递代码的场景下也都可以使用，尤其是可以将 lambda 存储在 std::function 中。

尽管 lambda 使上述这些技术的使用得到了极大的简化，但本节中提到的所有内容都可以在不使用 lambda 表达式的情况下进行。实际上，lambda 表达式只是构造一个函数对象的便捷方法。因此我们也可以选择不使用 lambda 表达式，而是直接使用重载的 operator()方法来实现类，然后实例化它们来创建函数对象。

我们将在稍后部分探讨 lambda 与另一种解决方法的相似性，但我们将先从一个简单示例开始介绍 lambda 表达式。

2.4.1 C++lambda 的基本语法

简而言之，lambda 让开发者可以像传递变量那样，很容易地将函数传递给其他函数。

接下来比较一下向算法中传递 lambda 与变量的情况：

```
// 先决条件
auto v = std::vector{1, 3, 2, 5, 4};

// 查找数字 3 的数量
auto three = 3;
auto num_threes = std::count(v.begin(), v.end(), three);
// num_threes 是 1

// 查找大于 3 的数字的数量
auto is_above_3 = [](int v) { return v > 3; };
auto num_above_3 = std::count_if(v.begin(), v.end(), is_above_3);
// num_above_3 结果是 2
```

在第一种情况中，我们将变量传递给 std::count()。而在后一种情况中，我们将函数对象传递给了 std::count_if()。这是典型使用 lambda 的用例，即将一个函数传递给另一个函数（在本例中是 std::count_if()）进行多次计算。

此外，lambda 不需要与某个变量绑定。在上面的例子中，将 lambda 直接传给表达式也可以达到与先前传入变量的示例相同的目的：

```
auto num_3 = std::count(v.begin(), v.end(), 3);
auto num_above_3 = std::count_if(v.begin(), v.end(), [](int i) {
  return i > 3;
});
```

目前为止，你所看到的 lambda 都被称为无状态 **lambda**。它们不需要从 lambda 以外拷贝或引用变量，所以也就不需要任何内部状态。接下来，让我们进一步使用捕获块（capture blocks）以引入有状态 **lambda**。

2.4.2 捕获子句

上节的代码示例中，我们在 lambda 表达式中硬编码了 3 这个值，这样我们就会计算超过 3 的数字出现的频次。那么如果我们想在 lambda 表达式内部使用它之外的变量要怎么办呢？这时只需要把外部变量放在捕获子句中即可。也就是 lambda 表达式中 [] 的部分：

```
auto count_value_above(const std::vector<int>& v, int x) {
  auto is_above = [x](int i) { return i > x; };
  return std::count_if(v.begin(), v.end(), is_above);
}
```

上面的代码片段中，我们通过将变量 x 拷贝到 lambda 表达式里捕获它。而如果想要把 x 声明为引用，那么只需要像下面这样在它的前面加一个 & 即可：

```
auto is_above = [&x](int i) { return i > x; };
```

此时，它就像 C++中普通引用变量一样，变成了只是对外部变量 x 的引用。不过，我们需要非常谨慎的对待这种通过引用传入 lambda 的对象的生命周期，这是因为 lambda 完全有可能会在被引用的对象销毁的情况下执行。因此，相比之下值捕获是更安全的做法。

引用捕获 VS 值捕获

使用捕获子句引用和拷贝变量的工作方式与普通变量的方法相同。请看下列两个例子，找找其中的不同：

<table>
<tr><th>值捕获</th><th>引用捕获</th></tr>
<tr><td>

```
auto func(){
  auto vals={1,2,3,4,5,6};
  auto x=3;
  auto is_above=[x](int v){
    return v>x;
  };
  x=4;
  auto count_b=std::count_if(
    vals.begin(),
    vals.end(),
    is_above
  );
  //count_b 结果是 3
}
```

</td><td>

```
auto func(){
  auto vals={1,2,3,4,5,6};
  auto x=3;
  auto is_above=[&x](int v){
    return v>x;
  };
  x=4;
  auto count_b=std::count_if(
    vals.begin(),
    vals.end(),
    is_above
  );
  //count_b 结果是 2
}
```

</td></tr>
</table>

值捕获的例子中，x 是拷贝到 lambda 中的，因此 x 改变时外部不会受到影响。此时 std::count_if()计算的依然是 3 以上的数字数量。

右边的例子中，x 是通过引用捕获的，因此等到 std::count_if()调用时，计算的则是大于 4 的数字数量。

lambda 和类的相似性

如前所述，lambda 表达式会生成函数对象。而函数对象则是类的实例，它定义了调用运算符 operator()()。

为了理解 lambda 表达式的内容，你可以把它看作是一个有限制的正则类：

- 该类仅由一个成员函数组成。
- 捕获子句是类的成员变量和构造函数的组合。

下表展示了 lambda 表达式和它对应的类。左边一列使用了值捕获，右边使用了引用捕获：

<table>
<tr><th>使用值捕获的 lambda 表达式…</th><th>使用引用捕获的 lambda 表达式…</th></tr>
<tr><td>

```
auto x=3;
auto is_above=[x](int y){
 return y>x;
};
auto test=is_above(5);
```

</td><td>

```
auto x=3;
auto is_above=[&x](int y){
 return y>x;
};
auto test=is_above(5);
```

</td></tr>
</table>

续表

...与之等价的类:	...与之等价的类:

`auto x=3;`
`class IsAbove {`
`public:`
`  IsAbove(int x):x{x} {}`
`  auto operator()(int y)const {`
`    return y>x;`
`  }`
`private:`
`  int x{};//值`
`};`
`auto is_above=IsAbove{x};`
`auto test=is_above(5);`
	`auto x=3;`
	`class IsAbove {`
	`public:`
	`  IsAbove(int& x):x{x} {}`
	`  auto operator()(int y)const {`
	`    return y>x;`
	`  }`
	`private:`
	`  int& x;//引用`
	`};`
	`auto is_above=IsAbove{x};`
	`auto test=is_above(5);`

多亏了 lambda 表达式，开发者可以不用手动地将这些函数对象实现为类。

在捕获中初始化变量

正如在前面例子中看到的，捕获子句初始化了与之等价的类成员变量。这意味着我们也可以在 lambda 内部初始化成员变量。这些变量仅在 lambda 内部可见。下面是一个初始化了名为 numbers 的捕获变量的例子：

```
auto some_func = [numbers = std::list<int>{4,2}]() {
  for (auto i : numbers)
    std::cout << i;
};
some_func();  // 输出：42
```

与之等价的类看起来像这样：

```
class SomeFunc {

public:
  SomeFunc() : numbers{4, 2} {}
  void operator()() const {
```

```
    for (auto i : numbers)
      std::cout << i;
  }

private:
  std::list<int> numbers;
};
auto some_func = SomeFunc{};
some_func(); // 输出：42
```

你可以把“在捕获块中初始化变量”当作“在变量名前有一个隐藏的 auto 关键字”。此时，numbers 被定为 auto numbers=std::list＜int＞{4，2}。如果想初始化一个引用，那么可以在名字前使用 &，它就相当于 auto&。如下例所示：

```
auto x = 1;
auto some_func = [&y = x]() {
  // y 是 x 的引用
};
```

同样，在引用（而不是拷贝）lambda 之外的对象时，也要非常小心地处理对象的生命周期。

我们还可以在 lambda 内移动一个对象，这在使用 std::unique_ptr 这样的只允许移动的类型时是非常有必要的。下面是对应的示例：

```
auto x = std::make_unique<int>();
auto some_func = [x = std::move(x)]() {
  // 在这里使用 x..
};
```

这同时也说明了对变量使用相同的名称（x）是可以的，但这并不是必需的。当然，也可以在 lambda 中使用一些其他的名字，如［y=std::move（x)］。

改变 lambda 成员变量

鉴于 lambda 的工作方式就像一个有成员变量的类，这就意味着该类是可以变更其成员变量的。不过，lambda 表达式的函数调用运算符默认是 const 的，所以为了让 lambda 表达式可以变更其成员变量，需要显式地使用 mutable 关键字才行。在下面的例子中，lambda 表达式在每次调用时都会更改 counter 变量：

```
auto counter_func = [counter = 1]() mutable {
  std::cout << counter++;
};

counter_func(); // 输出: 1
counter_func(); // 输出: 2
counter_func(); // 输出: 3
```

如果某个 lambda 表达式只通过引用捕获的方式捕获变量，那么就不必在声明中添加 mutable 修饰符，因为 lambda 本来就不需要修改就可以直接做到前面要做的事。我们将在下面的代码示例中说明可变与不可变 lambda 之间的区别：

<table>
<tr><th>值捕获</th><th>引用捕获</th></tr>
<tr><td><pre>auto some_func(){
  auto v=7;
  auto lambda=[v]()mutable {
    std::cout<<v<<" ";
    ++v;
  };
  assert(v==7);
  lambda();
  lambda();
  assert(v==7);
  std::cout<<v;
}</pre></td><td><pre>auto some_func(){
  auto v=7;
  auto lambda=[&v](){
    std::cout<<v<<" ";
    ++v;
  };
  assert(v==7);
  lambda();
  lambda();
  assert(v==9);
  std::cout<<v;
}</pre></td></tr>
<tr><td>输出：7　8　7</td><td>输出：7　8　9</td></tr>
</table>

右边的例子中 v 是通过引用捕获的，lambda 会改变被 some_func()生命周期持有的变量 v。左侧的例子仅改变由该可变 lambda 表达式持有的 v 的拷贝。这就是为什么我们会在上面的两个版本代码中得到不同的结果。

从编译器的角度改变成员变量

为了深入了解上例的细节，让我们看看编译器是如何看待上面的 lambda 对象的：

<table>
<tr><th>值捕获</th><th>引用捕获</th></tr>
<tr><td><pre>class Lambda {
public:
 Lambda(int m):v{m} {}
 auto operator()(){
   std::cout<<v<<" ";
   ++v;
 }
private:
  int v{};
};</pre></td><td><pre>class Lambda {
public:
 Lambda(int& m):v{m} {}
 auto operator()()const {
   std::cout<<v<<" ";
   ++v;
 }
private:
 int& v;
};</pre></td></tr>
</table>

如你所见，第一种情况对应的是一个持有普通成员变量的类，而引用捕获的情况则是一个持有成员变量引用的类。

你可能注意到了，在引用捕获的对应类中，operator() 成员函数上添加了 const 修饰符，并且，也没有在相应的 lambda 上指定 mutable。这个类仍然被认为是 const 的原因是，我们并没有在类/lambda 中改变任何内容。实际上，是被引用的值做了改变，因此，该函数才仍然被认为是 const 的。

全捕获

除了逐一捕获变量外，我们还可以直接简写 [=] 或 [&] 来捕获作用域内的所有变量。

使用 [=] 意味着每个变量都将采用值捕获的方式，而 [&] 则是通过引用捕获的方式获取所有变量。

如果在成员函数内部使用 lambda 表达式，也可以通过使用 [this] 的方式来引用捕获整个对象，或者通过写成 [*this] 来拷贝它：

```
class Foo {
public:
 auto member_function() {
   auto a = 0;
   auto b = 1.0f;
   // 拷贝捕获全部成员变量
   auto lambda_0 = [=]() { std::cout << a << b; };
   // 引用捕获全部成员变量
```

```
    auto lambda_1 = [&]() { std::cout << a << b; };
    // 通过引用的方式捕获对象
    auto lambda_2 = [this]() { std::cout << m_; };
    // 通过拷贝的方式捕获对象
    auto lambda_3 = [*this]() { std::cout << m_; };
  }
private:
  int m_{};
};
```

注意，这里使用 [=] 并不意味着作用域中所有变量都会被拷贝。实际上，只有 lambda 中用到的变量才会被拷贝。

通过值捕获的方式捕获全部变量时，也可以指定通过引用捕获的方式获取变量（反之亦然）。下表展示了捕获块中不同组合的结果：

捕获块	捕获结果的类型
`int a,b,c;` `auto func=[=]{/*...*/};`	值捕获 a，b，c。
`int a,b,c;` `auto func=[&]{/*...*/};`	引用捕获 a，b，c。
`int a,b,c;` `auto func=[=,&c]{/*...*/};`	值捕获 a，b。 引用捕获 c。
`int a,b,c;` `auto func=[&,c]{/*...*/};`	引用捕获 a，b。 值捕获 c。

尽管使用 [&] 或 [=] 的方式直接捕获全部变量很方便，但在这里，我还是建议大家应逐个捕获变量，这是因为，这样就可以明确有哪些变量会在 lambda 范围内使用，从而提高代码的可读性。

2.4.3　为 lambda 表达式分配 C 函数指针

没有捕获块的 lambda 表达式可以被隐式地转换为函数指针。假设你正在使用一个 C 语言库，或是早期的 C++库，它可能会像下面这样使用回调函数作为参数：

```
extern void download_webpage(const char* url,
                             void (*callback)(int, const char*));
```

调用回调函数时，会得到返回值和载好完成的内容。在调用 download_webpage()函数时，可以将一个 lambda 表达式作为参数来传递。由于回调函数是一个常规的函数指针，因此 lambda 表达式不能含有有任何捕获内容，同时还必须显式地在 lambda 表达式前使用一个加号（+）：

```
auto lambda = +[](int result, const char* str) {
  // 使用 result 和 str 执行函数
};
download_webpage("http://www.packt.com", lambda);
```

这样一来，lambda 表达式就成功地被转换成了一个常规的函数指针。在这里请注意，为了能够使用这一能力，lambda 表达式不能含有任何捕获内容。

2.4.4 Lambda 类型

自 C++20 开始，没有捕获内容的 lambda 表达式是默认构造与可分配的。如今通过使用 decltype，可以很容易的构建具有相同类型的 lambda 表达式对象：

```
auto x = [] {};   // 没有捕获内容的 lambda 表达式
auto y = x;       // 可分配的
decltype(y) z;    // 默认构造
static_assert(std::is_same_v<decltype(x), decltype(y)>); // 断言通过
static_assert(std::is_same_v<decltype(x), decltype(z)>); // 断言通过
```

然而，这只适用于没有捕获内容的 lambda 表达式。有捕获内容的 lambda 表达式仍有自己独特的类型。不过哪怕两个有捕获内容的 lambda 函数是彼此的拷贝，它们仍然有自己的独特类型。因此，我们是不可能将一个有捕获内容的 lambda 表达式分配给另一个 lambda 表达式的。

2.4.5 lambda 表达式和 std::function

如上一节提到的，有捕获内容的 lambda 表达式（有状态的 lambda）因为彼此有独特类型，所以哪怕它们看起来完全一样也不能互相分配。为了能够存储和传递有捕获内容的 lambda 表达式，我们可以使用 std::function 保存一个由 lambda 表达式构造的函数对象。

std::function 的函数签名定义如下：

```
std::function< return_type ( parameter0, parameter1...) >
```

所以，一个不返回任何值也不接收任何入参的 std::function 其定义如下：

```
auto func = std::function<void(void)>{};
```

一个返回 bool 并接收 int 和 std::string 作为入参的 std::function 其定义如下：

```
auto func = std::function<bool(int, std::string)>{};
```

共享相同函数签名（相同入参和相同返回值类型）的 lambda 表达式可以由相同类型的 std::function 对象持有。std::function 也可以在运行时被重新赋值。

更重要的是，被 lambda 表达式捕获的值并不会影响函数前面的操作，因此只要是入参和返回值类型相同，那么不管是有捕获内容和还是无捕获内容的 lambda 表达式都可以被分配给同一个 std::function 变量。下面代码展示了不同 lambda 表达式是如何被分配到同一个名为 func 的 std::function 对象中的：

```
// 创建一个未赋值的 std::function 对象
auto func = std::function<void(int)>{};

// 将 std::function 对象赋值为一个没有捕获内容的 lambda 表达式。
func = [](int v) { std::cout << v; };
func(12); // 打印结果为 12

// 将同一个 std::function 对象赋值为一个有捕获内容的 lambda 表达式。
auto forty_two = 42;
func = [forty_two](int v) { std::cout << (v + forty_two); };
func(12); // 打印结果为 54
```

接下来让我们将 std::function 应用在真实场景中。

用 std::function 实现简易 Button 类

假设我们想要实现一个 Button 类。那么首先我们可以使用 std::function 存储点击按钮对应的行为，这样，当 on_click()成员函数被调用时，就可以执行相应的代码了。

比如我们可以可以像这样声明 Button 类：

```
class Button {
public:
```

```
  Button(std::function<void(void)> click) : handler_{click} {}
  auto on_click() const { handler_(); }
private:
  std::function<void(void)> handler_{};
};
```

然后可以用它来创建许多具有不同行为的按钮。由于这些按钮都有相同的类型，所以它们可以轻易地存储在同一个容器中：

```
auto create_buttons () {
    auto beep = Button([counter = 0]() mutable {
      std::cout << "Beep:" << counter << "! ";
      ++counter;
    });
    auto bop = Button([] { std::cout << "Bop. "; });
    auto silent = Button([] {});

    return std::vector<Button>{beep, bop, silent};
}
```

我们可以遍历 create_buttons()函数返回的列表并调用每个按钮的 on_click()函数，就会执行对应的行为函数：

```
const auto& buttons = create_buttons();
for (const auto& b: buttons) {
  b.on_click();
}
buttons.front().on_click(); // counter 已被递增

// 输出: "Beep:0! Bop. Beep:1!"
```

上面的代码示例演示了将 std::function 与 lambda 表达式相结合所带来的好处。我们可以看到，尽管每个有状态的 lambda 表达式都有自己独特的类型，但可以只使用一个 std::function 类型来囊括所有共享相同函数签名（返回类型和入参）的 lambda 表达式。

此外，你可能注意到 on_click()成员函数是被声明为 const 的。但它却通过递增点击处理代码中的 counter 变量改变了成员变量 handler_。这是因为 Button 的常量成员函数被允许调用类中的可变成员函数，所以这看起来似乎是违反了常量正确性原则。它之所以能成功调用，是因为它与成员指针被允许在 const 上下文中改变其指向的值的原因相同。前面的章节中，我们已经探讨了如何保障指针数据成员的常量传播。

std::function 的性能考量

相比直接使用 lambda 表达式构造函数对象，std::function 是有性能损失的。本节将讨论使用 std::function 时需要考虑的与性能有关的场景。

防止内联优化

一旦涉及 lambda，编译器是可以对它内联调用的。也就是说，函数调用的开销会在此时被消除。但 std::function 的灵活设计让编译器几乎无法内联调用被 std::function 封装的函数。因此如果频繁调用 std::function 封装的函数，那么这种防止内联优化的封装方式就会对性能产生负面影响。

为捕获的变量动态分配内存

绝大多数情况下，如果 std::function 存储的是带捕获变量/引用的 lambda，那么 std::function 会使用堆分配的内存来存储捕获变量。如果捕获的变量大小少于某个阈值，std::function 的实现则不会分配额外的内存。

这意味着，额外的动态内存分配不仅会导致性能降低，还会因为堆分配的内存增加缓存未命中（cache misses）的次数而导致速度变慢（在第四章数据结构中了解更多关于缓存未命中的内容）。

额外的运行时计算

因为调用 std::function 会涉及更多的代码，所以通常运行它比直接运行 lambda 表达式要慢些。对于那种小型且被频繁调用的 std::function，这种开销可能会变得尤其显著。假设我们有一个像如下定义的小型 lambda 表达式：

```
auto lambda = [](int v) { return v * 3; };
```

下面的两个基准测试展示了直接使用 lambda 表达式构造的 std::vector 和对应使用 std::function 封装的 std::vector 在执行 1000 万次函数调用时的区别。我们首先从直接使用 lambda 表达式的版本开始：

```
auto use_lambda() {
```

```
  using T = decltype(lambda);
  auto fs = std::vector<T>(10'000'000, lambda);
  auto res = 1;
  // 开始计时
  for (const auto& f: fs)
    res = f(res);
  // 结束计时
  return res;
}
```

本例我们只度量函数内部执行循环的时间。下面是把前面的 lambda 表达式封装在 std::function 中的版本：

```
auto use_std_function() {
  using T = std::function<int(int)>;
  auto fs = std::vector<T>(10'000'000, T{lambda});
  auto res = 1;
  // 开始计时
  for (const auto& f: fs)
    res = f(res);
  // 结束计时
  return res;
}
```

我在2018款MacBook Pro上使用开启了优化的Clang(-O3)来编译这段代码，use_lambda()版本执行循环的时间开销大约是2ms，而 use_std_function()版本的执行时间则长达36 ms。

2.4.6 泛型 lambda

泛型 lambda 是一种能够接受 auto 类型参数的 lambda 表达式，这让它可以被任何类型调用。而它的工作方式除了 operator()被定义成了一个成员函数模板外，和常规的 lambda 表达式没有什么不同。

注意，在提到泛型 lambda 时，只有参数是模板变量，捕获的值不算在其中。也就是说，下面的例子里，不论 v0 和 v1 的类型是什么，捕获的值 v 都是 int 类型：

```
auto v = 3; // int
auto lambda = [v](auto v0, auto v1) {
  return v + v0*v1;
};
```

如果我们把上面的 lambda 表达式等价转换成类，它会类似下面这样：

```
class Lambda {
public:
  Lambda(int v) : v_{v} {}
  template <typename T0, typename T1>
  auto operator()(T0 v0, T1 v1) const {
    return v_ + v0*v1;
  }
private:
  int v_{};
};
auto v = 3;
auto lambda = Lambda{v};
```

像模板版本一样，编译器在调用 lambda 表达式之前不会生成实际的函数。因此，如果我们像这样调用这一 lambda 表达式的话：

```
auto res_int = lambda(1, 2);
auto res_float = lambda(1.0f, 2.0f);
```

编译器会生成类似于下面的代码：

```
auto lambda_int = [v](int v0, const int v1) { return v + v0*v1; };
auto lambda_float = [v](float v0, float v1) { return v + v0*v1; };
auto res_int = lambda_int(1, 2);
auto res_float = lambda_float(1.0f, 2.0f);
```

我们会发现这几个版本 lambda 表达式的处理和常规的 lambda 的处理方式完全一样。

C++20 中的一个新特性是，可以对泛型 lambda 的参数类型使用 typename 而不仅仅是 auto。下面列出的两个泛型 lambda 是等价的：

```
// 使用 auto
auto x = [](auto v) { return v + 1; };

// 使用 typename
auto y = []<typename Val>(Val v) { return v + 1; };
```

这就令为类型命名或在 lambda 代码中引用某个类型成为了可能。

2.5 总结

我们在本章学到了如何使用现代 C++的特性，这些特性会贯穿本书始终。其中自动类型推断、移动语义和 lambda 表达式是当今每个 C++开发者都应自如运用的基本技能。

我们还花了些时间研究错误处理，包括了该如何看待缺陷、有效状态和如何恢复运行时错误。错误处理是编程中极其重要的组成部分，同时也是最容易被忽视的问题。此外，我们还了解了调用者和被调用者之间的契约，这是一种可以让代码保持正确，且避免在程序发布版本中进行不必要的防御性检查的方法。

第 3 章我们将探讨在 C++中分析和度量性能的策略。

第 3 章　分析和度量性能

既然本书是关于如何编写高效运行的 C++代码的，那么我们自然也需要介绍一些有关如何度量软件性能以及估算算法效率的基础知识。本章绝大多数主题都不单是针对 C++的，在实际工作中只要你遇到了性能问题，这些内容都可以应用。

本章中，我们将讨论如何使用大 O 符号估算算法效率。这是我们在 C++标准库中选择要使用的算法和数据结构时，必不可少的知识。如果你不熟悉大 O 符号，那么可能需要花一些时间来消化这部分内容。但千万不要放弃！为了能理解本书的剩余内容，以及成为一个“具有性能意识”的开发者，这部分内容会非常重要。如果你想对这些概念有更正式或更具实践性的了解，目前有很多相关的书籍和在线资源可供参考。另一方面，如果你已经熟练掌握大 O 符号，并且知道均摊时间复杂度是什么，那么你可以略过下面这一节，直接阅读本章后面的部分。

本章包括以下内容：

- 使用大 O 符号估算算法的效率。
- 优化代码时的推荐流程，这样我们就不必盲目花时间微调代码了。
- CPU 剖析器——它是什么，以及我们为什么应该使用它。
- 微基准测试。

我们先来看看如何使用大 O 符号来估算算法效率。

3.1　渐进复杂度和大 O 符号

通常来说，解决一个问题不止有一种方法，比如当处理效率问题的时候，我们可以优先选择正确的算法和数据结构关注顶层设计的优化。分析算法的渐进计算复杂度是很实用的估算和比较算法的方法。它适用于分析输入规模增加时，算法的运行时间或内存消耗是如何增长的。此外，C++标准库规定了所有容器和算法的渐进复杂度，这就意味着想要高效利用标准库容器或算法，我们就有必要对现在讨论的话题有基本了解。如果你已经足够了解算法复杂度和大 O 符号，大可以安心跳过本节内容。

我们先从一个实例开始。假设我们想实现一个算法，它要实现的是在一个数组中找到某个特定的键，则返回 true，否则返回 false。为了了解该算法在接收不同规模数组时的性能，我们可以将它实现为函数，并分析其在接收不同规模输入时的运行时间：

```
bool linear_search(const std::vector<int>& vals, int key) noexcept {
  for (const auto& v : vals) {
    if (v == key) {
      return true;
    }
  }
  return false;
}
```

上面的代码直接了当的对数组中的元素遍历，并比较每个元素与要寻找的键。走运的话，我们可能会在数组刚开始就找到了，从而可以立即返回结果。当然也可能要遍历整个数组却找不到相应的值，而这也就是该算法的最坏情况。而我们一般要分析的就是这种最坏情况。

不过，算法输入规模增大时，运行时间会发生什么变化呢？比如我们把数组的规模增大一倍，那么在最坏情况下，就像刚才一样，算法需要比较数组中的全部元素，而这会让它的运行时间也增加一倍。仔细看来，在输入大小和运行时间之间似乎存在着某种线性关系。我们把这种线性关系称为线性增长率（见图 3.1）。

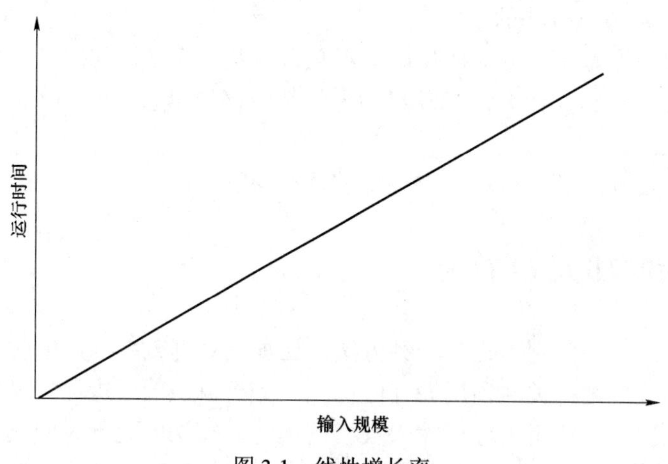

图 3.1 线性增长率

现在来看看下面这个算法：

```
struct Point {
  int x_{};
  int y_{};
```

```
};

bool linear_search(const std::vector<Point>& a, const Point& key) {
  for (size_t i = 0; i < a.size(); ++i) {
    if (a[i].x_ == key.x_ && a[i].y_ == key.y_) {
      return true;
    }
  }
  return false;
}
```

在这个算法中，我们使用索引与下标运算符访问元素，而比较的内容则从整数变成了点（Point）。这些变化对运行时间有什么影响呢？与前一种算法相比，绝对运行时间可能会更高，毕竟这个算法做了比前一种更多的工作。比如，点的比较涉及的是两个整数，而不是第一种算法里的一个整数。不过本节我们关注的是算法所表现出来的增长率。所以如果仍比较运行时间和输入规模，我们还是会得到如上图一样的一条直线。

作为搜索整数的最后一个例子，让我们看看当数组中的元素处于有序状态时，是否存在更好的算法。我们的第一种算法无论元素的顺序如何都是可以工作的。但是如果已知数组有序，那么我们就可以应用二分搜索算法。它的工作原理是通过观察数组中间元素来决定在数组的前半部分还是后半部分进行搜索。简单起见，索引 high、low 和 mid 均假设为需要 static_cast 的 int 类型。当然，使用迭代器会是更好的选择，我们将在后面的章节介绍。如下所示：

```
bool binary_search(const std::vector<int>& a, int key) {
  auto low = 0;
  auto high = static_cast<int>(a.size()) - 1;
  while (low <= high) {
    const auto mid = std::midpoint(low, high); // C++20
    if (a[mid] < key) {
      low = mid + 1;
    } else if (a[mid] > key) {
      high = mid - 1;
    } else {
      return true;
    }
  }
```

```
    return false;
}
```

如你所见，这种算法比简单的线性扫描更难获得正确的值。它通过猜测指定的键是否处于数组的中间位置来寻找正确匹配。如果键不在数组中间，那么算法会比较键与中间元素的值，然后决定在数组的哪一部分继续寻找。所以，每次迭代数组都会折半。

假设我们用一个包含 64 个元素的数组调用 binary_search()函数。第一次迭代，我们排除了 32 个元素；下一次迭代里，又排除了 16 个元素；再下一次迭代里，又排除了 8 个元素，以此类推，直到没有更多的元素可以进行比较，或是直到找到匹配的键值。对于一个规模为 64 的数组，最多经历 7 次迭代就能得到结果。那么如果我们把输入的规模翻倍到 128 个元素呢？由于每次迭代数组都会规模折半，这就意味着最多只要再多一次的循环遍历就可以达成目标了。此时，我们的算法然已经从线性的增长率变成了对数的增长率了。如果我们度量函数 binary_search()的运行时间，就会发现该算法的增长率与下面的情况是类似的（见图 3.2）。

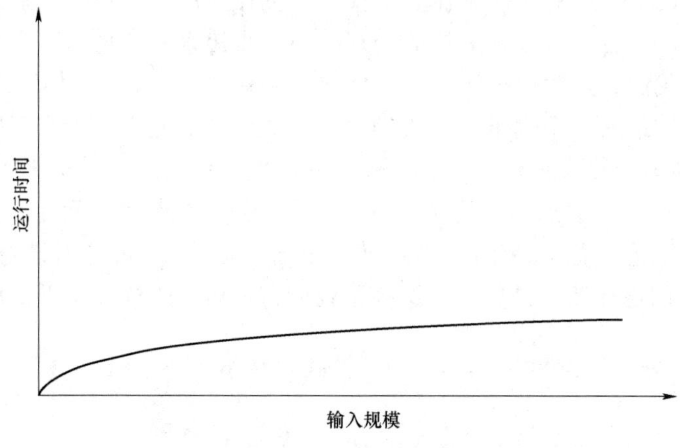

图 3.2　对数增长率

在我的电脑上，对上述三种算法在不同输入规模（*n*）下反复调用 10 000 次快速计时，得出结果如表 3.1 所示：

表 3.1　　不同版本搜索算法的比较

算法	n = 10	n = 1000	n = 100 000
对 int 线性搜索	0.04ms	4.7ms	458ms
对 Point 线性搜索	0.07ms	6.7ms	725ms
对 int 二分搜索	0.03ms	0.08ms	0.16ms

对比算法 1 和算法 2 可以看到，搜索点（Point）比搜索整数（int）要花费更多的时间，但哪怕在输入规模增加的情况下，这两个算法的运行时间仍处于同一数量级。但我们真正关心的其实是算法的增长率，所以，让我们对比一下，当输入规模增加时这三种算法的表现。通过利用数组已完成排序的前提条件，我们可以用非常少的循环迭代实现搜索功能。观察上表数据，可以看出，对规模较大的数组而言，相比线性地扫描数组，二分搜索的开销几近为零。

在确定“待解决问题已选择了正确的算法和数据结构之前”就开始着手调整代码不是好办法。

看到这里，你可能会想如果有一种可以表达算法增长率的方法，从而帮助开发者们决定使用哪种算法，岂不是更好？这就是大 O 符号。

以下是它的非正式定义：

假设 $f(n)$ 是一个指定输入规模为 n 的算法的运行时间函数，且存在一个常数 k 使得 $f(n) \leqslant k * g(n)$，那么我们就说 $f(n)$ 是 $O(g(n))$。

这意味着，我们可以说前两个版本的 linear_search()函数的时间复杂度都是 $O(n)$（操作整数 int 的版本和操作点 point 的版本），而 binary_search()的时间复杂度则是 $O(logn)$。

在实际工作中，如果想要计算函数的大 O，可以先省掉不含最大增长率的项，再去除所有的常数系数。例如，对一个时间复杂度为 $f(n) = 4n^2 + 30n + 100$ 的算法而言，可以找出增长率最高的项 $4n^2$。接下来，去掉 4 这个常熟系数，最后得到 n^2，即算法的时间复杂度为 $O(n^2)$。尽管寻找算法的时间复杂度很困难，但值得一提的是，我们在写代码前考虑的越多，代码写起来就越简单。当然，在绝大多数情况下，只要记住循环和递归函数就够了。

接下来，我们试着找出下面这个排序算法的时间复杂度：

```
void insertion_sort(std::vector<int>& a) {
  for (size_t i = 1; i < a.size(); ++i) {
    auto j = i;
    while (j > 0 && a[j-1] > a[j]) {
      std::swap(a[j], a[j-1]);
      --j;
    }
  }
}
```

本例中，输入规模就是数组的规模。我们可以通过观察算法对所有元素的遍历，从而估算出算法大致的运行时间。首先，最外层循环是对 $n-1$ 个元素遍历。其次，在内循环中则不同：代码第一次执行到 while 循环时，j 是 1，循环只运行一次。到下次进入循环时，j 变成从 2 开始，递减到 0。在外循环的每次遍历中，内循环需要做的工作变得越来越多。直到最后，j 变成从 $n-1$ 开始，这意味着，在最坏情况时，代码要执行 $1+2+3+\cdots+(n-1)$ 次 swap()函数。注意这里是一个可以用 n 表示的算术级数。而这个级数之和就是：

$$1+2+\cdots+k=\frac{k(k+1)}{2}$$

设 $k=(n-1)$，则该排序算法的时间复杂度为：

$$\frac{(n-1)(n-1+1)}{2}=\frac{n(n-1)}{2}=\frac{n^2-n}{2}=(1/2)n^2-(1/2)n$$

这时，我们就可以计算出该函数的大 O 了，首先排除不含最大增长率的项，这样就余下了 $(1/2)n^2$。然后，去掉常数系数 $1/2$，就可以得到排序算法的运行时间为 $O(n^2)$。

3.1.1 增长率

如前所述，去除除了最高增长率的项以外的其他项是计算复杂函数大 O 的第一步。为了做到这一点，我们必须知道一些常见的函数增长率。图 3.3 画出了一些比较常见的函数。

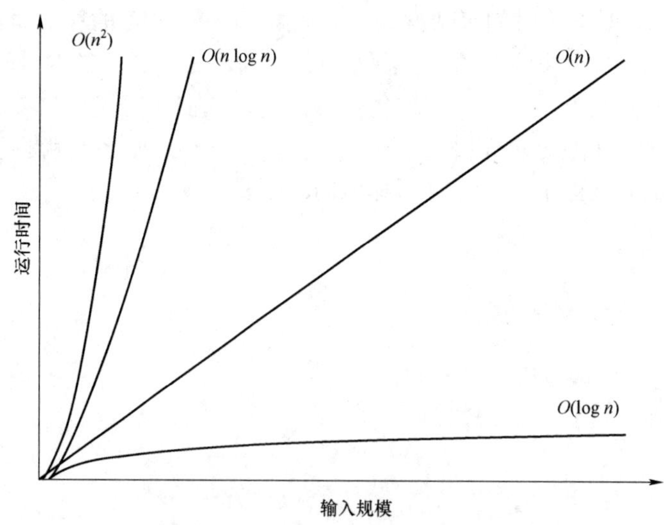

图 3.3 增长率函数的对比

增长率与使用的机器或编码风格等因素无关。如果两个算法的增长率不同，当输入规模足够大时，增长率较慢的算法性能将总是更胜一筹的。假设执行 1 个单位的工作需要 1 毫秒，那么不同增长率的算法的运行时间会怎样呢？表 3.2 列出了增长函数、它的通用名称以及不同的输入规模 *n* 之间的对应关系：

表 3.2　**不同增长率与输入规模的绝对运行时间**

大 O 符号	名称	n = 10	n = 50	n = 1000
$O(1)$	常数	0.001 秒	0.001 秒	0.001 秒
$O(log\ n)$	对数	0.003 秒	0.006 秒	0.01 秒
$O(n)$	线性	0.01 秒	0.05 秒	1 秒
$O(n\ log\ n)$	线性对数或 *n log n*	0.03 秒	0.3 秒	10 秒
$O(n^2)$	平方	0.1 秒	2.5 秒	16.7 分钟
$O(2^n)$	指数	1 秒	35 700 年	3.4×10^{290} 年

值得注意的是，右下角单元格中的值是一个拥有 291 位的数字！相比之下，宇宙的年龄是 13.7×10^9 年，而这才只有 11 位。

接下来，我们来介绍常在 C++标准库使用的均摊时间复杂度。

3.1.2　均摊时间复杂度

算法通常在不同输入的情况下会有不同的表现。回到之前线性搜索数组中某个元素的算法，我们试图分析的是键不在数组中的情况。对该算法而言这是最坏情况，也就是说，在这种情况下使用算法开销最大。而最佳情况是指算法的开销最少的情况。平均情况则是指算法在接收不同的输入时，平均使用资源的情况。

标准库一般是度量算法对容器操作的均摊时间。如果某个算法以恒定的均摊时间运行，这意味着该算法除了极少数情况下会表现得很糟糕外，其他情况下都可以以 $O(1)$ 运行。当然，我们很容易把均摊时间和平均时间很容易混淆，但正如你将看到的，它们其实是不同的。

为了理解均摊时间复杂度，让我们花点时间看看 std::vector::push_back()。假设向量内部有一个固定大小的数组存储其中元素。在调用 push_back()时，如果该固定大小数组中还有额外的空间可以容纳更多的元素，那么该操作将在恒定时间内运行 $O(1)$，也就是说，只要内部数组还有空间容纳新的元素，它就不用在乎当前向量中元素的个数：

```
if (internal_array.size() > size) {
```

```
    internal_array[size] = new_element;
    ++size;
}
```

可是一旦向量内部数组满了之后会发生什么呢？处理不断增长的向量的办法之一就是创建一个新的空的内部数组，其大小比原先的数组规模更大，然后将旧数组中的所有元素转移到新数组中。可是因为要移动数组的所有元素，这样一来算法的开销显然就不再是恒定时间了，而是变成了 $O(n)$。我们如果认定这种情况就是算法的最坏情况，那就意味着 push_back() 是一个 $O(n)$ 复杂度的函数。不过如果你测试过的话，就会知道哪怕多次调用 push_back()，最坏情况也并不总是会发生。因此，如果一旦得知 push_back()会被连续调用多次，就直接得出 push_back()的复杂度是 $O(n)$ 的结论是很草率的。

均摊运行时间用于分析一连串操作，而非某一单一操作。不过哪怕是一连串的操作，我们也有必要分析它的最坏情况。首先我们要分析一连串序列的运行时间，再用算出的时间除以序列的长度就可以算出均摊运行时间了。假设我们正在执行一个总运行时间为 $T(m)$ 的 m 操作序列：

$$T(m) = t_0 + t_1 + t_2 + \cdots + t_{m-1}$$

其中 $t_0 = 1$， $t_1 = n$， $t_2 = 1$， $t_3 = n$， 以此类推。换句话说，其中有一半的操作是以恒定时间运行的，另一半则是以线性时间运行的。则所有 m 个操作的总时间 T 可以表示为：

$$T(m) = n \cdot \frac{m}{2} + 1 \cdot \frac{m}{2} = \frac{(n+1)m}{2}$$

每个操作的均摊复杂度是总时间除以操作数，其结果是 $O(n)$：

$$T(m) / m = \frac{(n+1)m}{2m} = \frac{n+1}{2} = O(n)$$

不过，如果我们能够保证高开销操作的数量与恒定时间操作的数量相比之下会差几个数量级，那么就可以获得更低的均摊运行成本。例如，如果我们能保证高开销操作在序列 $T(n) + T(1) + T(1) + \cdots$ 中只会出现一次，那么此时均摊运行时间就是 $O(1)$。因此，均摊运行时间会随着高开销操作的频率的变化而变化。

现在，让我们回到 std::vector。C++标准规定 push_back()需要以常量均摊时间运行，即 $O(1)$。那么库开发者要如何实现这一要求呢？如果每次向量变满，就增加固定数量的元素容量，就会出现与上文所述类似的情况，即它的运行时间为 $O(n)$。即使是使用一个很大的常数，容量的变化依然会以固定的时间间隔发生。关键点在于，为了令高开销的操作尽少发生，向量需要以指数形式增长。而在向量内部使用增长因子，就可以让新向量的容量是原先向量的容量乘以增长因子，从而降低高开销操作发生的频率。

较大的增长因子可能会浪费更多的内存，但却会使高开销操作发生的频率降低。为了简化计算，我们选择用一个简单常见的策略，即每次向量容量需要增长时，就将容量增加一倍。现在我们就可以估算高开销操作调用发生的频率了。对于一个大小为 n 的向量，由于我们一直在令数组大小加倍，因此需要增长内部数组 $log_2(n)$ 次。每次增长数组时，就需要移动当前数组中的全部元素。在第 i^{th} 次增长数组时，将有 2^i 个元素需要移动。因此，如果执行 m 个 push_back()操作，增长操作的总运行时间将是：

$$T(m) = \sum_{i=1}^{log_2(m)} 2^i$$

这是一个等比数列，也可以表示为：

$$\frac{2 - 2^{log_2(m)+1}}{1-2} = 2m - 2 = O(m)$$

将其除以序列的长度 m，最终可以得到均摊运行时间 $O(1)$ 。

正如之前说的，均摊时间复杂度在标准库中常被使用，所以了解分析过程是有好处的。考虑 push_back()如何以常数均摊时间实现，让我们很容易就记住了常数均摊时间的简化版：除极少数情况外，它几乎在所有情况下都能以 $O(1)$ 运行。

以上就是关于渐进复杂度的全部内容。现在我们将继续讨论如何通过优化代码来解决性能问题以便让我们保持高效工作。

3.2　度量什么？该如何度量？

优化几乎总是会为代码增加复杂度的。高阶的优化，如选择算法和数据结构，可以让代码的意图变得更加清晰，但在大多数情况下，优化却会令代码难以阅读和维护。因此这就意味着，我们必须在完全确认方案能够达到性能目标的前提下，对代码进行优化。但是反过来说，我们真的需要让代码更快吗？具体在哪些方面？代码是否真的用了太多内存？为了了解那些潜在的优化，我们需要对需求有更好的理解，比如延迟、吞吐量和内存使用。

优化代码是件趣事，但没有可衡量的收益却会让我们迷失方向。本节中，我们将以一个建议的工作流程开始，同时，我也建议你在调整代码时遵循这个流程：

1. 定义目标：如果你有一个明确的、可量化的目标，就更容易知道怎么优化以及什么时候可以停下来。当然，只有少数情况下我们能从一开始就知道需求是什么，绝大多数情况下，需求往往是模糊的。哪怕代码运行速度显而易见的慢，我们依然要搞清楚快到什么程度才是够好的。其实每个领域都有自己的限制，所以我们要足够了解与我们当前工作系统相关的那些限制。这里有些具体的例子：

- 用户交互式应用的响应时间为 100 毫秒；请见 https：//www.nngroup.com/articles/response-times-3-important-limits。
- 每秒 60 帧（FPS）的图形意味着每帧 16 毫秒左右。
- 在 44.1 kHz 采样率下有 128 个采样缓冲区的实时音频意味着略低于 3ms。

2. 度量：一旦知道要度量什么以及有哪些限制，就可以开始着手度量性能了。从第一步来看，我们是否要聚焦在均摊时间、峰值、负载等方面应该是很清楚了。在这一步中，我们只关心度量上一步中设定的目标。根据不同的应用，度量可以采用相应的工具，从使用秒表到高度复杂的性能分析工具都是可以的。

3. 找到瓶颈：接下来，我们需要找到应用的瓶颈，也就是那些太慢的代码。但是在这一点上，请一定不要相信直觉！也许在第二步度量代码中不同的点时，我们已经有了一些潜在的想法，但我们仍需进一步剖析代码，才能确保真的找到了性能优化的关键节点。

4. 做有根据的猜测：为如何提高性能提出假设。能否使用查找表？能否通过缓存数据来获得总吞吐量？是否可以改变代码，让编译器将其矢量化？能否通过重复使用内存以减少关键部分的内存分配次数？在明确知道这些只是有依据的猜测的情况下，想出这些解决方案就不难了。当然，哪怕错了也没关系，毕竟过会我们就知道这些解决方案会造成了什么影响了。

5. 优化：实现在第四步中提出的设想。在知道它确实有效之前，不必在这一步上花费太多时间使其完美。同时也要做好这种优化解决方案无效的准备，毕竟它可能不会产生预期的效果。

6. 评估：再次度量。进行与第二步完全相同的测试，并比较结果。我们获得了什么？如果没有任何收获，就回滚这段代码到第四步。如果优化确实带来了积极影响，那要问问自己，我们是不是要投入更多时间进行优化。这个优化方案有多复杂？是否值得这样做？这是一个普遍的性能增益，还是对某一案例/平台的高度“定制化”？它是可维护的吗？能否将其封装，或广泛应用于代码库中？如果这些问题的答案都在促进继续进行优化，那么请到最后一步，否则，请回到第四步。

7. 重构：按照第五步的指示，如果你一开始并没有花太多时间写出“完美的”代码，那么现在是时候对它重构优化，使其更简洁了。优化几乎总是需要一些注释来解释我们为什么要以这种不寻常的方法写代码。

遵循这一过程可以确保我们始终保持在正确方向上，不会以复杂而没有收益的优化结束我们的工作。花时间定义具体目标和度量的重要性再怎么强调都不为过。为了在这个领域取得成功，我们还需要了解哪些性能特征与应用相关。

3.2.1　性能特征

开始度量前，我们必须得知道哪些性能特征是对代码重要的。本节中，我将引入一些在度量性能时常用的术语。根据你正在编写的代码，有些特征会比其他特征更具相关性。例如，如果你正在实现一个在线图像转换器服务，这时吞吐量可能是一个比延迟更重要的特征，而在实现具有实时要求的交互式应用时，延迟则成为了关键特征。下面是一些在度量性能时需要我们熟知的概念：

- 延迟/响应时间：不同领域里，延迟和响应时间可能有非常明确和不同的含义。本书中，我指的则是一个操作的请求和响应之间的时间，如一个图像转换服务处理一张图像所需的时间。
- 吞吐量：指的是每个时间单位处理事务（操作、请求等）的数量。例如，图像转换服务每秒钟可以处理的图像数量。
- I/O 绑定或 CPU 绑定：一个任务通常花费大部分时间在 CPU 上计算或等待 I/O（硬盘、网络等）。如果一个任务在 CPU 更快的情况下就会运行的更快，那么该任务就被称为 CPU 绑定。如果让 I/O 更快，它就越快，那么就是 I/O 绑定。有时你也会听到关于内存绑定的任务，这意味着主内存的数量或速度是当前的瓶颈。
- 耗电量：对于在带电池的移动设备上执行的代码，这是一个非常重要的因素。为了降低功耗，应用需要更高效地使用硬件，就像我们对 CPU 的使用、网络效率等优化一样。除此之外，还应该避免高频率的轮询，因为它可以防止 CPU 进入睡眠状态。
- 数据聚合：在性能度量中收集大量样本时，通常有必要对数据聚合。有时，平均值足以说明代码的性能，但大多数情况下，中位数因为对异常值更为稳定，才更能说明问题。如果你对异常值感兴趣，可以尝试度量最小值和最大值（或例如第十个百分点）。

上述列出的清单并不是详尽无遗的，但却能起到抛砖引玉的作用。这里需要记住的是，在度量性能时，有些我们可以使用的既定的术语和概念。多花些时间定义优化的真正含义，可以帮助我们更快达到目标。

3.2.2　运行时间的提升

在比较程序或函数两个版本间的相对性能时，我们常习惯讨论速度的提升。在此我将给出比较执行时间（或延迟）的速度提升时的定义。假设我们已经度量了某些代码两个版本的执行时间：一个较慢的旧版本，和一个较快的新版本代码。然后可以相应地计算出代码执行时间的加速：

$$运行时间的提升 = \frac{T_{old}}{T_{new}}$$

其中 T_{old} 是代码初始版本的运行时间，T_{new} 是优化后版本的运行时间。这样的定义意味着，当结果为 1 时，运行时间并没有任何提升。

接下来，我们通过一个例子来清楚阐述如何度量相对执行时间。假设一个执行时间为 10 毫秒的函数（即 $T_{old} = 10ms$），经过优化后，我们设法让它能在 4 毫秒内运行结束（即 $T_{new} = 4ms$）。那么可以得出速度的提升如下：

$$速度提升 = \frac{T_{old}}{T_{new}} = \frac{10ms}{4ms} = 2.5$$

也就是说，新优化版本的代码提供了 2.5x 的速度提升。如果想用百分比来表示这种改进，可以使用下面的公式将速度提升转换为百分比形式的改进：

$$\%提升 = 100\left(1 - \frac{1}{提升}\right) = 100\left(1 - \frac{1}{2.5}\right) = 60\%$$

然后，我们就可以得出结论，新版本的代码比旧版本的代码运行速度快 60%，这相当于速度提高了 2.5x 倍。本书中，比较执行时间时，我会一直使用速度提升，而不是百分比的方式。

最后，尽管我们常常会更关心执行时间，但它并不总是最好的度量对象。检查硬件上其他的数值，可能会给我们更多有用的指引以帮助我们优化代码。

3.2.3 性能计数器

除了像执行时间和内存使用这种比较明显的属性外，度量其他的数据有时也是有益的。一方面可能是因为它们更为可靠，另一方面则是因为它们可以更清楚地表明到底是什么让代码运行缓慢。

许多 CPU 都配备了硬件性能计数器，可以为开发者提供指令数量、CPU 周期、分支误预测和缓存未命中等指标。我们尚未介绍上述这些硬件方面的内容，本书也不会深入探讨性能计数器相关技术。当然，了解它们的存在是有很有用的，而且所有主流的操作系统都有现成的工具和库（可通过 API 访问），它们可以在程序运行时收集性能监视计数器（**PMC**）。

对性能计数器的支持会因 CPU 和操作系统的不同而有所不同。英特尔提供了 VTune 这样强大的工具，用以监控性能计数器。FreeBSD 提供了 pmcstat。macOS 则带有 DTrace 和 Xcode Instrums。Microsoft Visual Studio 在 Windows 上提供了对收集 CPU 计数器的支持。

除此之外比较流行的工具就是 perf 了，它在 GNU/Linux 系统上是可用的。运行如下命令：

```
perf stat ./your-program
```

会展示很多有意思的事情，如上下文切换次数、页面错误、误预测的分支等。下面是它在运行某个程序时的输出：

```
Performance counter stats for './my-prog':
    1 129,86   msec   task-clock               # 1,000 CPUs utilized
           8          context-switches         # 0,007 K/sec
           0          cpu-migrations           # 0,000 K/sec
      97 810          page-faults              # 0,087 M/sec
3 968 043 041         cycles                   # 3,512 GHz
1 250 538 491         stalled-cycles-fron      # 31,52%frontend cycles idle
                      tend
  497 225 466         stalled-cycles-back      # 12,53%backend cycles idle
                      end
6 237 037 204         instructions             # 1,57 insn per cycle
                                               # 0,20 stalled cycles per insn
  1 853 556 742       branches                 # 1640,516 M/sec
    3 486 026         branch-misses            # 0,19%of all branches
  1,130355771   sec   time elapsed
  1,026068000   sec   user
  0,104210000   sec   sys
```

接下来，我们将着重讨论测试与评估性能时的最佳实践。

3.2.4　最佳实践：性能测试

因为一些原因，回归测试会更多的选择覆盖功能需求，所以相对的，在实际工作中，性能需求和其他非功能需求就很少被覆盖到。所以性能测试只会在偶尔进行，而且往往是在开发过程中较晚才介入。我的建议是，在每日构建中加入性能测试，尽可能早地度量并检测回归情况。

如果要处理大规模输入，那么就要明智审慎地选择用到的算法和处理的数据结构。除非有充足的理由，否则不必对代码微调。此外开发早期就尽可能使用真实的测试数据来测试代码也很重要。同时，开发者也应该在项目早期，就对数据规模提出疑问，比如，程序应该在处理多少行表时仍能平顺的滚动？注意，不要只用 100 个元素测试，然后就期望代码可以轻易进行扩展，测试一下会更可靠！

对收集到的数据绘制图形能让你更高效的理解它们。现在有很多方便易用的绘图工具，所以千万不要找借口拒绝整理它们。RStudio 和 Octave 都提供了强大的绘图功能。此外，比如 gnuplot 和 Matplotlib（Python）可以在不同平台上使用，它们只需要少量的脚本就可以在收集数据后生成图表。记住，并不是绘制的图形越漂亮越有用，一旦绘制了收集到的数据，我们可以更轻松地找到那些在满是数字表格中难以发现的异常值和模式。

到此“度量什么？该如何度量？”部分就结束了。接下来，我们将讨论如何找到那些在代码中浪费太多资源的关键部分。

3.3 了解代码和热点

帕累托法则（Pareto principle）又称 80/20 法则，自 100 多年前由意大利经济学家维尔弗雷多·帕累托首次提出以来，已被应用于各个领域。他通过展示 20%的意大利人口拥有 80%的土地说明了该法则。在计算机科学领域中，它也被广泛使用，甚至有点过度使用。在软件优化中，它表明 20%的代码会使用程序所使用的 80%的资源。

当然，这只是个经验法则，不应过于强调。不过，对于那些没有经过优化的代码，往往能够发现一些相对小的热点，而它们确实花费了总资源里的绝大部分资源。对我们这些开发者来说，这其实算是个好消息，因为它意味着在编写大部分代码时不用因为性能的原因而调整代码，这样我们可以专注在保持代码整洁上。当然，这也意味着，进行优化时，我们得先知道要在哪里进行优化。否则，我们很可能会进行无效的优化。本节我们将研究一些方法和工具，来帮我们找到代码中那些可能值得优化的 20%的代码。

通常，使用剖析器是识别代码热点最有效的方法。剖析器分析程序的执行情况，并输出函数或指令在运行时调用频率的统计摘要。

此外，剖析器通常还会输出调用图来显示函数间的调用关系，也就是剖析期间，每个函数的调用者和被调用者。图 3.4 中，可以看到 sort()函数是由 main()（调用者）调用的，sort()调用了 swap()（被调用者）：

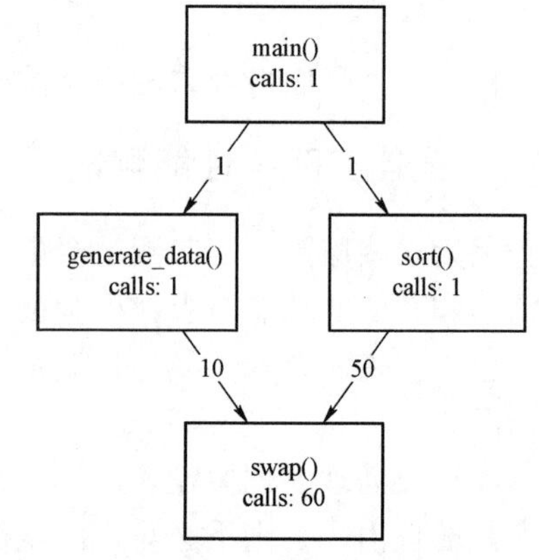

图 3.4　调用图示例。其中函数 sort()被调用 1 次，函数 swap()被调用 50 次

剖析器主要有两大类：采样型剖析器和插桩型（instrument）剖析器。剖析方法也可以混合采样和插桩来实现。gprof，Unix 的性能分析工具，就是这方面的代表。接下来的章节将着重介绍这两类剖析器。

3.3.1 插桩型剖析器

通过插桩的方式，就是在要分析的程序中插入代码，从而收集关于每个函数的执行频率信息。一般来说，插桩代码会记录每个入口（entry point）和出口（exit point）。你也可以手动插入代码并编写自定义的简单插桩型剖析器。或者在构建过程中添加一个步骤，来通过工具自动化的插入必要的代码。

一般来说，简易的实现方式对优化目的而言可能是足够的，但我们还是得注意这些增量代码对性能的影响，因为它可能会误导剖析结果。此外，简单原始的实现方式带来的另一个问题是，它可能会阻止编译器优化，或者它有被优化掉的可能。

```
class ScopedTimer {
public:
  using ClockType = std::chrono::steady_clock;

  ScopedTimer(const char* func)
      : function_name_{func}, start_{ClockType::now()} {}

  ScopedTimer(const ScopedTimer&) = delete;
  ScopedTimer(ScopedTimer&&) = delete;
  auto operator=(const ScopedTimer&) -> ScopedTimer& = delete;
  auto operator=(ScopedTimer&&) -> ScopedTimer& = delete;

  ~ScopedTimer() {
    using namespace std::chrono;
    auto stop = ClockType::now();
    auto duration = (stop - start_);
    auto ms = duration_cast<milliseconds>(duration).count();
    std::cout << ms << " ms " << function_name_ << '\n';
  }

private:
  const char* function_name_{};
  const ClockType::time_point start_{};
```

```
};
```

下述的插桩型剖析器例子，是我在以前项目中使用的定时器类的简化版本：

ScopedTimer 类会度量从它被创建为实例起到超出作用域的时间，也就是它被析构的时间。本类中，我们使用到了 std::chrono::stable_clock 类，该类自 C++11 开始可用，是为了度量时间间隔设计的。stable_clock 是单调的，这意味着连续两次地调用 clock_type::now()得到的结果不会减少。不过对比系统时钟则并非如此，比如，你可以在任何时候调整系统时钟到任意时间。

现在，我们可以通过在想要度量的函数开头创建一个 ScopedTimer 实例来使用这个定时器类，比如：

```
auto some_function() {
  ScopedTimer timer{"some_function"};
  // ...
}
```

尽管一般我们不推荐使用预处理宏，不过本例可能是额外情况：

```
#if USE_TIMER
#define MEASURE_FUNCTION() ScopedTimer timer{__func__}
#else
#define MEASURE_FUNCTION()
#endif
```

我们在这里使用自 C++11 以来唯一可用的预定义本地函数__func__变量来获取函数名。C++20 还引入了便捷的 std::source_location 类，它提供了 function_name()、file_name()、line()和 column()等函数。如果你现在用的编译器还不支持 std::source_location 类，那么还有些其他非标准的预定义宏可供选择，它们也都被广泛支持，对调试来说相当有用，如__FUNCTION__、__FILE__和__LINE__。

如此，我们的 ScopedTimer 类就可以像这样被使用了：

```
auto some_function() {
  MEASURE_FUNCTION();
  // ...
}
```

假设，在编译代码时，我们定义了 USE_TIMER。那么每次 some_function()返回时，它都会有如下输出：

```
2.3 ms some_function
```

如上，我们展示了如何通过插入代码，来输出目标代码入口与出口间的运行时间，以便检测代码。尽管它在某些情况下很方便，但请依然注意像这样简单的工具可能会产生有误导性的结果。下一节，我将介绍一种不需要对可执行代码进行任何修改的剖析方法。

3.3.2　采样型剖析器

采样型剖析器对运行程序在均匀时间间隔（一般是每 10 毫秒）进行观察，并将状态记录为剖析报告。这种类型的剖析器对程序的实际性能影响最小，并且还可以在开启所有优化选项的情况下以发布模式来构建代码。当然，它的缺陷则是不那么精准以及它的统计方法，但只要你了解这一点，这就不是什么问题。

图 3.5 展示了一个有五个函数的程序运行时的采样会话：main()，f1()，f2()，f3()和 f4()。其中 **$t_1 - t_{10}$** 的标签表示每次取样的时间。图 3.5 中的方框表示每个在执行函数的入口和出口：

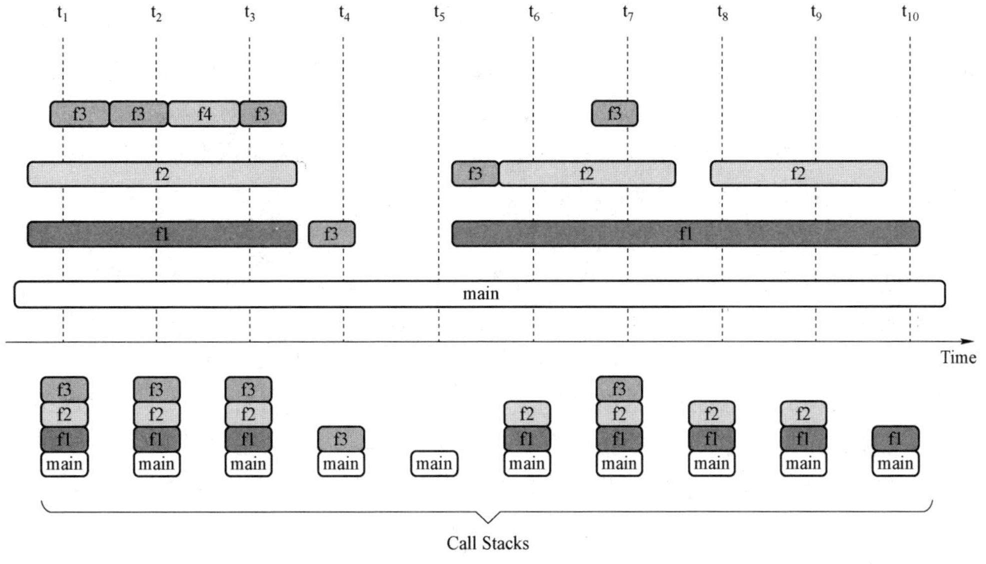

图 3.5　采样型剖析器会话示例

表 3.3 概述了图例中采样剖析情况。

表 3.3　Total 列表示每个函数出现在调用栈中的总百分比，Self 列表示这些函数出现在栈顶部的调用栈的百分比

Function	Total	Self
main()	100%	10%
f1()	80%	10%
f2()	70%	30%
f3()	50%	50%

表 3.3 中“**Total**”列的含义是，“包含该函数的调用栈”的百分比。本例中，主函数在所有 10 个调用栈中均有出现（即 100%），而 f2()函数只在 7 个调用栈中被检测到，即占所有调用栈的 70%。

“**Self**”列的含义是，该函数出现在调用栈顶部的次数所占百分比。main()函数在第五个采集样本 $\mathbf{t_5}$ 中被检测到在调用栈顶部一次。而 f2()函数则在样本 $\mathbf{t_6}$、$\mathbf{t_8}$ 和 $\mathbf{t_9}$ 时在调用栈顶部，也就是说，f2()的 Self 列的值是 3/10＝30%。

上例中，f3()函数的 **Self** 值最高（5/10），并且，每次检测到它时，它都在调用栈顶部。

本质上，采样型剖析器是以均匀的时间间隔存储调用栈样本的。它检测的是当前在 CPU 上运行的内容。纯粹的采样型剖析器通常只检测当前处于运行状态的线程中执行的函数，这是因为睡眠状态的线程不会在 CPU 上被调度。这意味着，如果某个函数在等待线程锁，从而导致线程进入睡眠状态，那么这段时间是不会被采样进分析中的。这一点同样重要，因为有时代码的瓶颈可能就是由线程同步所引起的，而这一原因采样型剖析器是有可能检测不到的。

那么 f4()函数怎么了？根据图表，它在样本 2 和样本 3 之间被 f2()函数所调用。但因为它从未在任何调用栈中注册，所以它并未出现在剖析统计中。这是采样型剖析器的重要特点。如果每个样本之间的时间间隔太长或者总的抽样时间太短，那么调用时间较短的和不那么经常被调用的函数就不会被剖析器统计到。当然，这往往不是什么问题，毕竟这些函数几乎不怎么需要我们调整。但是，本例中存在的例外就是 f3()函数也被遗漏了，它在 $\mathbf{t_5}$ 和 $\mathbf{t_6}$ 之间被调用却没有被统计到，因为 f3()调用非常频繁，这一次的漏统计会对剖析结果产生巨大的影响。

一定要确保了解时间剖析器所记录的实际内容。要了解它的局限性和相应的优势，才能有效地使用它。

3.4 微基准测试

性能剖析可以帮助开发者找到代码的瓶颈。像低效的数据结构（见第 4 章，数据结构）、算法的错误选择（见第 5 章，算法）或不必要的竞争（见第 11 章，并发）等较大问题造成的性能瓶颈，应该被首先解决。但有时，我们也会发现，我们需要优化的是一个小函数或者小块的代码，这时，就可以使用名为微基准测试的方法了。通过运行一个与代码其他部分隔离的小块代码，就可以创建这样的一个微基准测试。它的过程包括：

1. 优先使用剖析器找到需要调整的热点。
2. 将之与其他代码分开，并新建一个孤立的微基准测试。
3. 优化该微基准测试。在优化过程中使用微基准测试框架以测试和度量这部分代码。
4. 将优化后的代码集成到原先代码中，并再次度量，查看该代码在更全面的上下文下运行时，优化是否与其他的输入有关。

上面描述的四步在图 3.6 得到了说明。

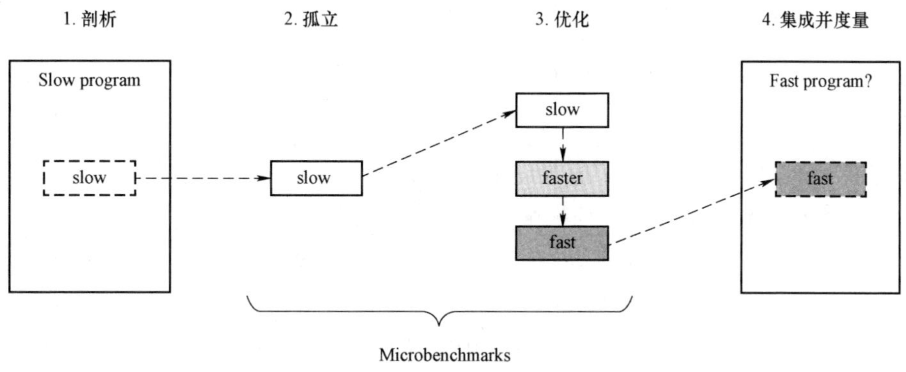

图 3.6 微基准测试过程

微基准测试确实有趣。不过，在潜心研究如何使某一特定函数变得更快之前，一定要首先确定：

- 运行程序时，函数内部所花费的时间大大影响了我们想要优化的代码的整体性能。剖析和阿姆达尔定律（Amdahl′s law）可以帮你理解这一点。我们会在下一节介绍阿姆达尔定律。
- 我们无法很轻易地就减少函数的调用次数。尽管消除对开销高昂的函数的调用通常是优化代码整体性能最有效的方法。

使用微基准测试优化代码通常会被视为最后的手段。该方法所预期的整体性能提升通常也是很小的。然而，有时我们也无法规避下面这样的事实，即，需要通过调整代码的实现，使一段相对较小的代码块运行起来更快，这种情况下，微基准测试就会变得行之有效。

接下来，你会看到微基准测试后优化的速度是如何影响程序整体速度的。

3.4.1 阿姆达尔定律

进行微基准测试时，我们必须始终牢记鼓励代码的优化对整个程序的影响有多大（或有多小）。按我的经验来看，当改进某个微基准测试时，开发者往往容易过于兴奋，但需要时刻谨记并意识到的是它对整体的影响可能微乎其微。这种无从下手的风险部分是可以通过使用合理的剖析手段解决的，但也要关注优化的整体影响。

假设，我们在微基准测试中对程序的某个孤立代码块进行优化。那么就可以根据阿姆达尔定律计算出这个程序优化后的加速上限。为了得出这个整体加速度，我们还需要知道两个数值：

● 第一，需要知道孤立部分代码的执行时间在整体执行时间中的占比。我们用字母 p 表示这个比值。

● 第二，需要知道正在优化部分的加速倍数，即微基准测试。我们用字母 s 表示这个局部加速倍数。

代入 p 和 s，就可以使用阿姆达尔定律计算整体的速度提升：

$$Overallspeedup = \frac{1}{(1-p)+\dfrac{p}{s}}$$

希望它看起来不复杂，因为在投入使用时这个计算相当直观。为了更好地了解阿姆达尔定律，让我们看看 p 和 s 在使用各种极端值时，整体速度的变化：

● 设 $p=0$，$s=5x$ 时，意味着我们优化部分的代码对整体执行时间没有影响。因此，无论 s 的值为多少，整体的加速倍数都是 $1x$。

● 设 $p=1$，$s=5x$ 时，意味着我们优化部分的代码就是程序的整体执行时间。此时，整体的速度提升将总是与我们优化部分的速度提升保持一致，本例中就是 $5x$。

● 设 $p=0.5$，$s=\infty$时，意味着我们完全消除了整体执行时间一半的时间。这样，整体速度将会提高 2 倍（即 $2x$）。

结果总结如表 3.4 所示。

表 3.4　　p 和 s 的极端值与整体的速度提升

p	s	整体提升倍数
0	$5x$	$1x$
1	$5x$	$5x$
0.5	∞	$2x$

下面的例子可以说明在实践中如何使用阿姆达尔定律。假设，我们正优化某个函数，优化后的版本比原始版本快 2 倍，即提速 $2x(s=2)$。此外，假设该函数只占整体执行时间的 1%（即 $p=0.01$）。则整个程序的整体加速倍数计算如下：

$$Overallspeedup=\frac{1}{(1-p)+\frac{p}{s}}=\frac{1}{(1-0.01)+\frac{0.01}{2}}=1.005$$

综上所述，哪怕我们让这一小块孤立代码提速 2 倍，整体的速度提升也只有 1.005 倍。虽然这个速度提升并非忽略不计，但我们确实需要不断回顾优化过程中的投入与全局收益。

3.4.2　微基准测试的隐患

一般在度量软件性能，尤其是微基准测试时，会有很多隐式难题。下面，我将介绍一些进行微基准测试时需要注意的事项：

- 有时结果被过度概括，从而被当作了普遍真理。
- 编译器优化孤立代码时可能会与对整体程序的优化不同。例如，某个函数在微基准测试时被内联，但在完整程序编译时却没有。或者，编译器可能可以预先计算微基准测试的部分内容。
- 微基准测试中未使用的返回值可能让令编译器移除我们正在度量的函数。
- 微基准测试中提供的静态测试数据在优化代码时，可能会给编译器带来现实代码中不会存在的优势。比如，如果我们硬编码某个循环将被执行 *n* 次，而编译器知道这个值恰好是 8 的倍数，它就可以对循环进行不同的矢量处理，跳过可能与 SIMD 寄存器大小不一致部分的预处理代码（prologue）和后处理代码（epilogue）。而在真实代码中，这个硬编码的编译时常数会被替换为运行时的值，而刚才提到的这种优化就不会发生在真实情况中。
- 不现实的测试数据会对运行基准测试时的分支预测产生影响。
- 由于频率调整（frequency scaling）、缓存污染和其他进程的调度等因素，多次度量之间的结果可能会有所不同。
- 代码性能的限制因素可能是由于缓存未命中，而非它的实际执行指令的时间。因此，许多情况下，微基准测试的一个重要规则就是，在度量之前先仔细研究缓存，否则就无法真正度量任何数据。

可惜没有一个简单的公式可以规避上述所有隐患。不过，下一节中，我们将选取一个实例，来看看如何通过使用微基准测试辅助库解决部分隐患。

3.4.3　微基准测试实例

本章最后，我们将回到最初的线性搜索和二分搜索的例子，并演示如何使用基准测试框架进行测试。

本章开始时，我们对比了两种在 std::vector 中查找一个整数的方法。在知道向量已经被排序的情况下，可以使用二分搜索，它的性能要优于简单的线性搜索算法。在此，我们将不再重复函数的定义。它们的声明如下：

```
bool linear_search(const std::vector<int>& v, int key);
bool binary_search(const std::vector<int>& v, int key);
```

对上述的两种函数来说，输入规模越大，它们的差异就越明显。所以对本节来说，这恰好是个不错的例子。首先，我们将度量 linear_search()函数。之后，在有了基准测试后，我们会加入 binary_search()函数，并对比这两个函数。

为了进行测试，首先需要一种方法生成一个排好序的整型向量。下列代码足够简单，且足以满足当前所需：

```
auto gen_vec(int n) {
  std::vector<int> v;
  for (int i = 0; i < n; ++i) {
     v.push_back(i);
  }
  return v;
}
```

上述函数所返回的向量将包含 0 到 $n-1$ 之间的所有整数。之后，我们就可以编写类似下面的测试代码：

```
int main() { // 不要像这样做性能测试!
   ScopedTimer timer("linear_search");
   int n = 1024;
   auto v = gen_vec(n);
   linear_search(v, n);
}
```

由于上述代码里我们要搜索的 n 值并不存在于生成的向量中，因此该算法会在这组测试数据中表现出最坏情况下的性能。除了这部分（触发最坏情况性能）的优势外，这段测试还存在以下缺陷，它们会让本测试变得毫无参考价值：

- 如果使用优化的方式编译本段代码，则编译器很可能会因为函数结果没有被使用，而直接删除这段代码。

- 我们并不想度量创建和填充 std::vector 的时间。
- 只运行一次 linear_search()函数，无法获得该函数性能在统计意义上稳定的度量结果。
- 本测试很难对不同输入规模进行测试。

那么如何通过微基准测试库解决上述问题呢？目前有很多可用于基准测试的工具/库，本例我们将使用被广泛使用的 **Google Benchmark**，https：//github.com/google/benchmark，它甚至可以相当便捷的在网页上进行在线测试，而不需要安装，http：//quick-bench.com。

下面是使用 Google Benchmark 时，linear_search()函数的简单微基准测试的代码：

```
#include <benchmark/benchmark.h> // Non-standard header
#include <vector>

bool linear_search(const std::vector<int>& v, int key) { /* ... */ }
auto gen_vec(int n) { /* ... */ }

static void bm_linear_search(benchmark::State& state) {
  auto n = 1024;
  auto v = gen_vec(n);
  for (auto _ : state) {
    benchmark::DoNotOptimize(linear_search(v, n));
  }
}
BENCHMARK(bm_linear_search); // 注册基准测试函数
BENCHMARK_MAIN();
```

这就搞定了！目前唯一待解决的问题就是，输入大小被硬编码为 1024。编译并运行该测试程序将得到以下结果：

```
----------------------------------------------------------------
Benchmark                 Time     CPU          Iterations
----------------------------------------------------------------
bm_linear_search      361 ns   361 ns       1945664
```

最右栏中表示的是迭代次数，说明了在获得统计意义上稳定的结果之前，需要循环的次数。传递给基准测试函数的 state 对象决定了何时停止。每次迭代的平均时间分别在两列中说明：**Time** 列表示的是真实时间（wall-clock time），**CPU** 列表示的是主线程在 CPU 上花费的时间。本例中这两列的结果是一样的。但时，假设 linear_search()在等待 I/O 时被阻塞了，那么 CPU 时间就低于真实时间了。

此外，需要注意的是，生成向量的代码并不包含在报告的时间内。上述报告唯一度量的代码是下面这段循环内的代码：

```
for (auto _ : state) { // 仅此循环会被度量
  benchmark::DoNotOptimize(binary_search(v, n));
}
```

从搜索函数返回的布尔值会被 benchmark::DoNotOptimize()封装。这是一种为了确保返回值不会被优化掉的机制，就像前面说的，这种优化可能会使对 linear_search()的整个调用被优化掉。

接下来，我们通过改变输入规模进行测试。可以通过将 state 对象传入基准测试函数来实现。下面是实现方法：

```
static void bm_linear_search(benchmark::State& state) {
  auto n = state.range(0);
  auto v = gen_vec(n);
  for (auto _ : state) {
    benchmark::DoNotOptimize(linear_search(v, n));
  }
}
BENCHMARK(bm_linear_search)->RangeMultiplier(2)->Range(64, 256);
```

上面代码的输入规模从 64 开始，然后加倍直到 256。在我使用的电脑上，该测试产生了如下输出：

```
-------------------------------------------------------------------
Benchmark                Time       CPU          Iterations
-------------------------------------------------------------------
bm_linear_search/64      17.9 ns    17.9 ns      38143169
bm_linear_search/128     44.3 ns    44.2 ns      15521161
bm_linear_search/256     74.8 ns    74.7 ns      8836955
```

最后，我们将使用可变输入大小对 linear_search()和 binary_search()函数进行基准测试，并让框架估算这两个函数的时间复杂度。这可以通过使用 SetComplexityN()函数向 state 对象提供输入大小来实现。完整的微基准测试示例如下所示：

```
#include <benchmark/benchmark.h>
#include <vector>

bool linear_search(const std::vector<int>& v, int key) { /* ... */ }
bool binary_search(const std::vector<int>& v, int key) { /* ... */ }
auto gen_vec(int n) { /* ... */ }

static void bm_linear_search(benchmark::State& state) {
  auto n = state.range(0);
  auto v = gen_vec(n);
  for (auto _ : state) {
    benchmark::DoNotOptimize(linear_search(v, n));
  }
  state.SetComplexityN(n);
}
static void bm_binary_search(benchmark::State& state) {
  auto n = state.range(0);
  auto v = gen_vec(n);
  for (auto _ : state) {
    benchmark::DoNotOptimize(binary_search(v, n));
  }
  state.SetComplexityN(n);
}

BENCHMARK(bm_linear_search)->RangeMultiplier(2)->
  Range(64, 4096)->Complexity();
BENCHMARK(bm_binary_search)->RangeMultiplier(2)->
  Range(64, 4096)->Complexity();
BENCHMARK_MAIN();
```

运行测试后，我们将得到类似下面的控制台结果：

```
-------------------------------------------------------------------
Benchmark                         Time  CPU            Iterations
-------------------------------------------------------------------
bm_linear_search/64            18.0 ns  18.0 ns        38984922
bm_linear_search/128           45.8 ns  45.8 ns        15383123
...
bm_linear_search/8192          1988 ns  1982 ns        331870
bm_linear_search_BigO           0.24 N  0.24 N
bm_linear_search_RMS                4%  4%
bm_binary_search/64            4.16 ns  4.15 ns        169294398
bm_binary_search/128           4.52 ns  4.52 ns        152284319
...
bm_binary_search/4096          8.27 ns  8.26 ns        80634189
bm_binary_search/8192          8.90 ns  8.90 ns        77544824
bm_binary_search_BigO         0.67 lgN  0.67 lgN
bm_binary_search_RMS                3%  3%
```

如上图所示，我们对这两个算法的复杂度计算分别是线性运行时间和对数运行时间。本次测试的输出结果与前面的结论一致。将这些数值绘制在表格中可以更清楚的展示函数的线性与对数增长率。

图 3.7 是用 Python 在 Matplotlib 生成的。

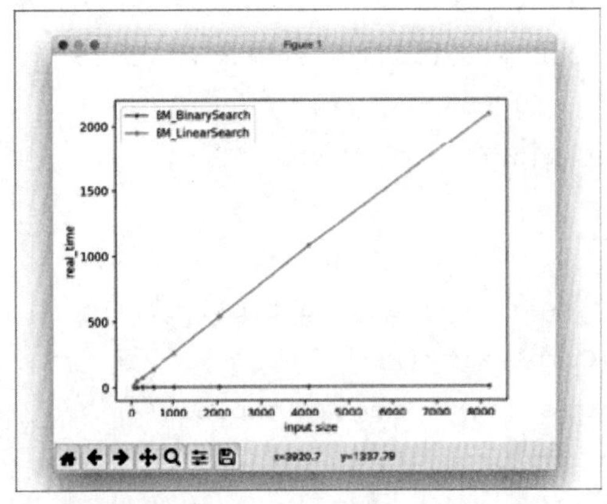

图 3.7　绘制不同输入规模的执行时间图示，展示搜索算法的增长率

现在我们已经有了很多工具和见解可以用于寻找和改善代码的性能。最后，在处理性能问题上，容我不得不再次强调度量与设定目标的重要性。作为本节结束语，我们引用 Andrei Alexandrescu 的一段话：

"度量让你比那些不度量的专家更具优势。"

——Andrei Alexandrescu，2015，Writing Fast Code I，code::dive conference 2015，https://codedive.pl/2015/writing-fast-code-part-1.

3.5　总结

本章我们学会了如何通过使用大 O 符号比较算法的效率。并且还知道了 C++标准库为算法和数据结构提供了复杂度保证。所有的标准库算法都规定了最坏情况或平均情况下的性能，而容器和迭代器则规定了均摊复杂度或精确复杂度。

同时，我们也了解了如何通过度量延迟和吞吐量来量化软件的性能。

最后，我们学到了如何通过使用 CPU 剖析器检测代码热点，以及如何进行微基准测试改进孤立代码。

第 4 章中，我们将了解如何高效使用 C++标准库提供的数据结构。

第4章　数　据　结　构

上一章中，我们讨论了如何分析时间和内存复杂度，以及如何度量性能。本章我们将讨论如何选择和使用标准库中的数据结构。为了理解为什么某些数据结构在当今条件下的计算机能工作良好，首先，需要介绍一些与计算机内存有关的基本知识。你将了解到：

- 计算机内存的特性。
- 标准库的容器：序列容器和关联容器。
- 标准库容器适配器。
- 并行数组。

在了解标准库提供的容器和其他实用数据结构之前，让我们先简要地讨论计算机内存的一些特性。

4.1　计算机内存的特性

C++将内存视为一个单元序列。每个单元的大小是 1 个字节，并且有对应的地址。通过地址访问内存中的某个字节的操作是花费常量时间的，即 $O(1)$，也就是说，它与内存中这些单元的总数无关。在 32 位的机器上，理论上可以寻址 2^{32} 个字节，也就是 4GB 左右，这也限制了一个进程能够一次性使用的最大内存量。同理，在一台 64 位的机器上，理论上可以寻址 2^{64} 字节，这个数字就相当大了，大到几乎不存在地址耗尽的风险。

图 4.1 展示了内存中的一组存储单元。其中，每个单元包含 8 位，十六进制的数字是存储单元的地址：

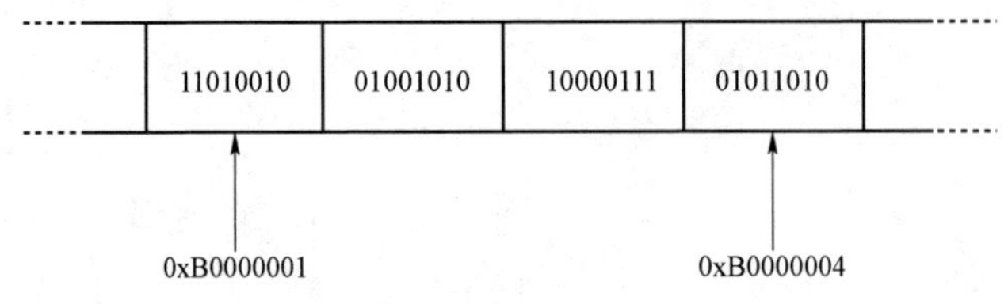

图 4.1　一组内存单元

因为通过地址访问某个字节是 $O(1)$ 的操作，所以也就是说，每个内存单元的访问速度都是一样的。这种处理内存的方式在多数情况下都是简单易用的，不过在选择数据结构以便高效使用的时候，就需要考虑到现代计算机中存在的存储层次结构了。与当今的处理器速度相比，随着从主存储器中读取和写入的时间消耗变得高昂，存储层次结构也变得愈加重要。图 4.2 显示了一台有一个 CPU 和四个内核的机器结构：

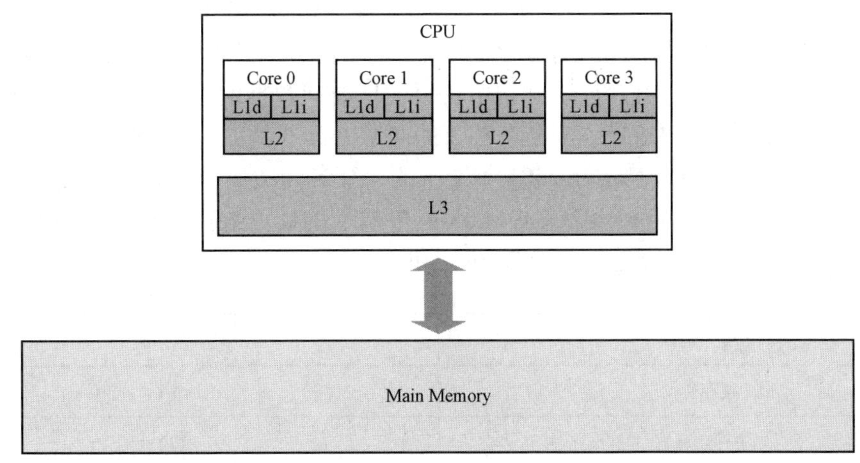

图 4.2　四核处理器示例；标有 L1i、L1d、L2 和 L3 的方框表示内存缓存

我在用 2018MacBook Pro 写下本章时，这台电脑配备了英特尔四核 i7 处理器。在这个处理器上，每个核都有自己的 L1 和 L2 缓存，L3 缓存则是由四个内核共享。如果从终端运行如下命令：

```
sysctl -a hw
```

抛去其他不重要的信息外，会提供如下内容：

```
hw.memsize: 17179869184
hw.cachelinesize: 64
hw.l1icachesize: 32768
hw.l1dcachesize: 32768
hw.l2cachesize: 262144
hw.l3cachesize: 8388608
```

返回信息中的 hw.memsize 是主内存的总量，在我的电脑来说就是 16GB。

hw.cachelinesize 的信息是 64 字节，它代表的是缓存行的大小，也被称为块。在访问内存中的某个字节时，机器不是获取我们要求的那个字节，而是机器会获取一个缓存行，在本例中，这个缓存行就是 64 字节。在 CPU 和主存储器间的各种缓存保持着对 64 字节块的跟踪，而不是对某个单个字节。

hw.l1icachesize 表示的是 L1 指令缓存的大小。它是一个 32KB 的高速缓存，专门用于存储 CPU 最近使用过的指令。hw.l1dcachesize 也有 32KB，它被专门用于数据，而不是指令了。

最后，可以看到 L2 缓存和 L3 缓存的大小分别是 256KB 和 8MB。一个重要发现就是，与可用的主存储器数量相比，可用的缓存数量是很小的。

在没有提出任何关于从缓存层次结构中的每一层访问数据所需的实际周期数的详细事实的情况下，一个非常粗略的指导原则是，相邻的两层之间（例如，L1 和 L2）存在着数量级的延迟差异。下表是从 Peter Norvig 2001 年发表的一篇名为为 *Teach yourself programming in ten years* 的文章（http：//norvig.com/21-days.html）中摘录的延迟数。完整的表格常被称为每个程序员都应该知道的延迟数，它由 Jeff Dean 提供。

L1 缓存查询	0.5 ns
L2 缓存查询	7 ns
主存访问	100 ns

对数据结构化，让缓存得到充分的利用，可以对性能产生巨大的影响。因为已使用过的数据可能已经驻留在缓存中，所以访问这样的数据也能让代码运行的更快。这就是所谓的时间局部性。

另外，访问那些位于代码正在使用的数据周围的数据，此时要访问的那些数据就有很大可能已经被加载到先前从主存储器中获取的缓存行中了。这就是所谓的空间局部性。

在内部循环中不停的清除缓存很可能会造成严重的性能问题。这种情况有时被称为“**cache** 抖动”。让我们看看下面的例子：

```
constexpr auto kL1CacheCapacity = 32768; // L1 cache 的 大小
constexpr auto kSize = kL1CacheCapacity / sizeof(int);
using MatrixType = std::array<std::array<int, kSize>, kSize>;

auto cache_thrashing(MatrixType& matrix) {
  auto counter = 0;
  for (auto i = 0; i < kSize; ++i) {
    for (auto j = 0; j < kSize; ++j) {
      matrix[i][j] = counter++;
    }
```

```
    }
}
```

上面版本的代码在我的电脑上运行大约花费 40 毫秒的时间。然而，只需将内部循环里面的代码改成下面的，完成该函数的时间就会从 40 毫秒增加到 800 毫秒以上：

```
matrix[j][i] = counter++;
```

在之前给出的第一个例子中，使用 matrix [i] [j] 时，绝大部分时间我们都在访问已经在 L1 缓存中的内存，而使用 matrix [j] [i] 的版本中，每次访问都会造成 L1 缓存未命中。下面列出的几张图会有助于理解其中的意义。我们省略了 32 768 × 32 768，而是采用 3 × 3 矩阵，以作图例（见图 4.3）：

1	2	3
4	5	6
7	8	9

图 4.3　一个 3 × 3 矩阵

这可能是我们心目中对一个矩阵的认知，可惜，实际生活中并不存在二维内存。所以，当这个矩阵被放置在一个一维内存空间时，它是这样的（见图 4.4）：

也就是说，它的排列是一个连续的元素数组。在之前的快速版本的代码中，这些数字是像下面这样按照它们在内存中的顺序被依次访问的（见图 4.5）：

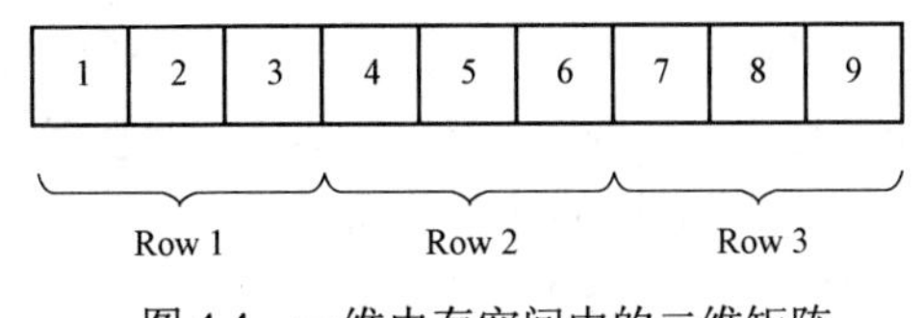

图 4.4　一维内存空间中的二维矩阵

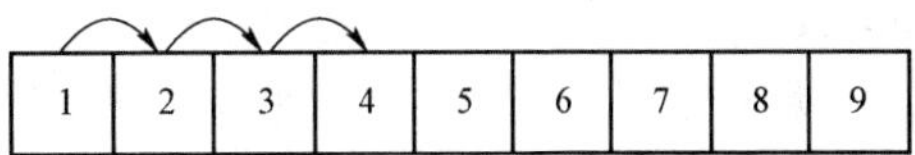

图 4.5　以连续步长为 1 的方式快速地访问

而在慢速版本的算法里，元素的访问模式则完全不同。使用慢速版本访问前四个元素，在图中展示起来就像这样（见图 4.6）：

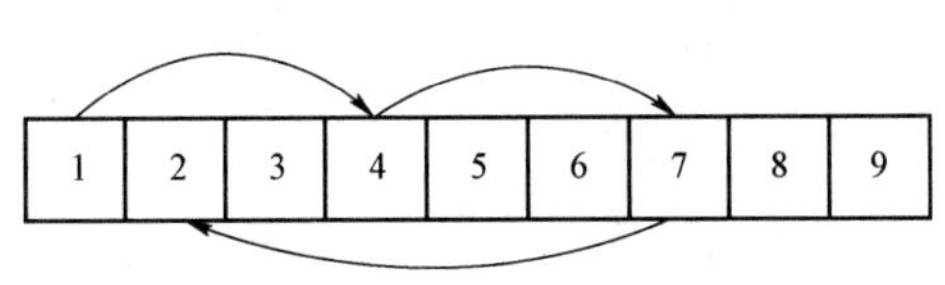

图 4.6　以较大步长缓慢地访问

由于较差的空间局部性，以第二种方式进行数据访问的速度就会大大降低。目前，现代处理通常配备了预取器，可以用来自动识别内存的访问模式，并尝试将数据从内存中预取到近期可能会访问的缓存中。预取器通常在较小步长的访问模式下表现良好。要了解更多内容，可以参考 Randal E.Bryant 和 David R.O’Hallaron 的 《深入理解计算机系统》。

总结一下，在使用或自己实现新的数据结构时，要始终牢记：哪怕内存访问的时间是常数时间操作，缓存依然会对访问内存的实际消耗时间产生巨大的影响。

接下来，我们将介绍一组来自 C++标准库的数据结构，即容器。

4.2 标准库容器

C++标准库提供了一系列相当实用的容器类型。所谓容器，就是一个包含了一组元素集合的数据结构。容器管理着它所持有元素的内存。这意味着我们不必明确地创建和删除放置在容器中的对象。而是可以将在栈上创建的对象传递给容器，然后容器就会拷贝并将其存储在自由存储区。

迭代器被用于访问容器中的元素，也是我们理解标准库中算法和数据结构过程中的基本概念。我们将在第五章介绍迭代器的概念。对本章来说，我们只需要知道，迭代器可以被看作是一个元素的指针即可，同时迭代器会根据其所属的容器有不同的操作符。例如，数组一类的数据结构为其中的元素提供随机访问的迭代器，这一类的迭代器支持使用+和－进行算术表达式运算。而例如，链表一类的迭代器则只支持++和－－运算符。

容器被分为三类：序列式容器、关联式容器和容器适配器。本节将包含对这三类容器的简要介绍，同时还将讨论当我们关注性能问题时，有哪些需要重点考虑的事情。

4.2.1 序列式容器

序列式容器按照我们向容器添加元素时的指定顺序保存它们。来自标准库的序列式容器有 std::array、std::vector、std::deque、std::list 和 std::forward_list。另外本节我们也会聊一聊 std::basic_string，尽管它只处理字符类型的元素而不是一个通用的序列式容器。

在实际代码中选择使用序列式容器之前，我们首先要能回答下列问题：

1. 元素的数量是多少（数量级）？
2. 使用模式是什么样的？多久增加数据、读取和遍历数据、删除数据或重新排列数据呢？
3. 你打算在序列哪里频繁添加数据？序列的最后、开始还是中间？
4. 需要对这些元素排序吗？或者，你的实现会关心这个序列的顺序吗？

根据这些问题的答案，我们可以确定哪些序列式容器更适合或不适合我们的需求。但是，要做到这一点，我们需要对每种类型的序列式容器的接口和性能特征有基本的了解。

接下来的章节，将依次介绍不同的序列式容器。首先，我们从最广泛使用的容器之一开始。

vector 和 array

std::vector 可能是最常用的容器类型了，当然这是有原因的。向量是一个在需要时就会动态增长的数组。添加到其中的元素一定会在内存中连续排列，这就意味着你可以在常量时间内通过索引访问数组中的任何元素。这也意味着，由于前面提到的空间局部性，当按元素的排列顺序进行遍历时，它能表现出非常出色的性能。

向量有 **size** 和 **capacity** 两个属性。大小（**size**）是容器中目前所容纳元素的数量，容量（**capacity**）是向量直到需要分配更多空间前，可以容纳元素的数量（见图 4.7）：

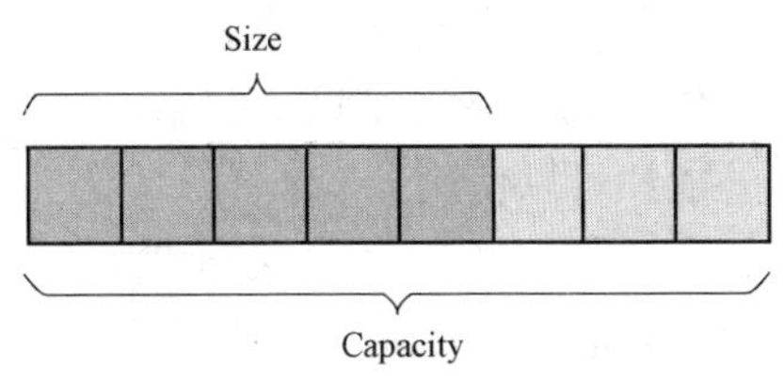

图 4.7　std::vector 的大小和容量

只要在向量的大小小于容量时，用 push_back()函数将元素添加到向量末端都是很快的。不过，在添加一个元素且当向量没有额外空间容纳更多元素时，它就会分配一个新的内部缓冲区，然后将所有元素移动到新的空间中。正如我们在第 3 章分析和度量性能中讨论的那样，尽管向量的容量是以这样的方式增长的，但调整缓冲区大小这种事很少发生，这也让 push_back()函数成为了一个常量均摊时间的操作。

比如，一个 std::vector<Person>类型的向量模板实例会按值存储 Person 对象。在向量需要重新排列 Person 对象时（比如，因为插入元素所导致），这些值会被拷贝构造或移动构造。如果对象有 nothrow 的移动构造函数，那么它就会被移动。否则，它就会被拷贝构建，以保证有效的异常安全机制：

```
Person(Person&& other) { // 会被拷贝
  // ...
}
Person(Person&& other) noexcept { // 会被移动
  // ...
}
```

在内部，std::vector 使用 std::move_if_noexcept 来判断对象是应该被拷贝还是应该被移动。<type_traits>可以在编译时验证类在移动时没有抛出异常：

```
static_assert(std::is_nothrow_move_constructible<Person>::value);
```

如果要向向量中添加一个新创建的对象，那么可以使用 emplace_back()函数，这个函数可以直接在向量尾直接创建对象，而不是先创建对象，然后再用 push_back()将之拷贝/移动到向量中：

```
persons.emplace_back("John", 65);
```

向量的容量可以通过以下方式进行改变：

- capacity==size 时，向向量中添加一个元素。
- 调用 reserve()函数。
- 调用 shrink_to_fit()函数。

除上述方式外，向量不会改变其容量，所以也就不会分配或删除动态内存。例如，成员函数 clear()会清空这个向量，却不会改变其容量。这些内存保证使得向量即使在实时上下文里依然可以使用。

从 C++20 开始，又新增了两个自由函数可以从 std::vector 中擦除元素。在 C++20 之前，我们还必须使用将在第五章算法中要讨论的 erase-remove idiom。不过，现在从 std::vector 中删除元素的推荐方法变成了使用 std::erase()和 std::erase_if()。这些函数的代码示例如下：

```
auto v = std::vector{-1, 5, 2, -3, 4, -5, 5};
std::erase(v, 5);                                    // v: [-1,2,-3,4,-5]
std::erase_if(v, [](auto x) { return x < 0; }); // v: [2, 4]
```

同时，标准库也提供了一个固定大小的 std::array 作为动态大小向量的替代品。它使用栈而非自由存储区管理元素。数组大小是一个在编译时指定的模板参数，这意味着大小和元素类型成为其具体类型的一部分：

```
auto a = std::array<int, 16>{};
auto b = std::array<int, 1024>{};
```

本例中，a 和 b 不是同一个类型，这意味着在使用数组类型作为函数参数时，你也需要指定其大小才行：

```
auto f(const std::array<int, 1024>& input) {
  // ...
}
f(a); // 不能编译，f 需要一个大小为 1024 的 int 数组
```

在刚开始使用时，你可能会感觉这种用法有点繁琐，但事实上，这是它与内置数组类型（C 数组）相比最大的优势，后者在传递数组给函数时，因为自动将数组第一个元素转换成了指针而失去了数组的大小信息：

```
// 输入看起来是个数组，但实际上是一个指针
auto f(const int input[]) {
  // ...
}

int a[16];
```

```
int b[1024];
f(a); // 可以编译，但不安全
```

数组失去它的大小信息通常被称为数组退化（**array decay**）。本章最后，你会看到在向函数传递连续数据时，如何通过使用 std::span 以避免数组退化。

deque

有的时候，你可能会遇到这样的情况：需要经常向一个序列的开头和结尾添加元素。如果你这时使用的是 std::vector，并且想要提升在序列开头添加元素的速度，那么就可以改用 std::deque，即双向队列。它通常被实现为一个固定大小的数组集合，这就让我们可以在常数时间内通过索引的方式访问元素。然而，如图 4.8 所示，std::deque 并不是像 std::vector 和 std::array 那样将所有元素连续存储在内存中的。

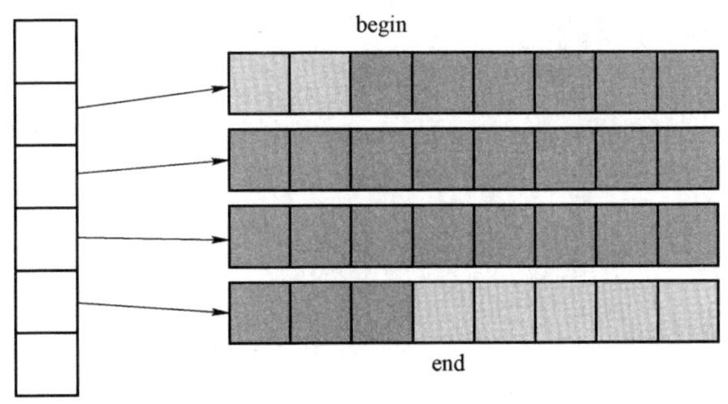

图 4.8　std::deque 的可能布局

list 和 forward_list

std::list 是一个双向链表，这意味着每个元素都有与下一个元素和与上一个元素连接的两个链接。这就让我们可以在 list 上向前或向后迭代。此外，还有一个名为 std::forward_list 的单链表。之所以并不总是会选择双向链表 list 而有时会选择单链表 std::forward_list，双链表中指向前的指针会占用内存。所以如果不需要向前遍历列表，就优先使用 std::forward_list。std::forward_list 的另一个特点是，它对非常短的列表进行的优化工作。当列表为空时，它只占用一个字，这让它成为了稀疏数据的优先选择。

值得注意的是，即使元素在列表中是按顺序排列的，它们在内存中也不会像向量和数组那样连续排列。这意味着，与向量相比，遍历列表可能会产生更多的缓存未命中的情况。

简而言之，std::list 是一个双向链表，有分别指向下一个和上一个元素的指针（见图 4.9）。std::forward_list 是一个带有指向下一元素指针的单链表（见图 4.10）。

图 4.9 std::list 是一个双向链表　　图 4.10 std::forward_list 是一个单链表

由于 std::forward_list 只有一个指向下一元素的指针，所以它的内存效率更高。

列表也是唯一支持拼接操作（**splicing**）的容器。所谓拼接操作是一种在列表间转移元素的方法，而不必移动或拷贝它们。例如，这意味着可以在常数时间内将两个列表连接成一个列表，即为 $O(1)$ 。其他容器的此类操作则至少需要线性时间。

basic_string

本节最后要讨论的模板类是 std::basic_string。std::string 是 std::basic_string<char>的 typedef。过去，std::basic_string 并不能保证在内存中的连续存储。这一点在 C++17 中有所改变，这样一来，我们终于可以将 string 字符串传递给需要字符型数组的 API 了。比如，下面的代码做的是把整个文件读成一个字符串：

```
auto in = std::ifstream{"file.txt", std::ios::binary | std::iOS::ate};
if (in.is_open()) {
  auto size = in.tellg();
  auto content = std::string(size, '\0');
  in.seekg(0);
  in.read(&content[0], size);
  // "content" 现在包含整个文件
}
```

通过使用 std::ios::ate 打开文件，位置指示器被设置到流的末端，以便使用 tellg()函数检索文件大小。然后，再将输入位置设置为流的开头并开始读取。

大部分的 std::basic_string 实现都利用了一种名为小对象优化的方法，即如果字符串很小，那么它们就不会分配任何动态内存。我们将在本书后面讨论这一方法。接下来，我们继续讨论关联式容器。

4.2.2 关联式容器

关联式容器是根据元素本身放置它们的。比如，我们无法像使用 std::vector::push_back()或 std::list::push_front()那样在关联式容器后面或前面添加一个元素。取而代之的是，关联式容器添加元素的方式，让我们可以在不扫描整个容器的情况下，找到想要的元素。因此，关联式容器对被存储的对象是有一定要求的。我们稍后会看到这些要求。

一般来说，主要有两类关联式容器：

- 有序关联容器：这类容器是基于树存储元素的。它们要求元素由小于运算符（<）进行排序。基于树的容器中，它们的添加、删除和查找元素的函数都是 O（log n）。这些容器分别有：std::set、std::map、std::multiset 和 std::multimap。
- 无序关联容器：这类容器是基于哈希表存储元素的。它们要求元素用相等运算符（==）对元素比较，并对元素计算出一个哈希值（稍后会有更多介绍）。在这类基于哈希表的容器中，添加、删除和查找元素的函数都是 $O(1)$ 的。这些容器分别有：std::unordered_set、std::unordered_map、std::unordered_multiset 和 std::unordered_multimap。

自 C++20 起，所有关联式容器都配有名为 contains()的函数。当需要知道某个容器是否包含某些元素时，可以使用它。在早期 C++版本中，你得使用 count()或 find()函数才能达到同样的目的。

优先保证使用专门函数，如 contains()和 empty()，而不是使用 count()>0 或 size()==0。这些专门函数一定是始终有效的。

有序 set 和 map

有序关联容器保证了插入、删除和搜索元素可以在对数时间内完成，即 O（log n）。当然，如何达成这一要求，就取决于标准库的实现了。不过，据我所知实现中确实是使用了某种平衡二叉搜索树。保持树几乎平衡对控制树的高度是很有必要的，因为树高也是访问元素时最坏情况下的运行时间。树不需要预先分配内存，所以一般来说，树会在每次插入元素时在自由存储区分配内存，并且在元素被删除时释放内存。如图 4.11 所示，它展示了一棵高为 O（log n）的平衡树。

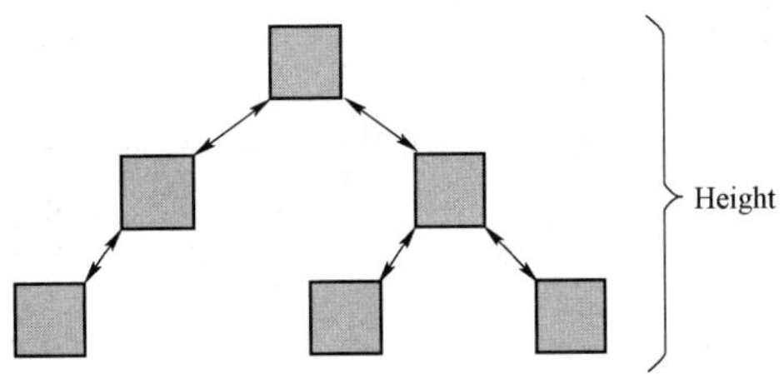

图 4.11 如果是平衡树，它的高为 O（log n）

无序 set 和 map

set 和 map 的无序版本为原先基于树的版本提供了基于哈希的替代方案。这种数据结构一般被称为哈希表。理论上，哈希表提供了常数均摊时间的插入、添加和删除操作。相比之下，基于树的有序版本速度则是 O（log n）。不过这种区别在实践中，尤其是当容器中存储的元素数量不是太多的时候，可能不会那么明显。

接下来，我们看看哈希表是如何提供 $O(1)$ 操作的。哈希表将元素保存在某种桶（bucket）数组中。向哈希表中添加元素时，会调用哈希函数为该元素计算一个哈希值。这个哈希值会被限制为数组的大小（比如，模运算），这样，取模计算出的新的限制值就可以作为数组的索引使用了。一旦这个索引值被计算出来，哈希表就可以向该索引处存储数组的元素。元素的查找也是以类似的方式进行的，首先计算要查找元素的哈希值，然后以此来访问数组。

到目前为止，咋一看好像除了哈希值计算外，其他技术部分都相当简单。不过，我们才了解了一半。想象一下，如果两个不同的元素却计算出了相同的索引（要么是因为它们产生了相同的哈希值，要么是因为生成的两个哈希值被限制到了相同的索引上）该怎么办？当两个不相等的元素产生同一索引时，我们称之为哈希碰撞。这不并非是某种边缘情况，事实上，哪怕我们用的是表现优秀的哈希函数，当数组与添加的元素数量相比很小时，这种情况都会频繁发生。当然处理哈希碰撞的办法也有很多，这里我们将聚焦在标准库用到的方法，即分离链接法。

分离链接法解决了两个不相等元素最后出现在同一索引的问题。我们不再是直接将元素存储在桶数组中。而是让每个桶都包含多个元素，也就是说，桶会包含所有具有相同索引的元素。这样一来，那些桶就变成了一种容器。它具体使用的数据结构并没有被定义，而是可以根据不同的实现有所不同。不过，我们可以把它看作是一个链表，并假设在某个特定的桶中查找某个元素的速度是很慢的。毕竟在链表中查找某个元素是需要线性搜索的。

图 4.12 展示的是有八个桶的哈希表。其中元素分别散落在三个桶里。索引为 **2** 的桶中包含四个元素，索引为 **4** 的桶包含两个元素，索引为 **5** 的桶只包含一个元素。其他桶是空：

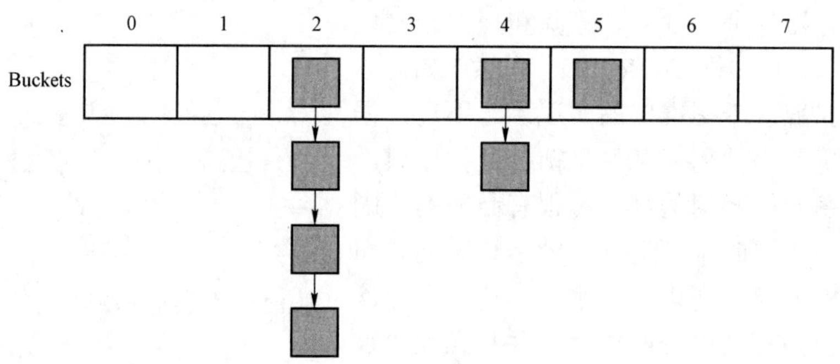

图 4.12　每个桶包含 0 或多个元素

hash 和 equal

哈希值可以在相对于容器大小的常数时间内计算出来，它决定了元素会被放置在哪个桶里。因为存在不止一个对象拥有相同的哈希值并被放置到同一个桶里的情况。所以每个键也需要提供一个等价函数用来比较要找的键和桶中键的关系。

如果两个键相等，那么它们就会产生相同的哈希值。不过，即使它们不相等，可依然计算出了相同的哈希值也是完全合法的。

首先，一个表现良好的哈希函数应该是计算速度快的，并且可以将键均匀地分布在桶中，从而减少每个桶中元素的数量。

下面代码示例中的哈希函数尽管也是有效的，但表现却很糟糕：

```
auto my_hash = [](const Person& person) {
  return 47; // 这样做很糟糕，别这样做！
};
```

如上所示，尽管这个哈希函数不仅能为两个相等的对象返回相同的哈希值，而且运算的速度也很快，并且还是有效的。不过因为所有的元素都会产生相同的哈希值，这就意味着所有的键最终都会放置在同一个桶里。也就是说，寻找一个元素并不是我们期待的 $O(1)$，而是 $O(n)$。

其次，正如前面所说，一个良好的哈希函数的另一个性质是要确保元素会均匀地分布在各个桶中，以此来减少哈希碰撞的可能。实际上，C++标准对此有一个说明，它指出一个哈希函数为两个不同对象计算出相同哈希值的情况应当尽可能的少。好在标准库也提供了基本类型的哈希函数。多数情况下，在为用户自定义类型编写相应的哈希函数时，我们可以重复利用标准库提供的函数。

假设现在我们想用 Person 类作为 unorordered_set 中的键。在这个 Person 类中有两个数据成员：int 型的 age 和 std::string 型的 name。让我们先从定义相等谓词（equal predicate）开始：

```
auto person_eq = [](const Person& lhs, const Person& rhs) {
  return lhs.name() == rhs.name() && lhs.age() == rhs.age();
};
```

要使两个 Person 对象相等的前提，是它们需要具有相同的名字和年龄。这样，我们就可以通过组合所有出现在相等谓词中的数据成员的哈希值来定义哈希谓词（hash predicate）。可惜，C++标准中还没有关于合并哈希值的函数，但好在 Boost 中提供了一个可用的合并函数，我们将它应用于下列代码示例中：

```
#include <boost/functional/hash.hpp>
auto person_hash = [](const Person& person) {
  auto seed = size_t{0};
  boost::hash_combine(seed, person.name());
  boost::hash_combine(seed, person.age());
  return seed;
};
```

如果出于某种原因，你无法使用 Boost。那么简单来说，boost::hash_combine() 函数其实只是一行代码的封装，你可以从文档 https://www.boost.org/doc/libs/1_55_0/doc/html/hash/reference.html#boost.hash_combine 中直接复制粘贴出来。

定义了相等函数和哈希函数之后，现在，我们终于可以创建自己的 unordered_set 了：

```
using Set = std::unordered_set<Person, decltype(person_hash),
                               decltype(person_eq)>;
auto persons = Set{100, person_hash, person_eq};
```

有个比较实用的法则是，计算哈希值时，总是可以使用所有在相等函数中使用的数据成员。这样，我们就遵守了相等函数与哈希函数间的契约。同时，这样做也可以提供一个有效的哈希值。比如，只使用名字计算哈希值虽然也是正确的，但它的效率比较低，因为这意味着所有有相同名字的 Person 对象最终都会被放在同一个桶里。还有一种更糟糕的做法就是，在哈希函数中包含了那些没有被用于相等函数中的数据成员。这样做可能会引发一场灾难，因为即便要找的对象是相等的，我们可能也无法在 unordered_set 中找到它。

哈希策略

除了计算哈希值以保证键会均匀地分布在桶中外，还可以通过创建很多桶来减少哈希碰撞出现的频率。每个桶中元素的平均数被称为负载因子。在前面的例子中，我们创建了一个有 100 个桶的 unordered_set。如果这时，向集合中插入 50 个 Person 对象，则此时的 load_factor() 将返回 0.5。max_load_factor 表示的是负载因子的上限，当负载因子达到该值时，集合就需要增加桶的数量，也就意味着要对当前集合中所有元素进行 rehash。也可以使用 rehash()和 reserve()成员函数手动触发这一操作。

接下来，我们接着介绍第三类容器：容器适配器。

4.2.3 容器适配器

标准库中总共有三个容器适配器：std::stack、std::queue 和 std::priority_queue。它与之前介绍的序列式容器或关联式容器大不相同。因为这些容器适配器代表的是可以由底层序列式容器实现的抽象数据类型。比如，栈（stack）是一个后进先出（**LIFO**）的数据结构，它支持自栈顶部入栈（push）和出栈（pop）的操作。这些可以通过使用上面介绍的 vector、list、deque 或任何其他支持 back()、push_back()和 pop_back()操作的自定义序列式容器来实现。队列（queue）也是如此，它和 priortiy_queue 都是先进先出（**FIFO**）的数据结构。

本节我们会重点讨论 std::priority_queue，它相当有用，但也极易遗忘。

优先队列

优先队列为最高优先级元素提供了常数时间查询。其中，优先级是由元素的小于运算符定义的。插入和删除则都是以对数时间运行的。优先队列是一个部分有序的数据结构，至于要在什么时候用它来代替那些完全有序的数据结构，比如树或有序向量，就可能不是那么显而易见了。不过在某些情况下，优先队列可以提供一些比完全有序容器成本更低的功能。

标准库提供了现成的局部排序算法，所以就不需要我们自己动手编写了。不过我们仍然可以看看如何使用优先队列来实现这一算法。假设需要编写一个程序以便搜索文件。匹配到的结果（也就是搜索结果）应该按等级进行排序，而我们只对其中等级排名前十的那些搜索结果感兴趣。

可以用下面的这个类表示文件：

```
class Document {
public:
  Document(std::string title) : title_{std::move(title)} {}
 private:
  std::string title_;
  // …
};
```

搜索时，算法会选择与查询相匹配的文件（documents），并计算出搜索结果的等级。每个匹配到的文件都由 Hit 来表示：

```
struct Hit {
  float rank_{};
  std::shared_ptr<Document> document_;
};
```

最后需要对这些搜索结果排序，并返回排名前 *m* 个文件。有什么办法可以对搜索结果进行排序呢？如果搜索结果（hit）被包含在一个提供了随机存取迭代器的容器中，那么可以使用 std::sort()函数排序，并返回其中前 *m* 个元素。或者，如果搜索结果总数远大于需要返回的 *m* 个文件，那么就可以使用 std::partial_sort()函数，这时它的效率要比 std::sort()函数更高。

但如果包含它的容器不提供随机存取迭代器呢？可能匹配的算法只为搜索结果提供了向前迭代器。这时，就可以使用优先队列实现与之前等价的效果。实现的排序接口大概像下面这样：

```
template<typename It>
```

```
auto sort_hits(It begin, It end, size_t m) -> std::vector<Hit> {
```

我们可以用任何定义了自增运算符的迭代器调用这个函数。接下来，我们要创建一个使用 std::vector 能力的 std::priority_queue。同时，使用自定义的比较函数，将优先级较低的搜索结果置于队列顶部：

```
auto cmp = [](const Hit& a, const Hit& b) {
  return a.rank_ > b.rank_; // 注意，代码使用了大于运算
};
auto queue = std::priority_queue<Hit, std::vector<Hit>,
                                  decltype(cmp)>{cmp};
```

我们最多只会在优先队列中插入 *m* 个元素。并且该队列只会包含到目前为止优先级最高的搜索结果。在这个队列的所有元素中，排名最低的搜索结果会排在最前面：

```
for (auto it = begin; it != end; ++it) {
  if (queue.size() < m) {
    queue.push(*it);
  }
  else if (it->rank_ > queue.top().rank_) {
    queue.pop();
    queue.push(*it);
  }
}
```

这样，我们就成功收集了优先队列中优先级排名最高的全部搜索结果了。截止到目前，还要做的唯一的事情就是将它们按相反的顺序置于向量中，并返回这个有序 *m* 个搜索结果了：

```
  auto result = std::vector<Hit>{};
  while (!queue.empty()) {
    result.push_back(queue.top());
    queue.pop();
  }
  std::reverse(result.begin(), result.end());
  return result;
} // sort_hits() 函数结束
```

那么，这个算法的复杂度怎么样呢？如果用 n 表示搜索结果总数，用 m 表示需要返回的搜索结果数量。可以计算出内存消耗是 O（m）。因为是在 n 个元素中迭代，所以时间复杂度为 O（$n\times$logm）。此外，每次迭代中，都可能会执行 push 和/或 pop 的操作，而这两个操作的运行时间都是 O（logm）。

接下来，我们将聚焦在几个新的、实用的、与标准容器相关的类模板上。

4.3　使用视图

本节我们将讨论 C++标准库中出现相对较晚的一些类模板：C++17 中的 std::string_view 和 C++20 中引入的 std::span。

当然，这些类模板不是容器，而是一连串连续元素的轻量级视图（或切片）。视图是一类值拷贝的小型对象。它们不会分配内存，也不对指向的内存寿命提供保证。换言之，它们是无主的引用类型，这与本章前面描述的容器有很大区别。同时，它们又与 std::string、std::array 和 std::vector 密切相关。接下来我们先从 std::string_view 展开讨论。

使用 string_view 避免拷贝

std::string_view 由一个“指向不可变字符串缓冲区”的指针和一个“表示大小”的属性两部分组成。因为字符串是一个连续的字符序列，所以指针和大小就可以定义这个有效字符子串的范围。通常来说，std::string_view 指向的是一段由 std::string 拥有的内存。当然，它也可以指向某些有静态存储周期的字符串字面量，或者类似于内存映射文件的类型。图 4.13 展示的是 std::string_view 指向了由 std::string 所拥有的内存。

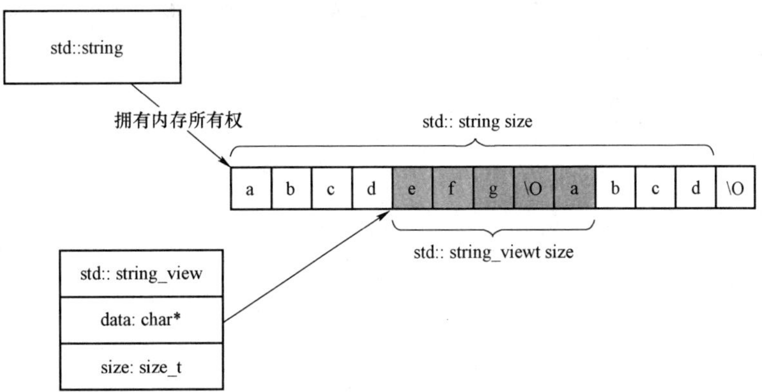

图 4.13　std::string_view 对象指向了由 std::string 实例拥有的内存

由 std::string_view 定义的字符序列并不强制需要以空字符结尾，也就是说无论它有没有空字符结尾都是有效的。相比之下，std::string 就需要从 c_str()中得到一个空字符结尾的字符串，也就是说它在序列的末尾总是会存储额外的空字符。

而 string_view 就不需要空字符作为结尾，也就意味着，它可以比 C 风格的字符串或 std::string 更有效地处理子字符串，毕竟它不需要为了添加空字符结尾而新建一个字符串。同时，使用 std::string_view 的 substr()函数的复杂度还是常数的，相比之下，std::string 里 substr()函数的复杂度则是线性的。

这就让“给函数传入字符串”这一能力具备了性能优势。看看下面的代码示例：

```
auto some_func(const std::string& s) {
  // 操作 s ...
}
some_func("A string literal"); // 新建一个 std::string
```

向 some_func()函数传入字符串字面量时，编译器需要构造一个新的 std::string 对象匹配参数类型。不过，如果我们让 some_func()接受 std::string_view，就可以避免构造新的 std::string 对象的情况了：

```
auto some_func(std::string_view s) { // 值传递
  // 操作 s …
}
some_func("A string literal");
```

不论是 std::string 还是字符串字面量都可以高效地构建 std::string_view 实例，因此，std::string_view 是个非常适合作为函数参数的类型。

使用 std::span 消除数组退化

我们在讨论 std::vector 和 std::array 时，提到当内置数组被传给一个函数时，数组退化（失去数组的大小信息）的情况会发生：

```
float a[256];
f2(a,256);
f2(a,izeof(a)/sizeof(a[0]));//常见的繁琐方式
f2(a,std::size(a));
```

这个问题可以通过添加一个参数表示大小来解决：

```
// 在这里，buffer 看起来是个数组，但其实是一个指针
auto f1(float buffer[]) {
  const auto n = std::size(buffer);    // 无法编译
  for (auto i = 0u; i < n; ++i) {      // 数组大小信息丢失！
    // ...
  }
}
```

尽管这样做从技术上是可行的，但要明确的是，这样将数组的真实大小作为参数传入函数既容易出错，又显得繁琐。尤其是如果其他函数要传递 buffer 给 f2()时，还要记得将 buffer 的大小 *n* 传入其中。下面列出了是 f2()调用点可能的样子：

```
auto f2 (float buffer [], size_t n) {
  for (auto i=0u; i<n; ++i) {
    //...
  }
}
```

数组退化导致了许多与越界相关的缺陷，在我们不得不使用内置数组的时候（出于各种各样的原因），std::span 提供了一种更安全的方式来将它传递给函数。因为 span 同时持有内存的地址和大小信息，所以我们可以在向函数传递元素序列时将其作为单一类型使用：

```
auto f3(std::span<float>buffer){//值传递
  for(auto&& b:buffer){//基于范围的 for 循环
    //...
  }
}
float a[256];
f3(a);//OK!数组及其大小信息作为 span 传入函数
auto v=std::vector{1.f,2.f,3.f,4.f};
f3(v);//OK!
```

相比内置数组，span 在使用时也更加方便。因为它很像一个支持迭代器的常规容器。

std::string_view 和 std::span 之间，在涉及数据成员（指针和大小）和成员函数时，会有很多相似之处。不过也有些比较明显的不同：std::span 指向的内存是可变的，而 std::string_view

则总是指向恒定的内存。std::string_view 还包含字符串特定的函数，如 hash()和 substr()，std::span 则没有。最后，std::span 中没有 compare()函数，因此，无法直接在 std::span 对象上使用比较运算符。

现在，是时候探讨一些与使用标准库中数据结构时性能相关的要点了。

4.4 性能方面的考量

目前为止，我们已经讨论了三个主要的容器类别：序列式容器、关联式容器和容器适配器。本节我们会提供一些实用的性能方面的建议，方便大家在使用容器时加以思考。

4.4.1 在复杂度与开销间寻求平衡

了解数据结构的时间复杂度和内存复杂度对选择使用什么容器尤为重要。同样重要的还有，每个容器都有相应的开销成本，这对使用较小数据集时的性能影响也很大。事实上，复杂度保证只有在足够大的数据集时才会变得重要。但在我们工作时自己的上下文中，足够大到底意味着什么，还是取决于我们对它的定义。因此这就需要我们在执行程序的同时还要学会度量它，才能获得足够的信息进行判断和决策。

此外，由于内存缓存的存在，这就使那些对缓存友好的数据结构的性能更有可能更好。这就很利好 std::vector，因为它的内存开销很低，而且元素在内存中还是连续存储的，这么做也让访问和遍历它的速度更快。

图 4.14 展示了两种算法的实际运行时间。一个以线性时间运行，$O(n)$，另一个则以对数时间运行，$O(\log n)$，但开销较大。当输入大小低于图中标记的阈值时，对数算法的速度比线性算法的速度要慢。

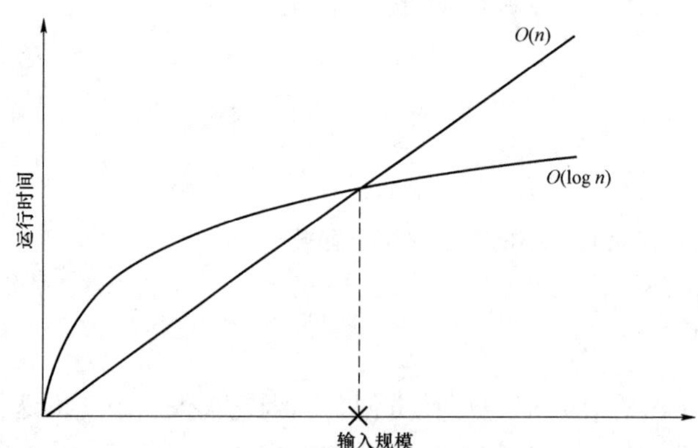

图 4.14 n 比较小时，线性算法 $O(n)$比对数算法 $O(\log n)$更快

下一个要介绍的要点会更加具体，它同时也强调了使用适合的 API 函数的重要性。

4.4.2　了解并使用适当的 API 函数

用 C++写代码我们通常有多种方法来实现同一件事。尽管语言和库都在不停发展，但少有功能会被废弃。在新功能被添加到标准库的同时，我们也应该学会何时去使用他们，同时还要反思，可以用哪些可能的模式来弥补以前漏掉的部分功能。

本节我们要讨论的是标准库中两个小而重要的函数：contains()和 empty()。我们可以使用 contains()函数来检查某个元素是否存在于容器中。而如果想知道某个容器是有元素的还是空的，那就可以用 empty()函数。empty()函数除了能更清楚地表达意图外，还具有性能上的优势。比如，检查一个链表的大小是一个 $O(n)$的操作，而调用 empty()的运行时间则是恒定的，即 $O(1)$。

在 C++20 和 contains()函数引入以前，每当我们想在容器中检查某个值的存在时，都不得不曲线救国。所以，你可能偶尔会发现一些代码，它们使用各种手段来寻找某个元素的存在。假设，现在有一个使用 std::multiset 实现的词袋模型（bag-of-words）：

```
auto bag = std::multiset<std::string>{}; // 词袋模型
// 填充词袋模型 ...
```

我们有许多方法可以知道某个特定词是否在当前的模型中。其中之一就是像下面这样使用 count()函数：

```
auto word = std::string{"bayes"}; // 待查词
if (bag.count(word) > 0) {
   // ...
}
```

尽管这样做是可行的，但肯定会有一些开销，毕竟这个算法计算了所有与待查词匹配的元素。当然，还有另一个选择，那就是 find()函数，不过它和 count()的开销相同，不同的是，它返回的是所有匹配到的词，而非第一次出现的那个：

```
if (bag.find(word) != bag.end()) {
  // ...
}
```

C++20 以前，推荐的方式就是使用 lower_bound()，因为它只返回第一个匹配到的元素：

```
if (bag.lower_bound(word) != bag.end()) {
  // ...
}
```

不过现在，有了 C++20 和 contains()的引入，我们可以比之前更清楚地表达意图，还可以确保当我们只想判断某个元素是否存在时，库会提供最高效的实现：

```
if (bag.contains(word)) { // 效率高且意图明确
  // ...
}
```

一般规则是，如果存在某个特定的成员函数或者为特定容器设计的自由函数，并且它符合当前的需求，就使用它。它一定是高效且意图清晰的。不要因为没有了解全部的 API 函数，或者喜欢遵循某些旧习惯做事，而用了上面那些走弯路的方法。

另外，零开销原则尤其适用于这类函数。所以不要试图期望可以花时间自己动手实现函数而超越那些库的实现者们。

接下来，我们会给出一个更具体的例子，来说明如何用不同的方式重新排列数据，从而优化某一特定用例的运行时性能。

4.5 并行数组

在本章的最后，让我们讨论一下元素迭代的问题，同时也探讨一下如何在遍历数组类数据结构时提升性能。之前，我们聊到了访问数据时，性能方面的两个重要因素：空间局部性和时间局部性。在遍历连续存储于内存中的元素时，多亏了空间局部性，让我们可以在设法保持对象很小的情况下，提高“需要的数据已经被取到缓存中的”概率。这显然会对性能产生极大的影响。

回想一下之前 cache 抖动的例子，当时我们在尝试遍历一个矩阵。那个例子说明了有时我们还是需要花时间考虑数据访问的方式的，哪怕当时已经有了一个相当紧凑的数据表示方法。

接下来，我们将对比遍历不同大小的对象所需的时间。首先，需要定义两个结构体，SmallObject 和 BigObject：

```
struct SmallObject {
  std::array<char, 4> data_{};
  int score_{std::rand()};
```

```
};

struct BigObject {
  std::array<char, 256> data_{};
  int score_{std::rand()};
};
```

SmallObject 和 BigObject 除了初始数组的大小不同外，完全相同。两个结构体都包含一个名为 score_的 int 型字段，这里我们为了测试，只将其初始化为一个随机值。下面，我们可以调用 sizeof 运算符让编译器告诉我们这两个对象的大小：

```
std::cout << sizeof(SmallObject);       // 输出可能是 8
std::cout << sizeof(BigObject);         // 输出可能是 260
```

下面为了度量性能，我们需要构造大量的对象。我们为每个类型创建一百万个对象：

```
auto small_objects = std::vector<SmallObject>(1'000'000);
auto big_objects = std::vector<BigObject>(1'000'000);
```

现在来看看遍历的情况。假设我们想对所有对象的 score 字段求和。比较推荐的方法肯定是使用 std::accumulate()函数，该函数会在本书后面介绍，但现在，我们就用简单的 for 循环好了。首先将该函数写成了一个模板函数，这样就不需要为每个类型都写一个版本了。该函数会遍历对象中的所有元素，并对 score 求和：

```
template <class T>
auto sum_scores(const std::vector<T>& objects) {
  ScopedTimer t{"sum_scores"}; // 详见第三章

  auto sum = 0;
  for (const auto& obj : objects) {
    sum += obj.score_;
  }
  return sum;
}
```

接下来，我们可以看看计算 BigObject 与 SmallObject 的 score 之和需要多长时间：

```
auto sum = 0;
sum += sum_scores(small_objects);
sum += sum_scores(big_objects);
```

为了能够获得较为可靠的结果，我们需要多重复测试几次。在我的电脑上，计算 SmallObject 的总和大概花了 1ms，计算 BigObject 的总和大概花费了 10ms。这个例子和之前的 cache 抖动的示例类似，造成 SmallObject 和 BigObject 计算速度上巨大差异的原因之一，还是因为计算机使用缓存层次结构从主存储器中获取数据的方式导致的。

在处理更实际的场景时，我们该如何利用刚才得到的这一结论呢？也就是遍历小对象集合要快过遍历大对象集合。

显而易见的一种办法是尽力控制类的大小，但这往往是说起来容易做起来难。另外，如果我们此时处理的是一个已经有一段时间的旧代码库，那么我们很可能会发现一些真正的巨大类，它们有着太多的数据成员，也承担着太多的责任。

现在，让我们看看下面的代码示例，它表示的是某网游系统代表用户的类。这个类有以下数据成员，看看我们如何将它拆分：

```
struct User {
  std::string name_;
  std::string username_;
  std::string password_;
  std::string security_question_;
  std::string security_answer_;
  short level_{};
  bool is_playing_{};
};
```

一个用户类（User），往往有一个常被使用到的名字（name）和一些较少使用到的认证信息。该类还记录玩家当前的等级（level）。最后，User 结构体还通过存储 is_playing_这个布尔值来判断用户当前是否在线。

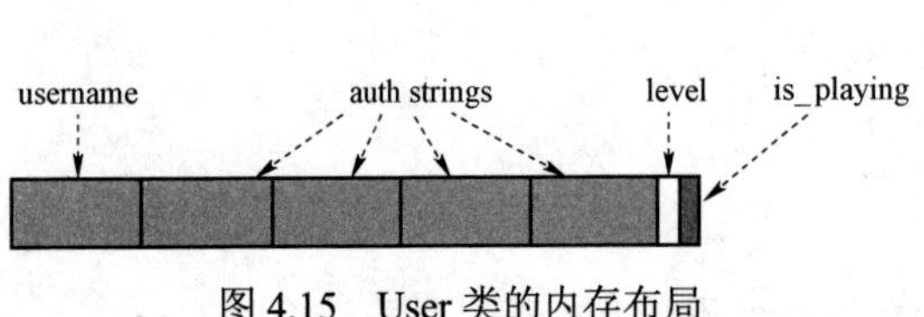

图 4.15　User 类的内存布局

在 64 位架构编译本代码时，sizeof 运算符显示 User 类有 128 字节。数据成员的大概布局如图 4.15 所示：

我们将所有的用户保存在 std::vector 中，整个系统中，有两个全局函数被频繁调用，且需要它们能够快速运行：num_users_at_level()和num_playing_users()。因为这两个函数都是遍历全部用户，这就意味着，我们需要让这个遍历行为可以快速进行。

我们的第一个函数返回的是达到某个等级的用户数量：

```
auto num_users_at_level(const std::vector<User>& users, short level) {
  ScopedTimer t{"num_users_at_level (using 128 bytes User)"};

  auto num_users = 0;
  for (const auto& user : users)
    if (user.level_ == level)
      ++num_users;

  return num_users;
}
```

第二个函数则是计算当前共有多少用户在线：

```
auto num_playing_users(const std::vector<User>& users) {
  ScopedTimer t{"num_playing_users (using 128 bytes User)"};

  return std::count_if(users.begin(), users.end(),
    [](const auto& user) {
      return user.is_playing_;
    });
}
```

第二个函数中，我们使用 std::count_if()算法，而不是像第一个函数里那样手写循环遍历。std::count_if()会对用户向量（user vector）里的每个用户调用我们在第三个参数提供的断言（predicate），并返回断言为 true 的次数。这基本上与第一个函数中所做的事一致，所以其实也可以在第一个函数中使用 std::count_if()。以上两个函数都是线性时间内运行的。

对一个包含一百万用户的向量调用这两个函数，其结果如下：

```
11 ms num_users_at_level (using 128 bytes User)
10 ms num_playing_users (using 128 bytes User)
```

这时我们可以假设，通过将 User 类变小，遍历向量的速度就会变得更快。如前所述，密码（password）和安全数据字段使用较少，可以将它们聚合成一个单独的结构体。这就会将代码拆分成以下两个部分：

```
struct AuthInfo {
  std::string username_;
  std::string password_;
  std::string security_question_;
  std::string security_answer_;
};

struct User {
  std::string name_;
  std::unique_ptr<AuthInfo> auth_info_;
  short level_{};
  bool is_playing_{};
};
```

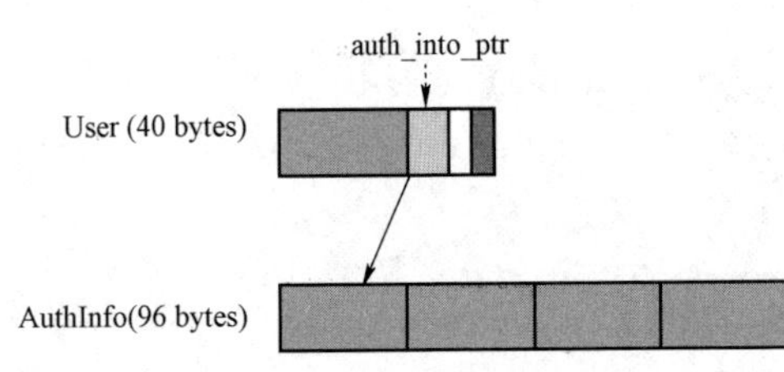

图 4.16　认证信息保存在单独类时的内存布局

这一新的变化将User类从原先的128字节减少到了 40 字节。和以前不同的是，我们没有在 User 类中多存储四个字符串，而是使用指针来引用新的 AuthInfo 对象。图 4.16 展示了如何将原先的 User 类拆分成两个小类：

这种改变从设计的角度来看也是有意义的。将认证数据保存于单独类中增加了 User 类的内聚性。同时，User 类包含了一个指向认证信息的指针。当然用户数据所占的内存总量并没有减少。不过最重要的其实是 User 类规模的减小了，这可以加快遍历全部用户函数的速度。

从优化的角度来看，我们得重新度量性能，才能验证之前关于较小数据的假设的有效性。结果发现，前面两个函数在拆分后的较小的 User 类上运行的速度都在原先的两倍以上。运行修改后的代码，其输出结果如下：

```
4 ms num_users_at_level with User
3 ms num_playing_users with User
```

接下来，让我们尝试一种更极致的办法，通过使用并行数组（**parallel arrays**）来缩减所需遍历的数据量。不过首先值得注意的是，这是一种优化手段，多数情况下它因为有太多的缺点而不能成为一个可行的选择方案。请不要把它当作一种很普遍的技术，而不假思索地使用它。看过几个例子后，我们再来讨论并行数组的利与弊。

通过使用并行数组，我们简单地将原先大的结构体拆分成较小的类型，这类似之前拆分 User 类和 AuthInfo 类那样。不同的是，并行数组并不会像之前那样使用指针绑定两个对象，而是将这些被拆分的较小的结构体存储在同等大小的独立数组中。它们在不同数组但共享相同索引由此拼凑出完整的原始对象。

还是用一个示例阐述这一技术。经过优化后只有 40 字节的 User 类，现在只包含一个 name 字符串，一个指向认证信息的指针，一个表示当前等级的整型，和 is_playing_布尔值。通过裁剪 User 对象的尺寸，我们看到在对象上遍历时性能有了相当的提高。一个用户对象数组的内存布局大致如图 4.17 所示。在此，我们先忽略内存对齐（memory alignment）和内存填充（memory padding），具体内容请见第 7 章内存管理：

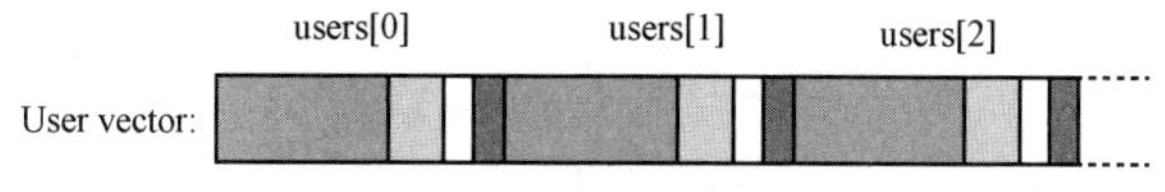

图 4.17　用户对象在向量中连续存储

我们可以把所有 short 型的 level 和 is_playing_标志分开存储在不同的向量中，而不是用一个向量存储这些用户对象。用户数组中索引为 0 的用户当前等级也被存储在等级（level）数组索引为 0 的地方。这样就可以只用索引连接数据字段，从而避免了存在指向等级（level）的指针的情况了。我们也可以对布尔值 is_playing_做相同的操作，这样一来，最后就会有三个平行数组而非原先的一个。三个向量的内存布局如下（见图 4.18）：

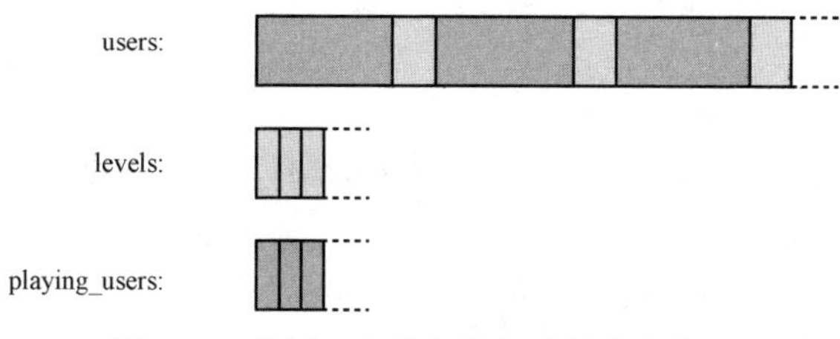

图 4.18　使用三个并行数组时的内存布局

上面的例子中我们用三个并行数组实现了对某个特定字段的快速遍历。num_users_at_level()函数现在可以只用 level 数组来计算特定等级的用户数。而它的实现也就变成了对 std::count()的封装：

```
auto num_users_at_level(const std::vector<int>& users, short level) {
  ScopedTimer t{"num_users_at_level using int vector"};
  return std::count(users.begin(), users.end(), level);
```

```
}
```

同样，num_playing_users()函数只需要遍历布尔向量就可以确定在线用户数量。也同样可以用 std::count()函数达成这一目标：

```
auto num_playing_users(const std::vector<bool>& users) {
  ScopedTimer t{"num_playing_users using vector<bool>"};
  return std::count(users.begin(), users.end(), true);
}
```

有了并行数组，就完全不必再使用原先的 User 数组了。被拆分的数组所占的内存远远小于原先的数组。现在让我们验证一下在一百万用户上再次运行这些函数，代码的性能是否有所提高：

```
auto users = std::vector<User>(1'000'000);
auto levels = std::vector<short>(1'000'000);
auto playing_users = std::vector<bool>(1'000'000);

// 初始化数据
// ...

auto num_at_level_5 = num_users_at_level(levels, 5);
auto num_playing = num_playing_users(playing_users);
```

使用表示 level 的整型数组计算处于某一等级的用户数量只需约 0.7ms。相比之下，最初版本的 128 字节 User 类则花费了大约 11ms。优化后的 40 字节的 User 类执行时间为 4ms，而使用只包含了 level 的数组，我们将速度降到了 0.7ms。这可是相当大的性能提升！

第二个函数 num_playing_users()的变化甚至更大。现在它只需大约 0.03ms 就可以计算出当前用户在线数量。在这个例子中性能之所以会有这么大的提升，还要归功于一种名为位数组（**bit array**）的数据结构。事实证明，std::vector＜bool＞根本不是一个标准的 C++布尔对象向量。它本质上其实是一个位数组。像 count()和 find()这样的操作在位数组中可以得到非常高效的优化（因为它在 64 位机器上一次可以处理 64 位，甚至通过使用 SIMD 甚至可以处理更多）。但是关于 std::vector＜bool＞的前景目前尚不明确，它可能很快就会被废弃，而被固定大小的 std::bitset 和全新的动态大小的 bitset 所取代。目前，Boost 中已经实现了名为 boost::dynamic_bitset 的版本。

哪怕从刚才到现在，你都觉得这一切看起来很靠谱，但我依然要提醒你，在使用并行数组时，可能带来的问题。首先，把字段从它们本来真正所属的类中拆分出来，会对代码结构产生巨大的影响。某些情况下，将大的类拆分成小的是合情合理，但忽视合理的拆分则会彻底打破代码的封装，反而对外暴露了本可以隐藏在更高抽象接口后面的数据。

其次，要确保数组的同步更新也是件麻烦事，比如，总要确保构成一个对象的所有字段分别处在各数组的同一索引下。类似这种的隐式关系很难维护，还容易出错。

最后则是关于性能上的。在前面的例子中，我们讨论的是对于一次遍历一个字段的算法，在这种情况，我们的实现带来了巨大的性能提升。但是如果出现了一个需要同时访问多个被抽取到不同数组的字段的算法，那么它的速度就远远慢于遍历最初大对象的速度了。

所以在处理性能问题时，任何解决方案都是有代价的。对外暴露数据和将一个简单的数组拆分成多个数组的代价可能会有（或没有）很高。但这完全取决于我们当前所面临的场景，以及度量性能后发现的收益。不过我依然建议，除非真正面临了别无选择的性能问题，否则就不要考虑使用并行数组。我们应始终秉持选择合理的设计原则，并优先选择用显式的方式，而非隐式的，表达对象间的关系。

4.6　总结

本章我们了解了标准库中的容器类型。现在你应该知道了，构造数据的方式对于“在对象集合上执行一些操作的效率”有很大的影响。此外，在做技术选择使用不同的数据结构时，标准库容器的渐进复杂度是需要重点考虑的关键因素之一。

此外，我们还了解到现代处理器中的缓存层次结构是如何影响“数据组织对内存访问的高效性”的。合理有效的利用缓存层次结构的重要性再怎么强调都不为过。这也是为什么内存中连续存储元素的容器，如 std::vector 和 std::string，是最常用的数据结构的原因。

第 5 章中，我们将探讨如何使用迭代器和算法高效操作容器。

第5章　算　　法

C++开发者在工作中已经广泛采用了标准库中的容器。比如，鲜有 C++的代码库中没有对 std::vector 或 std::string 的引用。不过，据我的经验，尽管标准库算法具备与容器相同的好处，但其使用频率远低于容器，比如：

- 解决复杂问题时，可以被用做构建块。
- 它们都有大量的文档（包括参考文献、书和视频）。
- 很多 C++开发者都熟悉它们。
- 它们的空间和运行时间成本都是已知的（复杂度有保证）。
- 它们的实现都是精心设计且运行高效的。

除了这些以外，C++的特性，如 lambda、执行策略、概念和范围，都让标准算法变得更为强大，同时也让使用体验更加友好。

本章我们将讨论在 C++中如何使用 **Algorithm** 库编写高效算法。还会了解到在代码中使用标准库算法作为构建块，在性能与可读性两个方面的好处。

在本章你将了解到：

- C++标准库中的算法。
- 迭代器和范围，容器和算法间的黏合剂。
- 如何实现可以在标准容器上执行的泛型算法。
- C++标准算法的最佳实践。

首先，我们来看看标准库的算法，并了解一下它们是如何成长到如今的。

5.1　标准库算法概述

将标准库算法整合到我们自己的 C++体系中是很重要的。本部分，我们将了解到一些可以通过使用标准库算法而高效解决的常见问题。

C++20 通过引入 **Ranges** 库和 C++概念特性，令 Algorithm 库产生了巨大变化。所以，在开始前，我们需要先对 C++标准库的历史做一下简单介绍。

5.1.1　标准库算法的演进

各位读者可能已经听说过 STL 算法或 STL 容器了，同时希望你也听说了 C++20 引入的

Ranges 库。事实上，在 C++20 中，标准库的确引入了很多内容。所以在进一步讨论前，我们先统一一些术语，首先从 STL 开始。

STL，即标准模板库，最初是 20 世纪 90 年代添加在 C++标准库中的。它包含了算法、容器、迭代器和函数对象。由于这个名字很难意会，现在我们更习惯称为 STL 算法和容器。不过，C++标准并未提及 STL，而是提到了标准库和其各个组成部分，如迭代器和 **Algorithm** 库。本书中，我会尽量避免使用 STL 这个名字，在需要时直接指出标准库或其他库。

接下来，我们看看 Ranges 库和约束算法。Ranges 库是在 C++20 中添加到标准库的，它引入了全新的头<ranges>，我们将在第 6 章中详细讨论。但 Ranges 库的加入也对<algorithm>产生了巨大的影响，它引入了所有之前存在的算法的重载版本。因为这些算法是由 concept 所约束的，所以我将它们称为约束算法。这样一来`<algorithm>`就包括了基于迭代器的旧版本算法和由 C++concept 约束的新版本算法。因此本章我们要讨论的算法会有两种不同的风格，如下面的代码所示：

```
#include <algorithm>
#include <vector>

auto values = std::vector{9, 2, 5, 3, 4};

//使用 std 算法排序
std::sort(values.begin(), values.end());

//使用 std::range 下的约束算法排序
std::ranges::sort(values);
std::ranges::sort(values.begin(), values.end());
```

注意，两个版本的 sort()函数都在<algorithm>的头中，但它们由不同的命名空间和签名来区分。本章会同时使用这两个版本作为示例，通常情况下我会建议，尽可能采用新的约束算法运用在日常工作中。希望在你读完本章后，相关优势会变的显而易见。

现在，我们可以来学习如何使用已有的算法来解决常见问题了。

5.1.2 解决日常问题

这一部分我们会给出一些较为常见的场景与更适合的算法，从而让我们对标准库算法有一个更直观的认知。库中有很多的算法，本节中只会介绍其中的几个。想快速并完整的了解标准库算法，推荐 Jonathan Boccara 在 *CppCon 2018* 的演讲，*105 STL Algorithms in Less Than an*

Hour，参见 https://sched.co/FnJh。

遍历序列

有一个可以打印序列中元素的辅助函数是非常实用的。下面所示的通用函数可以被用于任何持有元素的容器，这些元素还可以用 operator<<()操作符传入输出流：

```
void print(auto&& r) {
  std::ranges::for_each(r, [](auto&& i) { std::cout << i << ' '; });
}
```

print()函数使用的是从<algorithm>中导入的 for_each()函数。它会对范围内每个元素都调用一次提供的函数。我们的提供函数的返回值在过程中会被忽略，同时传递给该函数的序列也不会受影响。不过，我们可以利用 for_each()的副作用，比如将元素打印到 stdout（正如本例所示）。

另一个相似且通用的算法是 transform()。它同样是序列中每个元素的调用函数，不同的是，它不会忽略返回值，而会将这个值存储到一个输出序列中，如下：

```
auto in = std::vector{1, 2, 3, 4};
auto out = std::vector<int>(in.size());
auto lambda = [](auto&& i) { return i * i; };

std::ranges::transform(in, out.begin(), lambda);

print(out);
//输出: "1 4 9 16"
```

这个代码片段还演示了如何使用前面定义好的 print()函数。transform()算法会对范围内每个元素调用一次定义好的 lambda 函数。同时，为了指定输出结果存储的位置，我们还为 transform()提供了对应的输出迭代器 out.begin()。关于迭代器的更多内容会在本章稍后位置进行讨论。

定义好了 print()函数并演示了足够通用的算法，接下来，我们将了解生成元素的算法。

生成元素

有时我们可能会遇到这样一种需求，需要给一个元素序列分配一些初始值或者重置整个序列。下面给出的例子，是用-1 填充一个向量：

```
auto v=std::vector<int>(4);
std::ranges::fill(v,-1);
print(v);
//输出 "-1-1-1-1 "
```

接下来介绍 generate()算法，它是为每个元素调用一次函数，并将函数的返回值存放在当前元素所处位置：

```
auto v=std::vector<int>(4);
std::ranges::generate(v,std::rand);
print(v);
//可能的输出："1804289383 846930886 1681692777 1714636915"
```

前面的例子中，每个元素都会调用一次 std::rand()函数。

最后一个生成元素的算法，将介绍来自<numeric>的 std::iota()，它是以递增的顺序生成值，其中，必须指定起始值为第三个参数。下面是生成从 0 到 5 的数值的例子：

```
auto v=std::vector<int>(6);
std::iota(v.begin(),v.end(),0);
print(v);//输出："0 1 2 3 4 5 "
```

目前所给出的例子中，序列都已经被排序好了，但更多情况下，则是处理那些需要进行排序的无序元素集合。

排序元素

给元素排序是非常常见的操作，所以了解一些排序算法是很有必要的。不过本节中，将只展示最传统的元素排序的版本，即 sort()：

```
auto v=std::vector{4,3,2,3,6};
std::ranges::sort(v);
print(v);           //输出："2 3 3 4 6 "
```

如上所述，这并不是唯一的排序算法，在实践中，我们可以使用部分排序算法，来获得更优的性能。我们将在本章后面讨论关于排序更多的细节。

查找元素

除了排序，还有一种极为常见的需求，那就是找出某个特定值是否在一个集合中。具体来讲，是我们希望了解在这个集合里有多少个特定值的实例。这种情况下，如果我们知道集合是有序的，那么这些搜索数值的算法就会变得更加高效。我们在第三章分析和度量性能中，通过比较线性搜索和二分搜索，也理解了这一点。

这里我们从 find()函数开始，它并不需要传入一个有序的集合：

```
auto col=std::list{2, 4, 3, 2, 3, 1};
auto it=std::ranges::find (col, 2);
if (it! =col.end()) {
  std::cout<<*it<<'\n';
}
```

如果找不到目标元素，则 find()函数会返回集合的 end()迭代器。在最不理想的情况下，find()需要检查遍历序列中所有元素，所以它的运行时间为 O(n)。

使用二分搜索查找元素

假设我们确定集合是有序的，就可使用下列二分搜索算法中的一个：binary_search()、equal_range()、upper_bound()或 lower_bound()。如果将这些函数与随机访问容器协同使用，则上述所有算法均能保证在 O(log n)时间内运行。针对算法是怎么提供复杂度保证的，在本章后面讨论到迭代器和范围时就会有更清楚的认识。即使它们是在不同的容器上运行的（预告，有趣的部分即将到来——迭代器和范围）。

下面的例子中，我们将使用一个已经进行排序了的 std::vector，其中元素如图 5.1 所示。

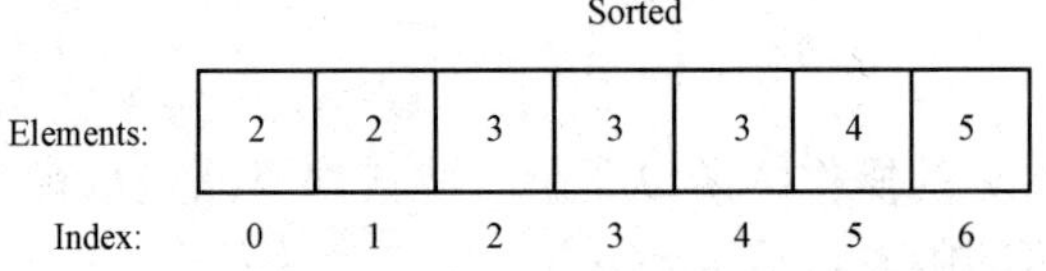

图 5.1 一个已排序的具有七个元素的 std::vector

binary_search()基于搜索的值是否能够找到，从而返回 true 或 false：

```
auto v = std::vector{2, 2, 3, 3, 3, 4, 5};     // 有序的向量!
bool found = std::ranges::binary_search(v, 3);
std::cout << std::boolalpha << found << '\n'; // 输出: true
```

有一点需要注意，请务必在调用 binary_search()前，确认当前集合是有序的。我们还可以通过使用 is_sorted()在代码中断言这一点，如下所示：

```
assert(std::ranges::is_sorted(v));
```

该断言会以 $O(n)$的速度运行，但只有在断言被激活时才会触发，所以并不会影响代码最终版本的性能。

此时，我们要处理的有序集合中包含有多个值为 3 的元素。此时如果想要知道该集合中第一个 3 或最后一个 3 的位置该怎么办呢？我们可以采用 lower_bound()找到第一个 3，或者使用 upper_bound()找到最后一个 3 后一个值：

```
auto v=std::vector{2,2,3,3,3,4,5};
auto it=std::ranges::lower_bound(v,3);
if(it!=v.end()){
  auto index=std::distance(v.begin(),it);
  std::cout<<index<<'\n';//输出:2
}
```

上面的这段代码输出的是 2，是第一个 3 的索引值。为了从迭代器中获取某个元素的索引，我们可以使用<iterator>中的 std::distance()。

用同样的方法，可以使用 upper_bound()获得最后一个 3 后一个值的迭代器：

```
const auto v=std::vector{2, 2, 3, 3, 3, 4, 5};
auto it=std::ranges::upper_bound (v, 3);
if (it! =v.end()) {
  auto index=std::distance (v.begin(), it);
  std::cout<<index<<'\n'; //输出: 5
}
```

如果想同时获得某个元素的上界和下界，则可以使用 equal_range()函数，它会只返回包含 3 的子集合：

```
const auto v=std::vector{2,2,3,3,3,4,5};
auto subrange=std::ranges::equal_range(v,3);
if(subrange.begin()!=subrange.end()){
  auto pos1=std::distance(v.begin(),subrange.begin());
  auto pos2=std::distance(v.begin(),subrange.end());
  std::cout<<pos1<<"  "<<pos2<<'\n';
}//输出:"2 5"
```

接下来，我们探索一下与检查集合相关的其他算法。

对某些条件进行判断

C++中有三种非常方便的算法，分别是 all_of()、any_of()和 none_of()。它们都需要传入一个范围（range），一个单参断言（unary predicate，需要一个参数并返回 true 或 false 的函数），以及可选的映射函数（projection function）。

假设现在有一个数字序列，且已知某个数字是否是负数的 lambda 表达式：

```
const auto v = std::vector{3, 2, 2, 1, 0, 2, 1};
const auto is_negative = [](int i) { return i < 0; };
```

然后，我们就可以用 none_of()函数检查全部数字是否都为正：

```
if (std::ranges::none_of(v, is_negative)) {
  std::cout << "Contains only natural numbers\n";
}
```

此外，还可以通过调用 all_of()来判断列表中的所有元素是否都为负：

```
if (std::ranges::all_of(v, is_negative)) {
  std::cout << "Contains only negative numbers\n";
}
```

最后，可以调用 any_of()函数来查看列表中是否包含至少一个负数：

```
if (std::ranges::any_of(v, is_negative)) {
  std::cout << "Contains at least one negative number\n";
}
```

我们有时可能会忘记这些存在于标准库中的小巧但便于上手的构建块，不过一旦养成了使用它们的习惯，就不用再自己动手造轮子了。

计数元素

计算等于某个值的元素个数，最直接的方式就是调用 count()函数了：

```
const auto numbers = std::list{3, 3, 2, 1, 3, 1, 3};
int n = std::ranges::count(numbers, 3);
```

```
std::cout << n;                      //输出: 4
```

count()算法是线性运行时间。不过，如果我们碰巧知道序列是有序的，并且实现中使用的是向量或者其他随机访问数据结构，那就可以改用 equal_range()函数了，它会在 O(log n)时间内运行，如下例所示：

```
const auto v=std::vector{0,2,2,3,3,4,5};
assert(std::ranges::is_sorted(v));//O(n),但在 release 中不会被调用
auto r=std::ranges::equal_range(v,3);
int n=std::ranges::size(r);
std::cout << n;                  // 输出: 2
```

equal_range()函数会找到所有包含想要计算的元素值的子范围。一旦它找到了这个子范围，我们就可以调用<ranges>中的 size()函数计算出这个子范围的长度了。

最小值、最大值与钳制值（clamping）

在此，我还想提及一组小而实用的算法，这些算法是成为一个经验丰富的 C++开发者所必备的知识。是函数 std::min()、std::max()和 std::clamp()，它们时常被人们遗忘，转而去编写同等功能的实现代码：

```
const auto y_max = 100;
auto y = some_func();
if (y > y_max) {
  y = y_max;
}
```

这段代码确保了 y 的值始终在一定范围内。尽管此代码可以运行，我们还可以通过直接使用 std::min()函数来避免使用多余的变量与 if 条件，如下所示：

```
const auto y = std::min(some_func(), y_max);
```

如大家所见到的，我们通过使用 std::min()函数而消除了代码中杂乱无章的变量和 if 语句。还可以选择 std::max()函数处理相反的类似情况。而如果我们想把某个值限制在最大值与最小值之间，则可以这样做：

```
const auto y = std::max(std::min(some_func(), y_max), y_min);
```

不过，从 C++17 引入了可以替代上述代码的 std::clamp()函数后，我们可直接使用 clamp()：

```
const auto y = std::clamp(some_func(), y_min, y_max);
```

还有些时候，我们需要在一个无序的元素集合中找到其中的极值。为此，我们可以使用 `minmax()`函数，它会如期的返回给我们序列中的最大值与最小值。然后将这个结果结合结构绑定，我们可以用如下方式输出极值：

```
const auto v = std::vector{4, 2, 1, 7, 3, 1, 5};
const auto [min, max] = std::ranges::minmax(v);
std::cout << min << " " << max; // Prints: "1 7"
```

还可以通过使用 min_element()或 max_element()找到最小值与最大值所在的位置。它们都将返回目标元素的迭代器，而非位置索引值。下面给出的例子是如何查找最小元素：

```
const auto v = std::vector{4, 2, 7, 1, 1, 3};
const auto it = std::ranges::min_element(v);
std::cout << std::distance(v.begin(), it); //输出: 3
```

这段代码输出的结果是 3，即发现的第一个最小值索引。

以上就是我们对标准库中常见算法的简述了。C++标准中规定了算法运行时的成本，尽管不同平台间具体实现可能各不相同，但它们都需遵守这些规定。为了理解泛型算法复杂度，应用在不同类型容器时是如何被保证的，我们现在需要仔细聊聊迭代器和范围这两个概念。

5.2 迭代器与范围

正如之前所演示的，标准库算法实际是在迭代器和范围之上工作的，而不是操作某一容器类型。本节将重点讨论迭代器和 C++20 中引入范围的相关新概念。一旦掌握了迭代器和范围这两个关键概念，正确使用容器和算法就会变得相当容易。

5.2.1 迭代器

迭代器是构成标准库算法和范围的基础，也是数据结构与算法间的粘合剂。如前文所述，C++容器们以各不相同的方式存储着元素，迭代器则提供了一种通用的方式来浏览序列中的元素。通过让算法在迭代器上而非在类型上操作，可以让这些算法变得更加灵活通用。因为它们可以不再依赖于容器的类型或元素在内存中的排列方式。

迭代器的关键在于，它是一个表示序列中某一位置的对象。它主要负有两个职责：

- 在序列中导航。
- 在其当前位置读写数值。

值得一提的是，迭代器抽象这一概念并非 C++独有，它存在于很多编程语言中。相比于其他语言，C++迭代器的特别之处是，它模仿了原始内存指针的语法。

理论上来说，迭代器可以被认为是一个具有与原始指针属性相同的对象；它可以在不进到下一元素的情况下被解引用（如果当前指针指向了一个有效地址）。尽管它的内部可能是一个遍历，像 `std::map` 这种树对象，算法却只会使用指针所允许的部分操作。

那些能直接在 std 命名空间下找到的算法，大多数只针对迭代器操作，而非像 std::vector、std::map 这样的容器，并且算法返回的也是迭代器而非某个值。

为了能够在任一序列中不出边界的遍历，我们需要有一个通用的方法来告诉迭代器，何时将会到达该序列的终点。这是哨兵值（sentinel values）的设计原因。

5.2.2 哨兵值与 past-the-end 迭代器

哨兵值（或简称哨兵）是一个特殊的值，用来表示一个序列的结束。哨兵值的出现，让我们可以在事先不知道序列大小的情况下，遍历该序列。使用哨兵值的一个场景就是，以空值为终点的 C 风格字符串（这种情况下，哨兵值就是‘\0’字符）。与其跟踪一个以空为结尾的字符串长度，不如就用指向该字符串开头的指针与哨兵值来定义一个字符序列。

约束算法使用迭代器来定义序列中第一个元素，并使用哨兵值来表示一个序列的结束。哨兵的唯一需求就是它要能与迭代器进行比较，所以 operator==()和 operator！=()应该被定义为，可接受一个哨兵值与一个迭代器的组合：

```
bool operator=!(sentinel s, iterator i) {
  // ...
}
```

我们已经阐明了哨兵的含义，那么如何创建一个哨兵值来表示序列的结束呢？秘诀在于使用一个名为 **past-the-end** 迭代器的东西作为哨兵值。它实际上就是个简易的迭代器，指向了序列中最后一个元素后（或越过最后一个元素）的那个元素。见下面的代码与图例：

```
auto vec = std::vector {
  'a','b','c','d'
};

auto first = vec.begin();
auto last = vec.end();
```

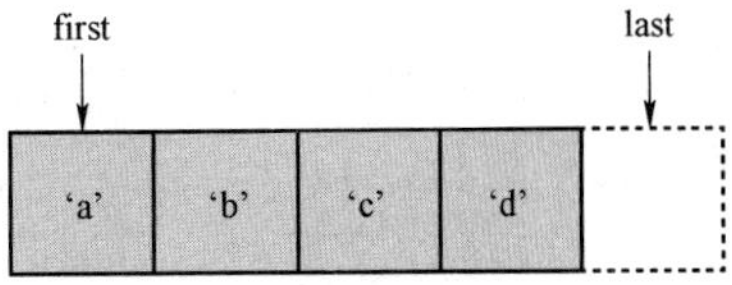

如前所示，最后一个迭代器现在指向了'd'之后的一个假想元素。这让我们能够只用一个循环就可以遍历整个序列：

```
for (; first != last; ++first) {
  char value = *first; //迭代器引用解析
  // ...
```

我们可以使用 past-the-end 哨兵与迭代器（it）进行比较，但却不能对哨兵值进行引用解析，毕竟它没有指向序列范围内的元素。这种 past-the-end 迭代器的概念由来已久，甚至还能适用于内置的 C 数组：

```
char arr[]={'a','b','c','d'};
char* end=arr+sizeof(arr);
for(char* it=arr;it!=end;++it){//停在最后
   std::cout<<*it<<' ';
}
//输出:a b c d
```

再次申明，end 实际上是指向边界外的，所以我们无法对它解析引用，但可以读取指针的值并与 it 变量进行比较。

5.2.3 范围

范围是对引用元素序列时所使用的迭代器——哨兵的替换。<range>头包含了多种概念，它们分别定义了不同种类的范围需求，如 input_range、random_access_range 等。它们都是对最基本的概念——range 的细化，其定义如下：

```
template<class T>
concept range=requires (T& t) {
  ranges::begin (t);
  ranges::end (t);
};
```

这意味着，任何对外暴露了 begin()和 end()函数的类型都被认为是同一个范围（假设这些函数返回的都是迭代器）。

对 C++标准容器而言，begin()和 end()函数会返回相同类型的迭代器，但不一定适用于 C++20 的范围。一个具有相同类型的迭代器和哨兵的范围满足了 std::range::common_range 的概念。而新的 C++20 中的视图（view，将在第 6 章中介绍）返回的“迭代器—哨兵对组”则可以是不同类型。不过，还可以通过使用 std::views::common 将它们转换为具有相同类型的迭代器及哨兵的视图。

std::range 命名空间中的约束算法可以对范围而非迭代器对组（pair）进行操作。而由于所有的标准容器（vector、map、list 等）都满足了范围的概念，所以我们可以直接将这些范围传递给约束算法，如下所示：

```
auto vec = std::vector{1, 1, 0, 1, 1, 0, 0, 1};
std::cout << std::ranges::count(vec, 0); // 输出 3
```

范围是对可以被遍历的内容（即可以被循环）的抽象，从某种意义上来说，它们将 C++迭代器的直接使用痕迹隐藏了。不过，迭代器仍是 C++标准库的主要部分，在 ranges 库中也是被广泛地使用的。

下一节我们将一同了解现存的不同种类的迭代器。

5.2.4 迭代器类别

现在，我们了解了如何定义一个范围，以及如何判断是否到达某个序列的结尾。接下来，我们可以进一步了解迭代器支持的浏览、读取和写入值的相关操作。

迭代器在一个序列中浏览可以通过下列操作完成：

- 前进：std::next(it)或++it
- 后退：std::prev(it)或--it
- 跳转到任意位置：std::advance(it,n)或 it+=n

在迭代器某一位上对值进行读和写的操作，可以通过引用解析的方式完成。如下所示：

- 读：auto value = *it
- 写：*it = value

这些都是容器对外暴露的迭代器中最常见的操作。但除此之外，迭代器还可以对数据源进行操作，在这些数据源中，写或读意味着操作之后同时单步前进。类似的例子诸如：用户输入、网络连接或者文件等。这样的数据源需要下列操作：

- 只读和前进：auto value = *it；++it；
- 只写和前进：*it = value；++it；

这些操作可能只能用两个后置表达式来表达。第一个表达式的后验条件是，其第二个表达式必须是有效的。这就意味着这些操作只能向同一个位置的某个值读或写一次。若需读或写一个新的值，那就必须先将迭代器推进到下一个位置。

当然，并不是所有的迭代器都支持上述列表中的所有操作。比如，有些迭代器只能读取数值和单步前进，而其他则既可以读取、写入，又能跳到任意位置。

接下来，思考几个基本算法，就会发现不同算法对迭代器的需求各有不同：

- 如果某个算法是对一个值出现的次数进行计数，那么它需要的是读取和单步前进的操作。
- 如果某个算法是用某个值填充一个容器，那么它需要的是写入和单步前进的操作。
- 在一个有序集合中的二分搜索算法，需要的则是读取和跳的操作。

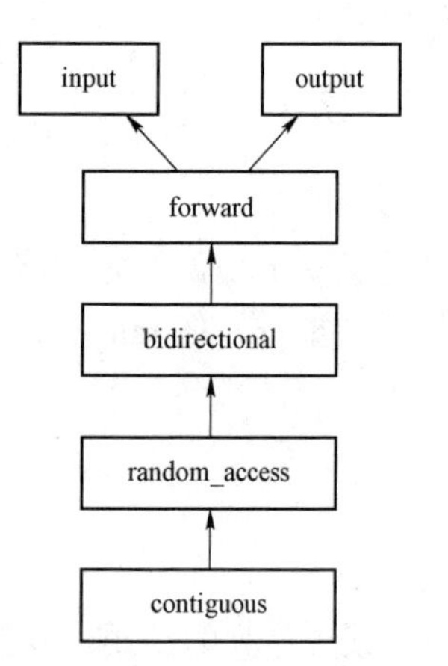

图 5.2 六种迭代器类别及其相互关系

有些算法能够被更有效的实现，但也取决于迭代器支持哪些操作了。和之前提过的容器一样，标准库中的所有算法也都有复杂度保证（使用大 O 符号）。对一个算法而言，想要满足一定复杂度的保证，需要对它所操作的迭代器提出一定的需求。而这些需求被划分为六个基本的迭代器类别，它们之间的关系如图 5.2 所示。

箭头方向表示的是，此迭代器类别包含其自身及所指向的类别的全部能力。比如，如果某个算法需要一个向前迭代器，我们同样可以传递给它一个双向迭代器，因为这一类别的迭代器也具有向前迭代器的全部能力。

以下概念正式规定了上述的这六项需求：

- std::input_iterator：支持只读和单步前进（一次）。单次算法，如 std::count()就可以使用这一类型的迭代器。std::istream_iterator 是这一类型迭代器的实例。
- std::output_iterator：支持只写和单步前进（一次）。注意，该类型的迭代器只能写入，而不读取。std::ostream_iterator 是这一类型迭代器的实例。
- std::forward_iterator：支持读取、写入和单步前进。处在当前位置的值可以被多次读取或写入。单链表，如 std::forward_list 对外暴露的就是这一类型的迭代器。
- std::bidirectional_iterator：支持读取、写入、单步前进和单步回退。双链的 std::list 对外暴露的就是这一类型的迭代器。
- std::random_access_iterator：支持读取、写入、单步前进、单步回退，以及在常数时间内跳到任意位置。std::deque 里面的元素就可以通过使用这一类型的迭代器进行访问。
- std::contiguous_iterator：与上一类型迭代器相同，但也会保证底层数据是连续存储的，比如 std::string、std::vector、std::array、std::span 以及（很少使用的）std::valarray。

了解迭代器类型，对于理解标准库算法的时间复杂度要求至关重要。如果对底层数据结构能有较好的认知，就可以相当容易的识别迭代器与容器的从属关系。

了解了这些，我们就可以对大多数标准库算法使用的常见模式进行更深入地探讨了。

5.3 标准算法的特点

为了更好的理解标准算法，了解<algorithm>头中所有算法的特点与其共同使用的模式是有必要的。就像前文所说的，std 和 std::range 命名空间下的算法有很多共同点。在此，我们将从那些，对 std 算法或 std::range 下的约束算法，都适用的一般原则开始介绍。在之后的下一节中，我们将继续讨论 std::range 约束算法的独特之处。

5.4 算法不会改变容器大小

<algorithm>的函数只能修改指定范围内的元素，绝不会从底层容器中添加或删除元素。所以，这些函数不会改变它们所操作容器的大小。

比如，std::remove()和 std::unique()函数实际上都没有移除容器中的任何元素（尽管它们的表达看起来是这样的）。它们实际上是把应该保留的元素移到容器前方的位置，然后将代表元素有效范围的新终点的哨兵值作为返回结果：

代码示例	结果向量

//std::remove()示例
auto v=std::vector{1,1,2,2,3,3};
auto new_end=std::remove(
   v.begin(),v.end(),2);
v.erase(new_end,v.end());
	1 1 3 3 3 3
	v.begin() new_end v.end()
	
	1 1 3 3
	v.begin() v.end()

//std::unique()示例
auto v=std::vector{1,1,2,2,3,3};
auto new_end=std::unique(
   v.begin(),v.end());
v.erase(new_end,v.end());
	1 2 3 2 3 3
	v.begin() new_end v.end()
	
	1 2 3
	v.begin() v.end()

C++20 在<vector>中添加了新版本的 std::erase()和 std::erase_if()函数，它们能够立即从当前向量中删除元素，而不必先调用 remove()，再调用 erase()。

标准库算法从不改变容器大小，所以在调用会产生输出的算法时，我们需要手动对数据进行分配。

5.4.1 有输出的算法需要自己分配数据

向输出迭代器写入数据的算法，如 std::copy()或 std::transform()，需要给输出保留那些已经分配好的数据。由于这些算法仅使用迭代器作为参数，所以它们不能自己分配数据。为了扩大算法所操作容器的大小，这些算法依赖于迭代器能够扩大它所遍历的容器的大小。

如果将一个空容器的迭代器传递给算法作为输出，则代码很可能会崩溃。下面的例子说明了这一问题，其中传入的 squared 为空：

```
const auto square_func = [](int x) { return x * x; };
const auto v = std::vector{1, 2, 3, 4};
auto squared = std::vector<int>{};
std::ranges::transform(v, squared.begin(), square_func);
```

为此，你必须做以下任意一件事：

- 为存放结果的容器预先分配所需的大小。
- 或使用插入式迭代器，在遍历的同时将元素插入到该容器中。

下面的代码片段展示了如何使用预分配的空间：

```
const auto square_func = [](int x) { return x * x; };
const auto v = std::vector{1, 2, 3, 4};
auto squared = std::vector<int>{};
squared.resize(v.size());
std::ranges::transform(v, squared.begin(), square_func);
```

下面的代码片段展示了如何使用 `std::back_inserter()`和 `std::inserter()`向一个没有预分配大小的容器插入数值：

```
const auto square_func = [](int x) { return x * x; };
const auto v = std::vector{1, 2, 3, 4};

//使用 std::back_inserter 从向量后插入值
auto squared_vec = std::vector<int>{};
auto dst_vec = std::back_inserter(squared_vec);
```

```
std::ranges::transform(v, dst_vec, square_func);

//使用 std::inserter 为 std::set 插入值
auto squared_set = std::set<int>{};
auto dst_set = std::inserter(squared_set, squared_set.end());
std::ranges::transform(v, dst_set, square_func);
```

如果是对 std::vector 进行操作，并且你也知道结束后容器的预期大小，那么就可以在执行该算法前，使用 reserve()成员函数避免不必要的分配。否则，在算法过程中，向量可能会多次重新分配新的内存。

5.4.2 算法默认使用 operator==()和 operator<()

对于比较而言，一个算法依赖于基本的==和<运算符，与整数的情况一致。为了在用户自定义的类中也能使用这些算法，operator==()和 operator<()必须由类定义或作为算法的参数提供。

通过使用三路比较运算符，operator<=>()，我们可以让编译器生成必要的运算符。下面的例子展示了一个名为 Flower 的简单类，其中 operator==()被 std::find()所使用，而 operator<()被 std::max_element()所使用：

```
struct Flower {
   auto operator<=>(const Flower& f) const = default;
   bool operator==(const Flower&) const = default;
   int height_{};
};
auto garden = std::vector<Flower>{{67}, {28}, {14}};
// std::max_element()使用 operator<()
auto tallest = std::max_element(garden.begin(), garden.end());
// std::find()使用 operator==()
auto perfect = *std::find(garden.begin(), garden.end(), Flower{28});
```

除了使用当前类型的默认比较函数外，还可以使用自定义的比较函数。

自定义比较函数

有时，我们需要在不使用默认的比较运算符的情况下来比较对象，如，按长度排序或查找字符串。在类似的情况下，我们可以提供一个自定义函数作为附加参数。不加此字符串的原版函数传入的是一个值（例如 std::find()），而带有特定运算符的版本需在原有名字的末尾附加_if（如 std::find_if()，std::count_if()等）。

```
auto names = std::vector<std::string> {
  "Ralph", "Lisa", "Homer", "Maggie", "Apu", "Bart"
};
std::sort(names.begin(), names.end(),
          [](const std::string& a,const std::string& b) {
            return a.size() < b.size(); });
// names 现在是"Apu", "Lisa", "Bart", "Ralph", "Homer", "Maggie"

//在 names 中查找长度为 3 的元素
auto x = std::find_if(names.begin(), names.end(),
  [](const auto& v) { return v.size() == 3; });
// x 指向"Apu"
```

5.4.3 使用 projection 的约束算法

std::range 中的约束算法为我们提供了一个易上手的功能，即投影（**projection**），它减少了自定义比较函数的需求。前一节的代码示例可用标准断言 std::less 结合自定义投影的形式进行重写：

```
auto names = std::vector<std::string>{
  "Ralph", "Lisa", "Homer", "Maggie", "Apu", "Bart"
};
std::ranges::sort(names, std::less<>{}, &std::string::size);
// names 现在是"Apu", "Lisa", "Bart", "Ralph", "Homer", "Maggie"

//在 names 中查找长度为 3 的元素
auto x = std::ranges::find(names, 3, &std::string::size);
// x 指向"Apu"
```

当然，它同样支持传入 lambda 作为投影参数。当需要在一个投影中结合多个属性时，就方便得多了：

```
struct Player {
  std::string name_{};
  int level_{};
  float health_{};
  // ...
};
auto players = std::vector<Player>{
  {"Aki", 1, 9.f},
  {"Nao", 2, 7.f},
  {"Rei", 2, 3.f}};
auto level_and_health = [](const Player& p) {
  return std::tie(p.level_, p.health_);
};
//先按 level 再按 health 对 player 排序
std::ranges::sort(players, std::greater<>{}, level_and_health);
```

向标准算法传入投影对象是十分实用的方式，它极大简化了自定义比较运算符的使用。

5.4.4 算法要求 move 不能抛出异常

当所有算法仅在移动元素，且该元素的移动构造函数和移动赋值运算符均被标为 noexcept 时，才会使用 std::swap()和 std::move()，所以在使用这些算法时，为大对象实现移动构造函数和移动赋值运算符是很重要的。如果它们不可用又不会抛出异常，那么这些元素将被拷贝而非移动。

注意，如果在类中实现了移动构造函数和移动-赋值运算符，它们会被 std::swap()直接使用，因此不必指定 std::swap()重载。

5.4.5 算法具有复杂度保证

标准库中的各算法的复杂度都是由大 O 符号指定的。因为这些算法的实现都要考虑性能问题，所以它们不会分配内存，在时间复杂度上也没有高于 $O(n \log n)$的。不符合这些标准的算法，哪怕是再常见的操作，也不会被包含在标准库内。

要注意 stable_sort()、inplace_merge()和 stable_partition()的例外情况。许多的实现都倾向于在这些操作中临时分配内存。

假设有一种算法，它需要对一个无序的范围来测试是否存在重复元素。其中一种实现方式就是通过遍历该范围，并在它的剩余部分搜索重复元素。但这就会让该算法具有 $O(n^2)$的复杂度。

```
template <typename Iterator>
auto contains_duplicates(Iterator first, Iterator last) {
  for (auto it = first; it != last; ++it)
    if (std::find(std::next(it), last, *it) != last)
     return true;
  return false;
}
```

另一个选择则是复制整个范围，并对其进行排序，然后寻找相邻的相等元素。这就保证时间复杂度为 std::sort()的 $O(n \log n)$复杂度。因为它需要复制整个范围，所以这仍不符合标准库算法的要求，因为内存分配无法保证过程中不会抛出异常：

```
template <typename Iterator>
auto contains_duplicates(Iterator first, Iterator last) {
  //由于(*first)返回一个引用，我们还得
  //使用 std::decay_t 获得基本类型
  using ValueType = std::decay_t<decltype(*first)>;
  auto c = std::vector<ValueType>(first, last);
  std::sort(c.begin(), c.end());
  return std::adjacent_find(c.begin(),c.end()) != c.end();
}
```

复杂度保证从始至终就是 C++标准库的一部分，这也是标准库巨大成功背后的主要原因之一。值得了解的是 C++标准库中的算法在设计和实现时都考虑到了性能问题。

5.4.6 算法的性能与 C 语言库中的等价函数一样好

C 标准库附带了一些低级算法，包括 memcpy()，memmove()，memcmp()，和 memset()。

据我的经验，开发者们有时会使用这些函数而非标准算法库中的等价函数。主要原因是，大家倾向于相信C库中的函数会更快，所以接受了类型安全方面的代价。

然而这种情况在实际的标准库实现中并非如此；同等算法如，std::copy()、std::equal()和std::fill()，在可能的情况下都会调用那些低级 C 函数；因此，它们能在提供了性能保障的同时，还保证了类型安全。

当然，可能还会有些例外情况，C++编译器无法检测到诉诸低级 C 函数的安全性。如果某个类型不能被轻松拷贝（trivially copyable），则 std::copy()不能调用 memcpy()。不过这些都是理想情况下的考量了。理论上来说，开发者在创建一个不可轻松拷贝的类时应该是有充分理由的，同时，开发者（或是编译器）也不应忽略调用不恰当的构造器这一点。

C++算法库中的函数性能有时甚至会优于其在 C 库中对应的函数。最典型的例子是std::sort()与C库中的 qsort()。std::sort()和 qsort()之间最大的区别在于，qsort()是一个函数，而std::sort()则是函数模板。从性能来看，相比于std::sort()调用编译器内联的普通比较函数，qsort()调用的“作为函数指针的比较函数”要慢得多。

本章剩余部分，将介绍使用标准算法与自定义算法时的最佳实践。

5.5　编写和使用泛型算法

本节我们将通过实现泛型算法的示例，来具体说明算法库中的泛型算法，此外，你还会发现实现泛型算法并不复杂，另外我还提供了标准算法用法的相关建议。在此将避免解释关于示例代码的全部细节，我们会在本书后续花大量笔墨讨论泛型编程。

接下来的例子中，我们将把一个简单的非泛型算法转化为一个较成熟的泛型算法。

5.5.1　非泛型算法

泛型算法是一种可以用于任何范围的元素的算法，而非只能使用某一特定类型，比如：std::vector。下面的算法是只能使用 std::vector<int>的非泛型算法示例：

```
auto contains(const std::vector<int>& arr, int v) {
  for (int i = 0; i < arr.size(); ++i) {
    if (arr[i] == v) { return true; }
  }
  return false;
}
```

上面的代码示例中，为了找到要找的元素，我们依赖了 std::vector 所提供的接口，包括

size()函数和下标运算符（operator[]()）。可是，并不是所有的容器都提供了这样的函数，我并不建议直接写这样的原始循环（raw loops）。所以，这时我们就需要创建一个可以对迭代器操作的函数模板。

5.5.2 泛型算法

用两个迭代器替换 std::vector，用模板参数替换 int 参数，我们成功的将前面的算法转换成了泛型版本。下面所示的 contains()版本可以被用于任何容器：

```
template <typename Iterator, typename T>
auto contains(Iterator begin, Iterator end, const T& v) {
  for (auto it = begin; it != end; ++it) {
    if (*it == v) { return true; }
  }
  return false;
}
```

如果想在 std::vector 上使用这个函数，那就需要传入 begin()和 end()两个迭代器：

```
auto v = std::vector{3, 4, 2, 4};
if (contains(v.begin(), v.end(), 3)) {
  //找到了要找的值...
}
```

我们还可以将接受两个单独的迭代器作为参数缩减为接受一个，从而改进当前算法：

```
auto contains(const auto& r, const auto& x) {
  auto it = std::begin(r);
  auto sentinel = std::end(r);
  return contains(it, sentinel, x);
}
```

这一次我们已经将原先的两个参数搬移到了函数内部，所以不再要求使用者提供 begin()和 end()两个迭代器。在此，我们使用了 C++20 的缩写函数模板（**abbreviated function template**）语法，避免明确指出这是一个函数模板。最后，我们可以为参数类型添加约束：

```
auto contains(const std::ranges::range auto& r, const auto& x) {
  auto it = std::begin(r);
```

```
  auto sentinel = std::end(r);
  return contains(it, sentinel, x);
}
```

如你所见，创建一个健壮的泛型算法所需的代码并不多。对传递给算法的数据结构的唯一要求是，它需要暴露 begin()和 end()这两个迭代器。我们将在第八章编译时编程中，学习到更多关于约束的概念。

5.5.3 可被泛型算法使用的数据结构

上一节的例子让我们意识到，只要创建的自定义数据结构对外暴露了 begin()和 end()迭代器或一个范围，就可以被标准的泛型算法所使用。下面我们来看一个简单的示例，我们要实现一个二维的 Grid 结构，其中获取某一行的行为（get_row()）会对外暴露一对迭代器，如下：

```
struct Grid {
  Grid(std::size_t w, std::size_t h) : w_{w}, h_{h} {
    data_.resize(w * h);
  }
  auto get_row(std::size_t y); // 返回迭代器或范围

  std::vector<int> data_{};
  std::size_t w_{};
  std::size_t h_{};
};
```

图 5.3 说明了带有迭代器对的 Grid 结构的布局。

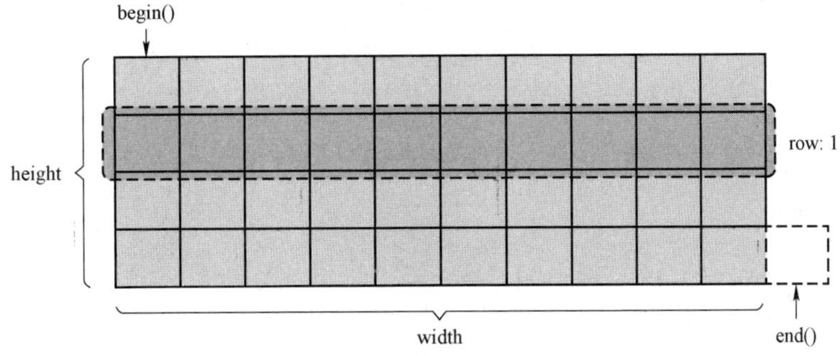

图 5.3 建立在一维向量上的二维 Grid

get_row()函数一个可能的实现方式是返回一个 std::pair，它持有表示某一行开始与结束的迭代器：

```
auto Grid::get_row(std::size_t y) {
  auto left = data_.begin() + w_ * y;
  auto right = left + w_;
  return std::make_pair(left, right);
}
```

之后，这行的迭代器就可以被标准库算法所使用了。下面的例子中，我们对 get_row()的返回值，使用 std::generate()和 std::count()函数：

```
auto grid = Grid{10, 10};
auto y = 3;
auto row = grid.get_row(y);
std::generate(row.first,row. second, std::rand);
auto num_fives = std::count(row.first, row.second, 5);
```

尽管这样做可行，但使用 std::pair 多少还是有点笨拙，而且要求使用者了解如何处理这个迭代器对组（pair)。同时也没有明确地指出 first 和 second 成员实际上表示了两个半开放的范围。如果这个函数能对外暴露一个强类型范围岂不是更好？幸运的是，下一章将讨论 Ranges 库提供的一个名为 std::ranges::subrange 的视图类型（view type)。这时，我们就可以这样实现 get_row()函数了：

```
auto Grid::get_row(std::size_t y) {
  auto first = data_.begin() + w_ * y;
  auto sentinel = first + w_;
  return std::ranges::subrange{first, sentinel};
}
```

当然，我们还可以更偷懒一点，直接使用为这种情况量身定做的更方便的视图，即 std::views::counted()：

```
auto Grid::get_row(std::size_t y) {
  auto first = data_.begin() + w_ * y;
  return std::views::counted(first, w_);
```

```
}
```

从 Grid 类返回的行（row）可以被应用于任何能够接受范围而非迭代器对组（pair）的约束算法：

```
auto row=grid.get_row(y);
std::ranges::generate(row,std::rand);
auto num_fives=std::ranges::count(row,5);
```

至此，我们最后通过代码示例，完成了本节对编写和使用支持迭代器对组（pair）和范围的泛型算法的讲解。如何以更为通用的方式编写数据结构与算法，从而避免组合性爆炸，即为所有类型的数据结构都编写专门算法的情况。希望本节的内容可以为你提供一些启发。

5.6 最佳实践

接下来我们继续讨论，使用那些上述算法时，对我们有帮助的实践。首先我们来讨论在实践中利用标准算法的重要性。

5.6.1 使用约束算法

相比于 std 下基于迭代器的算法，C++20 引入的 std::ranges 下的约束算法有不少好处：

- 支持映射，这简化了元素的自定义比较。
- 支持范围而非迭代器对组（pair），无需将 begin()和 end()迭代器作为单独参数传递。
- 受制于 C++concept，易于正确使用，并在编译过程中提供具有描述性的错误信息。

所以，我建议使用约束算法而非基于迭代器的算法。

你可能有注意到，本书很多地方还是使用了基于迭代器的算法。这样做的原因是，本书在编写时，并非所有的标准库都实现了对约束算法的支持。

5.6.2 只对需要检索的数据进行排序

算法库中包含了三种基本的排序算法：sort()，partial_sort()和 nth_element()。此外，还包括一些上述算法的变体，如 stable_sort()。不过，我们还是先将重点放在上面三种基本算法上，因为根据我的经验，多数情况下我们常常容易忘记可以通过使用 nth_element()或 partial_sort()，来避免完全排序。

与 sort()对整个范围进行排序不同，partial_sort()和 nth_element()可以被认为是检查该有序范围的一部分算法。事实上多数情况下，你可能只对排序范围的某一部分感兴趣，如：

- 如果想计算某个范围的中位数，需要的只是有序范围中间的数值。
- 如果想做一个人体扫描器，并应用于那些身高为中间 80%的人口，需要在有序范围内具备两个值：最高的人的前 10%的值、最矮的人的后 10%的值。

图 5.4 说明了 std::nth_element、std::partial_sort、完全排序范围三种方式，在处理范围过程中的示例：

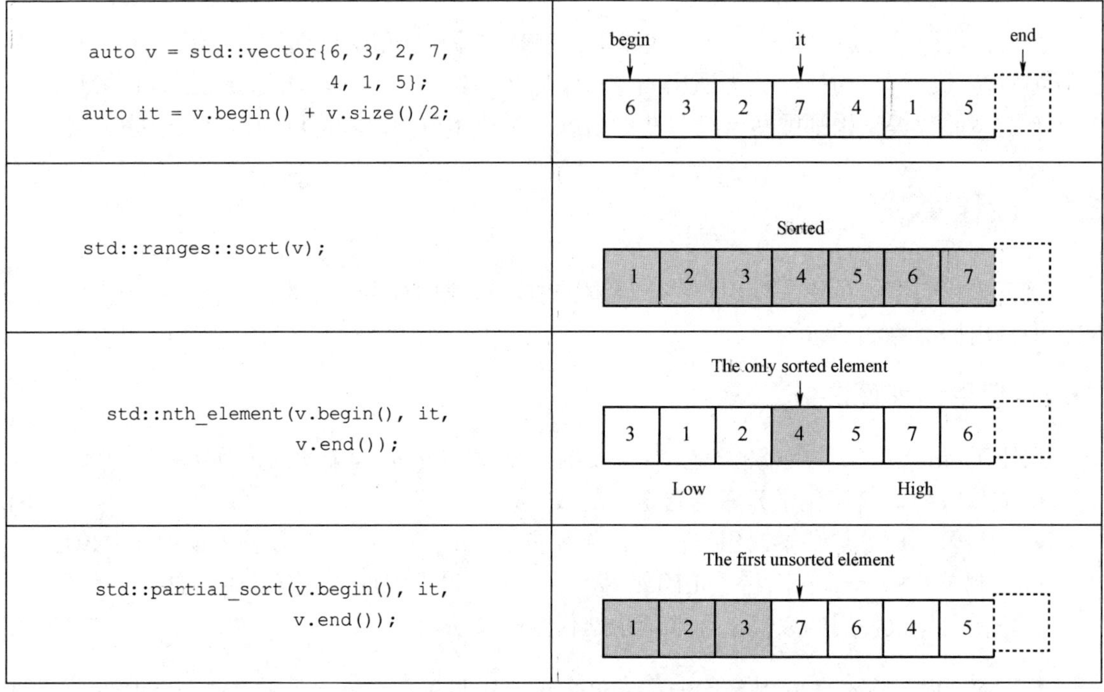

图 5.4 使用不同算法对一个范围内的元素进行排序和非排序

表 5.1 展示这三种算法的复杂度；注意 *m* 表示的是被完全排序的子范围：

表 5.1 算 法 复 杂 度

算法	复杂度
`std::sort()`	$O(n \log n)$
`std::partial_sort()`	$O(n \log m)$
`std::nth_element()`	$O(n)$

实例

我们已经对 std::nth_element()和 std::partial_sort()有了深入了解，接下来，一起看看如何将它们结合起来使用。当整个范围都已排序的情况下，如何检查范围的某一部分（见图 5.5）。

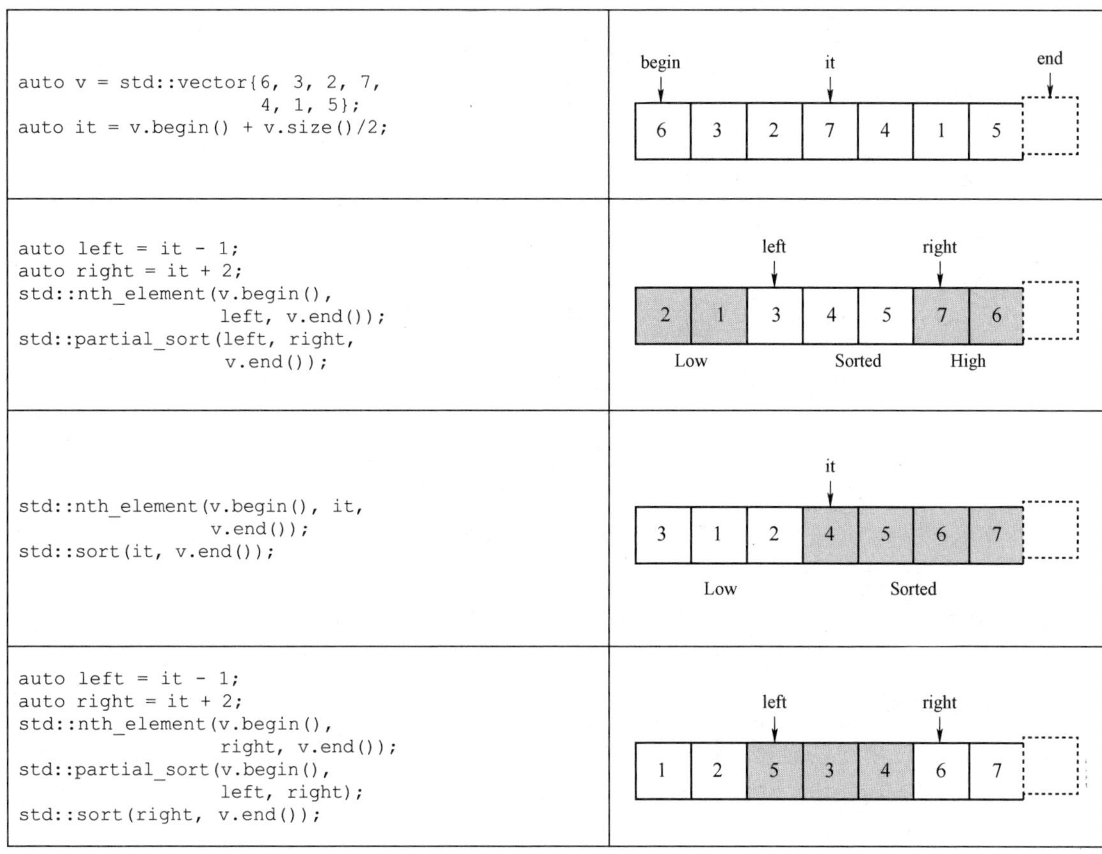

图 5.5 组合使用算法与对应的部分排序结果

如你所见，通过组合使用 std::sort()，std::nth_element()和 std::partial_sort()，可以避免在不必要的情况下对整个范围进行排序，这也是一种能显著提升性能的方法。

性能评估

std::nth_element()和 std::partial_sort()与 std::sort()相比，性能如何呢？我们用一个包含 10 000 000 随机 int 元素的 std::vector 进行度量（见表 5.2）。

表 5.2 **局部排序算法的基准测试结果**

操作	代码片段，其中 r 是代码所操作的范围	时间（速度）
排序	`std::sort(r.begin(), r.end());`	760 ms (1.0x)
寻找中位数	`auto it = r.begin() + r.size() / 2;` `std::nth_element(r.begin(), it, r.end());`	83 ms (9.2x)
排序范围的前十分之一	`auto it = r.begin() + r.size() / 10;` `std::partial_sort(r.begin(), it, r.end());`	378 ms (2.0x)

5.6.3 使用标准算法而非原始 for 循环

作为开发者，我们很容易忘记，复杂的算法其实可以通过组合标准库的算法来实现。可能因为旧习，喜于用手工编写 for 循环，再用命令式的方法来解决问题。如果这种解决问题的模式你很熟悉，那么我建议可更充分的了解标准算法，以便后续解决问题时会将标准算法作为首选。

在此我提倡优先使用标准库算法而非原始 for 循环，原因包括：

- 标准算法提供了性能的保证：即使标准库中某些算法看起来微不足道，但它们仍是在细微处着手优化的巧妙设计。
- 标准算法提供了安全性：哪怕再简单的算法也有可能存在边角案例（corner cases），而这往往最容易被忽略。
- 标准算法是面向未来的：如果你想在以后可以利用 SIMD 扩展、并行性、甚至是 GPU，那么可以选择一个更适合的算法来替代当前算法（见第 14 章并行算法）。
- 标准算法都具备详尽的文档。

除此之外，使用算法而非 for 循环能够在每个操作中都由算法的名称清楚地表明意图。使用标准算法作为构建块，代码的读者就不需要事无巨细的检查原始 for 循环内的逻辑细节来判断代码的意图了。

一旦养成了用标准算法思考问题的习惯，你就会意识到，许多 for 循环往往是一组简单算法的变体，如 std::transform()、std::any_of()、std::copy_if()和 std::find()。

另一个好处就是可以让代码更加简洁。你可以在实现函数中不嵌套代码块的同时，避免使用可变变量。

示例一：可读性与可变变量

我们第一个代码示例来源于某个真实代码库，在此我们已将变量名做了掩盖。由于本示例代码仅是系统的切面，因此在此我们不必理解代码的逻辑。这里的示例只想说明一个问题，即与嵌套的 for 循环相比，使用标准算法是如何降低其复杂度的。

代码最初版本如下：

```
//使用 for 循环的原始版本
auto conflicting = false;
for (const auto& info : infos) {
  if (info.params() == output.params()) {
    if (varies(info.flags())) {
      conflicting = true;
      break;
    }
  }
```

在 for 循环的原始版本中，我们很难一眼看出 conflicting 变量什么时候以及为什么会被设置为 true。而在下面的代码示例中，可以立即看出，当 info 满足某个断言时它就会被设置为 true。此外，使用标准算法的代码版本没有使用可变变量，并且可以使用 lambda 和 any_of() 的组合来实现。如下：

```
//使用标准算法的版本
const auto in_conflict = [&](const auto& info) {
  return info.params() != output.params() || varies(info.flags());
};
const auto conflicting = std::ranges::any_of(infos, in_conflict);
```

尽管可能有点夸大其词，但想象一下当我们在追踪一个 bug 或者准备将这部分代码并行化的时候，这个使用了 lambda 和 any_of()的标准算法版代码是多么容易的就让读者可以理解其意图。

示例二：异常与性能问题

为了进一步说明优先使用算法而非 for 循环的重要性，我在此想给出几个使用手工编写 for 循环时，才可能碰到的问题。

假设我们需要一个函数，实现将前 n 个元素从容器前面搬移到后面（见图 5.6）。

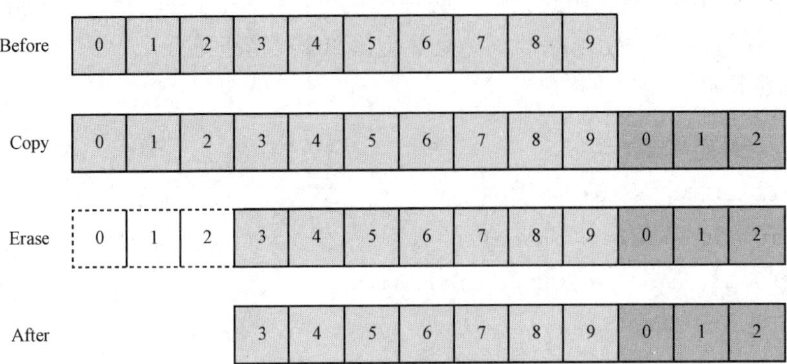

图 5.6 将最前面的三个元素搬移到该范围的最后面

方法 1：使用传统的 for 循环

其中最简单的方法就是将前 *n* 个元素复制到容器的末端，然后遍历前面的 *n* 个元素并擦除它们（见图 5.7）：

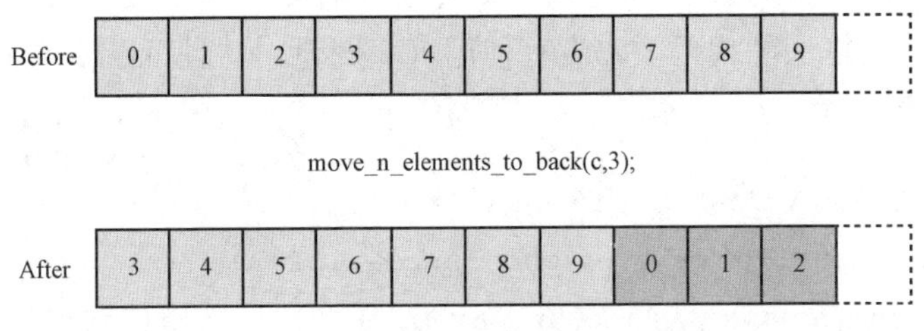

图 5.7 为了将元素移到该范围的后面而进行的分配与释放

下面是相应的实现：

```
template <typename Container>
auto move_n_elements_to_back(Container& c, std::size_t n) {
  //将前 n 个元素复制到容器的末端
  for (auto it = c.begin(); it != std::next(c.begin(), n); ++it) {
    c.emplace_back(std::move(*it));
  }
  //将复制的元素从容器的前面擦除
  c.erase(c.begin(), std::next(c.begin(), n));
}
```

乍一看，这个实现好像非常合理，但仔细一想就会发现一个非常严重的问题，一旦容器在迭代过程中由于 empalce_back()的调用而发生了重新分配，那么它的迭代器将不再有效。而当算法试图访问一个无效的迭代器时，它就会产生未定义的行为，此时最好的情况就是程序崩溃。

方法 2：安全的 for 循环（以牺牲性能为代价的安全）

由于未定义行为是一个十分明显的问题，导致我们不得不重写这个算法。我们还是手工编写 for 循环，不同的是，我们会使用索引而不是迭代器：

```
template <typename Container>
auto move_n_elements_to_back(Container& c, std::size_t n) {
   for (size_t i = 0; i < n; ++i) {
      auto value = *std::next(c.begin(), i);
      c.emplace_back(std::move(value));
   }
   c.erase(c.begin(), std::next(c.begin(), n));
}
```

这回我们的方案颇具成效，且代码不会崩溃了。但有一个微妙的性能问题。该算法在 std::list 上的速度明显慢于 std::vector。原因在于与 std::list::iterator 一起使用的 std::next(it,n)是 $O(n)$的，而 std::vector::iterator 的则是 $O(1)$。因为 for 循环中每次都会调用 std::next(it,n)函数，所以该算法在 std::list 等类似容器上的时间复杂度是 $O(n^2)$。除了这个性能限制外，上面的代码还有以下限制：

- 由于 emplace_back()的原因，该算法无法应用于静态大小的容器，如 std::array。
- 该算法可能会因为 emplace_back()分配内存失败而抛出异常（这种情况可能非常少见）。

方法 3：寻找并使用合适的标准库算法

一路至此，我们还是应该查看一下标准库，看看是否包含一个满足需求并适合作为构建块的算法。幸运的是，<algorithm>提供的一个名为 std::rotate()的算法正是我们想要的，并且它还避免了之前我们所遇到的所有问题。下面是使用 std::rotate()算法后的最终版本代码：

```
template <typename Container>
auto move_n_elements_to_back(Container& c, std::size_t n) {
```

```
  auto new_begin = std::next(c.begin(), n);
  std::rotate(c.begin(), new_begin, c.end());
}
```

让我们来看看使用 std::rotate()的优势：

- 因为该算法不分配内存，所以它不会抛出异常（尽管包含的对象可能会抛出异常）。
- 它同样适用于大小不可改变的容器，如 std::array。
- 无论在什么容器上操作，性能都是 $O(n)$。
- 实现时很可能已经考虑到了某些特定的硬件而进行了优化。

你可能会觉得标准算法与 for 循环的对比并不公平，毕竟还有其他既优雅也高效的方法能够解决这个问题。不过在实际工作中，像我们刚才看到的那种实现方式并不少见，标准库中的等价算法也在等着帮你解决问题。

示例三：利用标准库的优化

最后的例子我们会强调一个事实：即使看起来再简单的算法也可能包含了我们意想不到的优化。比如 std::find()。乍一看，这样的实现似乎无法进一步优化了。以下是 std::find()算法的可能实现：

```
template <typename It, typename Value>
auto find_slow(It first, It last, const Value& value) {
  for (auto it = first; it != last; ++it)
    if (*it == value)
      return it;
  return last;
}
```

然而，从 GNU libstdc++的实现来看，当该算法与 random_access_iterator（也就是说，std::vector、std::string、std::deque 和 std::array）一起使用时，libc++的实现者将主循环展开成四个循环块，这就让比较（it! =last）的执行次数缩减成原先的四分之一。

这是取自 libstdc++库的 std::find()的优化版本：

```
template <typename It, typename Value>
auto find_fast(It first, It last, const Value& value) {
  //主循环被展开成四块
  auto num_trips = (last - first) / 4;
```

```
    for (auto trip_count = num_trips; trip_count > 0; --trip_count) {
      if (*first == value) {return first;} ++first;
      if (*first == value) {return first;} ++first;
      if (*first == value) {return first;} ++first;
      if (*first == value) {return first;} ++first;
    }
    //处理剩余的元素
    switch (last - first) {
      case 3: if (*first == value) {return first;} ++first;
      case 2: if (*first == value) {return first;} ++first;
      case 1: if (*first == value) {return first;} ++first;
      case 0:
      default: return last;
    }
}
```

注意，这实际上是 std::find_if()的实现利用了这种循环展开优化，而非 std::find()。不过 std::find()却是用 std::find_if()实现的。

除了 std::find()外，libstdc++中还有众多的算法都是用 std::find_if()实现的，如 any_of()、all_of()、none_of()、find_if_not()、search()、is_partitioned()、remove_if()和 is_permutation()，这意味着，所有上面提到的这些算法都比自己手工编写的 for 循环版本代码运行的速度略快。

略快是真的略微，速度约为 1.07 倍，如表 5.3 所示。

表 5.3 find_fast()使用了 libstdc++中的优化。基准测试显示，find_fast()比 find_slow()稍快

在有 10 000 000 个元素的 std::vector 中寻找一个整数		
算法	时间	提速
find_slow()	3.26 ms	1.00x
find_fast()	3.06 ms	1.07x

尽管这种优势几乎可以忽略不计，但使用标准算法却可立即取得，所以为什么不用呢。

“与零比较”优化

除循环展开优化外，另一个比较隐晦的优化方法是，为了能够与零而不是其他值比较

trip_count 会向后迭代。在某些 CPU 上，因为与零比较使用的是另一条汇编指令（在 x86 平台上，它用的是 test 而非 cmp），所以要略快于与其他值比较的操作。

表 5.4 显示了使用 gcc 9.2 时两种方法的汇编代码差异：

表 5.4　　汇编差异

行为	C++	x86 汇编代码

与零比较	auto cmp_zero（size_t val）{
	return val>0；
	}
		test edi，edi setne al
		ret

与其他值比较	auto cmp_val（size_t val）{
	return val>42；
	}
		cmp edi，42
		setba al
		ret

尽管这样的优化在标准库中被推荐，但除非有了瓶颈，否则千万不要为了获益而改变原先的循环。毕竟这样的做法会严重降低代码的可读性。所以还是让算法来处理这些优化吧。

以上就是本书关于使用算法而非 for 循环的全部建议。如果在此之前你还没有开始使用标准算法，那么我希望读完本节，你已经乐于开始尝试这些算法了。接下来，我们将讨论最后一条关于有效使用算法的建议。

5.6.4　避免容器拷贝

本章最后，我们将强调一个在混合使用算法库中多种算法时很常见的问题：很难避免不必要的底层容器拷贝。

这里我们将通过一个例子说明。假如，现有一个 Student 类，代表某一个年级的学生，以及某一考试分数，如下：

```
struct Student {
  int year_{};
  int score_{};
  std::string name_{};
  // ...
};
```

如果我们想在学生集合中找到分数最高的二年级学生，那么一种可行的办法就是对 score_使用 max_element()，但再加上学生的年级条件又被限制在了二年级，就变得有些麻烦了。

本质上说，我们其实是想将copy_if()和max_element()的实现组合起来形成一个新的算法，但这对实现在库中的算法来说是不行的。为此，我们将不得不把所有二年级的学生都拷贝到一个新的容器中，然后再遍历这个新的容器以找到最高分：

```
auto get_max_score(const std::vector<Student>& students, int year) {
  auto by_year = [=](const auto& s) { return s.year_ == year; };
  //为了能按年级筛选，
  //需要对Student列拷贝
  auto v = std::vector<Student>{};
  std::ranges::copy_if(students, std::back_inserter(v), by_year);
  auto it = std::ranges::max_element(v, std::less{}, &Student::score_);
  return it != v.end() ? it->score_ : 0;
}
```

上面的代码看起来很不错，毕竟我们好像有了可以从头编写自己算法的理由，而不必使用标准算法。但在第 6 章中，你会发现对于上面的需求，我们仍可以使用标准库轻松完成。组合算法的能力也是我们建议使用 Ranges 库的关键驱动力之一，这一点我们将在下一章中介绍。

5.7 总结

本章我们了解了如何使用算法库中的基本概念，以及将算法作为代码构建块相比手写 for 循环的优势，还有为什么使用标准算法有利于在后期优化代码。我们同时还讨论了标准算法的承诺和权衡取舍，所以从现在开始，你可以没有后顾之忧地使用它们了。

通过使用算法而非 for 循环带来的优势，使你的代码库已经做好了准备，可以开始后续要讨论的并行技术了。我们在讨论避免不必要的容器拷贝时，强调了标准算法缺少了可以组合算法的关键能力。下一章中，你将了解到如何使用 C++Ranges 库中的视图以克服这一限制。

第6章 范 围 和 视 图

本章我们将从上一章最后讨论到的算法及其局限性开始讲起。一起讨论来自 Ranges 库的视图，它是对算法库强有力的补充，允许我们将多个算法组合成一个对元素序列的惰性求值视图。完成本章后，你将了解到什么是范围视图，以及如何将它们与容器、迭代器和标准库中的算法相结合。

本章将涵盖以下主要话题：

- 算法的可组合性。
- 范围适配器。
- 将视图具体化为容器。
- 在范围内生成、转换和采样元素。

在开始真正了解 Ranges 库之前，我们先讨论一下它被添加到 C++20 中的原因，以及为什么要使用它。

6.1 Ranges 库的动机

随着 C++20 引入 Ranges 库，在实现算法的同时，如何从标准库中获益的话题取得了重大进展。下列展示了一些新功能：

- 编译器可以更好地检查迭代器和范围要求的定义概念，并在开发过程中提供更多帮助。
- <algorithm>中所有的新重载函数均会受到前面提及概念的约束，并接受范围作为参数，而非迭代器对组。
- 将迭代器约束在 iterator 头文件中。
- 范围视图让组合算法成为可能。

本章将重点讨论最后一项：视图的概念，它允许我们自由组合算法，同时又避免将数据拷贝到所有权容器中。为了充分理解这一重要性，我们首先将讨论算法库中缺乏组合性的局限。

算法库的局限性

标准库算法在可组合性这一基本方面是有所欠缺的。让我们从第 5 章“算法”中最后一个例子开始，研究“欠缺可组合性”的含义。重温一下，在第 5 章例子中表示学生所在年级以及某一考试分数的 Student 类：

```
struct Student {
  int year_{};
  int score_{};
  std::string name_{};
  //...
};
```

如果想从这一大批学生的集合中，找到二年级学生中的最高分，那么我们可能会将 max_element()应用于 score_上，但我们只想查询特定年级的学生结果，这就变得有些棘手了。通过同时接受范围和投影的新算法（参考第 5 章算法），最终的代码可能是这样的：

```
auto get_max_score(const std::vector<Student>& students,int year){
  auto by_year=[=](const auto& s){ return s.year_==year;};
  //为了能对学生名单按年份过滤，
  //student list 需要被拷贝
  auto v=std::vector<Student>{};
  std::ranges::copy_if(students,std::back_inserter(v),by_year);
  auto it=std::ranges::max_element(v,std::less{},&Student::score_);
  return it!=v.end()?it->score_:0;
}
```

下面是它的使用示范：

```
auto students=std::vector<Student>{
  {3,120, " Niki " },
  {2,140, " Karo " },
  {3,190, " Sirius " },
  {2,110, " Rani " },//...
};
auto score=get_max_score(students,2);
std::cout<<score<<'\n';
//输出 140
```

get_max_score()这样的实现很容易理解，但在使用 copy_if()和 std::back_inserter()时，会创建不必要的 Student 对象拷贝。

你可能会想到的一种办法，即将 get_max_score()直接写成简单的 for 循环，这样就可以免去 copy_if()所带来的额外内存分配：

```
auto get_max_score(const std::vector<Student>& students,int year){
  auto max_score=0;
  for (const auto& student:students){
    if (student.year_==year){
      max_score=std::max(max_score,student.score_);
    }
  }
  return max_score;
}
```

这样的办法在我们的这个小例子中还是很容易实现的，但与其用一个单一的 for 循环从头开始实现，我们更希望能够通过组合小的算法块来实现这一功能。

我们想要的实现方式，是一种更具可读性的与使用算法类似的语法，又可避免为算法中的某几步构建新的容器。这就是 Ranges 库中的视图（view）所能发挥作用的地方了。尽管 Ranges 库包含了不止视图一种能力，但它与算法库的主要区别在于，可以将本质上不同种类的迭代器组合为一个惰性求值的范围。

下面的代码展示了如何使用 Ranges 库中的视图实现该需求：

```
auto max_value(auto&& range){
  const auto it=std::ranges::max_element(range);
  return it!=range.end()?*it:0;
}
auto get_max_score(const std::vector<Student>& students,int year){
  const auto by_year=[=](auto&& s){ return s.year_==year;};
  return max_value(students
    | std::views::filter(by_year)
    | std::views::transform(&Student::score_));
}
```

使用上面的办法，我们就又绕回到了使用算法的方式上，自然避免了使用可变变量、for 循环以及 if 条件，同时消除了，在最初的例子中使用额外的 vector 来存放特定年级学生的方式。取而代之的是，我们组合了一个范围视图，它代表了所有符合 by_year 断言的学生，然后转为只对外暴露分数。该视图又被传递给一个简短的通用函数 max_value()，该函数使用 max_element()算法对所选学生的分数比较，并返回其中最大值。

这种既能将算法串联组合起来，又能避免不必要的拷贝的方式，是促使我们使用 Ranges 库中的视图的原因。

6.2　理解 Ranges 库中的视图

Ranges 库中的视图是对范围的惰性求值的遍历。从技术角度来看，它们只是具有内置逻辑的迭代器。但从语法角度，它们为许多常见的操作提供了非常易用易读的语法。

下面的代码说明了如何使用视图对 vector 中每个数字计算平方（通过遍历）：

```
auto numbers = std::vector{1, 2, 3, 4};
auto square = [](auto v) {  return v * v; };
auto squared_view = std::views::transform(numbers, square);
for (auto s : squared_view) { // square lambda 表达式在此调用
  std::cout << s << " ";
}
//输出: 1 4 9 16
```

变量 squared_view 并不是 numbers 向量的拷贝，而是它的代理对象。这有一点不同，每当我们访问一个元素时，std::transform()函数都会被调用。这也是惰性求值的原因。

表面上看，你可以像遍历其他任何常规容器一样对 squared_view 遍历。这也意味着可以在它上面执行常规的算法，如 find()或 count()。不同的是，在内部并没有创建新的容器。

当然，如果想存储某个范围，可以调用 std::ranges::copy()将视图具体化为容器（本章后续内容会说明）。不过一旦视图被拷贝到容器，那么原始容器和转换后的容器之间便不再有任何的依赖关系了。

我们还可以使用范围创建过滤视图，范围中只有一部分是可见的。这样在遍历视图时，只有满足条件的元素才是可见的：

```
auto v = std::vector{4, 5, 6, 7, 6, 5, 4};
auto odd_view =
  std::views::filter(v, [](auto i){ return (i % 2) == 1; });
for (auto odd_number : odd_view) {
  std::cout << odd_number << " ";
```

```
}
//输出: 5 7 5
```

能体现 Ranges 库多功能性的另一个例子是，它提供了一种可能性，创建一个视图，就可以在多个容器上遍历，且操作起来就像操作单一列表一样：

```
auto list_of_lists = std::vector<std::vector<int>> {
  {1, 2},
  {3, 4, 5},
  {5},
  {4, 3, 2, 1}
};
auto flattened_view = std::views::join(list_of_lists);
for (auto v : flattened_view)
  std::cout << v << " ";
//输出: 1 2 3 4 5 5 4 3 2 1

auto max_value = *std::ranges::max_element(flattened_view);
// max_value是 5
```

目前，我们已经快速浏览了一些使用视图的示例，接下来，我们将研究所有视图的共同需求与属性。

6.2.1 视图是可组合的

视图的强有力源于它的组合能力。鉴于它不会拷贝数据，我们可以在一个数据集上表达多种操作，同时在实际中，只需要遍历它一次。为了能够理解视图的组成，我们再看看刚才的需求在不使用管道运算符时的代码是什么样子的：

```
auto get_max_score(const std::vector<Student>& s, int year) {
  auto by_year = [=](const auto& s) { return s.year_ == year; };

  auto v1 = std::ranges::ref_view{s}; //在视图中包装容器
  auto v2 = std::ranges::filter_view{v1, by_year};
  auto v3 = std::ranges::transform_view{v2, &Student::score_};
  auto it = std::ranges::max_element(v3);
```

```
    return it != v3.end() ? *it : 0;
}
```

首先创建一个 std::ranges::ref_view，这是对容器的一层封装。本例中，这将向量 s 转变为一个拷贝成本较低的视图。做这样的操作，是因为接下来的 std::ranges::filter_view 需要视图作为其第一个参数。我们通过调用链中的前一个视图组成下一个视图。

这样一条可组合的视图链自然可以无限长下去，而 max_element()算法却可以在不需要知道整条链的任何信息的情况下，只需遍历 v3 这样一个普通容器即可。

图 6.1 简述了 max_element()算法、多个视图和输入容器之间的关系。

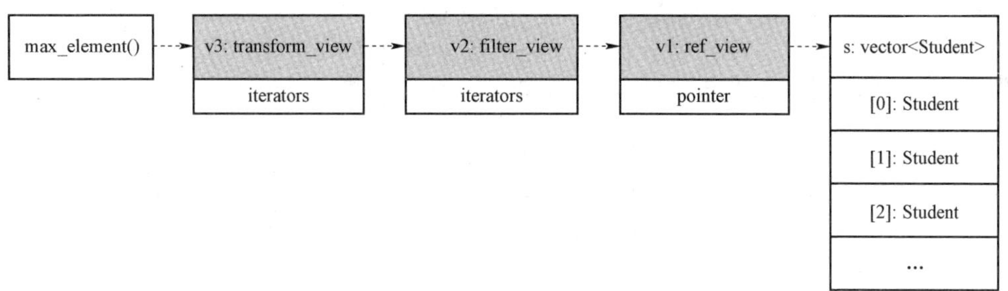

图 6.1　顶层算法 std::ranges::max_element()从视图中驱动值的运算，然后由这些视图从底层容器（std::vector）中惰性处理元素

这样组合视图的方式多少显得有点烦琐。那么如果我们尝试去掉变量 v1 和 v2 这两个中间变量，会得到如下代码：

```
using namespace std::ranges; // _view类存在于 std::ranges 中
auto scores =
  transform_view{filter_view{ref_view{s}, by_year},
     &Student::score_};
```

这样的写法看起来并不优雅，为了摆脱那些中间变量，即使常看代码的人也很难一下子看懂这里想表达的含义，不得不里里外外的仔细阅读才能了解这里的依赖关系是什么。所幸 Ranges 库为我们提供了组合视图的首选办法——范围适配器。

6.2.2　范围视图带有范围适配器

如前所述，Ranges 库让我们可以使用范围适配器和管道运算符两种方式组合视图，以便写出更优雅的代码（在第 10 章代理对象和惰性求值中，你将了解更多关于在自有代码中使用管道运算符的内容)。可以通过使用范围适配器对象，重写上例中的代码：

```
using namespace std::views; //范围适配器存在于 std::views 中
auto scores = s | filter(by_year) | transform(&Student::score_);
```

相较于之前从内到外的代码，从左到右的阅读的可读性更高。如果你之前使用过 Unix shell，可能会很熟悉这种链式命令符号。

Ranges 库中每个视图都有相应的范围适配器对象，可以和管道运算符一同使用。使用范围适配器时，因为它直接同 viewable_ranges 一起工作，即一个可以安全转换为 view 的范围，所以我们还可以跳过多余的 std::ranges::ref_view 环节。

可以简单的把范围适配器看作为一个全局无状态的对象，它由两个函数实现：operator()() 和 operator|()。这两个函数都构造并返回视图对象。前面的例子中，我们就是这样使用管道运算符的。当然，还可以通过调用操作符来组合视图，即使用带括号的嵌套语法，类似下面这样：

```
using namespace std::views;
auto scores = transform(filter(s, by_year), &Student::score_);
```

和刚才一样，在使用范围适配器时，我们没必要将输入容器封装到 ref_view 中。

总结一下，Ranges 库中的每个视图都由以下部分组成：

● 对视图对象进行操作的类模板（实际的视图类型），如，std::ranges::transform_view。这些视图类型可以在命名空间 std::ranges 下找到。

● 范围适配器对象会从范围中构建视图类的实例，如，std::views::transform。因为所有的范围适配器都实现了 operator()()和 operator|()，因此我们可以随意使用管道运算符与嵌套语法对视图进行组合转换。最后补充一点，范围适配器对象存在于 std::views 命名空间中。

6.2.3 视图是具有复杂度保证的非具权范围

第 5 章中，我们介绍了范围的概念。任何对外提供了 begin()和 end()函数的类型，且其中 begin()返回的是一个迭代器，end()返回的是一个哨兵，就会被认为是一个范围。由此，我们得出结论，所有的标准容器都是范围。容器拥有它所存储的元素的所有权，所以，我们将它们称为具权范围（owning ranges）。

视图同样也是范围，也就是说，它也提供了 begin()和 end()函数。但有别于容器，视图并不拥有对它所跨越的范围元素的所有权。

视图的构建被要求为常量时间操作，即 O（1）。所以它不能执行任何依赖于底层容器大小的操作。视图的分配、拷贝、移动和析构也是如此。这使得推导“视图组合多种算法”的性能变得容易得多。同时也让视图不可能拥有元素的所有权，避免视图在构造和析构时具有线性时间复杂度。

6.2.4　视图不改变底层容器

乍一看，视图像输入容器的可变版本，实际上容器根本没有改变：所有的处理都是在迭代器中完成的。视图只是一个代理对象，只不过在遍历时，它看起来像个可变容器。

这就让视图可以对外暴露与输入元素类型完全不同的其他类型。下面的代码说明了视图是如何将元素类型从 int 转换为 std::string 的：

```
auto ints = std::list{2, 3, 4, 2, 1};
auto strings = ints
  | std::views::transform([](auto i) { return std::to_string(i); });
```

也许我们有一个函数，它在容器上运行，我们希望使用范围算法对该容器进行转换，然后返回并将其存储在新的容器中。比如，上面的例子中，我们可能想把字符串存储到一个新的单独的容器中。我们会在下节探讨它的实现方式。

6.2.5　视图可以被具体化为容器

我们把视图存储到某个容器的过程就是将视图具体化的过程。所有的视图都是可以被具体化为容器的，但这并没有那么简单。曾有建议 C++20 采用 std::ranges::to<T>()函数模板，将视图转变为一个任意容器类型 T，但未能实现。只能期望类似功能的函数在未来的 C++版本中出现了。所以在此之前，我们只能自己动手将视图具体化了。

前面的例子中，我们将 ints 转换成了 std::strings，如下所示：

```
auto ints = std::list{2, 3, 4, 2, 1};
auto r = ints
  | std::views::transform([](auto i) { return std::to_string(i); });
```

那么，如果我们想把范围 r 具体化为一个向量，就可以像下面这样使用 std::ranges::copy()：

```
auto vec = std::vector<std::string>{};
std::ranges::copy(r, std::back_inserter(vec));
```

具体化视图是一个比较常见的操作，因此，如果有一个很通用的工具可以处理这样的情况，就会更易上手。假设我们想把任意的视图都具体化为 std::vector，那么，就可以使用泛型编程的方式编写以下简单实用的函数：

```
auto to_vector(auto&& r) {
  std::vector<std::ranges::range_value_t<decltype(r)>> v;

  if constexpr(std::ranges::sized_range<decltype(r)>) {
    v.reserve(std::ranges::size(r));
  }
  std::ranges::copy(r, std::back_inserter(v));
  return v;
}
```

上述代码取自 Timur Doubler 的博客（https：//timur.audio/how-to- make-a-container-from-a-c20-range），该篇内容非常值得一读。

本书到目前为止尚未谈及关于泛型编程的细节内容，但接下来的几章我们将说明 auto 参数类型和 if constexpr 的使用。

上述代码示例使用了 reserve()来优化函数性能。为避免函数运行时额外的内存分配，它为范围内所有元素提前分配了足够的内存。可是，只有在知道范围大小的情况下才能调用 reserve()函数，因此我们必须在编译时使用 if constexpr 来检查范围是否为一个 size_range。

有了这样一个工具函数，我们就可以将某种类型的容器转化为持有另一种类型元素的向量了。接下来，我们看看如何使用 to_vector()函数，将一个 int 列表转换为一个 std::strings 的向量。示例如下：

```
auto ints = std::list{2, 3, 4, 2, 1};
auto r = ints
  | std::views::transform([](auto i) { return std::to_string(i); });
auto strings = to_vector(r);
// strings 现在是一个 std::vector<std::string>
```

注意，视图一旦被拷贝到容器中，那么原始容器和转换后的容器之间就不再有任何依赖关系了。这意味着，具体化是一个立即执行的操作，而与之相反的所有视图的操作都是惰性的。

6.2.6 视图是惰性求值的

视图执行的所有工作都是惰性进行的。与之前讨论的刚好相反，<algorithm>中的函数被调用时会立即对其中所有元素执行。

如前所述，std::views::filter 可以取代 std::copy_if()算法，std::views::transform 可以取代

std::transform()算法。在使用视图作为构建块，并将它们连接起来使用时，我们可以避免通过使用立即求值算法，所带来的不必要的元素拷贝，而从惰性求值中获益。

那么 std::sort()呢？它是否有对应的排序视图呢？答案是否定的，因为它为了找到要返回的第一个元素，要求视图收集所有的元素。所以，我们必须通过在视图上显式地调用 sort 来完成这项工作。绝大多数情况下，还需要在排序之前将视图具体化。我们将通过一个代码示例说明这一点。假设有一个数字向量，它已经经过了某些断言做了过滤，如下：

```
auto vec = std::vector{4, 2, 7, 1, 2, 6, 1, 5};
auto is_odd = [](auto i) { return i % 2 == 1; };
auto odd_numbers = vec | std::views::filter(is_odd);
```

一旦尝试对视图 odd_numbers 调用 std::ranges::sort()或者 std::sort()，我们就会得到编译错误：

```
std::ranges::sort(odd_numbers); //无法编译
```

编译器提示 odd_numbers 范围所提供的迭代器类型有误。sort 算法需要的是随机存取迭代器，尽管当前视图底层的输入容器是 std::vector，但却并非是当前视图所提供的迭代器类型。所以我们要做的是在排序前先将视图具体化：

```
auto v = to_vector(odd_numbers);
std::ranges::sort(v);
// v现在是 1, 1, 5, 7
```

可是为什么一定要这样做呢？答案是，这是惰性求值的结果。当需要通过一次读取一个元素进行惰性求值时，过滤器视图（filter view）（以及许多其他的视图）是不能保留底层范围（本例中是 std::vector）的迭代器类型的。

那么，有没有一种视图是可以排序的呢？有的，一个例子是 std::views::take，它会返回一个范围内前 *n* 个元素。下面的代码示例不需要在排序前具体化视图，即可良好的编译运行：

```
auto vec = std::vector{4, 2, 7, 1, 2, 6, 1, 5};
auto first_half = vec | std::views::take(vec.size() / 2);
std::ranges::sort(first_half);
// vec现在是 1, 2, 4, 7, 2, 6, 1, 5
```

底层迭代器的引用得到了保留，所以可以对 first_half 视图进行排序。最终的结果就是，底层向量 vec 中的前一半元素完成了排序。

现在你已经理解了来自 Ranges 库中的视图都有哪些以及它们的工作原理。下一节中，我们将探讨如何使用标准库中的视图。

6.3 标准库中的视图

到目前为止，我们一直在讨论 Ranges 库中的视图。如前所述，这些视图类型被要求在常量时间内构造，同时也要满足常量复杂度的拷贝、移动和赋值运算符。在 Ranges 库被添加到 C++20 之前，我们就已经谈到过视图类型了。这些视图类型是非具权类型，除了没有复杂度保证外，就如 std::ranges::view 一样。

本节我们先讨论那些与 std::ranges::view 概念相关的 Ranges 库中的视图，然后再讨论 std::string_view 和 std::span 这些与 std::ranges::view 无关的视图。

6.3.1 范围视图

Ranges 库中已经有很多视图了，我想在未来的 C++版本中，我们会看到更多的视图种类。本节将快速阐述一些可用的视图，并根据它们的不同作用将之归属到不同的类别中。

6.3.2 生成视图

生成视图会生产值。它们既可以生产出有限的数值范围，也可以生产出无限的。这一类中最直接的例子就是 std::views::iota，它会在半开范围内产生数值。下面代码会输出数值－2、－1、0 和 1：

```
for (auto i: std::views::iota (-2, 2)) {
  std::cout<<i<<' ';
}
//输出 -2 -1 0 1
```

如果省略函数第二个参数，std::views::iota 在调用时就会产生无限个值。

6.3.3 转换视图

转换视图是指转换某个范围内的元素或范围本身结构的视图。这其中包括，如：

- std::views::transform：转换其中每个元素的值和/或类型。
- std::views::reverse：返回输入范围的反转。
- Std::views::split：将元素分开，并将每个元素分割到某个子范围，得到一个范围的范围。

- std::views::join：与 split 相反，将所有子范围拉平。

下例调用了 split 和 join 函数，从一串以逗号分隔的数值中提取所有数字：

```
auto csv = std::string{"10,11,12"};
auto digits = csv
  | std::views::split(',')        // [ [1, 0], [1, 1], [1, 2] ]
  | std::views::join;             // [ 1, 0, 1, 1, 1, 2 ]

for (auto i : digits){
    std::cout << i;
}
//输出 101112
```

采样视图

采样视图是一种从范围内选择出子集元素的视图，如：

- std::views::filter：只返回那些满足断言条件的元素。
- std::views::take：返回一个范围中前 *n* 个元素。
- std::views::drop：在丢弃前 *n* 个元素后，返回范围中剩余的所有元素。

本章中我们看到的，使用了 std::views::filter 的代码示例已足够多了，它是一种非常实用的视图。对于提到的其他两种视图，std::views::take 和 std::views::drop，它们都分别有一个 _while 版本，这个版本的函数接受的是一个断言而非数字。下面是使用了 take 和 drop_while 的示例：

```
auto vec = std::vector{1, 2, 3, 4, 5, 4, 3, 2, 1};
auto v = vec
   | std::views::drop_while([](auto i) { return i < 5; })
   | std::views::take(3);

for (auto i : v) { std::cout << i << " "; }
//输出 5 4 3
```

本例使用 drop_while 来丢弃满足“小于 5”断言前的所有值。并将剩余的元素传递给 take，该函数则返回最前面的三个元素。接下来，我们看看最后一类范围视图。

通用视图

相信你在本章中已经体会到了通用视图带来的好处。在遇到那些想将之作为视图进行转换或处理的数据结构时，这些视图就会派上用场。这类视图包括如：ref_view、all_view、subrange、counted 和 istream_view。

下例展示了如何读取一个带有浮点数的文本文件，并将之打印出来。

假设有一个名为 numbers.txt 的文本文件，里面存放的全是重要的浮点数，如下：

```
1.4142 1.618 2.71828 3.14159 6.283...
```

然后我们可以通过使用 std::ranges::istream_view 创建一个 floats 视图：

```
auto ifs = std::ifstream("numbers.txt");
for (auto f : std::ranges::istream_view<float>(ifs)) {
  std::cout << f << '\n';
}
ifs.close();
```

像这样先创建 std::ranges::stream_view 然后传递一个 istream 对象给它，这种方式让我们可以用相当的简洁的方法处理来自文件或任何输入流的数据。

Ranges 库中的视图都是经过精选和设计的。在即将到来的标准版本中，可能会有更多相关内容。了解不同类别的视图有助于我们区分与查找它们。

6.3.4 再谈 std::string_view 与 std::span

值得注意的是，标准库还提供了除 Ranges 库外的其他视图。第 4 章数据结构中介绍的 std::string_view 和 std::span 都是非具权范围，且可以与 Ranges 视图完美结合。

但却无法像 Ranges 库中的视图那样，保证它们可以在常数时间内得以构造。如从一个空尾 C 风格的字符串构造一个 std::string_view，可能会调用 $O(n)$的 strlen()。

假设出于某种原因，有一个重置范围内前 n 个元素的值的函数：

```
auto reset(std::span<int> values, int n) {
  for (auto& i : std::ranges::take_view{values, n}) {
    i = int{};
  }
}
```

这时，因为 values 已经是一个视图了，所以就没必要再对它使用范围适配器了。使用 std::span 可以同时传递内置数组或容器，如 std::vector：

```
int a[]{33, 44, 55, 66, 77};
reset(a, 3);
// a 现在是[0, 0, 0, 66, 77]
auto v = std::vector{33, 44, 55, 66, 77};
reset(v, 2);
// v 现在[0, 0, 55, 66, 77]
```

相似的，还可以将 std::string_view 与 Ranges 库一同使用。下面的函数，将 std::string_view 的内容分割成具有 std::string 类型元素的向量：

```
auto split(std::string_view s, char delim) {
  const auto to_string = [](auto&& r) -> std::string {
    const auto cv = std::ranges::common_view{r};
    return {cv.begin(), cv.end()};
  };
  return to_vector(std::ranges::split_view{s, delim}
    | std::views::transform(to_string));
}
```

这里的 lambda to_string 会将字符范围转换为 std::string。同时，由于 std::string 的构造函数需要相同的迭代器与哨兵类型，所以该范围被封装在 std::ranges::common_view 中。通用函数 to_vector()则将视图具体化，并返回 std::vector<std::string>。这里的 to_vector()是本章早些时候定义的函数。

现在的这个 split()函数就可以同时应用于 const char*字符串与 std::string 对象：

```
const char* c_str = "ABC,DEF,GHI";  // C 风格字符串
const auto v1 = split(c_str, ',');  // std::vector<std::string>

const auto s = std::string{"ABC,DEF,GHI"};
const auto v2 = split(s, ',');      // std::vector<std::string>

assert(v1 == v2);                   // true
```

本章最后，让我们畅想一下未来 C++版本中 Ranges 库内容。

6.4 Ranges 库的未来

C++20 中所接纳的 Ranges 库是基于 Eric Niebler 编写的代码（https://github.com/ericniebler/range-v3）。不过目前，只有一小部分这个代码库中的组件被纳入了标准，但我们相信未来会有更多的内容紧随其后。

除了许多尚未被接受的实用视图外，如 group_by、zip、slice 和 unique，还有一个行为（action）的概念，可以用与视图相同的方式通过管道连接。不过，与视图的惰性求值不同，行为是对范围进行的立即求值改变，其中排序就是一种典型的行为。

如果你实在等不及这些功能被添加到标准库了，那么我建议可以去看一下 range-v3。

6.5 总结

本章着重介绍了使用 Ranges 视图构建算法背后的动机。通过使用视图，我们可以一边高效的对算法组合，一边使用更简洁的语法——管道操作符。同时，我们还学习了一个类成为视图的意义，以及将范围转变成视图的范围适配器。

此外视图并不具有它包含的元素的所有权。构建范围视图被要求是常量时间操作，同时所有的视图都应是惰性求值的。本章中，我们了解了如何将容器转换成视图，同时也看到了如何将视图具体化为具权容器。

最后，我们简要介绍了标准库中的视图，以及 C++中 ranges 的前景。

本章是有关容器、迭代器、算法和范围系列的最后一章。接下来，我们将继续讨论 C++中的内存管理。

第 7 章　内　存　管　理

相信读了前面的章节，大家一定不会再怀疑内存处理方式对性能可能会产生巨大的影响。CPU 在寄存器和主存之间花费了大量时间来清洗数据（加载和存储数据到主存）。正如第四章所述，CPU 利用内存缓存来加速对内存的访问。因此，代码也需要被设计为对缓存友好，以便能够更快地执行。

本章将探讨计算机利用内存工作的更多细节，以及在调整内存使用时必须要考虑哪些情况。除此之外，本章还包括以下内容：

- 自动内存分配和动态内存管理。
- C++对象的生命周期与如何管理对象所有权。
- 高效内存管理。有时存在硬性的内存限制，让我们不得不保持数据表示的紧凑性，但有时即使有充足的可用内存，我们仍然可以通过高效的内存管理让代码运行得更高效。
- 如何尽量减少动态内存分配。分配和释放动态内存的成本相对较高，所以有时需避免不必要的内存分配，以便代码可以运行得更快。

本章开始前，我们将阐明在深入研究 C++内存管理前必备的基本概念。这一部分将解释包括虚拟内存、虚拟地址空间、栈内存 VS 堆内存、分页和交换空间（swap space）。

7.1　计算机内存

计算机的物理内存是由系统上运行的所有进程所共享的。一旦某个进程使用了过多的内存，那么其他进程也势必会受到影响。不过从开发者的角度来看，我们通常不必为其他进程的内存而烦忧。这种内存隔离是因为现今绝大多数操作系统都是虚拟内存操作系统，它为进程提供了一种自己即拥有全部内存的错觉。相应的，每个进程都有自己的虚拟地址空间（virtual address space）。

7.1.1　虚拟地址空间

开发者所看到的虚拟地址空间中的地址是被操作系统和内存管理单元（MMU，处理器的一部分）所映射过的物理地址。每次访问内存地址时都会发生这种映射或者说转换。

这一额外的中间层使操作系统能够让当前的进程部分的地使用物理内存，并将剩余的虚拟内存备份到磁盘上。这种情况下，我们可以把物理主存看作是虚拟内存空间的缓存，它便属于二级存储。二级存储种用于备份内存页的区域通常依赖于不同的操作系统而有不同的称呼，如交换空间、交换文件或更简洁一点的分页文件。

虚拟内存使进程有拥有比物理地址空间更大的虚拟地址空间的可能。毕竟使用虚拟内存不必占用物理内存。

7.1.2 内存页

目前，最常见的实现虚拟内存的方式就是将地址空间划分为固定大小的块，它们被称为内存页。在进程通过虚拟地址访问内存时，操作系统就会检查该内存页的背后是否有对应的物理内存（页框）。如果它在主存中没有相关映射，就会抛出一个硬件异常，然后会从磁盘将该页加载到内存中。这种类型的硬件异常被称为页缺失。但这并不意味着发生了错误，而是为了将数据从磁盘加载到内存而产生的必要中断。不过，你可能已经猜到了，与读取已经驻留在内存中的数据相比，这一操作的速度是很慢的。

一旦主存中没有可用页框，那么某个页框就需要被淘汰。如果这个被淘汰的页是“脏”的，即，自从上次从磁盘加载后它被修改过，那么在被替换之前，它需要先被写入磁盘中。这种机制被称为分页。如果该页没有被修改过，那么它就会被直接淘汰。

当然，并不是所有支持虚拟内存的操作系统都支持分页机制。比如，iOS 是有虚拟内存的，但脏页却绝不会存储在磁盘上的；只有干净的页才会被淘汰。而如果主存满了，iOS 就会开始执行终止进程，直到再次有足够的可用内存才会停止。相似的，安卓也采用类似的策略。不把内存页写回移动设备的闪存，一方面原因是这会消耗电量，同时它还会缩短闪存的寿命。

图 7.1 显示了两个正在运行且都有自己虚拟内存空间的进程。其中，有一些页被映射到

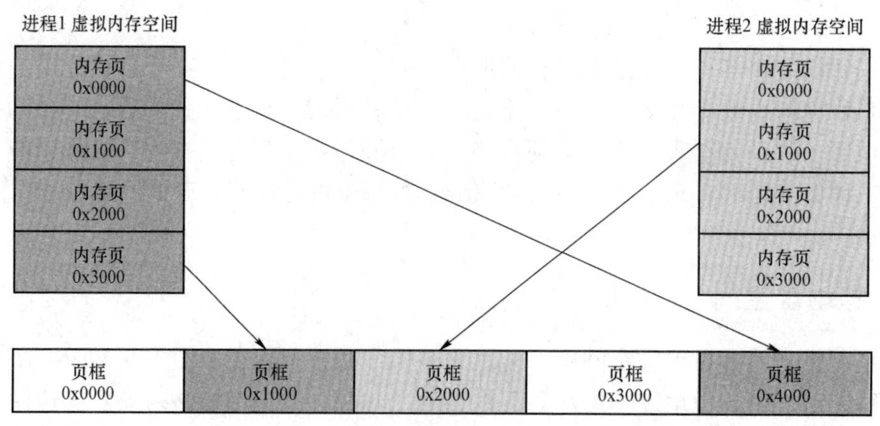

图 7.1 虚拟内存页与物理内存的页框相映射。没在使用的虚拟内存页不需要占用物理内存

了物理内存上，而另一部分则没有。如果进程一需要使用从 0x1000 开始的内存页中的内存，那么就会出现页缺失。然后，该内存页就会被映射到一个空的页框中。另外，值得注意的是，虚拟内存地址与物理地址是不同的。进程一的第一个内存页是从虚拟地址 0x0000 开始，却被映射到了以物理地址 0x4000 开始的页框中。

7.1.3　抖动

系统物理内存不足时就会发生抖动，所以就会不断地进行分页。每当进程得以占用 CPU 时，进程就会试图访问已经被分页的内存。但是，加载新的内存页就意味着其他页的内容首先必须要已经存到了磁盘上。而在磁盘与内存间来回移动数据通常又非常慢；某些情况下，由于系统把所有时间都花在了分页上，就会或多或少的让计算机处于停滞状态。观察系统出现页缺失的频率是用以确定程序是否开始抖动的不错的办法。

优化性能时，了解硬件和操作系统处理内存的基本知识是相当重要的。接下来，我们将看到 C++程序在执行过程中是如何处理内存的。

7.2　进程内存

堆栈是 C++程序中最重要的两种内存段。事实上，还有我们后面将会讨论到的静态存储和线程局部存储（thread local storage）。实际上，从形式来说，C++并不会直接讨论堆栈；它讨论的是自由存储（free store）、存储类（storage class）和对象的存储时长（storage duration of objects）。不过由于堆栈的概念在 C++社区中广泛使用，而且 C++中所有的函数调用与局部变量的自动存储都是由栈实现的。因此，了解堆栈的原理也很重要。

在本书中，我将使用堆和栈作为术语描述，而非对象的存储时长。同时，本书中我们会交替使用堆和自由存储这两个术语，且不对它们加以区分。

堆和栈均位于进程的虚拟内存空间中。栈是所有局部变量所在的地方，这其中也包括了函数参数。每当函数被调用时，栈都会相应增长，而当它返回时，栈也会相应收缩。因为每个线程都有自己的栈，所以栈内存可以被认为是线程安全的。相反的是，堆是一个全局性质的内存区域，会被进程中所有的线程所共享。在使用 new（或 C 库函数 malloc()和 calloc()）分配内存时，堆就会增长；而在使用 delete（或 free()）释放内存时，堆会收缩。通常的，堆是自低地址开始向上增长的，而栈则刚好相反，它是自高地址开始向下增长的。图 7.2 展示了虚拟地址空间中栈和堆是如何以相反方向增长的：

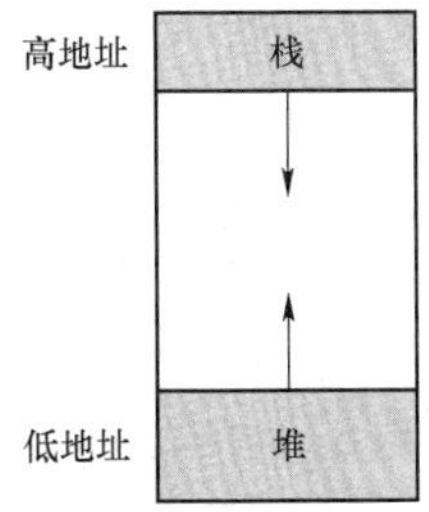

图 7.2　进程的地址空间中，栈和堆的增长方向是相反的

接下来的部分我们将讨论更多关于栈与堆的细节，将阐明在编写 C++代码时该何时使用这些内存区域。

7.2.1 栈内存

与堆相比，栈还是有许多不同的。下面列出了一些独属于栈的特点：

- 栈是连续的内存块。
- 栈具有一个固定的最大容量。一旦程序超过了栈的最大容量，就会崩溃。这种情况被称为栈溢出。
- 栈内存永远不会产生碎片。
- 从栈上分配内存（几乎）总是很快的。页缺失虽然有可能出现，但相当少见。
- 程序中每个线程都有自己的栈。

本节后面的代码示例将考察上述的部分特点。接下来，让我们先从分配和释放内存开始，以感受一下栈在代码中的使用。

我们可以很容易的通过检查栈分配的数据地址，来了解栈是向什么方向增长的。下面的代码示例演示了栈在进入和离开函数时是如何增长与收缩的：

```
void func1() {
  auto i = 0;
  std::cout << "func1(): " << std::addressof(i) << '\n';
}
void func2() {
  auto i = 0;
  std::cout << "func2(): " << std::addressof(i) << '\n'; func1();
}

int main() {
  auto i = 0;
  std::cout << "main(): " << std::addressof(i) << '\n';
  func2();
  func1();
}
```

运行上述代码时，可能会有如下输出：

```
main(): 0x7ea075ac
func2(): 0x7ea07594
func1(): 0x7ea0757c
func1(): 0x7ea07594
```

通过输出栈为整数 i 所分配的地址，可以确定栈在我使用的平台上增长了多少以及它是向哪个方向增长的。每次进入函数 func1()或 func2()时，栈都会增长 24 字节。被分配到栈中的整数 i 占了 4 字节。剩下的 20 个字节包括了函数结束时所需的数据，如返回地址、以及可能还有一些用于对齐的占位内容。

图 7.3 说明了栈在代码执行过程中是如何增长与收缩的。最左侧方框说明了代码在刚刚进入 main()函数时的内存状况。左数第二个方框表示了在执行 func1()时，栈是如何增长的，剩余几个方框也是以此类推：

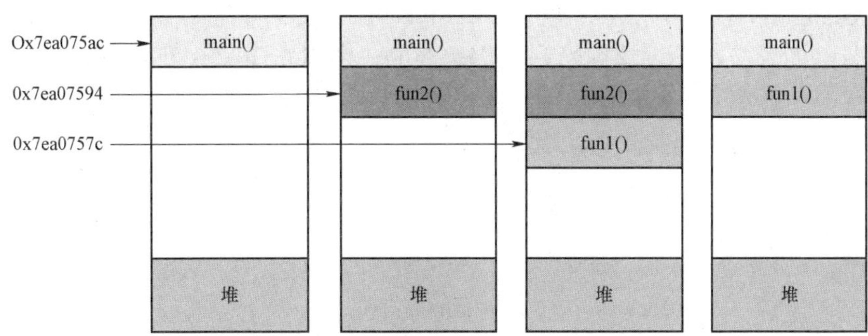

图 7.3 函数被调用时，栈会随之增长与收缩

既然为栈所分配的总内存是在线程才一启动时便创建的固定大小的连续内存块。那么，栈到底有多大呢？当达到栈的极限时又会发生些什么呢？

如前所述，在程序进入函数时，栈便会增长，而函数返回时，栈则会收缩。同样的，每当在函数中创建一个新的栈变量时，栈也会相应增长，而后会在变量超出作用域后而收缩。栈溢出最常见的原因就是深度递归调用和/或在栈中使用大型的 auto 变量。栈的最大大小在不同的平台上有所不同，当然它也可以由进程与线程自行配置。

接下来让我们试试能否通过编写代码以研究我所使用的平台上默认的栈大小。首先，我们编写一个无限递归的 func()函数，且每次函数开始时，都会分配一个一千字节的变量。这意味着，每次进入函数 func()时，这个变量都会被放入栈中。最后，每次该函数被执行时，都会输出栈的当前大小：

```
void func(std::byte* stack_bottom_addr) {
```

```
  std::byte data[1024];
  std::cout << stack_bottom_addr - data << '\n';
  func(stack_bottom_addr);
}

int main() {
  std::byte b;
  func(&b);
}
```

当然，这样的方式得出的仅是一个估值。因为我们是通过从 main()函数中定义的第一个局部变量的地址减去 func()中第一个局部变量的地址的方式计算的。

在使用 Clang 编译代码时，我们会得到如下警告：func()永远不会返回。通常情况下，这是我们不该忽略的警告，不过这回恰是我们想要的，所以接下来，我们忽略了这个警告，并坚持运行该代码。事实是，代码在很短时间内就因为栈达到了极限而崩溃了。在程序崩溃前，它成功输出了上千行栈的当前大小。其输出的最后几行像下面这样：

```
…
8378667
8379755
8380843
```

因为在代码里我们是减去 std::byte 指针，大小是以字节为单位的，所以在我使用的系统上来看，栈的最大大小约为 8MB。在类 UNIX 系统上，我们可以通过使用带有-s 选项的 ulimit 命令以设置和获取进程的栈大小：

```
$ ulimit -s
$ 8192
```

ulimit（用户限制 user limit 的简称）返回当前栈最大大小的设置，单位是 KB。ulimit 的输出证实了上面的实验结果：如果我没有明确的配置栈的大小，那么在我所使用的 Mac 上，它的大小约为 8MB。

Windows 系统中，默认的栈大小通常是 1MB。正因为这样的潜在差异，所以在栈的大小没有正确配置时，一个在 macOS 上能运行良好的代码在 Windows 上却可能会因栈溢出而崩溃。

通过这个例子，可以得出结论，即我们不希望栈内存耗尽，因为一旦这种情况发生，那么代码就会崩溃。我们将在后面介绍如何实现一个简单的内存分配器来处理固定大小的内存分配。然后我们就会理解，栈只是另一种类型的内存分配器，而因为它的使用模式永远是连续的，所以它的实现可以非常高效，我们总是在栈顶部（连续内存的末端）请求和释放内存。这确保了栈内存永远不会出现碎片，而且我们只需要移动栈指针就可以做到分配与释放内存。

7.2.2　堆内存

堆（或在 C++中更正确的说法是自由存储）是动态存储的数据所在的地方。就像前面提到的，因为堆是由多个线程所共享的，这就意味着在管理堆内存的时候需要把并发纳入考虑。这也就让堆的内存分配，相较于栈的每个线程本地分配的方式要复杂得多。

栈内存的分配与释放模式是具有顺序性的，即是说，内存总是以与分配时相反的顺序被释放。然而，对动态内存而言，内存的分配和释放是随机发生的。对象的动态生命周期与内存分配的可变大小都大大增加了出现内存碎片的风险。

理解内存碎片问题最简单的办法就是通过例子来说明这种问题是如何发生的。假设现有一个 16 KB 的连续内存块可供分配内存。我们要分配内存给两种类型的对象：大小为 1 KB 的类型 **A**，与大小为 2 KB 的类型 **B**。接下来，我们首先为一个类型为 **A** 的对象分配内存，然后在为一个 **B** 类型的对象分配，如此往复直到内存如图 7.4 所示：

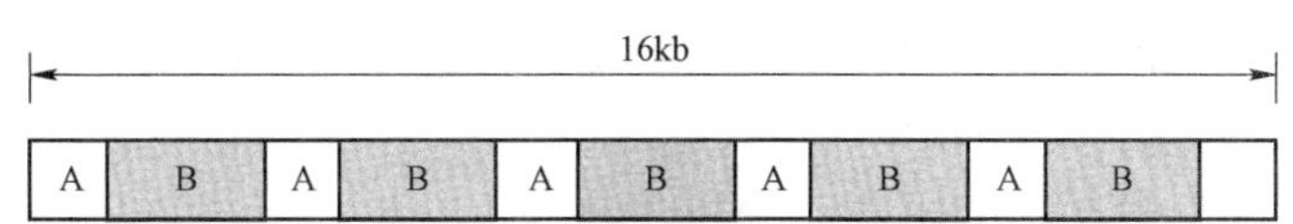

图 7.4　为 A 与 B 类型的对象连续分配后的内存

接下来，所有类型为 **A** 的对象都不再需要了，这意味着它们的内存可以得到释放。这样，现在的内存看起来如图 7.5 所示。

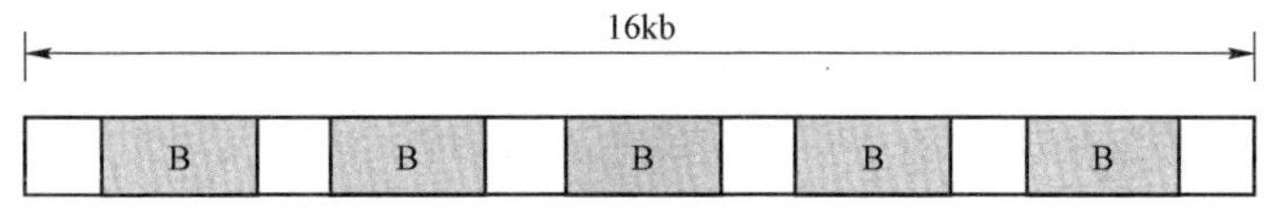

图 7.5　A 类型对象被释放后的内存

此时，有 10KB 的内存是在使用中的，6KB 是可用的。接下来，如果我们想再分配一个新的 2KB 的 **B** 类型对象。尽管看起来目前有 6KB 的可用内存，但因为内存已经被分割成了碎片，所以实际上没有 2 KB 的内存块。

现在，我们已经理解了计算机内存的结构和在代码运行过程中的使用，是时候探索 C++

对象是如何在内存中生存了。

7.3 内存中的对象

C++程序中使用的所有对象都驻留在内存中。本节我们将探讨对象在内存中是如何被创建与销毁的，我们也将看到对象在内存中的布局。

7.3.1 创建与销毁对象

本节我们将深挖使用 new 与 delete 背后的细节。如果使用 new 在自由存储中创建对象，然后使用 delete 将之销毁，如下：

```
auto* user = new User{"John"};    //分配与构造
user->print_name();               //使用该对象
delete user;                      //销毁与释放
```

在实际项目中，我并不推荐这样显式的调用 new 和 delete，但我们现在不考虑这个问题。进入正题，像注释中描述的，new 实际上做了两件事，即：

- 分配内存以容纳一个类型为 User 的新对象。
- 通过调用 User 类的构造函数在分配的内存空间中构造出一个新的 User 对象。

delete 也是一样：

- 通过调用 User 对象的析构函数销毁它。
- 释放 User 对象所在的内存。

实际上，在 C++中我们可以将这两个动作（即，内存分配与对象构造）分开。这种做法鲜少使用，但在编写库组件时有一些重要又合法的用例。

placement new 操作符

C++允许我们将内存分配与对象构造分开。例如，可以像下面这样用 malloc()分配一个字节数组，然后在这块内存区域上构造一个新的 User 对象：

```
auto* memory = std::malloc(sizeof(User));
auto* user = ::new (memory) User("john");
```

很多人可能不熟悉这里所使用的::new（memory）语法，这种语法被称为 placement new。这是 new 的一种不分配内存并构造对象的表达形式。new 前面的双冒号（::）确保解析是从全局命名空间发生的，以避免使用 new 操作符的重载版本。

前面的例子中，placement new 构造了 User 对象，并将之放置在指定的内存位置上。因为之前已经使用了 std::malloc()为单个对象分配了内存，所以保证了它是正确对齐的（除非 User 类被声明为超过默认的对齐——overaligned 的）。稍后，我们将探讨在使用 placement new 时必须考虑对齐的情况。

可惜没有与 placement new 对应的 placement delete 操作符，所以为了销毁对象并释放内存，我们需要显式地调用析构函数，然后再释放内存：

```
user->~User();
std::free(memory);
```

这是唯一应当显式调用析构函数的时机。除非先前已经使用了 placement new 的方式创建了对象，否则千万不要像这样调用析构函数。

C++17 在<memory>中引入了一组通用函数，用于在构造或销毁对象时不必分配或释放内存。所以，就可以使用<memory>中以 std::uninitialized_为开头的函数进行构造、拷贝和移动对象到一个未被初始化的内存区域，而不必调用 placement new。还可以调用 std::destroy_at()在某个特定的内存地址上销毁某个对象，而不必显式地调用析构函数在销毁对象的同时释放内存。

这样，之前的代码示例就可以像下面用这些新函数重写：

```
auto* memory = std::malloc(sizeof(User));
auto* user_ptr = reinterpret_cast<User*>(memory);
std::uninitialized_fill_n(user_ptr, 1, User{"john"});
std::destroy_at(user_ptr);
std::free(memory);
```

C++20 还引入了 std::construct_at()，这就让我们还可以用下面的方法取代调用 std::uninitialized_fill_n()：

```
std::construct_at(user_ptr, User{"john"});   // C++20
```

注意，我们在此展示的这些非常低级的内存管理设施是为了更好地理解 C++中的内存管理。在实际工作中的 C++代码库，请确保 reinterpert_cast 和先前演示的那些内存函数的使用保持在一个相对最低的限度。

接下来，我们将讨论在使用 new 和 delete 表达式时，会调用哪些运算符。

运算符 new 与 delete

new 表达式被调用时，函数 operator new 会负责分配内存。此时 new 运算符可以是一个全局定义的函数，也可以是某个类的静态成员函数。也就是说，我们可以对全局运算符 new 和 delete 重载，在本章的后面，我们将看到这在分析内存使用情况的益处。

具体做法如下：

```
auto operator new(size_t size) -> void* {
  void* p = std::malloc(size);
  std::cout << "allocated " << size << " byte(s)\n";
  return p;
}

auto operator delete(void* p) noexcept -> void {
  std::cout << "deleted memory\n";
  return std::free(p);
}
```

我们可以验证刚刚重载的运算符在新建与删除 char 对象时是否被调用：

```
auto* p = new char{'a'};    //输出"allocated 1 byte(s)"
delete p;                   //删除"deleted memory"
```

在使用 new[]与 delete[]表达式创建或删除对象数组时，还有一对运算符会被调用，即 operator new[]和 operator delete[]。我们可以用相同的方法重载这些运算符：

```
auto operator new[](size_t size) -> void* {
  void* p = std::malloc(size);
  std::cout << "allocated " << size << " byte(s) with new[]\n";
  return p;
}

auto operator delete[](void* p) noexcept -> void {
  std::cout << "deleted memory with delete[]\n";
  return std::free(p);
```

```
}
```

请记住，如果重载了 operator new，那么也要相应的重载 operator delete。用于分配与释放内存的函数是成对出现的。内存应由分配内存的分配器释放。例如，使用了 std::malloc()分配的内存应该总是调用 std::free()去释放内存，而使用了 operator new[]分配的内存则应该调用 operator delete[]来释放。

同时，我们还可以对某一特定类的 operator new 和 operator delete 重载。这可能比重载全局的运算符更为有用，因为我们更有可能需要为某一特定类定制其动态内存分配器。

下面的代码中，我们为 Document 类重载了 operator new 和 operator delete：

```
class Document {
// ...
public:
  auto operator new(size_t size) -> void* {
    return ::operator new(size);
  }
  auto operator delete(void* p) -> void {
    ::operator delete(p);
  }
};
```

在创建新的动态分配的 Document 对象时，就会使用刚刚重载的 new 运算符：

```
auto* p = new Document{}; //使用特定于类的 new 运算符
delete p;
```

反过来，如果我们想使用全局的 new 和 delete，还可以通过使用全局作用域符号（::）加以实现：

```
auto* p = ::new Document{}; //使用全局的 operator new
::delete p;
```

我们将在本章后面讨论内存分配器，之后，我们将看到重载的 new 和 delete 运算符的使用。

总结一下到目前为止我们所讨论的内容，一个 new 表达式实际上做了两件事：分配和构造。operator new 用于分配内存，你可以全局的或按类的重载它，以定制动态内存管理。

placement new 可以用于在已分配好的内存区域构造一个对象。

为了有效地使用内存，我们还需要了解另一个重要但相当底层的话题，那就是内存的对齐。

7.3.2 内存对齐

CPU 每次将内存中的一个字读入寄存器内。在 64 位架构上字的大小是 64 位的，在 32 位架构上则是 32 位的，以此类推。为了使 CPU 在处理不同的数据类型时都能有效工作，所以不同类型的对象所在的地址是有相应限制的。C++中的每一种类型都有它的对齐要求，这定义了某种类型的对象在内存中的相应地址。

如果类型的对齐方式为 1，则意味着该类型的对象可以位于任何字节地址上。如果类型的对齐方式为 2，则意味着连续允许的地址之间的字节数为 2。或直接引用 C++标准如下：

“对齐是一个实现定义的整数值，表示可以分配给指定对象的连续地址之间的字节数。”

可以用 alignof 找到类型的对齐方式：

```
//可能输出 4
std::cout << alignof(int) << '\n';
```

在运行这段代码时，它的输出是 4，这就意味着在我的平台上 int 类型的对齐要求是 4 字节。

图 7.6 显示了两个来自 64 位系统的内存示例。上面一行包含三个 4 字节的整数，它们位于 4 字节对齐的地址上。CPU 可以以一种有效的方式将这些整数加载到寄存器上，在访问其中一个 int 成员时，不需要读取多个字。与此相比，第二行包含两个 int 成员，它们位于未对齐的地址上。第二个 int 甚至跨越了两个字的边界。在最好的情况下，这仅仅会导致效率低下，但在某些平台上，这甚至会让代码崩溃：

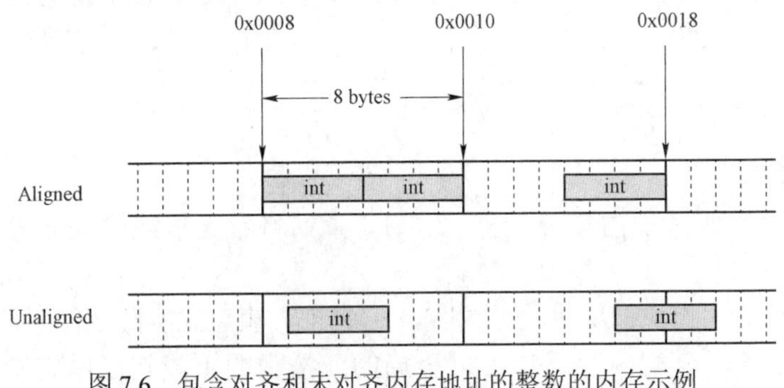

图 7.6 包含对齐和未对齐内存地址的整数的内存示例

假设有一个对齐要求为 2 的类型，尽管 C++标准没有说明有效地址到底是 1、3、5、7……还是 0、2、4、6……但目前已知的所有平台都是从 0 开始计算地址的，所以这样一来就可以通过判断对象的地址是否是对齐方式的倍数来做对齐检查。也就是使用模运算符（%）检查内存是否正确对齐。

不过，如果想编写完全可移植的 C++代码，那我们需要使用的是 std::align()而不是简单使用前面的模运算来检查对象的对齐情况，该函数来自<memory>，它会根据传入的参数所描述的对齐情况来调整指针。当然，如果传递给它的内存地址已经是对齐的，那么指针就不会做调整。因此我们可以利用 std::align()实现一个名为 is_aligned()的工具函数，如下所示：

```
bool is_aligned(void* ptr, std::size_t alignment) {
  assert(ptr != nullptr);
  assert(std::has_single_bit(alignment)); // 2 的幂数

  auto s = std::numeric_limits<std::size_t>::max();
  auto aligned_ptr = ptr;
  std::align(alignment, 1, aligned_ptr, s);
  return ptr == aligned_ptr;
}
```

首先，我们要确保参数 ptr 不为空，且 alignment 是 2 的幂数（这在 C++标准中被描述为一个要求）。我们在此使用了来自 C++20<bit>头文件中的 std::has_single_bit()来检查这一要求。接下来，就可以调用 std::align()。该函数的典型用例是，将一个有某种对齐要求的对象存储在具有固定大小的缓冲区上。这时，我们没有缓冲区，同时也不关心对象的大小，所以我们假设对象的大小是 1，缓冲区的大小是 std::size_t 的最大值。然后，我们就可以比较最初的 ptr 与调整后的 aligned_ptr，看看原始指针是否对齐。我们将在接下来的例子中使用此工具。

在使用 new 或 std::malloc()分配所得到的内存应对指定的类型进行正确的对齐。下面的代码显示了，在我所使用的平台上，为 int 分配的内存至少是 4 字节对齐的：

```
auto* p = new int{};
assert(is_aligned(p, 4ul)); // True
```

事实上，new 和 malloc()确保总是为任何标量类型返回适当对齐的内存（如果它设法返回内存的话）。<cstddef>提供了一个名为 std::max_align_t 的类型，其对齐要求最低是与所有标量类型一样的严格。后面我们将会看到这一点在编写自定义内存分配器时的重要性。因此，即使我们只请求了 char 类型的内存，它也会被适当地按照 std::max_align_t 进行对齐。

下面的代码说明，对于 std::max_align_t 和任何标量类型，new 所返回的内存都是正确对齐的：

```
auto* p = new char{};
auto max_alignment = alignof(std::max_align_t);
assert(is_aligned(p, max_alignment)); // True
```

如果连续两次用 new 来分配 char 呢：

```
auto* p1 = new char{'a'};
auto* p2 = new char{'b'};
```

那么，内存可能会是这样的（见图 7.7）。

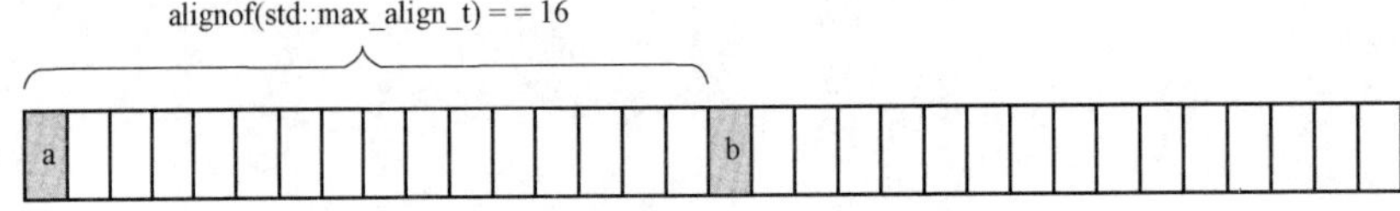

图 7.7 两次分别为一个字符分配后的内存布局

p1 与 p2 间的简单空隙大小取决于 std::max_align_t 的对齐要求。在我的系统上，这是 16 个字节，所以，尽管每个 char 实例的对齐方式只有 1，但它们之间却有 15 个字节。

在使用 alignas 声明变量时，是可以指定比默认对齐方式更严格的自定义对齐要求的。假设我们的缓存行大小为 64 字节，并想确保两个变量会被放在不同的缓存行上，那么就可以这样做：

```
alignas(64) int x{};
alignas(64) int y{};
// x 和 y 将被放在在不同的缓存行上
```

当然，也可以在定义类型时指定自定义的对齐方式。下面的结构体会在使用时刚好占据一个缓存行：

```
struct alignas(64) CacheLine {
    std::byte data[64];
};
```

这样一来如果我们要创建一个 CacheLine 类型的栈变量，它就会按照 64 字节的自定义对齐方式进行对齐：

```
int main() {
  auto x = CacheLine{};
  auto y = CacheLine{};
  assert(is_aligned(&x, 64));
  assert(is_aligned(&y, 64));
  // ...
}
```

在堆上分配对象时也满足严格的对齐要求。为了支持这种具有非默认对齐要求类型的动态内存分配，C++17 引入了 operator new()与 operator delete()的重载，接受 std::align_val_t 类型的对齐参数。<cstdlib>中还定义了可以用来手动分配堆内存对齐的函数 aligned_alloc()。在堆上分配对象时也满足严格的对齐要求。

下面的代码中，我们分配了一个刚好占据一个内存页的堆内存块。这时，调用 new 和 delete 时，将调用 operator new()和 operator delete()的有自定义对齐的版本：

```
constexpr auto ps = std::size_t{4096};                //页大小
struct alignas(ps) Page {
   std::byte data_[ps];
};
auto* page = new Page{};                              //内存页
assert(is_aligned(page, ps));                         // True
//使用 Page …
delete page;
```

由于内存页并非 C++抽象的一部分，所以没有一种可移植的方法来以代码的方式掌握当前运行系统的页大小。不过，我们可以使用 boost::mapped_region::get_page_size()或在 UNIX 系统上使用特定平台的系统调用，如 getpagesize()来获悉。

需要注意的一点，支持对齐是由当前使用的标准库的实现所定义的，而非 C++标准。

7.3.3　内存补齐

编译器有时需要为用户自定义的类型添加额外的字节，也就是补齐。当类或结构体中定义数据成员时，编译器会被迫按照其定义的顺序放置这些成员。

同时，编译器还要确保类内的数据成员是按照正确的方式对齐的；所以，必要时就需要在数据成员间进行必要的补齐。我们假设有一个定义如下的类：

```
class Document {
  bool is_cached_{};
  double rank_{};
  int id_{};
};
std::cout << sizeof(Document) << '\n'; //可能输出 24
```

可能会输出 24 的原因是，编译器在 bool 和 int 后面都做了补齐，从而满足了各数据成员乃至整个类的对齐要求。这里，编译器将 Document 类转换成了像下面这样的内容：

```
class Document {
  bool is_cached_{};
  std::byte padding1[7]; //编译器插入了隐形补齐
  double rank_{};
  int id_{};
  std::byte padding2[4]; //编译器插入了隐形补齐
};
```

bool 和 double 之间的第一个补齐是 7 个字节，这是因为 double 类型的 rank_数据成员的对齐方式是 8 个字节。第二个补齐，则是在 int 之后添加了 4 个字节。这是为了满足 Document 类本身的对齐要求而补齐的。具有最大对齐要求的成员也决定了整个数据结构的对齐要求。这意味着，本例中，因为 Document 类包含了一个 8 字节对齐的 double 类型，所以该类的总大小必须是 8 的倍数。

这时我们就会逐渐意识到，可以通过重新排列 Document 类中数据成员的顺序，即从具有最大对齐要求的类型开始排列，从而最大限度地减少编译器插入的补齐。这样，我们可以得出一个全新的 Document 类：

```
//第二版 Document 类
class Document {
  double rank_{}; //重新排布了的数据成员
  int id_{};
  bool is_cached_{};
};
```

随着数据成员的重新排列，编译器只需要在 is_cached_成员后补齐，从而调整 Document 的对齐即可。下面是该类补齐后的样子：

```
//第二版 Document 类补齐后的样子
class Document {
  double rank_{};
  int id_{};
  bool is_cached_{};
  std::byte padding[3]; //编译器插入了隐形补齐
};
```

相比于第一个版本的 Document 类的 24 字节大小，新版本的类只有 16 字节。我们发现，一个对象的大小可以仅通过改变其成员的声明顺序而改变。我们可以在新版本的 Document 类上再次使用 sizeof 运算符验证：

```
std::cout<<sizeof (Document) <<'\n'; //可能输出 16
```

图 7.8 展示了旧版本与新版本的 Document 类的内存布局：

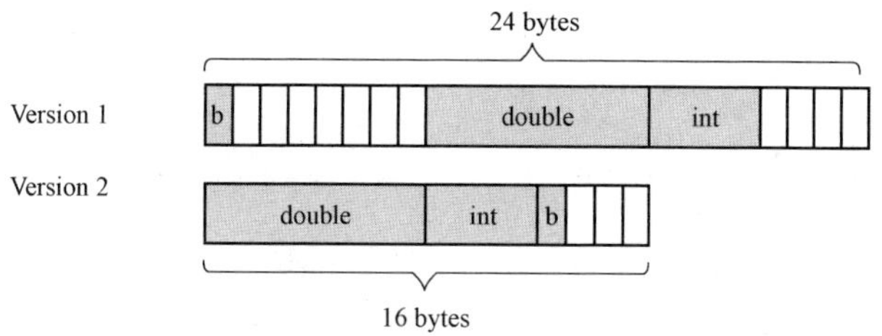

图 7.8　两个版本的 Document 类的内存布局。一个对象的大小可以仅通过改变其成员的生命顺序而改变

一般来说，你可以简单地将最大的数据成员放在开头，最小的成员放在最后。通过这样的安排，可以最大程度地减少由于对齐而导致的内存浪费。稍后我们将看到，在将对象放置在分配的内存区域之前，我们需要考虑对象的对齐方式，因为我们必须确定对象的对齐要求。

从性能的角度来看，有时我们希望将对象与缓存行对齐，以尽量减少对象跨越的缓存行数量。在讨论缓冲区友好性时，还应该提到将经常使用的多个数据成员放在一起、彼此相邻是有益的。

保持数据结构紧凑对性能至关重要，因为许多应用程序的性能受限于内存访问时间。当然，内存管理的另一个重要方面是“永不泄漏”或“绝不浪费”不再需要的对象的内存。通过明确和清晰地管理资源所有权，我们可以有效地避免各种资源泄漏。这也是本书下一节的主题。

7.4 内存所有权

资源的所有权是在编写代码时需要特别考虑的基本方面。资源的所有者有责任在不再需要该资源时释放它。资源可以是内存块、数据库连接、文件句柄等等。无论使用哪种编程语言，资源所有权都是非常重要的。然而，在像 C 和 C++这样的语言中，它更为明显，因为动态内存在默认情况下不会进行垃圾收集。因此，在 C++中分配动态内存时，我们需要考虑对该内存的所有权。

幸运的是，现代编程语言对资源所有权提供了很好的支持。通过使用智能指针来表达各种类型的所有权，我们可以更方便地管理资源。在本节后面，我们将介绍智能指针相关的内容。

来自标准库的智能指针可以帮我们为动态变量指定所有权。而其他类型的变量则已经有了被定义了的所有权。比如，局部变量是由当前作用域所有的。作用域结束时，在作用域内创建的对象会被自动销毁：

```
{
  auto user = User{};
} //当超出作用域时，user 会被自动销毁
```

静态变量和全局变量则为程序所有，在程序终止时会被销毁：

```
static auto user = User{};
```

数据成员由它们所属的类的实例所有：

```
class Game {
  User user; // Game 对象拥有 User 对象
  // ...
};
```

只有动态变量才没有默认的所有者，这就需要开发者确保所有动态分配的变量都有一个所有者来控制变量的生命周期：

```
auto* user = new User{}; //现在谁拥有 User?
```

现代 C++中非常便利的一点是，我们可以在编写大部分代码时不显式的调用 new 和

delete。毕竟手动跟踪 new 和 delete 的调用很容易造成内存泄漏、重复删除或者其他缺陷。原始指针并不表达任何所有权，这就造成如果只使用原始指针来引用动态内存，我们很难跟踪所有权。

在这里，我建议明确内存所有权，并努力减少手动的内存管理。通过遵循一些简单的规则来处理内存所有权，我们可以提高代码的清晰性和正确性，同时避免资源泄漏。接下来的章节将介绍这方面的最佳实践。

7.4.1 隐式处理资源

首先，让对象隐式地处理动态内存的分配/再分配：

```
auto func() {
  auto v = std::vector<int>{1, 2, 3, 4, 5};
}
```

上面的例子中，我们同时使用了栈和动态内存，但我们不需要显式地调用 new 和 delete。我们所创建的 std::vector 对象是栈上的 auto。由于它是由作用域所有的，所以当函数返回时就会被自动销毁。std::vector 对象本身使用动态内存来存储整型元素，当 v 离开作用域时，它的析构函数可以安全地释放动态内存。这种让析构函数释放动态内存的模式可低成本的避免内存泄漏。

在我们讨论释放资源这个问题时，我认为提及 RAII 是有意义的。**RAII** 是著名的 C++技术，即 **Resource Acquisition Is Initialization**（资源申请即初始化）的缩写，其中资源的寿命由对象的寿命控制。这种模式很简单，但对于处理资源（包括内存）来说十分有用。如果变化一下，我们需要的资源是某种用于发送请求的连接该怎么办呢？每当我们使用完这个连接，作为所有者的我们都必须记得关闭它。下面的例子说明了，在我们手动打开与关闭连接以发送请求时的情况：

```
auto send_request(const std::string& request) {
  auto connection = open_connection("http://www.example.com/");
  send_request (connection, request);
  close(connection);
}
```

如你所见，我们必须记得在使用完该连接后关闭它，否则连接将会一直保持开放状态（泄漏）。本例中，看似很难忘记关闭，但一旦在代码中插入适当的错误处理以及多个退出路径后，代码就会变得愈加复杂，这时就很难保证总是关闭了。RAII 通过依赖 auto 变量的寿命，以一种可预测的方式解决这一问题。即，我们需要一个对象，它的寿命与我们从 open_connection()调用得到的 connection 相同。我们可以为此创建一个类 RAIIConnection：

```
class RAIIConnection {
public:
  explicit RAIIConnection(const std::string& url)
      : connection_{open_connection(url)} {}
  ~RAIIConnection() {
    try {
        close(connection_);
    }
    catch (const std::exception&) {
      //处理错误，但千万不要从析构函数中抛出
    }
  }
  auto& get() { return connection_; }

private:
  Connection connection_;
};
```

Connection 对象现在被封装在一个控制连接（资源）寿命的类中。与其像之前那样手动关闭连接，我们现在可以让 RAIIConnection 为我们自动处理这一问题：

```
auto send_request(const std::string& request) {
  auto connection = RAIIConnection("http://www.example.com/");
  send_request(connection.get(), request);
  //现在我们就不需要手动关闭 connection 了，它会由
  // RAIIConnection 析构函数自动处理
}
```

RAII 技术让代码更安全。即使 send_request()函数抛出异常，connection 对象仍然会被析构同时关闭连接。我们可以对许多类型的资源使用这一技术，而不局限于内存、文件句柄或连接。另一个例子是 C++标准库中的 std::scoped_lock。它试图在创建时获得一个锁（mutex），然后在销毁时释放它。在第十一章并发中，我们会详细讨论这一内容。

接下来，我们将探索更多让内存所有权在 C++中显式的方法。

7.4.2　容器

我们还可以使用标准容器处理对象的集合。所使用的容器将拥有其存储对象所需的动态内存的所有权。这可以最大限度减少代码中手动的 new 和 delete 的行。

还可以用 std::optional 来处理那些可能存在也可能不存在的对象的生命周期。std::optional 也可以被看作是一个最大尺寸为 1 的容器。

鉴于容器已在第 4 章数据结构中加以介绍，在此我们便不再赘述。

7.4.3　智能指针

标准库的智能指针会封装原始指针，并显式它所指向的对象的所有权。如果使用得当，我们便不会对谁在负责删除哪个动态对象而产生疑问。三个智能指针类型分别是：std::unique_ptr、std::shared_ptr 和 std::weak_ptr。如它们的名字，代表了一个对象的三种所有权类型：

- 唯一所有权：我且只有我自己拥有这个对象。在我使用完它之后，我就会释放它。
- 共享所有权：我和其他人共同拥有这个对象。当没人再需要这个对象的时候，它就会被释放。
- 弱所有权：如果该对象存在，我就用它，但不需要只为我而保留它。

我们将在下面的章节中分别处理这些类型的问题。

唯一指针

最安全且最不复杂的所有权就是唯一所有权，它应该是我们在考虑使用智能指针时最先想到的。唯一指针代表唯一所有权；也就是说，一个资源正好被一个实体所有。唯一所有权可以转让给其他人，但不能被复制，因为复制会破坏其唯一性。下面代码展示了如何使用 std::unique_ptr：

```
auto owner = std::make_unique<User>("John");
auto new_owner = std::move(owner); //转移所有权
```

同时，唯一指针还非常高效，因为与普通原始指针相比，它们所增加的性能开销非常小。这里所提的轻微的开销是由以下事实所引起的：std::unique_ptr 是一个非平凡的析构函数（non-trivial destructor），这意味着（与原始指针不同）当它被传递给一个函数时，不能在 CPU 寄存器中传递，这使它们比原始指针要慢些。

共享指针

共享所有权意味着一个对象可以有多个所有者。在最后一个所有者不复存在时，该对象就会被释放。这同样是一个非常有用的指针类型，但却比唯一指针要更复杂。

std::shared_ptr 对象使用引用计数来追踪一个对象拥有的所有者数量。当计数器到 0 时，该对象就会被释放。鉴于计数器肯定需要存储在某个地方，所以较唯一指针而言，它确实会有一些额外的内存开销。另外，std::shared_ptr 是内部线程安全的，所以计数器需要原子更新以防止竞态条件（race conditions）。

推荐使用 std::make_shared<T>()来创建共享指针拥有的对象，除了更安全之外（从异常安全的角度来看），又比用 new 手动创建对象然后将之传递给 std::shared_ptr 构造函数更高效。通过重载 operator new()和 operator delete()来跟踪分配。我们可以用一个实验来找出为什么使用 std::make_shared<T>()会更高效：

```
auto operator new(size_t size) -> void* {
  void* p = std::malloc(size);
  std::cout << "allocated " << size << " byte(s)" << '\n';
  return p;
}

auto operator delete(void* p) noexcept -> void {
  std::cout << "deleted memory\n";
  return std::free(p);
}
```

接下来，我们先尝试推荐的方法，用 std::make_shared()：

```
int main() {
  auto i = std::make_shared<double>(42.0);
  return 0;
}
```

运行该代码会有如下输出：

```
allocated 32 bytes
deleted memory
```

然后，我们再使用 new 显式地分配 double 值，然后把它传递给 std::shared_ptr 构造函数：

```
int main() {
  auto i = std::shared_ptr<double>{new double{42.0}};
  return 0;
}
```

这时会有如下输出：

```
allocated 4 bytes
allocated 32 bytes
deleted memory
deleted memory
```

由此，我们可以得出如下结论，第二个版本需要两次分配，一次是 double，一次是 std::shared_ptr，而第一个版本则只需一次分配。这意味着多亏了空间局部性，使用了 std::make_shared()的代码更利于缓存。

弱指针

弱所有权不会让任何对象保持“生机”，它只允许我们在别人拥有一个对象时使用它。那么为什么我们会选择使用弱所有权这样一种模糊的所有权呢？使用弱指针的一个常见原因是为了打破循环引用。当两个或多个对象相互引用时，如果它们使用共享指针来持有对方，就会发生循环引用。即使所有外部的 std::shared_ptr 构造函数已经释放了，这些对象仍然可以通过彼此的引用来保持“生机”。

那么为什么不直接使用原始指针呢？弱指针不正是原始指针已经有的特性吗？实际并非如，弱指针的使用因为“除非对象真实存在，否则不能引用”而安全，而悬空的原始指针则不是这回事。一个例子可以说明这一点：

```
auto i = std::make_shared<int>(10);
auto weak_i = std::weak_ptr<int>{i};

// i.reset()可能发生在这，所以 int 被释放了...
if (auto shared_i = weak_i.lock()) {
  //我们设法将弱指针转换为一个共享指针
  std::cout << *shared_i << '\n';
```

```
}
else {
  std::cout << "weak_i has expired, shared_ptr was nullptr\n";
}
```

每当要用弱指针时，我们都要首先使用其成员函数 lock()将之转换为共享指针。如果该对象还在，共享指针将是该对象的有效指针；否则，我们就会得到一个空的 std::shared_ptr。这样，在使用 std::weak_ptr 而非原始指针时，我们可以避免悬空指针。

在此，我们将结束关于内存中的对象的部分。C++为处理内存提供了非常出色的支持，包括低层级的概念，如对齐和补齐，以及高层级的概念，如对象所有权。

使用 C++时，对所有权、RAII 和引用计数有一个正确的理解是非常重要的。那些刚接触 C++，还没来得及接触这些概念的开发者，可能会需要一些时间才能完全掌握。这些概念并非 C++所独有，在大多数语言中，它们较为分散，但在另一些中，它们甚至会更为突出（Rust 就是后者的一个例子）。所以一旦掌握了这些概念，它也会提高你在其他语言中的编程技能。对对象所有权的思考将对你所编写的程序的设计和架构产生积极影响。

接下来，我们将转向探讨一种优化技术，该技术会减少动态内存分配的使用，而是尽可能地使用栈。

7.5 小对象优化

像 std::vector 这样的容器的优势在于其可以在需要时自动分配动态内存。然而，在某些情况下，对于只包含几个小元素的容器对象使用动态内存可能会损害性能。相比在堆上分配小块内存，将元素保留在容器本身并使用栈内存会更加高效。这个优化思想也被应用于大多数现代的 std::string 实现中，因为在普通的程序中，许多字符串通常都是短小的，而在不使用堆内存的情况下处理短字符串可以获得更高的效率。

一种选择就是，在字符串类本身保留一个当字符串的内容很短时可以使用的单独的小缓冲区。但这样即使不使用小缓冲区，也会增加字符串类的大小。

一个更节省内存的解决方案就是使用联合体（union），当字符串处于短模式时，它可以被容纳在短缓冲区中，否则，它就需要包含处理动态分配的缓冲区的数据成员。这种优化处理小数据的容器技术，对字符串来说，通常被称为小字符串优化，对于其他类型而言，则被称为小对象优化和小缓冲区优化。我们对自己喜欢的东西会起很多名字。

下面的小例子展示了 LLVM 的 libc++的 std::string 在 64 位系统上是如何表现的：

```
auto allocated = size_t{0};
//重载运算符 new 和 delete 来跟踪分配的情况
void* operator new(size_t size) {
  void* p = std::malloc(size);
  allocated += size;
  return p;
}

void operator delete(void* p) noexcept {
  return std::free(p);
}

int main() {
  allocated = 0;
  auto s = std::string{""}; //使用不同大小的 string 来测试
  std::cout << "stack space = " << sizeof(s)
    << ", heap space = " << allocated
    << ", capacity = " << s.capacity() << '\n';
}
```

这段代码首先重载了全局 operator new 和 operator delete，目的是为了跟踪动态内存分配的情况。我们现在可以开始测试不同大小的字符串 s，看看 std::string 的表现如何。当我的系统上以 release 模式构建并运行上述代码时，它的输出如下：

```
stack space = 24, heap space = 0, capacity = 22
```

这一输出告诉我们，std::string 在栈上占据了 24 字节，它的容量为 22 个字符，没有使用任何堆内存。接下来，我们使用一个 22 个字符的字符串替换空字符串来验证这一点：

```
auto s = std::string{"1234567890123456789012"};
```

程序仍会产生相同的输出，并验证了没有分配动态内存。那么当我们把字符串增加到 23 个字符时会发生什么呢？

```
auto s = std::string{"12345678901234567890123"};
```

运行该程序现在产生以下输出：

```
stack space = 24, heap space = 32, capacity = 31
```

这时，std::string 类被迫使用堆来存储字符串。它被分配了 32 个字节，并输出容量为 31。这是因为 libc++（C++标准库的一种实现）总是在内部存储一个以零结尾的字符串，因此需要额外的一个字节来表示空字符串的结尾。令人惊讶的是，std::string 类可以只使用 24 个字节，并且可以容纳长度为 22 个字符的字符串，而不需要分配任何额外的内存。这是通过使用具有两种不同布局的联合体来实现的：一种用于短字符串模式，另一种用于长字符串模式。在真正的 libc++实现中，有许多巧妙的技巧来最大限度地利用这 24 个字节的空间。这里的代码是为了演示这一概念而进行了简化的。长模式的布局大概是这样的：

```
struct Long {
  size_t capacity_{};
  size_t size_{};
  char* data_{};
};
```

长字符串布局中每个成员都是 8 字节的，所以总大小是 24 字节。char 指针 data_是一个指向动态分配的内存的指针，该内存将容纳长字符串。短模式的布局则如下所示：

```
struct Short {
  unsigned char size_{};
  char data_[23]{};
};
```

短模式时，鉴于容量是一个编译时常量，因此实在没有必要为它再使用变量。在这种布局下，也可以为 size_数据成员使用一个较小的类型，因为如果我们知道它是短字符串时，其长度只能在 0 到 22 之间。

这两种布局都使用联合体进行组合：

```
union u_ {
  Short short_layout_;
  Long long_layout_;
};
```

此处还少了一个部分：需要一个标志来说明，字符串类如何知道它当前存储的时是短字符串还是长字符串，以及重点是它要被存在何处？结果表明，在长模式下，libc++在 capacity_数据成员上使用了最低有效位，在短模式下，在 size_数据成员上使用最低有效位。长模式下，这个位是多余的，因为字符串分配的内存大小总是 2 的倍数。短模式下，可以只用 7 位来存储大小，这样就有一位可以用于标志位。当编写此代码以处理大端字节顺序时，它会变得更加复杂，因为无论我们使用的是联合体的 Short 结构还是 Long 结构，位都需要放在内存中的同一位置。你可以在 libc++的实现中看到更多细节（https://github.com/llvm/llvm-project/tree/master/libcxx）。

图 7.9 总结了我们对小字符串优化的高效实现所使用的联合体的简化（但仍然相当复杂）的内存布局。

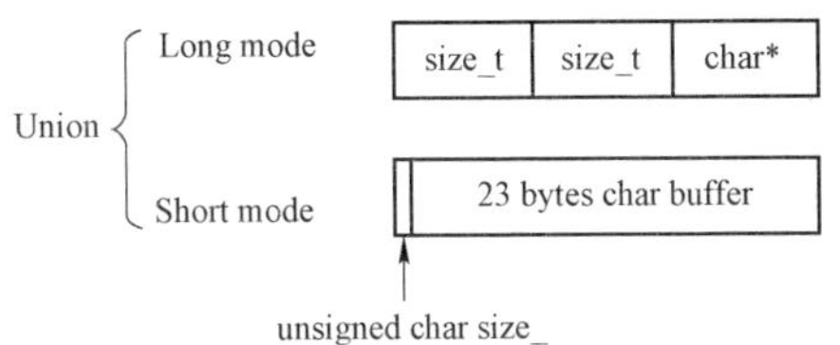

图 7.9　分别用于处理短字符串和长字符串的两种不同布局的联合体

此技巧巧妙的地方在于，“在我们准备自己造轮子”前，应该尽可能使用标准库提供的高效且经过测试的类。即使我们不需要自己造轮子，了解这些优化和它们的工作原理仍是很有必要的。

7.6　自定义内存管理

我们在本章已经讨论了很多内存相关内容，涵盖了诸如虚拟内存、栈与堆、new 和 delete 表达式、内存所有权以及对齐和补齐等基本知识。在结束本章前，我们将展示如何在 C++中自定义内存管理。我们将看到本章前所述的部分内容在编写自定义内存分配器时会如何派上用场。

开始前，首先我们需要问自己两个问题：什么是自定义内存管理器？我们为什么需要它？

在使用 new 或 malloc()分配内存时，我们使用了 C++中内置的内存管理系统。大多数 operator new 的实现都使用了 malloc()，这是一个通用的内存分配器。说实在的，设计和构建通用内存管理器是一项复杂任务，已有很多人花费了大量时间研究这一课题。不过，我们也可能面临需要写一个自定义内存管理器的情况，可能会有几个原因，如下所示：

- 调试和诊断：本章中我们已经通过重载 operator new 和 operator delete 示范了几次，为了打印出我们想要的调试信息。

● 沙箱：自定义内存管理器可以为不允许分配无限制内存的代码提供沙箱。沙箱还可以跟踪内存分配，并在沙箱代码完成执行时释放内存。

● 性能：如果我们需要动态内存并且无法避免分配，那么可能必须编写一个自定义内存管理器，以更好地满足我们的特定需求。稍后，我们将介绍一些可以用来超越 malloc() 的情况。

说到这里，许多经验丰富的 C++开发者可能都从来没遇到过真正需要他们自定义系统自带的标准内存管理器的情况。这很好地表明了，现今通用的内存管理器的实用性，哪怕它们在不了解我们的实际使用情况下，还满足了所有的需求。我们对内存使用模式了解得越多，我们就越有可能真正写出比 malloc()更有效的东西。举个例子，前面我们提到的栈，与堆相比，从栈中分配和删除内存的速度是非常快的，这主要归功于它不需要处理多个线程，而且删除内存时能保证总是以相反的顺序发生。

构建自定义内存管理器通常从分析确切的内存使用模式开始，然后再实现 arena。

7.6.1 创建 arena

使用内存分配器时，arena 和内存池是常用的术语，本书将不对这些术语进行区分。arena 指的是一个连续的内存块，包括将该内存的一部分分配出去并在以后回收的策略。

arena 从技术的角度也可以被称为内存资源或分配器，但上面几个术语都被用来指代标准库的抽象。稍后我们将要开发的自定义分配器就会用在此创建的 arena 实现。

设计 arena 时，我们可以采用一些一般策略来让它的分配与释放更大可能的比 malloc() 和 free()性能更好：

● 单线程：假如我们知道 arena 只会被一个线程所使用，那么就不必要用同步原语来保护数据，比如锁或原子操作。使用 arena 的客户端不存在被其他线程阻断的风险在实时情况下是很重要的。

● 固定大小分配：如果 arena 只分配固定大小的内存块，那么在没有内存碎片的情况下，使用自由列表来高效回收内存就会相对容易。

● 有限的生命周期：如果我们知道从 arena 分配的对象只需要在有限的已经明确定义好的生命周期内生存，那么 arena 就可以推迟回收并一次性释放内存。一个明显的例子就是在服务器应用程序中处理请求时创建的对象。请求完成后，所有在请求过程中发放的内存都可以一步到位地被回收。当然，这需要 arena 足够大，以便处理请求期间的所有分配，而不必不断地回收内存；否则，这种策略便显得有点多余。

在此我们不再赘述上述策略的细节，但在寻求改善代码内存的管理方法时，能考虑到这些可能性是非常有帮助的。这就和优化软件的情况一样，关键是要了解代码会在什么条件和情况下运行，然后还要分析具体的内存使用模式才行。我们这样做就是为了找到与通用的内存管理器相比，改进自定义内存管理器的办法。

接下来，我们将从一个简单的 arena 类模板出发，它可以用于需要动态存储持续时间的小对象或少数对象，当然它所需的内存通常很小，可以放在栈上。这段代码是基于 Howard Hinnant 发布在 https：//howardhinnant.github.io/stack_alloc.html 上的 short_alloc 提炼出来的。这是深入研究自定义内存管理的良好开端。尽管它需要适当地处理对齐，但鉴于它可以处理不同规模的对象，个人认为这是个很好的示例。

注意，这是一个用于演示概念的简化版本，而不是可用于生产的代码：

```
template <size_t N>
class Arena {
  static constexpr size_t alignment = alignof(std::max_align_t);
public:
  Arena() noexcept : ptr_(buffer_) {}
  Arena(const Arena&) = delete;
  Arena& operator=(const Arena&) = delete;

  auto reset() noexcept { ptr_ = buffer_; }
  static constexpr auto size() noexcept { return N; }
  auto used() const noexcept {
    return static_cast<size_t>(ptr_ - buffer_);
  }
  auto allocate(size_t n) -> std::byte*;
  auto deallocate(std::byte* p, size_t n) noexcept -> void;

private:
  static auto align_up(size_t n) noexcept -> size_t {
    return (n + (alignment-1)) & ~(alignment-1);
  }
  auto pointer_in_buffer(const std::byte* p) const noexcept -> bool {
    return std::uintptr_t(p) >= std::uintptr_t(buffer_) &&
           std::uintptr_t(p) < std::uintptr_t(buffer_) + N;
  }
  alignas(alignment) std::byte buffer_[N];
```

```
  std::byte* ptr_{};
};
```

我们这里的 arena 包含了一个 std::byte 类型的 buffer，其大小会在编译时确定。这就使得在栈上创建一个 arena 对象，或作为一个具有静态或线程局部存储期的变量成为了可能。由于对齐可能是在栈中分配的，所以，除非对数组应用 alignas 说明符，否则就不能保证对 char 以外的类型进行对齐。在这里，如果你还不那么熟悉位操作，那么看辅助函数 align_up()可能会觉得很复杂。不过它基本上做的，就是向上舍入到我们所使用的对齐要求。这一版本所给出的内存会与使用 malloc()的效果相同，并且它适用于任何类型。另外，如果我们把 arena 用于对齐要求较小的类型，那就有点大材小用了，但我们在此会先忽略这一点。

回收内存时，我们还得知道被要求回收的指针是否真的属于 arena。这时就轮到 pointer_in_buffer()函数通过比较指针地址和 arena 的地址范围来检查这一点了。顺带提一下，将原始指针与不相干的对象进行关系上的比较是未定义的行为，这可能会被优化的编译器所利用，而产生出人意料的结果。为避免上述情况，我们在比较地址前先将指针转换为 std::unintptr_t。如果你对这里所提的背后细节略感好奇，可以从 Raymond Chen 的文章“如何检查一个指针是否在内存范围内”中找到详尽解答（https://devblogs.microsoft.com/oldnewthing/20170927-00/?p=97095）。

接下来，我们开始实现 allocate 和 deallocate 功能：

```
template<size_t N>
auto Arena<N>::allocate(size_t n) -> std::byte* {
  const auto aligned_n = align_up(n);
  const auto available_bytes =
    static_cast<decltype(aligned_n)>(buffer_ + N - ptr_);
  if (available_bytes >= aligned_n) {
    auto* r = ptr_;
    ptr_ += aligned_n;
    return r;
  }
  return static_cast<std::byte*>(::operator new(n));
}
```

allocate()函数返回一个指向正确对齐的内存的指针，其大小为指定的 *n*。如果在 buffer 中没有满足申请所需大小的可用空间，那么它就会继续执行，转而去调用 operator new。

接下来的 deallocate()函数首先检查指向要删除的内存的指针是来自 buffer，还是用 operator new 分配的。如果它不来自 buffer，那么就用 operator delete 将之删除。否则，我们会检查要删除的内存是否是从 buffer 分配出的最后一个内存，然后，就像栈那样通过移动当前的 ptr_来回收它。我们暂且简单地忽略其他尝试回收内存的行为：

```
template<size_t N>
auto Arena<N>::deallocate(std::byte* p, size_t n) noexcept -> void {
  if (pointer_in_buffer(p)) {
    n = align_up(n);
    if (p + n == ptr_) {
      ptr_ = p;
    }
  }
  else {
    ::operator delete(p);
  }
}
```

这样我们就成功实现了 arena，接下来就可以试着将它应用于 User 对象了：

```
auto user_arena = Arena<1024>{};

class User {
public:
  auto operator new(size_t size) -> void* {
    return user_arena.allocate(size);
  }
  auto operator delete(void* p) -> void {
    user_arena.deallocate(static_cast<std::byte*>(p), sizeof(User));
  }
  auto operator new[](size_t size) -> void* {
    return user_arena.allocate(size);
  }
  auto operator delete[](void* p, size_t size) -> void {
```

```
    user_arena.deallocate(static_cast<std::byte*>(p), size);
  }
private:
  int id_{};
};

int main() {
  //创建 user 时，没有分配动态内存
  auto user1 = new User{};
  delete user1;

  auto users = new User[10];
  delete [] users;

  auto user2 = std::make_unique<User>();
  return 0;
}
```

本例创建的 User 对象将全部驻留在 user_area 对象的 buffer 中。也就是说，当我们调用 new 或 make_unique()时，将不会分配动态内存。当然，在 C++中还有其他没在本例中展示的方法来创建 User 对象。我们将在下一节中介绍它们。

7.6.2 自定义内存分配器

用这样一个特定的类型，尝试使用我们自定义的内存管理器时，我们可以看出它工作的相当不错！不过仍有一个问题，事实证明，特定于类的 operator new 可能并没有在我们预期的所有情况被调用。比如：

```
auto user = std::make_shared<User>();
```

或者如果我们想创建一个由 10 个 user 组成的 std::vector 会发生什么？

```
auto users = std::vector<User>{};
users.reserve(10);
```

我们的自定义内存管理器在这两种情况下都没有被使用的原因是什么呢？从共享指针出

发，我们必须回到之前的例子，这时我们就会发现 std::make_shared()实际上为引用计数的数据和它所应该指向的对象都分配了内存。std::make_shared()不可能仅一次地使用 new User()这样的表达式以创建 user 对象和计数器。相反，它分配内存并使用 placement new 构造 user 对象。

对于 std::vector 也是类似的。在调用 reserve()时，它并不是默认地直接在数组中构造 10 个对象。因为一旦这样做，就需要所有要应用于 vector 的类都要提供一个默认构造函数了。反之，它是分配了足够存放 10 个 user 对象的内存，以便在需要时添加。同理，还是 placement new 使之成为可能。

好在我们可以为 std::vector 和 std::shared_ptr 提供一个自定义内存分配器，以便让它们也可以使用先前的自定义内存管理器。当然这对标准库中的其他容器也是同样的道理。假使我们并未提供一个自定义内存分配器，那么这些容器就会使用默认的 std::allocator<T>类了。所以，为了能够用上先前的 arena，我们还需要编写一个可以被容器所使用的分配器。

自定义分配器这一话题在 C++技术社区中的热度一向十分火爆。实际上，有很多项目可能都会选择使用自己实现自定义的容器，以便自己管理内存，而不是直接使用标准容器，这肯定是有其目的的。

不过，对于编写自定义分配器的支持和诉求在 C++11 中得以改善，至少现在已经好了很多。所以，在此我们将只关注 C++11 及以后的分配器。

C++11 中最简短的分配器是这样的：

```
template<typename T>
struct Alloc {
  using value_type = T;
  Alloc();
  template<typename U> Alloc(const Alloc<U>&);
  T* allocate(size_t n);
  auto deallocate(T*, size_t) const noexcept -> void;
};
template<typename T>
auto operator==(const Alloc<T>&, const Alloc<T>&) -> bool;
template<typename T>
auto operator!=(const Alloc<T>&, const Alloc<T>&) -> bool;
```

得益于 C++11 的改进，现在它的实现代码精简了许多。使用分配器的容器实际上是用的是 std::allocator_traits，一旦分配器省略了它们，它便会提供合适的默认值。在此，我强烈建议各位看一下 std::allocator_traits，看看可以配置哪些 traits，以及默认值是什么。

通过使用 malloc()和 free()，我们可以很容易地实现一个最小的自定义分配器。在此，我们将展示古老而著名的 Mallocator，它最初由 Stephan T.Lavavej 发表在一篇文章中，用以演示如何使用 malloc()和 free()编写一个轻量的自定义分配器。自那时起，它已经针对 C++11 进行了更新换代，让它变得更加轻量化。如下所示：

```
template <class T>
struct Mallocator {

  using value_type = T;
  Mallocator() = default;

  template <class U>
  Mallocator(const Mallocator<U>&) noexcept {}

  template <class U>
  auto operator==(const Mallocator<U>&) const noexcept {
    return true;
  }

  template <class U>
  auto operator!=(const Mallocator<U>&) const noexcept {
    return false;
  }

  auto allocate(size_t n) const -> T* {
    if (n == 0) {
    return nullptr;
    }
    if (n > std::numeric_limits<size_t>::max() / sizeof(T)) {
      throw std::bad_array_new_length{};
  }
  void* const pv = malloc(n * sizeof(T));
```

```
    if (pv == nullptr) {
      throw std::bad_alloc{};
    }
    return static_cast<T*>(pv);
    }
    auto deallocate(T* p, size_t) const noexcept -> void {
      free(p);
    }
};
```

Mallocator 是一个无状态分配器，这意味着分配器实例本身没有任何的可变状态；因此，它是使用全局函数进行分配和释放的，即 malloc()和 free()。无状态的分配器应该总是与相同类型的分配器是比较相等的。这意味着，无论 Mallocator 实例是什么，使用 Mallocator 分配的内存也应该总是由它去释放。事实上，无状态分配器是写起来最不复杂的分配器了，不过因为它依赖于全局状态，所以它也有自己的局限性。

为了能将 arena 作为在栈上的对象（stack-allocated object）使用，我们还需要一个可以引用 arena 实例的有状态分配器。所以从此开始，先前所实现的 arena 类才真正开始变得有意义起来。比如说，我们想在一个函数中使用标准容器做些运算。同时假设绝大多数情况下，我们的函数需要处理的是非常小的，小到可以放在栈上处理的数据量。但一旦使用标准库容器，它们就会在堆上分配内存，这时候就会损害到我们的代码性能了。

那么，除了用栈来管理数据同时避免不必要的堆分配外，还有什么别的办法呢？其中一个替代方案就是构建自定义的容器，用的就是一种 std::string 类似的小对象优化的变体。

还可以用来自 Boost 的容器，比如 boost::container::small_vector，这是一个基于 LLVM 的小巧的 vector。如果还不甚了解，可以到这里参看细节（http://www.boost.org/doc/libs/1_74_0/doc/html/container/non_standard_containers.html）。

当然，还有一种选择——用自定义分配器，就是我们接下来要讨论的问题了。鉴于我们已经实现了自己的 arena 模板类，所以可以轻易的在堆上创建这样一个 arena 实例，并让自定义分配器用这个实例进行分配。所以接下来，我们要做的就是实现一个有状态分配器，它可以持有一个在栈上的 arena 对象的引用。

再次提示，我们将实现的这个自定义分配器是 Howard Hinnant 的 short_alloc 的简化版本：

```
template <class T, size_t N>
struct ShortAlloc {
```

```
  using value_type = T;
  using arena_type = Arena<N>;
  ShortAlloc(const ShortAlloc&) = default;
  ShortAlloc& operator=(const ShortAlloc&) = default;

  ShortAlloc(arena_type& arena) noexcept : arena_{&arena} { }

  template <class U>
  ShortAlloc(const ShortAlloc<U, N>& other) noexcept
      : arena_{other.arena_} {}

  template <class U> struct rebind {
    using other = ShortAlloc<U, N>;
  };
  auto allocate(size_t n) -> T* {
    return reinterpret_cast<T*>(arena_->allocate(n*sizeof(T)));
  }
  auto deallocate(T* p, size_t n) noexcept -> void {
    arena_->deallocate(reinterpret_cast<std::byte*>(p), n*sizeof(T));
  }
  template <class U, size_t M>
  auto operator==(const ShortAlloc<U, M>& other) const noexcept {
    return N == M && arena_ == other.arena_;
  }
  template <class U, size_t M>
  auto operator!=(const ShortAlloc<U, M>& other) const noexcept {
    return !(*this == other);
  }
  template <class U, size_t M> friend struct ShortAlloc;

private:
  arena_type* arena_;
};
```

实现里分配器持有一个 arena 引用。这也是分配器中唯一的状态。这里的函数 allocate() 和 deallocate()只是简单的将它们的请求转发给 arena 实例。比较运算符确保了 ShortAlloc 类型的两个实例会使用同一个 arena。

这样，我们实现的分配器和 arena 终于可以和标准容器一同使用了，同时还避免了动态内存分配。在使用小数据时，可以仅用栈就可以处理所有的内存分配。让我们用 std::set 试试看：

```
int main() {

  using SmallSet =
    std::set<int, std::less<int>, ShortAlloc<int, 512>>;

  auto stack_arena = SmallSet::allocator_type::arena_type{};
  auto unique_numbers = SmallSet{stack_arena};

  //从 stdin 中读数字
  auto n = int{};
  while (std::cin >> n)
    unique_numbers.insert(n);

  //打印去重后的数字
  for (const auto& number : unique_numbers)
    std::cout << number << '\n';
}
```

该代码会从标准输入中读取整数，直到到达文件的末尾（在类 UNIX 系统中按 Ctrl+D，在 Windows 中按 Ctrl+Z)，然后它会按升序顺序打印出去重后的数字。我们刚刚实现的 ShortAlloc 分配器会根据从标准输入中获取的数字的数量，决定使用栈内存或是动态内存。

7.6.3　使用多态内存分配器

如果你已通览本章，那么现在想必你应该知道了如何实现一个可以应用于任意容器的自定义分配器了，这也包括标准库中的容器。那么如果我们想将自定义分配器应用于代码库并处理 std::vector<int>类型的缓冲区代码：

```
void process(std::vector<int>& buffer) {
   // ...
}

auto some_func() {
   auto vec = std::vector<int>(64);
   process(vec);
   // ...
}
```

我们很想快速使用一下新的分配器，即利用栈内存，并尝试像这样注入它：

```
using MyAlloc = ShortAlloc<int, 512>; //我们的自定义分配器

auto some_func() {
  auto arena = MyAlloc::arena_type();
  auto vec = std::vector<int, MyAlloc>(64, arena);
  process(vec);
  // ...
}
```

可惜，编译时我们不得不意识到，process()期望传入一个 std::vector<int>类型的参数，而这时的 vec 变量则是另一种类型。GCC 会抛出如下错误：

```
error: invalid initialization of reference of type 'const
std::vector<int>&'from expression of type 'std::vector<int,
ShortAlloc<int, 512> >
```

这里的原因在于，我们所使用的自定义分配器 MyAlloc 是作为模板参数传递给 std::vector 的，所以它就成了实例化类型的一部分。因此，std::vector<int>和 std::vector<int，MyAlloc>不能互换。

当然，在处理实际用例时，这并不一定是个问题。我们可以通过修改 process()函数，使其接受 std::span 或者将其变为一个能处理范围的泛型函数，而不仅仅局限于处理 std::vector，以解决这个问题。无论如何，重要的是要意识到，在使用标准库中的分配器处理模板类时，分配器实际上成为了类型的一部分。

所以 std::vector<int>使用什么分配器呢？答案是，std::vector<int>使用的是默认的模板参数，即 std::allocator。所以，std::vector<int>相当于 std::vector<int，std::allocator<int>>。而模板类 std::allocator 是一个空类，它在完成来自容器的分配与释放请求时，实际上是用的是全局的 new 和 delete。所以使用空分配器的容器的大小比使用自定义分配器的容器的大小要小：

```
std::cout << sizeof(std::vector<int>) << '\n';
//可能输出:24

std::cout << sizeof(std::vector<int, MyAlloc>) << '\n';
//可能输出:32
```

查看 libc++中 std::vector 的实现，我们可以看到它使用了一种名为 compressed pair 的“有趣”类型，而这种类型又是基于空基类的优化，以摆脱通常由空类成员所占用的不必要的内存。在此我们不会深入具体细节，感兴趣的话，可以在 https://www.boost.org/doc/libs/1_74_0/libs/utility/doc/html/compressed_pair.html 了解 boost 的 compressed_pair 版本。

“使用不同分配器而出现不同类型”这一问题，在 C++17 中通过引入中间层，得到了解决；命名空间 std::pmr 下的所有标准容器都适用相同的分配器，即 std::pmr::polymorphic_allocator，它将所有分配/释放请求都分派给一个内存资源类。因此，相比于编写自定义内存分配器，可以使用 std::pmr::polymorphic_allocator 这一通用多态内存分配器。相比于编写自定义内存资源，这些资源将在构造期间传递给多态分配器。内存资源类似于之前编写的 Arena 类，而 polymorphic_allocator 则是包含了指向该资源的指针的额外中间层。

图 7.10 展示了向量委托分配器实例，分配器实例又委托给它所指向的内存资源的控制流：

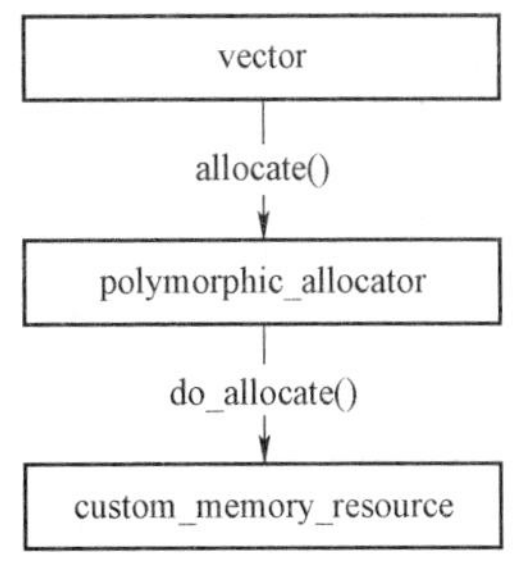

图 7.10　使用 polymorphic_allocator 分配内存

为了使用多态分配器，我们需要将命名空间从 std 改为 std::pmr：

```
auto v1 = std::vector<int>{};              //使用 std::allocator
auto v2 = std::pmr::vector<int>{/*...*/}; //使用 polymorphic_allocator
```

尽管在了解了内存分配器和 arena 的相关知识后，编写自定义内存资源是相对简单的，但可能并不需要真的编写这样一个自定义内存资源就可以实现我们的需求。在我们想要自己造轮子之前，可以考虑一下 C++已经为我们提供了的有用实现。所有的内存资源都继承自基类 std::pmr::memory_resource。以下内存资源都来自头文件<memory_ resource>中：

- std::pmr::monotonic_buffer_resource：与之前编写的 Arena 类相似。这个类在创建许多寿命较短的对象时会带来益处。内存仅在 monotonic_buffer_resource 实例被销毁时才释放，这就让内存分配非常迅速。
- Std::pmr::unsynchronized_pool_resource：它使用了包含固定大小内存块的内存池（也被称为“slabs”），有效避免了每个池中的碎片化，每个池为固定大小的对象分配内存。这个类在创建许多大小不同的对象时会带来益处。但这种内存资源不是线程安全的，除非提供外部同步，否则不能在多个线程中使用。
- std::pmr::synchronized_pool_resource：是线程安全版本的 unsynchronized_pool_resource。

内存资源可以链接。在创建内存资源的实例时，我们可以为其提供上游内存资源（**upstream memory resource**）。如果当前资源无法处理请求（类似于我们在 ShortAlloc 中使用 malloc()在小缓冲区已满时所做的操作），或者当资源本身需要分配内存时（例如当 mononic_buffer_resource 需要分配下一个缓冲区时），内存资源就会被链接。<memory_resource>提供了一些自由函数，这些函数所返回的指向全局资源对象的指针，在指定上游资源时非常有用：

- std::pmr::new_delete_resource()：使用全局 operator new 和 operator delete。
- std::pmr::null_memory_resource()：被请求分配内存时，总是抛出 std::bad_alloc 的资源。
- std::pmr::get_default_resource()：返回一个全局默认的内存资源，并可以在运行时通过 set_default_resource()进行设置。最初的默认资源是 new_delete_resource()。

接下来，让我们使用 std::pmr::set 重写上一节的例子：

```
int main() {
  auto buffer = std::array<std::byte, 512>{};
  auto resource = std::pmr::monotonic_buffer_resource{
    buffer.data(), buffer.size(), std::pmr::new_delete_resource()};

  auto unique_numbers = std::pmr::set<int>{&resource};

  auto n = int{};
  while (std::cin >> n) {
```

```
      unique_numbers.insert(n);
    }

    for (const auto& number : unique_numbers) {
      std::cout << number << '\n';
    }
}
```

我们将一个栈分配的缓冲区传递给内存资源，然后将 new_delete_resource()返回的对象作为上游资源提供给它，以便在缓冲区变满时使用。如果省略了上游资源，它就会使用默认的内存资源，在当前情况下，由于代码中没有改变默认的内存资源配置，因此不会有任何改变。

7.6.4 实现自定义内存资源

实现自定义内存资源非常简单。只需要公开继承 std::pmr::memory_resource，然后实现三个将被基类（std::pmr::memory_resource）调用的纯虚函数即可。接下来，我们实现一个“用于打印分配和释放，之后将请求转发给默认内存资源”的简单自定义内存资源：

```
class PrintingResource : public std::pmr::memory_resource {
public:
  PrintingResource() : res_{std::pmr::get_default_resource()} {}

private:
  void* do_allocate(std::size_t bytes, std::size_t alignment)override {
    std::cout << "allocate: " << bytes << '\n';
    return res_->allocate(bytes, alignment);
  }
  void do_deallocate(void* p, std::size_t bytes,
                     std::size_t alignment) override {
    std::cout << "deallocate: " << bytes << '\n';
    return res_->deallocate(p, bytes, alignment);
  }
  bool do_is_equal(const std::pmr::memory_resource& other)
    const noexcept override {
```

```
    return (this == &other);
  }
  std::pmr::memory_resource* res_; //默认资源
};
```

值得注意的是，在构造函数中我们选择保存默认资源，而不是直接从 do_allocate()和 do_deallocate()调用 get_default_resource()。这样做，因为，在分配和释放之间的时间里，有人可能会调用 set_default_resource()而改变默认资源。

我们可以使用一个自定义的内存资源来跟踪 std::pmr 容器的内存分配。以下是使用 std::pmr::vector 的示例：

```
auto res = PrintingResource{};
auto vec = std::pmr::vector<int>{&res};

vec.emplace_back(1);
vec.emplace_back(2);
```

运行该代码时，可能的输出是：

```
allocate: 4
allocate: 8
deallocate: 4
deallocate: 8
```

使用多态分配器时需要非常小心，因为我们在传递内存资源的原始非具权指针。这并不是多态分配器所特有的。实际上，先前编写的 Arena 类和 ShortAlloc 也有同样的问题。但相比之下，使用来自 std::pmr 的容器时，这一问题更容易被大家忘记，因为这些容器使用的是相同的分配器类型。思考一下下面的例子：

```
auto create_vec() -> std::pmr::vector<int> {
  auto resource = PrintingResource{};
  auto vec = std::pmr::vector<int>{&resource};  //原始指针
  return vec;                                   //糟糕！资源在这
}                                               //被销毁了

auto vec = create_vec();
vec.emplace_back(1);                            //未定义的行为
```

因为资源在 create_vec()结束时超出作用域而被销毁，所以新创建的 std::pmr::vector 是没有用的，而且使用时很可能导致程序崩溃。

我们关于自定义内存管理的部分到此结束。这是一个相当复杂的话题，如果你迫切地期望使用自定义内存分配器来获取性能，那么我建议在使用和/或实现自定义分配器之前，仔细度量和分析代码中的内存访问模式。通常情况下，在代码中仅有小部分类或对象真的需要使用自定义内存分配器进行调整。同时，在代码中，减少动态内存分配的数量，或将对象分组到某些内存区域，也可以对性能产生巨大的影响。

7.7　总结

本章涵盖了广泛的主题，从虚拟内存的基础知识开始，一直到实现一个可以被标准库容器使用的自定义分配器。我们清楚地认识到了深入了解代码如何使用内存的重要性。同时，我们也需要意识到过度使用动态内存可能会成为性能瓶颈，需要进行优化。

在准备自己构建自定义内存分配器之前，请记住，很可能已经有适用的工具存在，许多人可能已经遇到过非常类似的内存问题。因此，构建一个快速、安全且健壮的自定义内存管理器是相当具有挑战性的。

在第 8 章中，我们将学习如何从 C++概念（Concepts）这一新引入的功能中受益，并探索如何使用模板元编程的方法，让编译器为我们生成代码。这将为我们提供更强大的工具来开发灵活且高效的代码。

第 8 章　编 译 时 编 程

C++具有在编译时计算表达式的能力，这意味着在代码执行时，值其实已经被计算出来了。尽管自 C++98 元编程就已可以使用，但最初却因为当时的模板语法相当复杂而没有普及。随着 constexpr、if constexpr 以及最近 C++concept 的引入，元编程变得与编写常规代码日趋相似。

本章将介绍 C++中的编译时表达式求值，以及如何利用它们进行优化。

我们将涉及以下主题：

- 使用 C++模板进行元编程，以及如何在 C++20 中编写简略的函数模板。
- 使用 type traits 在编译时检查和操作类型。
- 由编译器计算的常量表达式。
- C++20 的 concept 以及如何使用它来为模板参数添加约束条件。
- 元编程在真实场景中的例子。

我们将从模板元编程的介绍开始。

8.1　模板元编程介绍

编写正常 C++代码时，这些代码最终会被转化为机器码。而**元编程**则让我们可以写出转化为正常代码的代码。从更广泛的意义上来说，元编程是一种让代码可以转换或生成其他代码的技术。运用元编程技术，可以避免那些只是由于类型略有不同，而产生的重复代码；或是可以通过预先计算那些可以在代码执行前就知道的值，来尽量减少运行时间成本。事实上，没什么可以阻止我们使用其他语言生成 C++代码。比如，我们可以使用预处理宏进行元编程，或是编写一个 Python 脚本，为我们生成或修改 C++文件（见图 8.1）：

图 8.1　元程序生成 C++代码，随后被编译成机器码

尽管可以使用任意语言来生成代码，但对于 C++来说，我们能够使用语言本身提供的**模板**和**常量表达式**能力编写元程序。C++编译器可以执行这些写好的元程序并生成正规的 C++代码，进而将其转化为机器码。

在 C++中，相比使用其他技术来说，直接使用模板和常量表达式进行元编程有很多好处：

- 我们不必对 C++代码做语法分析（编译器已经做了）。
- 使用 C++模板元编程时，对分析和操作 C++类型有很好的支持。
- 元程序的代码和非泛型代码在 C++源代码中是混合使用的。当然，这可能不太好让人理解哪些部分是在运行时执行的，哪些又是在编译时执行的。但这同时也是让 C++元编程变得高效的重要方面。

在这样的简单而常见的形式中，C++的模板元编程被用以生成接受不同类型的函数、值和类。而当编译器使用模板生成了类或函数时，我们就称为**实例化**。同理，常量表达式也会被编译器**计算**，用以生成常量（见图 8.2）：

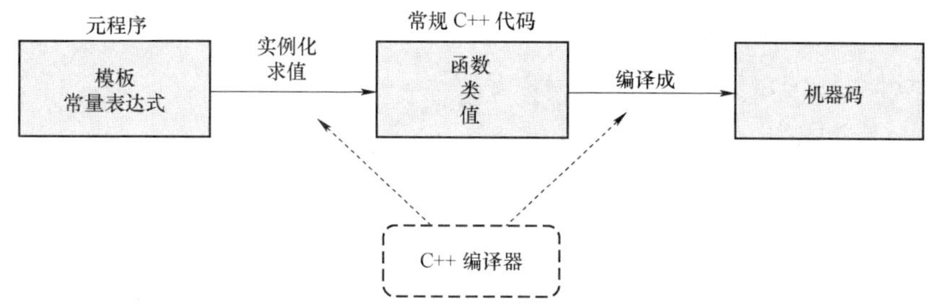

图 8.2　编译时编程时，用 C++编写的元程序所生成的代码也是 C++

注意图 8.2 只是一个简单的示例，用于说明这几个抽象的过程。实际上，并没有什么规定要求 C++编译器必须按照这种方式进行转换。不过，用这样的方法区分 C++元编程在这两个阶段所做的事是有其价值的：

- 模板与常量表达式产生相应的 C++函数、类和常量等常规代码的第一个阶段，通常被称为**常量求值**。
- 编译器最终会在第二阶段将常规 C++代码编译为机器码。

本章的后面内容，将会把元编程生成的 C++代码称为*常规 C++代码*（*regular C++code*）。

实际上使用元编程技术的主要场景是为了，在编写庞大的库时对用户隐藏复杂的结构/优化逻辑。所以请注意，无论元程序内部的代码有多复杂，重要的是，一定要将它们隐藏在一个被良好封装的接口后面，以便用户的阅读与使用。

接下来，让我们创建一个用于生成函数和类的模板。

8.2　创建模板

接下来看看两个简单的例子，一个是 pow()函数，另一个则是 Rectangle 类。我们可以使用**类型模板参数**，将任意整型或浮点型数应用到这两个函数中。而如果没有模板，我们就不得不为每个基本类型都创建一个单独的函数/类了。

编写元编程代码有可能非常复杂；但相比之下，想象一下你所预期的常规 C++ 代码会如何实现可以一定程度上降低它的复杂度。

下面是一个简单的函数模板的代码示例：

```
// pow_n 接受任意的数字类型
template <typename T>
auto pow_n(const T& v, int n) {
  auto product = T{1};
  for (int i = 0; i < n; ++i) {
    product *= v;
  }
  return product;
}
```

使用该函数就会生成一个返回值类型取决于模板参数类型的函数：

```
auto x = pow_n<float>(2.0f, 3);     // x 是浮点型
auto y = pow_n<int>(3, 3);          // y 是整型
```

一般来说，十分明确的模板参数类型（本例中是 float 和 int）是可以交给编译器计算出来的，因此可以（最好可以）省略。因为是编译器*推导*了模板参数，所以这种机制就被称为**模板参数推导**。下面的代码能够产生与上例相同的模板实例：

```
auto x = pow_n(2.0f, 3);    // x 是浮点型
auto y = pow_n(3, 3);       // y 是整型
```

相应地，一个比较简单的类模板可以像下面这样定义：

```
// Rectangle 可以是任意类型
template <typename T>
class Rectangle {
public:
  Rectangle(T x, T y, T w, T h) : x_{x}, y_{y}, w_{w}, h_{h} {}
```

```
  auto area() const { return w_ * h_; }
  auto width() const { return w_; }
  auto height() const { return h_; }
private:
  T x_{}, y_{}, w_{}, h_{};
};
```

使用类模板时，我们依然可以像之前那样显式地指定模板应生成的代码类型：

```
auto r1 = Rectangle<float>{2.0f, 2.0f, 4.0f, 4.0f};
```

当然，也可以像之前那样得益于**类模板参数推导（CTAD）**让编译器自动地推导出参数类型。比如像这样实例化一个 Rectangle<int>：

```
auto r2 = Rectangle{-2, -2, 4, 4}; // Rectangle<int>
```

之后，我们还可以继续声明一个函数模板来接受 Rectangle 对象，其中这个对象的精度可以用一个任意类型的 T 表示：

```
template <typename T>
auto is_square(const Rectangle<T>& r) {
  return r.width() == r.height();
}
```

前面讲的类型模板参数是最为常见的一种模板参数。接下来，我们将讨论如何使用数字参数（numeric parameters）。

8.3 使用整数作为模板参数

除了上节讨论的一般类型外，模板也可以是像整型或浮点型这样的其他类型。下面的例子在模板中使用了 int，这意味着编译器会为每个作为模板参数传递的整数生成对应的新的函数：

```
template <int N, typename T>
auto const_pow_n(const T& v) {
  auto product = T{1};
  for (int i = 0; i < N; ++i) {
```

```
    product *= v;
  }
  return product;
}
```

所以，编译器下面的代码实例化为两个不同的函数：一个是计算数值的平方，另一个则计算数值的立方：

```
auto x2 = const_pow_n<2>(4.0f); // 平方
auto x3 = const_pow_n<3>(4.0f); // 立方
```

在这里需要注意模板参数 N 和函数参数 V 之间的区别。对每一个 N 来说，编译器都会生成一个新的函数。而对 v 来说，它只是作为一个常规参数传递的，所以不会产生新的函数。

8.4 提供模板的特化

每当使用传入新参数的模板，在默认情况下，编译器都会生成一套常规的 C++代码。当然，我们也可以为模板参数的某些值提供一个自定义的实现。比如，当函数 const_pow_n()被应用于整型，且 N 为 2 时，我们想提供自定义的常规 C++代码，这时，就可以使用**模板特化**技术：

```
template<>
auto const_pow_n<2, int>(const int& v) {
  return v * v;
}
```

在为函数模板编写特化代码时，需要固定好所有的模板参数。比如，在上面的例子中，我们不能只指定 N 的值而不指定类型参数 T 的值。当然，对于类模板而言，则可以只指定模板参数一个子集的值，即**模板偏特化**技术，而编译器就会首选最具体的那个模板。

不能对函数应用偏特化的技术的原因则在于，函数可以被重载（而类不能）。一旦接受了重载与偏特化技术的混合，那就会让代码相当难以理解。

8.5 编译器如何处理模板函数

编译器处理函数模板时会构造一个带有模板参数扩展的常规函数。下面利用了模板的代码会让编译器生成对应的常规函数：

```
auto a = pow_n(42, 3);             // 1. 生成新函数
auto b = pow_n(42.f, 2);           // 2. 生成新函数
auto c = pow_n(17.f, 5);           // 3.
auto d = const_pow_n<2>(42.f);     // 4. 生成新函数
auto e = const_pow_n<2>(99.f);     // 5.
auto f = const_pow_n<3>(42.f);     // 6. 生成新函数
```

所以，在编译时，模板函数与常规函数不同点在于，编译器会为每一组独一无二的*模板参数*生成一套新的函数。这与手动创建这样四个不同的函数的作用相当，比如：

```
auto pow_n__float(float v, int n) {/*...*/}     // 被 1 调用
auto pow_n__int(int v, int n) {/*...*/}         // 被 2 和 3 调用
auto const_pow_n__2_float (float v) {/*...*/}   // 被 4 和 5 调用
auto const_pow_n__3_float(float v) {/*...*/}    // 被 6 调用
```

通过以上示例，我们知道模板代码会生成非模板 C++代码，然后将它当作常规代码来执行，而一旦生成的代码无法编译，那么错误就会在编译时被捕获。这一逻辑对于理解元编程的工作原理至关重要。

8.6 缩写函数模板

C++20 引入了一种全新的缩写语法，采用与泛型 lambda 相同的风格编写函数模板：在函数参数类型中使用 auto，可以方便的创建一个函数模板。回到最初编写的 pow_n()模板，它是这样编写的：

```
template <typename T>
auto pow_n(const T& v, int n) {
  // ...
```

使用缩写函数模板语法，就可以通过使用 auto 来声明它了：

```
auto pow_n(const auto& v, int n) { // 声明一个函数模板
  // ...
```

上面两个版本的代码的区别在于，缩写版没有明确的占位符来表示变量 v 的类型。但因为在代码实现中又使用了占位符 T，这样一来，这段代码就无法编译了：

```
auto pow_n(const auto& v, int n) {
  auto product = T{1}; // 错误：T 是什么？
  for (int i = 0; i < n; ++i) {
    product *= v;
  }
  return product;
}
```

可以使用 decltype 来解决这个问题。

8.7 使用 decltype 接收变量类型

decltype 可以在没有明确的类型名称时，检索变量的类型。

就像上一节实现 pow_n()函数的缩写函数模板时我们遇到的问题那样，有时，我们需要使用一个明确的类型占位符，但却只有变量名字可用。

让我们看看如何使用 decltype 来修复 pow_n()的实现：

```
auto pow_n(const auto& v, int n) {
  auto product = decltype(v){1}; // 而不是 T{1}
  for (int i = 0; i < n; ++i) { product *= v; }
  return product;
}
```

虽然这段代码可以编译运行，但其实更多是因为幸运，在上面的代码中 v 的类型实际上是常量引用，而不是我们所期望的变量 product 的类型。在此，可以通过使用从左到右的声明方式来解决这一问题。但一旦我们试图将定义 product 的那一行改写成看似相同的内容，就会发现另一问题：

```
auto pow_n(const auto& v, int n) {
  decltype(v) product{1};
  for (int i = 0; i < n; ++i) { product *= v; } // 错误!
  return product;
}
```

这时，我们又遇到了新的编译错误，因为 product 是常量引用，所以不能被分配新的值。

我们实际想要的是，在定义变量 product 时，从 v 的类型中去掉 const 引用。为此，可以使用模板 std::remove_ cvref。代码修改完毕后，就会变成现在这个样子：

```
typename std::remove_cvref<decltype(v)>::type product{1};
```

面对这种特殊情况时，坚持使用最初的模板<typename T>语法好像更容易些。但是现在，我们也了解了如何一同使用 std::remove_cvref 和 decltype，而这也是一种编写 C++泛型代码的常见模式。

C++20 以前，我们常能在泛型 lambda 的主题中看到 decltype。不过，现在我们可以向泛型 lambda 添加显式的模板参数来避免这样不方便的 decltype：

```
auto pow_n = []<class T>(const T& v, int n) {
    auto product = T{1};
    for (int i = 0; i < n; ++i) { product *= v; }
    return product;
};
```

在 lambda 定义中，我们增加了<class T>，以便得到一个可以在函数主体中使用的参数类型的标识符。

刚接触这部分内容的读者可能还需要一些时间来消化与习惯使用 decltype 和通用函数来操作类型。同时，我也相信刚才使用的来自<type_traits>的 std::remove_cvref 函数此时看起来仍有些神奇，而我们将会在下一节中继续研究它。

8.8 类型萃取

模板元编程时，我们可能常遇到这样的情况：需要在编译时处理类型信息。在编写常规的（非泛型的）C++代码时，我们所使用的是我们非常了解的、非常具体的类型，不过这一点在编写模板时则大有不同；毕竟具体是什么类型是在模板被编译器实例化时才被确定的。类型萃取让我们可以提取模板所处理的类型信息，以便生成高效与正确的 C++代码。

为了能够提取有关模板类型的信息，标准库提供了一个类型萃取库，它在<type_traits>头中可用。所有的类型萃取都将在编译时求值。

8.8.1 类型萃取的类别

共有两类类型萃取：

- 以布尔值或整数值的形式返回关于一个类型的信息的类型萃取。

- 返回新类型的类型萃取。它们也被称为元函数。

第一类类型萃取以_v（value 的缩写）结尾，取决于输入，返回的是 true 或 false。

_v 后缀时在 C++17 中新增的。如果你所使用的库中没有为类型萃取提供_v 后缀，那么可以使用旧版本，如 std::is_floating_point<float>::value。也就是说，可以去掉后缀_v，并在后面加上::value。

下面是一些在编译时类型检查中，为基本类型使用类型萃取的例子：

```
auto same_type = std::is_same_v<uint8_t, unsigned char>;
auto is_float_or_double = std::is_floating_point_v<decltype(3.f)>;
```

类型萃取也可以用于自定义类型：

```
class Planet {};
class Mars : public Planet {};
class Sun {};
static_assert(std::is_base_of_v<Planet, Mars>);
static_assert(!std::is_base_of_v<Planet, Sun>);
```

第二类的类型萃取会返回一个新的类型，并以_t（type 的缩写）结尾。在处理指针和引用时，使用这一类的类型萃取转换（或元函数）会给我们极大的便利：

```
// 转化类型的类型萃取的例子
using value_type = std::remove_pointer_t<int*>; // -> int
using ptr_type = std::add_pointer_t<float>;     // -> float*
```

上节使用的类型萃取 std::remove_cvref 就是这一类的。它自 C++20 中引入，作用是从一个类型中移除引用的部分（如果有的话）以及 const 和 volatile。在此之前，常规的做法是使用 std::decay 来完成这一任务。

8.8.2 类型萃取的使用

如前所述，所有的类型萃取都是在编译时求值的。比如实现了以下需求的函数：如果值大于或等于 0，则返回 1；否则返回 -1。如果传入的是无符号整数，则立刻就会返回 1，如下所示：

```
template<typename T>
auto sign_func(T v) -> int {
  if (std::is_unsigned_v<T>) {
    return 1;
  }
  return v < 0 ? -1 : 1;
}
```

因为类型萃取是在编译时求值的，在分别用无符号和有符号的整型调用时，编译器会生成表 8.1 所示的代码：

表 8.1　基于传递给 sign_func()的类型（左列），编译器会生成不同的函数（右列）

<table>
<tr><td>与无符号整型一同使用……</td><td>……生成的函数：</td></tr>
<tr><td><pre>auto unsigned_v = uint32_t{42};
auto sign = sign_func(unsigned_v);</pre></td><td><pre>int sign_func(uint32_t v) {
  if (true) {
    return 1;
  }
  return v < 0 ? -1 : 1;
}</pre></td></tr>
<tr><td>与有符号整型一同使用……</td><td>……生成的函数：</td></tr>
<tr><td><pre>auto signed_v = int32_t{-42};
auto sign = sign_func(signed_v);</pre></td><td><pre>int sign_func(int32_t v) {
  if (false) {
    return 1;
  }
  return v < 0 ? -1 : 1;
}</pre></td></tr>
</table>

接下来，我们来聊聊常量表达式。

8.9　常量表达式的使用

C++中，以 constexpr 关键字为前缀的表达式说明了，需要编译器在编译时对它求值：

```
constexpr auto v = 43 + 12; // 常量表达式
```

另外，constexpr关键字也可以同函数一同使用。这时就意味着，如果所有能够在编译时求值的条件都被满足时，该函数就需要在编译时求值。反之，就会像普通函数那样在运行时执行。

但是 constexpr 函数也有一些限制，它无法完成以下工作：

- 处理局部静态变量。
- 处理 thread_local 变量。
- 调用其他不是 constexpr 修饰的函数。

事实上，因为使用了 constexpr 关键字，编译时求值函数的参数就是常规参数，而不是上节看到的相对复杂的模板参数，所以编写编译时求值的函数就像编写常规函数一样容易。

我们可以思考下面的 constexpr 函数：

```
constexpr auto sum(int x, int y, int z) { return x + y + z; }
```

然后调用该函数：

```
constexpr auto value = sum(3, 4, 5);
```

鉴于 sum()的结果也同样被应用于常量表达式，且它的所有参数均可在编译时得以确定，所以编译器将直接生成下面的代码：

```
const auto value = 12;
```

之后就像平常一样，将之编译成机器码。也就是说，编译器对该 constexpr 函数求值，并生成计算好结果的代码。

当然，如果在调用函数 sum()时将结果存放于一个*没有*修饰为 constexpr 的变量的话，编译器也*可能*（非常有可能）在编译时对 sum()求值：

```
auto value = sum(3, 4, 5); // value 不是 constexpr
```

总之，如果 constexpr 函数由另一个常量表达式调用，且它的所有参数均为常量表达式，那么就可以确定它一定会在编译时求值。

8.9.1 运行时环境中的 constexpr 函数

在前面的例子中，编译器在编译时就知道了（3，4，5）的和是多少，那 constexpr 函数是如何处理那些在运行时才知道值的变量呢？如上节所提到的，constexpr 对编译器而言是一个标识，用于表明该函数，在某些条件下是可以在编译时被求值的。如果变量的值在运行时被调用前都是未知的，那么它们就会像常规函数那样被正常求值。

下面的例子中，x、y 和 z 的值是由用户在运行时所提供的，所以编译器没法在编译时计算出三个值之和：

```
int x, y, z;
std::cin >> x >> y >> z; // 获取用户输入
auto value = sum(x, y, z);
```

而如果根本不需要在运行时使用 sum()函数，那就可以通过将它声明为即时函数（immediate function）来禁止这样的用法。

8.9.2 使用 consteval 声明即时函数

就像之前提到的 constexpr 函数无论是在运行时还是编译时均可被调用。那么相对的，如果想限制函数的使用，让它只能在编译时被调用，就可以通过使用关键字 consteval 来达到此目的。比如，我们想在运行时禁止所有对于 sum()的调用。那么在 C++20 中，我们可以这样做：

```
consteval auto sum(int x, int y, int z) { return x + y + z; }
```

使用关键字 consteval 声明的函数被称为**即时函数（immediate function）**，即只能产生常量。因此，这意味着如果想调用 sum()，我们就需要从常量表达式中调用它，否则就会遇到编译失败的情况：

```
constexpr auto s = sum(1, 2, 3);    // OK
auto x = 10;
auto s = sum(x, 2, 3);              // 错误，表达式不是常量
```

哪怕试图调用 sum()时，参数在编译时是不可知的，编译器也会报错：

```
int x, y, z;
std::cin >> x >> y >> z;
constexpr auto s = sum(x, y, z); // 错误
```

接下来我们将讨论 if constexpr。

if constexpr

if constexpr 接受在编译时，在同一个模板函数中求值出不同的作用域（即编译时多态）。比如，函数模板 speak()根据类型区分不同的成员函数：

```
struct Bear { auto roar() const { std::cout << "roar\n"; } };
struct Duck { auto quack() const { std::cout << "quack\n"; } };

template <typename Animal>
auto speak(const Animal& a) {
  if (std::is_same_v<Animal, Bear>) { a.roar(); }
  else if (std::is_same_v<Animal, Duck>) { a.quack(); }
}
```

假设我们编译了下面几行代码：

```
auto bear = Bear{};
speak(bear);
```

之后编译器会生成一个像下面这样的speak()函数：

```
auto speak(const Bear& a) {
  if (true) { a.roar(); }
  else if (false) { a.quack(); } // 这一行将无法通过编译
}
```

如你所见，编译器会保留对成员函数quack()的调用，但又因为Bear中没有quack()成员函数而编译失败。在这里，哪怕有else if（false）这样一定不会调用到quack()的情况存在，也不行。

所以，为了让speak()不论是什么类型能够通过编译，就需要我们告诉编译器，如果if条件是false，就忽略掉里面的代码部分。好在这正是if constexpr做的事。

下面给出的是该如何编写speak()函数，从而让它能同时处理Bear和Duck，哪怕这两个结构体不共享同一接口：

```
template <typename Animal>
auto speak(const Animal& a) {
  if constexpr (std::is_same_v<Animal, Bear>) { a.roar(); }
  else if constexpr (std::is_same_v<Animal, Duck>) { a.quack(); }
}
```

当speak()被调用，并满足Animal==Bear条件时：

```
auto bear = Bear{};
speak(bear);
```

编译器会生成以下函数：

```
auto speak(const Bear& animal) { animal.roar(); }
```

当 speak()被调用，并满足 Animal == Duck 条件时：

```
auto duck = Duck{};
speak(duck);
```

编译器会生成以下函数：

```
auto speak(const Duck& animal) { animal.quack(); }
```

当 speak()被调用，并传入其他基本类型，比如 Animal == int 条件时：

```
speak(42);
```

编译器会生成一个空函数：

```
auto speak(const int& animal) {}
```

可以看到，这与普通的 if 不同，使用 if constexpr 可以让编译器生成不同的函数：一个函数调用了 Bear 的 roar()，另一个则调用了 Duck 的 quack()，以及最后一个当类型既不是 Bear 也不是 Duck 时生成的空函数。如果我们想让最后一种情况不通过编译，则可以添加一个带有 static_assert 为 false 的断言来实现：

```
template <typename Animal>
auto speak(const Animal& a) {
  if constexpr (std::is_same_v<Animal, Bear>) { a.roar(); }
  else if constexpr (std::is_same_v<Animal, Duck>) { a.quack(); }
  else { static_assert(false); } // 触发编译错误
}
```

我们将在后面讨论更多关于 static_assert 的用处。

如前所述，这里我们使用的 constexpr 的方式被称为编译时多态。那么，它与运行时多态又有什么关系呢？

8.9.3 编译时多态与运行时多态

顺带一提，如果使用传统的运行时多态实现刚才的例子，就可以用继承和虚函数来做，如下：

```
struct AnimalBase {
  virtual ~AnimalBase() {}
  virtual auto speak() const -> void {}
};
struct Bear : public AnimalBase {
  auto roar() const { std::cout << "roar\n"; }
  auto speak() const -> void override { roar(); }
};
struct Duck : public AnimalBase {
  auto quack() const { std::cout << "quack\n"; }
  auto speak() const -> void override { quack(); }
};
auto speak(const AnimalBase& a) {
  a.speak();
}
```

在这个例子中，对象必须使用指针或引用来访问，且类型时在运行时才被推断出来的，这就造成了与编译时多态版本代码相比之下的性能损失。毕竟，编译时多态版本的代码在代码执行时一切都已经计算好了。图 8.3 展示了在 C++中，两种类型的多态之间的区别：

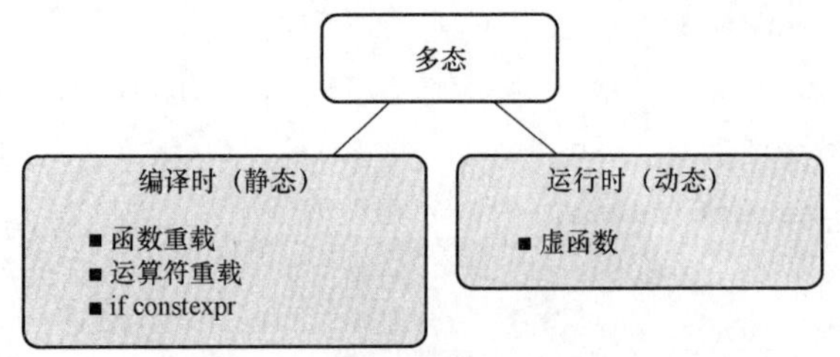

图 8.3 运行时多态由虚函数提供支持，而编译时多态则由函数/运算符重载和 if constexpr 提供支持

接下来我们看看如何利用 if constexpr 做更多的操作。

8.9.4　示例：使用 if constexpr 的泛型取模函数

本例将说明如何使用 if constexpr 以区分运算符和全局函数。在 C++中，%运算符用于获取整数的模而 std::fmod()则用于浮点类型。假设我们想整合优化代码库，即创建一个名为 generic_mod()的通用的泛型取模函数。

如果用普通的 if 语句实现 generic_mod()：

```
template <typename T>
auto generic_mod(const T& v, const T& n) -> T {
  assert(n != 0);
  if (std::is_floating_point_v<T>) { return std::fmod(v, n); }
  else { return v % n; }
}
```

如果满足 T==float 条件调用该函数就会失败，因为编译器会生成以下无法通过编译的函数：

```
auto generic_mod(const float& v, const float& n) -> float {
  assert(n != 0);
  if (true) { return std::fmod(v, n); }
  else { return v % n; } // 无法通过编译
}
```

哪怕代码不会运行到，编译器也会生成 return v%n；这一行，而它又与 float 不符。事实上，编译器并不关心代码能不能执行到，只是因为这段代码无法生成汇编代码，所以就无法编译。

为了解决这一问题，我们可以像前面的例子一样，将 if 改为 if constexpr：

```
template <typename T>
auto generic_mod(const T& v, const T& n) -> T {
  assert(n != 0);
  if constexpr (std::is_floating_point_v<T>) {
    return std::fmod(v, n);
  } else {                  // 如果 T 是浮点型，
```

```
    return v % n;        // 这段代码就会被消除
  }
}
```

这样，当该函数以浮点类型被调用时就会生成以下函数，其中 v%n 的操作则完全被消除了：

```
auto generic_mod(const float& v, const float& n) -> float {
  assert(n != 0);
  return std::fmod(v, n);
}
```

上面代码中的 assert()在运行时会断言当第二个参数为 0 时则不能调用此函数。

8.10 编译时检查程序错误

断言，是一个用于验证代码中调用者与被调用者间不变式（invariant）与契约（contract，见第 2 章，C++必备技能）的，简单却又非常强大的工具。像前面的代码示例中那样使用 assert()可以在运行时检查程序错误。不过，我们还是应该极早的发现错误才好，比如，对于常量表达式，我们可以在编译时使用 static_assert()来捕捉程序错误。

8.10.1 利用 assert 在运行时触发错误

在此，我们可以回顾一下 pow_n()的模板代码。比如我们想防止该方法在调用中被传入负指数（n 值）。对于 n 这样一个常规的参数，我们可以添加一个运行时断言来实现这一功能：

```
template <typename T>
auto pow_n(const T& v, int n) {
  assert(n >= 0); // 本方法仅限工作于正数
  auto product = T{1};
  for (int i = 0; i < n; ++i) {
    product *= v;
  }
  return product;
}
```

在这段代码中，一旦函数被调用时 n 为负数，那么运行就会中断并提示错误的位置。这当然不错，因为我们能在运行时发现问题的所在，但如果能在更早的编译时就发现问题不就更好了？

8.10.2　利用 static_assert 在编译时触发错误

对于上面的例子除了使用 assert()我们还可以使用 static_assert()做同样的断言。与 assert()不同，static_assert()会在条件不满足时导致编译失败。这样对比来看，与其让代码在运行时中断，不如在编译时中断，从而获取更早的反馈。在下面的例子中，如果模板参数 N 是负数，那么 static_assert()就会让该函数编译失败：

```
template <int N, typename T>
auto const_pow_n(const T& v) {
  static_assert(N >= 0, "N must be positive");
  auto product = T{1};
  for (int i = 0; i < N; ++i) {
    product *= v;
  }
  return product;
}

auto x = const_pow_n<5>(2);      // N 是正数，编译成功
auto y = const_pow_n<-1>(2);     // N 是负数，编译失败
```

经过上面的例子，我们可以发现，对于常规变量，编译器只能知道它的类型，但不知道它的内容。对于编译时的值（compile-time values），编译器既能知道它的类型也能知道它的内容。这使得编译器可以计算其他的编译时的值。

注意，在现实工作中，面对这样的需求我们可以（应该）用的是 unsigned int，而不是 int 与断言的方式。本例中使用它，只是为了演示 assert()和 static_assert()的使用。

使用编译时断言是在编译时检查约束的一种手段，也是既简单又实用的一种工具。当然，在过去的几年中，C++为编译时编程所提供的支持也取得了不少激动人心的进展。接下来，我们将继续讨论 C++20 中最重要的功能之一，它将约束检查提升到了一个全新的水平。

8.11 约束与概念

目前为止，本书已经涵盖了不少 C++元编程的重要技术。我们了解了模板如何在类型萃取的大力支持下生成具体的类和函数。此外，我们还了解了 constexpr、consteval 和 if constexpr 的使用是如何帮助我们将计算从运行时搬移到了编译时的，这样我们就可以在编译时发现程序错误，且能以更低的运行时成本编写代码。尽管已经很不错了，但我们在使用 C++编写和消费泛型代码时，仍有巨大的提升空间。这里面包括到现在为止我们还没有解决的问题，如：

（1）模板的接口太过于通用了：在使用某个任意类型的模板时，我们很难知道该接口对类型的要求是什么。这就让我们没办法只通过查看模板的接口就能很快上手，而不得不依赖文档或深入到代码的实现中才能获取到这些细节信息。

（2）编译器捕获类型错误的时机太晚：编译器会在将模板代码编译成常规代码时进行类型检查，而且错误信息通常也难于理解。相比之下，我们更希望类型错误能够在实例化阶段就可以被捕获。

（3）无约束的模板参数增加了元编程的难度：我们在本章中编写的代码，到目前为止，使用的都是无约束的模板参数以及一些能够抛出异常的静态断言。当然，这在简单示例中足以应对了，但如果有一种方式，可以像类型系统有助于编写类型正确的代码那样，帮助我们实践元编程，那么编写和理解这些代码就会变的更容易了。

（4）条件代码的生成（编译时多态）可以通过 if constexpr 完成，但随着代码量的增大，读写的难度也随之增加。

正如你将在本节中看到的，C++中新增的概念（concept）通过引入两个新的关键字：concept 和 requires，以一种优雅而有效的方式解决了这些问题。那么，在详细探索约束与概念之前，我们还是花一些时间思考没有概念之前的模板元编程的短板。之后，再使用约束和概念来增强代码。

8.11.1 Point2D 模板，无约束版

假设我们要编写一个处理二维坐标系的代码。其中，有一个表示点的 x 和 y 坐标的类模板：

```
template <typename T>
class Point2D {
public:
  Point2D(T x, T y) : x_{x}, y_{y} {}
```

```
  auto x() { return x_; }
  auto y() { return y_; }
  // ...
private:
  T x_{};
  T y_{};
};
```

假设我们需要找到两个点，**p1** 和 **p2** 之间的欧氏距离（Euclidean distance），如图 8.4 所示。

为了计算这一距离，我们实现了一个自由函数（free function），该函数取两个点（Point2D）作为参数，并使用勾股定理计算距离（数学在本例中不会加以强调）：

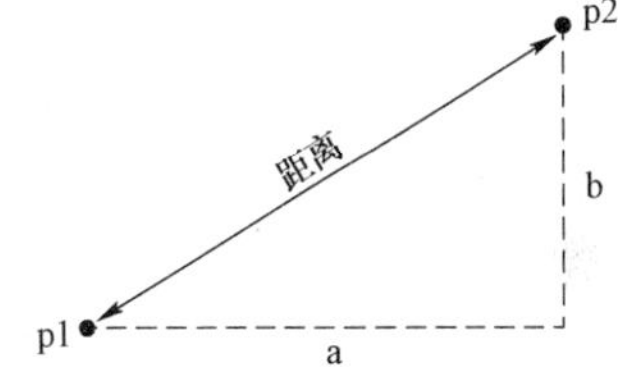

图 8.4　找出 p1 和 p2 之间的欧式距离

```
auto dist(auto p1, auto p2) {
  auto a = p1.x() - p2.x();
  auto b = p1.y() - p2.y();
  return std::sqrt(a*a + b*b);
}
```

接着用一段简单的测试用例，验证计算两个用整数实例化的 Point2D 模板的点之间的距离的正确性：

```
int main() {
  auto p1 = Point2D{2, 2};
  auto p2 = Point2D{6, 5};
  auto d = dist(p1, p2);
  std::cout << d;
}
```

上面这段代码能够通过编译并成功运行，并在控制台中输出 5。

8.11.2　泛型接口与不友好的报错信息

在继续向前之前，我们先停下来思考一下函数模板 dist()。想象一下，如果我们没办法直接获取到 dist()的实现代码，而只能看到它的接口会怎样：

```
auto dist(auto p1, auto p2) // 接口部分
```

我们能猜出这个函数的返回值以及 p1 和 p2 的类型是什么吗？实际上，什么信息都没有，因为 p1 和 p2 完全没有任何限制，接口 dist()没有为使用者提供任何信息。这也并不意味着我们作为使用者可以将任意类型的值都传递给 dist()函数，毕竟，我们还希望在生成 C++代码时，我们的这段代码是可以通过编译的。

比如，如果将两个整数而不是像上面测试用例中的两个 Ponit2D 对象传入 dist()函数：

```
auto d = dist(3, 4);
```

编译器还是会顺利的生成类似这样的一段 C++函数：

```
auto dist(int p1, int p2) {
  auto a = p1.x() - p2.x(); // 会报错：
  auto b = p1.y() - p2.y(); // int 类型没有 x() 和 y() 函数
  return std::sqrt(a*a + b*b);
}
```

而这个错误会在后续编译器检查 C++代码时才被发现。在编译器尝试用两个整数实例化 dist()时，Clang 会产生下面这样的报错信息：

```
error: member reference base type 'int' is not a structure or union
auto a = p1.x() - p2.y();
```

这一报错信息看起来指向的是 dist()的实现问题，所以好像是函数 dist()的调用者不需要关注的事情。尽管这是一个小例子，但却也足以说明，在向复杂的模板库提供错误类型后引起的报错信息，对于修复问题的开发者来说是一个难点。

更惨的是，我们还有可能在提供完全没有意义的类型之后，却神奇的通过了编译。比如，用 const char*实例化了 Point2D：

```
int main() {
  auto from = Point2D{"2.0", "2.0"}; // 糟糕!
  auto to = Point2D{"6.0", "5.0"}; // Point2D<const char*>
  auto d = dist(from, to);
  std::cout << d;
}
```

它能通过编译并成功运行，但输出的结果可能和我们期望的完全不是一回事。事实上，我们期望能够在这个过程中更早的发现这样的问题，而这可以通过使用约束和概念来达成，如图 8.5 所示。

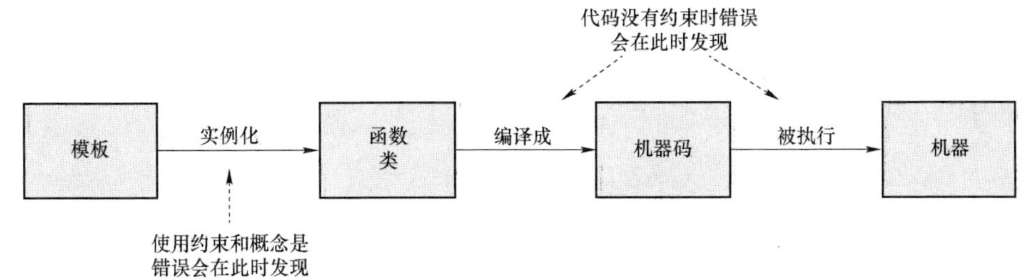

图 8.5　使用约束和概念可以在实例化阶段捕获类型错误

稍后，你将看到如何使用概念和约束改造这段代码，让它变得更具表现力，从而让它变得更易用、也更难被滥用。首先，我们先来快速了解一下如何定义和使用概念（concept）。

8.11.3　约束和概念的语法

本节将简单介绍约束与概念。尽管本书并不会完全涵盖它们的全部内容，但我们会尽可能提供充足的资料，以丰富这一部分的内容。

定义一个新的概念

基于我们之前已经熟悉了的类型萃取的前提，定义一个新的概念相当简单。下面的代码使用了关键字 concept 定义了一个名为 FloatingPoint 的概念：

```
template <typename T>
concept FloatingPoint = std::is_floating_point_v<T>;
```

赋值表达式的右侧是我们定义类型 T 的约束的地方。同时，还可以用 ||（逻辑或）和&&（逻辑与）来组合多个约束。下面的例子使用了 || 将浮点型与整型的约束整合到了 Number 概念中：

```
template <typename T>
concept Number = FloatingPoint<T> || std::is_integral_v<T>;
```

你可能也注意到了，我们可以在定义概念时，使用已经定义好了的概念进行组合。标准库包含了<concepts>头，里面定义了许多有用的概念，如 std::floating_point（其实我们应该直接使用这一概念而非自己造轮子)。

此外，我们还可以使用 requires 关键字断言概念中应该满足的一组声明。比如，这是 Ranges 库中 std::range 的概念定义：

```
template<typename T>
concept range = requires(T& t) {
  ranges::begin(t);
  ranges::end(t);
};
```

简言之，这一概念指出了，一个范围就是我们可以将之传递给 std::range::begin()和 std::range::end()的对象。

我们还可以基于 requires 写出比这更复杂的内容，我们将在后面看到更多的介绍。

使用概念约束类型

我们可以用 requires 关键字添加模板参数类型的约束。下面的代码只有通过了概念 std::integral 的验证才能实例化该模板：

```
template <typename T>
requires std::integral<T>
auto mod(T v, T n) {
  return v % n;
}
```

定义类模板时，也可以使用同样的技术：

```
template <typename T>
requires std::integral<T>
struct Foo {
  T value;
};
```

还有一种更加紧凑，但作用相同的语法，即直接用概念代替 typename：

```
template <std::integral T>
auto mod(T v, T n) {
```

```
  return v % n;
}
```

这种形式也可以与类模板一同使用：

```
template <std::integral T>
struct Foo {
  T value;
};
```

同样的，如果想在缩写函数模板中使用概念，则在 auto 关键字前面添加即可：

```
auto mod(std::integral auto v, std::integral auto n) {
  return v % n;
}
```

返回类型也可以使用概念约束：

```
std::integral auto mod(std::integral auto v, std::integral auto n) {
  return v % n;
}
```

如你所见，我们有很多种方法做同一件事。而缩写的函数模板的方式与概念相结合，也确实让阅读和编写具有约束的函数模板变得更加容易。C++概念带来的另一个强大的功能就是能够以更清晰和富有变现力的方式重载函数。

函数重载

回顾一下我们之前用 if constexpr 实现的 generic_mod()函数：

```
template <typename T>
auto generic_mod(T v, T n) -> T {
  if constexpr (std::is_floating_point_v<T>) {
    return std::fmod(v, n);
  } else {
    return v % n;
  }
}
```

通过使用概念这一技术，我们可以像编写正常C++函数那样，重载函数模板：

```
template <std::integral T>
auto generic_mod(T v, T n) -> T {       // 整型版本
  return v % n;
}

template <std::floating_point T>
auto generic_mod(T v, T n) -> T {       // 浮点型版本
  return std::fmod(v, n);
}
```

带着我们对约束和概念的了解，现在我们可以回到之前 Point2D 模板的例子中，看看如何使用约束和概念技术增强之前的那段代码了。

Point2D 模板，有约束版

现在是时候，基于我们了解到的“如何与使用概念”的知识，重构我们之前的 Point2D 和 dist()代码了。记住，我们的目标是让接口变得更具表现力，且让不符合条件的参数类型能够在模板实例化时就抛出错误信息。

首先，我们来创建一个算术类型（Arithmetic）的概念：

```
template <typename T>
concept Arithmetic = std::is_arithmetic_v<T>;
```

接下来，定义一个名为 Point 的概念，其中这个点要有成员函数 x()和 y()，同时这两个函数会返回相同的类型，且返回类型要支持算术运算：

```
template <typename T>
concept Point = requires(T p) {
  requires std::is_same_v<decltype(p.x()), decltype(p.y())>;
  requires Arithmetic<decltype(p.x())>;
};
```

定义好了这些概念后，dist()接口便有十分明确的约束了：

```
auto dist(Point auto p1, Point auto p2) {
  // 和之前的代码内容相同 ...
```

现在我们的代码看起来可以说是非常不错了，所以让我们再完善一点，为返回类型也添加一个约束条件吧。尽管 Point2D 可以被实例化为一个整型，但我们知道的，距离也可以是浮点型。所以，标准库所提供的 std::floating_point 概念正好合适。以下给出了 dist()的最终版本：

```
std::floating_point auto dist(Point auto p1, Point auto p2) {
  auto a = p1.x() - p2.x();
  auto b = p1.y() - p2.y();
  return std::sqrt(a*a + b*b);
}
```

经过这样的重构之后，接口变得更具表现力，一旦使用者为该接口传入错误的参数类型时，代码会在实例化阶段而不是最终的编译阶段抛出错误。

接下来，我们要用同样的方式重构 Point2D 代码，来避免使用者使用错误的类型实例化模板。比如，防止使用者用 const char*实例化 Point2D：

```
auto p1 = Point2D{"2.0", "2.0"}; // 该如何才能预防这种情况？
```

好在我们之前已经定义了一个 Arithmetic 概念，在这里，可以直接用来约束 Point2D 的模板参数：

```
template <Arithmetic T> // T 成功的被约束了
class Point2D {
public:
  Point2D(T x, T y) : x_{x}, y_{y} {}
  auto x() { return x_; }
  auto y() { return y_; }
  // ...
private:
  T x_{};
  T y_{};
};
```

在这里我们唯一需要更改的就是约束类型 T 要支持概念 Arithmetic 所指定的所有操作。这样之后，一旦使用者尝试使用 const char*实例化 Point2D<const char*>，就会看到报错信息。

在代码中添加约束

实际上，概念的用途要远超模板元编程的范围。它是 C++20 中最基本的功能，让我们改变为使用概念来编写和理解代码，而不是通过使用具体的类型或者毫无约束的 auto 变量。

概念与类型（如 int、float 或 Point2D<int>）非常相似。比如，类型和概念都明确指定了该对象的一组支持的操作；通过检查类型或概念，我们都可以确定某些对象要如何被构造、移动、比较以及如何被成员函数所访问等。不过，它们也有区别，其中最大的就是，概念并不会描述对象要如何存储在内存中，而类型则除了提供像概念一样的支持操作外，还提供了这方面的信息。比如，我们可以对类型使用 sizeof 运算符，但对概念却不能。

有了概念和 auto，我们就可以在声明变量时，哪怕不需要指出明确的类型，也能用代码清楚的表达意图了。比如：

```
const auto& v = get_by_id(42); // 我们可以用 v 做什么呢？
```

多数情况下，如果我们是偶然看到这段代码，实际上我们想知道的更多是可以用 v 做什么，而不是它具体是什么类型。而在这段代码的 auto 前面添加概念，就会产生出截然不同的效果：

```
const Person auto& v = get_by_id(42);
v.get_name();
```

我们几乎可以在所有可以使用 auto 的条件下使用概念：局部变量、返回值、函数参数，等等。在代码中使用概念能让代码具有更高的可读性。在编写本书时（2020 年中），还没有成熟的 C++IDE 对概念提供额外的支持。不过，我相信，代码补全以及其他基于概念的有用的 IDE 功能迟早会出现的，它们也一定会让编写 C++代码更具趣味、更安全。

8.11.4 标准库中的概念

C++20 中包含了有预定义概念的<concepts>头。在先前的代码示例中，已经介绍了一些了。这里面许多概念都是基于类型萃取而来的。不过，仍有几个基本的概念以前并没有使用类型萃取表达过。其中最重要的就是比较概念，如 std::equality_comparable 和 std::totally_ordered，以及对象概念，如 std::movable、std::copyable、std::regular 和 std::semiregular。在此我们不会花更多时间讨论标准库中出现的概念，但请确保在自定义概念前，足够了解标准库中与定义好的这些概念。事实上，总是正确地定义通用的概念并不容易，因此，基于现有概念的基础上定义新的概念是笔者更为推荐的方式。

本章最后，我们来看看在现实工作中如何实践 C++元编程。

8.12　元编程实例

高阶的元编程可能显得非常具有学术气息，所以为了证明它的实用性，我们来看些例子，它们不仅能展示元编程的语法，同时还展示了它在实践中的使用方法。

8.12.1　示例 1：创建通用的安全强制转换函数

数据类型强制转换在 C++中有很多出错的可能：

- 从位长较长的整型向较短的整型转换，可能会丢失值。
- 从负数值向无符号整型转换，也可能会丢失值。
- 从指针向除了 uintptr_t 以外的整型转换，原先正确的地址可能会变成错误的。这是因为 C++只保证 uintptr_t 是可以保存地址的整型类型。
- 从 double 向 float 转换时，如果 double 值过大到 float 无法接受，那么值就可能会变成 int。
- 用 static_cast()在指针间转换，如果这些类型没有共同的基类，那就可能会得到未定义的行为的错误信息。

为了让代码更健壮，我们可以创建一个通用的验证转换函数，在调试模式下验证我们的类型转换，在发布模式下，尽可能快地执行类型转换。

我们的这个函数要根据不同的转换类型，而执行不同的检查。如果想在没有通过检查的类型之间进行转换，那么代码则无法通过编译。

以下都是 safe_cast()所要处理的场景：

- **同一类型转换**：显而易见，如果要转换的是相同的类型，那么只需要返回输入值即可。
- **指针到指针转换**：如果是在指针之间转换，safe_cast()会在调试模式下执行动态转换，以验证它们之间是否可以转换。
- **double 到 float 转换**：safe_cast()可以接受从 double 到 float 的精度损失，除非 double 大到 float 无法处理。
- **算术类型到算术类型转换**：如果在算术类型之间进行转换，值将被转换回其原始类型，以确认没有损失任何精度。
- **指针到非指针转换**：如果从指针类型转换到非指针类型，safe_cast()会验证目标类型是不是 uintptr_t 或 intptr_t，这是唯二能保证持有地址的整数类型。

其他情况下，safe_cast()则无法编译。

那么要如何实现这些功能呢？我们可以先从返回布尔值的 constexpr 来获取强制转换操作的信息开始。之所以在这里让它们是 constexpr 而不是 const 的原因在于，我们后面需要在 if constexpr 表达式中使用这些表达式：

```
template <typename T> constexpr auto make_false() { return false; }
template <typename Dst, typename Src>
auto safe_cast(const Src& v) -> Dst{
  using namespace std;
  constexpr auto is_same_type = is_same_v<Src, Dst>;
  constexpr auto is_pointer_to_pointer =
    is_pointer_v<Src> && is_pointer_v<Dst>;
  constexpr auto is_float_to_float =
    is_floating_point_v<Src> && is_floating_point_v<Dst>;
  constexpr auto is_number_to_number =
    is_arithmetic_v<Src> && is_arithmetic_v<Dst>;
  constexpr auto is_intptr_to_ptr =
    (is_same_v<uintptr_t,Src> || is_same_v<intptr_t,Src>)
    && is_pointer_v<Dst>;
  constexpr auto is_ptr_to_intptr =
    is_pointer_v<Src> &&
    (is_same_v<uintptr_t,Dst> || is_same_v<intptr_t,Dst>);
```

这样，我们就将所有的强制转换所需的必要信息置于 constexpr 中了，进而可以在编译时对执行的转换做断言。如前所述，如果条件不满足，那么 static_assert()就会导致编译失败（这与常规在运行时验证的 assert 不同）。

接下来，注意 static_assert()和 make_false<T>在 if/else 判断链最后面的用法。在这里，我们不能直接用 static_assert（false），毕竟这会直接让 safe_cast()无法编译。但是，我们可以利用模板函数 make_false<T>()来延迟生成这一布尔类型。

等到 static_cast()被调用时，我们会在运行时将它重新转换成原先的类型，并用运行时 assert()验证结果是否与被转换后的值相等。这样，我们就可以确保 static_cast()在转换过程中没有丢失数据了：

```
  if constexpr(is_same_type) {
    return v;
  }
  else if constexpr(is_intptr_to_ptr || is_ptr_to_intptr){
    return reinterpret_cast<Dst>(v);
  }
  else if constexpr(is_pointer_to_pointer) {
    assert(dynamic_cast<Dst>(v) != nullptr);
    return static_cast<Dst>(v);
  }
  else if constexpr (is_float_to_float) {
    auto casted = static_cast<Dst>(v);
    auto casted_back = static_cast<Src>(v);
    assert(!isnan(casted_back) && !isinf(casted_back));
    return casted;
  }
  else if constexpr (is_number_to_number) {
    auto casted = static_cast<Dst>(v);
    auto casted_back = static_cast<Src>(casted);
    assert(casted == casted_back);
    return casted;
  }
  else {
    static_assert(make_false<Src>(),"CastError");
    return Dst{}; // 这段代码按理说应该永远无法执行到,
    // static_assert 应该失败，并抛出了错误信息
  }
}
```

注意这里我们是如何用 if constexpr 让函数可以条件编译（conditionally compile）的。如果在这里我们用的是常规的 if 判断，那么函数会无法编译：

```
auto x = safe_cast<int>(42.0f);
```

这是因为编译器会一直尝试编译直到最后一行，而遇到的 dynamic_cast 则只能接受一个指针：

```
// 转换到的类型是整型
assert(dynamic_cast<int>(v) != nullptr); // 无法编译
```

不过，多亏我们用了 if constexpr 和 safe_cast<int>（42.0f）这样的结构，代码就会被编译成下面这样：

```
auto safe_cast(const float& v) -> int {
  constexpr auto is_same_type = false;
  constexpr auto is_pointer_to_pointer = false;
  constexpr auto is_float_to_float = false;
  constexpr auto is_number_to_number = true;
  constexpr auto is_intptr_to_ptr = false;
  constexpr auto is_ptr_to_intptr = false
  if constexpr(is_same_type) { /* 代码清空 */ }
  else if constexpr(is_intptr_to_ptr||is_ptr_to_intptr){/* 代码清空 */}
  else if constexpr(is_pointer_to_pointer) {/* 代码清空 */}
  else if constexpr(is_float_to_float) {/* 代码清空 */}
  else if constexpr(is_number_to_number) {
    auto casted = static_cast<int>(v);
    auto casted_back = static_cast<float>(casted);
    assert(casted == casted_back);
    return casted;
  }
  else { /* 代码清空 */ }
}
```

如你所见，除了 is_number_to_number 的代码外，其他 if constexpr 中的代码全都被完全清除了，这样代码就能通过编译了。

8.12.2 示例 2：在编译时对字符串进行哈希处理

假设一个用于标识位图的资源系统，它由一个字符串无序映射（unordered map）组成。如果位图已经被加载过了，那么本系统就会直接返回它；否则就会先加载再返回：

```
// 一个用于从文件系统加载位图的外部函数
auto load_bitmap_from_filesystem(const char* path) -> Bitmap {/* ... */}

// 位图缓存
auto get_bitmap_resource(const std::string& path) -> const Bitmap& {
  // 所有载入位图的静态存储
  static auto loaded = std::unordered_map<std::string, Bitmap>{};
  // 如果位图已经在 load_bitmaps 中，则返回它
  if (loaded.count(path) > 0) {
    return loaded.at(path);
  }
  // 位图还没有加载，则加载并返回它
  auto bitmap = load_bitmap_from_filesystem(path.c_str());
  loaded.emplace(path, std::move(bitmap));
  return loaded.at(path);
}
```

之后，位图缓存就会在需要位图资源的地方加以使用：

- 如果位图还没有被加载，那么 get_bitmap_resource()函数将先加载再返回。
- 如果位图已经在其他地方被加载了，get_bitmap_resource()则直接返回被加载的函数。

这样一来，无论是哪个绘图函数先被执行，后面执行的函数就都不必从磁盘中再次加载位图了：

```
auto draw_something() {
  const auto& bm = get_bitmap_resource("my_bitmap.png");
  draw_bitmap(bm);
}
auto draw_something_again() {
  const auto& bm = get_bitmap_resource("my_bitmap.png");
  draw_bitmap(bm);
}
```

又因为我们使用的是无序映射，所以每当检查一个位图资源时，我们都需要计算一次哈希。接下来，我们那将看看如何通过将计算转移到编译时来优化运行时的代码。

编译时哈希和计算的优势

亟待解决的问题在于，每次执行到 get_bitmap_resource（"my_bitmap.png"），代码都会在运行时计算字符串 my_bitmap.png 的哈希和。而我们想做的是，在编译时对哈希和计算，这样在代码执行时，它就已经被计算出来了。也就说，和之前看到的元编程在编译时生成函数和类一样，我们要在编译时生成哈希和。

到这你可能会得出这是一次微观优化（micro-optimization）的结论：毕竟这样的简单运算短字符串的哈希值的操作根本不会影响代码的性能。这样的结论可能是正确的，不过它依然可以做一个阐述“如何将运算从运行时搬移到编译时”的合理示例，况且，也有些其他可能的情况，会让这样的一个小小的运算对性能产生巨大影响。

顺带提一句，在弱硬件上编写代码时，字符串的哈希运算可以说是很奢侈的，不过编译时就进行哈希运算却让我们可以在任何平台上都享受这种“奢侈”的体验。究其原因，就是因为运算是在编译时进行的。

实现并验证编译时哈希函数

为了能够在编译时计算哈希和，我们将重写 hash_function()函数，以便它将空终止字符串（null-terminated char string）作为无法在编译时计算的高级类（如“std::string”）的参数。这样做，才可以将 hash_function()标记为 constexpr：

```
constexpr auto hash_function(const char* str) -> size_t {
  auto sum = size_t{0};
  for (auto ptr = str; *ptr != '\0'; ++ptr)
    sum += *ptr;
  return sum;
}
```

接下来，在用一个在编译时就已知的原始字符串字面值调用该函数：

```
auto hash = hash_function("abc");
```

然后，编译器就会生成以下代码，它是对应于 a、b 和 c（97、98 和 99）的 ASCII 值的总和：

```
auto hash = size_t{294};
```

对于哈希函数来说，如果只累加每个值是非常不好的，所以在日常工作中千万不要这样做。本书中之所以用这样的方法作为示例，是因为更容易聚焦于我们想关注的问题上。事实上，一个比较好的哈希函数实现可以用 boost::hash_combine()组合每个单独的字符，参见第 4 章，数据结构。

hash_function()只有在编译时清楚字符串值的情况下才会在编译时求值；否则，运行 constexpr 的效果就会跟其他表达式相同。

现在我们已经写好了自己的哈希函数，是时候继续创建一个可以使用这个函数的字符出类了。

实现 PrehashedString 类

接下来，我们将准备实现一个调用刚刚创建的哈希函数的预哈希字符串（pre-hashed string）类。它将由以下几部分构成：

- 构造函数：接受一个原始字符串作为参数，并在构造过程中计算哈希值。
- 比较运算符。
- get_hash()成员函数：用于返回哈希值。
- std::hash()的重载：这里它将直接返回哈希值。这样的重载在 std::unordered_map、std::unordered_set，以及其他使用了哈希值的标准库类中使用。简言之，这是为了让容器知道 PrehashedString 中存在一个哈希函数。

下面是 PrehashedString 类的简单实现：

```
class PrehashedString {
public:
  template <size_t N>
  constexpr PrehashedString(const char(&str)[N])
      : hash_{hash_function(&str[0])},
        size_{N - 1}, // 在这里做减法是为了避免末尾出现空值
        strptr_{&str[0]} {}
  auto operator==(const PrehashedString& s) const {
    return
      size_ == s.size_ &&
      std::equal(c_str(), c_str() + size_, s.c_str());
```

```
  }
  auto operator!=(const PrehashedString& s) const {
    return !(*this == s); }
  constexpr auto size()const{ return size_; }
  constexpr auto get_hash()const{ return hash_; }
  constexpr auto c_str()const->const char*{ return strptr_; }
private:
  size_t hash_{};
  size_t size_{};
  const char* strptr_{nullptr};
};

namespace std {
template <>
struct hash<PrehashedString> {
  constexpr auto operator()(const PrehashedString& s) const {
    return s.get_hash();
  }
};
} // namespace std
```

请注意我们在构造函数中运用的模板技巧。这会让 PrehashedString 只能接受编译时的字符串字面量。之所以这样做，是因为 PrehashedString 类并不拥有 const char* ptr，所以我们只能将其用于编译时创建的字符串字面量：

```
// 能够通过编译
auto prehashed_string = PrehashedString{"my_string"};

// 无法通过编译
// 一旦 str 修改，prehashed_string 对象就会被破坏。
auto str = std::string{"my_string"};
auto prehashed_string = PrehashedString{str.c_str()};
```

```
// 无法通过编译
// 一旦 strptr 被删除，prehashed_string 对象就会被破坏。
auto* strptr = new char[5];
auto prehashed_string = PrehashedString{strptr};
```

现在我们已经实现好了一切所需的代码，接下来，看看编译器是如何处理 PrehashedString 的。

对 PrehashedString 求值

下面展示了一个简单的测试函数，它返回了的是字符串“abc”的哈希值（简单起见）：

```
auto test_prehashed_string() {
  const auto& hash_fn = std::hash<PrehashedString>{};
  const auto& str = PrehashedString("abc");
  return hash_fn(str);
}
```

因为我们自定义的哈希函数只是简单累加数值，而“abc”字母的 ASCII 值为 a=97，b=98，c=99，所以我们可以猜测由 Clang 生成的汇编代码在某处势必会输出 97+98+99=294。查看代码，我们可以看到 test_prehashed_string()函数编译后正好有一条返回 294 的语句：

```
mov eax, 294
ret
```

这意味着，在 test_prehashed_string()函数在编译时就已经执行了，也就是说，在代码执行时，哈希和就已经被计算出来了！

在 get_bitmap_resource()中应用 PrehashedString

接下来，让我们回到刚开始的 get_bitmap_resource()函数，并用 PrehashedString 替换掉最初使用的 std::string：

```
// 位图缓存
auto get_bitmap_resource(const PrehashedString& path) -> const Bitmap&
{
  // 所有载入位图的静态存储
  static auto loaded_bitmaps =
    std::unordered_map<PrehashedString, Bitmap>{};
```

```
  // 如果位图已经在 load_bitmaps 中，则返回它
  if (loaded_bitmaps.count(path) > 0) {
    return loaded_bitmaps.at(path);
  }
  // 位图还没有加载，则加载并返回它
  auto bitmap = load_bitmap_from_filesystem(path.c_str());
  loaded_bitmaps.emplace(path, std::move(bitmap));
  return loaded_bitmaps.at(path);
}
```

同样的，我们也需要一个测试函数：

```
auto test_get_bitmap_resource() { return get_bitmap_resource("abc"); }
```

我们还是想知道这个函数是否已经预先计算好了哈希和。因为 get_bitmap_resource()确实做了相当一部分工作（构造静态 std::unordered_map、检查映射等），所以生成的汇编代码约有 500 行。尽管如此，如果我们还是可以在汇编代码中发现刚才那样神奇的哈希和，就意味着我们的优化成功了。

检查 Clang 生成的汇编代码的话，我们会发现确实有一行对应了期望的哈希和 294：

```
.quad  294                  # 0x126
```

为了再次确认，让我们把字符串从刚才的“abc”改成“aaa”，这样的操作我们期望这一行可以变为 97*3=291，而其他的内容则保持不变。

这样做的目的是为了确保这一数字不是与哈希值完全无关的某个魔法数字。

再次查看生成的汇编代码，依然能发现我们期待的值：

```
.quad  291                  # 0x123
```

除此之外，其他部分完全一样，我们这样就能确认了，哈希值确实是在编译时完成计算的。

最后，我们看到的所有例子表明，实践编译时编程适用于很多完全不同的场景。添加编译时验证的安全检查，可以让我们在不运行代码与测试覆盖的情况下快速发现问题所在。而将成本高昂的运行时运算搬移到编译时，可以让最终代码运行得更快。

8.13　总结

本章我们了解了如何使用元编程技术在编译时生成函数和值。还学会了如何在现代 C++中配合使用模板、constexpr、static_assert()、if constexpr、类型萃取和概念完成元编程。此外，最后一个常量字符串哈希运算，我们讨论了如何在实际工作中使用编译时求值。

第 9 章中，我们将进一步扩充 C++工具箱，并一同学习如何通过构造隐藏的代理对象创建库。

第 9 章　Utilities 基础

本章将聚焦在 C++**Utility 库**中的基本类。同时也会结合第 8 章介绍的元编程技术，更合理地处理含不同类型的集合。

由于 C++中的容器是同质的（homogenous），所以容器只能存储一种单一类型的元素。比如，std::vector<int>表示的是一个整数的集合，而 std::list<Boat>存储的所有对象的类型都是 Boat。但在某些条件下，我们还需要追踪不同类型的元素集合。这样的集合称为**异质集合（heterogenous collections）**。在异质集合中，各个元素可为不同的类型。图 9.1 展示的是一个同质的 int 集合，与一个包含有不同类型元素的异质集合：

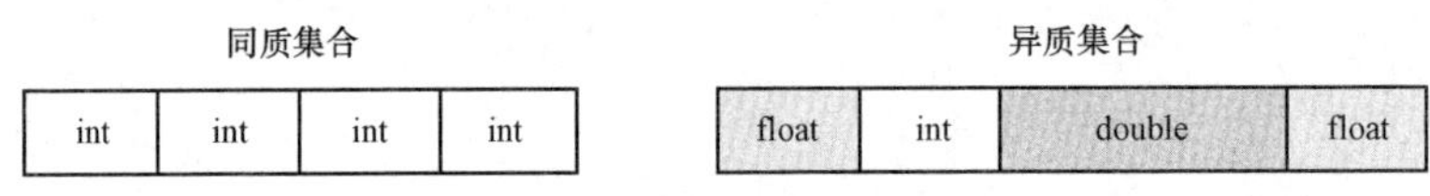

图 9.1　同质集合&异质集合

下面将介绍一组来自 C++Utility 库中的实用模板，它们可以被用于存储多个不同类型的值。分为以下四个部分：

- 用 std::optional 表示可选值。
- 用 std::pair、std::tuple 和 std::tie()表示固定大小的集合。
- 在标准容器中，用带有 std::any 和 std::variant 类型声明元素表示动态大小的集合。
- 几个现实工作中的实例，用于说明 std::tuple 与 std::tie 的实用性，搭配第 8 章中所涉及的元编程技术里的概念（concept）。

我们从探索 std::optional 及相关案例开始。

9.1　用 std::optional 表示可选值

尽管 std::optional 在 C++17 中算是一个小功能，但却是对标准库的有力补充。弥补了在 std::optional 之前无法简明表达可选类型。简单来说，它可用于任意类型的封装器（任意类型可为被初始化过的或未被初始化的值）。

用 C++的行话来说，std::optional 是一个*最大包含为 1 个元素的栈上容器*。

9.1.1　可选的返回值

在 std::optional 之前，我们一直无法明确说明，函数可能会返回一个无定义的值，比如两个线段之间是否有交点。但随着 std::optional 的引入，这种可选值得到了清晰明确的表达。两个线段交点的例子，可以这样写：

```
// 先验条件
struct Point { /* ... */ };
struct Line { /* ... */ };

auto lines_are_parallel(Line a, Line b) -> bool { /* ... */ }
auto compute_intersection(Line a, Line b) -> Point { /* ... */ }

auto get_intersection(const Line& a, const Line& b)
  -> std::optional<Point>
{
  if (lines_are_parallel(a, b))
    return std::optional{compute_intersection(a, b)};
  else
    return {};
}
```

std::optional 的语法有点像指针；它的值可以由 operator*()或 operator->()访问。在试图用 operator*()或 operator->()访问一个空的 optional 时，会得到未定义行为这样的报错。同时，也可以调用 value()成员函数访问，类似的，如果 optional 值为空时，则会抛出 std::bad_optional_access 异常。请看下面代码示例：

```
auto set_magic_point(Point p) { /* ... */ }
auto intersection = get_intersection(line0, line1);
if (intersection.has_value()) {
  set_magic_point(*intersection);
}
```

std::optional 持有的对象总是在栈上分配的，同时，将类型封装成 std::optional 的内存开销通常是 bool 值的大小（通常是一个字节），加上可能的填充。

9.1.2 可选的成员变量

假如我们有一个用来表示人头（Head）的类，头上可以有某一种帽子（Hat），也可能什么都没有。通过使用 std::optional 修饰 hat 这一成员变量，可以让我们的代码实现富有表现力：

```
struct Hat { /* ... */ };

class Head {
public:
  Head() { assert(!hat_); }                    // hat_ 默认为空
  auto set_hat(const Hat& h) {
    hat_ = h;
  }
  auto has_hat() const {
    return hat_.has_value();
  }
  auto& get_hat() const {
    assert(hat_.has_value());
    return *hat_;
  }
  auto remove_hat() {
    hat_ = {}; // hat_ 通过赋值为 {} 被清理
  }
private:
  std::optional<Hat> hat_;
};
```

如果没有 std::optional 用于表示可选成员变量，那就只能寄希望于指针或额外的 bool 成员变量。两种方法各有缺点，比如一个是在堆上分配内存，另一个则可能会因为意外而没有任何警告地访问应该为空的可选变量。

9.1.3 避免在枚举中使用空状态

我们常能在陈旧的代码库中看到采用空状态（empty states 与 null states）模式的枚举。比如：

```
enum class Color { red, blue, none }; // 不要这样做!
```

上面的例子里，none 就是一个空状态。我们之所以会在枚举 Color 中增加 none，是为了让它也可以表示可选的情况，比如：

```
auto get_color() -> Color; // 返回一个可选的颜色
```

也因为这样的设计，让 Color 没有办法表示一个非空的颜色。这就迫使所有使用了这一枚举对象的代码都必须对空状态 none 做额外的判断处理。

所以，更好的选择就是避免使用额外的空状态设计，而采用 std::optional<Color>类型表示这里需要的是可选的颜色：

```
enum class Color { red, blue };
auto get_color() -> std::optional<Color>;
```

这样就可以清楚的说明，在调用 get_color()函数时，可能会遇到空返回值的情况。一旦我们获取到了 Color 对象，绝对不可能为空：

```
auto set_color(Color c) { /* c 是一种合法的 color，接着就可以使用它了 ... */ }
```

同理，在实现 set_color()函数时，可明确知道使用者传递的是一个合法的颜色（color）对象。

9.1.4 std::optional 的排序与比较

std::optional 与其他对象一样可以使用下表所示的规则进行排序和比较：

两个空的可选值是相等的	空的可选值小于非空的

`auto a = std::optional<int>{};`
`auto b = std::optional<int>{};`
`auto c = std::optional<int>{4};`
`assert(a == b);`
`assert(b != c);`
	`auto a = std::optional<int>{};`
	`auto b = std::optional<int>{4};`
	`auto c = std::optional<int>{5};`
	`assert(a < b);`
	`assert(b < c);`

如果对一个包含 std::optional<T>类型元素的容器排序，空的可选值将会排在容器的开始，而非空的则照常排序，如：

```
auto c = std::vector<std::optional<int>>{{3}, {}, {1}, {}, {2}};
std::sort(c.begin(), c.end());
// c 是 {}, {}, {1}, {2}, {3}
```

如果在阅读本章内容前，你时常采用指针表示可选值、使用 out 参数设计 API 或是在枚举中添加空状态，那么是时候使用更高效且安全的 std::optional。

接下来，我们继续探索可以容纳不同类型元素的固定大小的集合。

9.2 固定大小的异质集合

Utility 库中囊括了两个可用于存储多个不同类型值的类模板：std::pair 和 std::tuple。就像 std::array，它们都是不能在运行时动态新增元素的大小固定的集合。

std::pair 和 std::tuple 之间最大的区别就是，std::pair 只能容纳两个值，而 std::tuple 可以在编译时用任意数量的值实例化。

9.2.1 std::pair

<utility>中的类模板 std::pair 自标准模板库引入以来便一直可用。它常被用于标准库中需要返回两个值的算法，如 std::minmax()，可以同时返回一个列表的最小值与最大值：

```
std::pair<int, int> v = std::minmax({4, 3, 2, 4, 5, 1});
std::cout << v.first << " " << v.second; // 输出: "1 5"
```

该代码可以通过成员变量 first 和 second 访问 std::pair 中的元素。

其中 std::pair 持有相同类型的值，所以这里也可以用数组代替。std::pair 的独特之处是可以持有不同类型的值。所以哪怕它只能容纳两个值，我们仍然认为它是异质集合。

标准库中与使用 std::pair 存放不同类型的值的例子是关联式容器 std::map。它的值类型是一个由键和关联元素组成的对组（pair）：

```
auto scores = std::map<std::string, int>{};
scores.insert(std::pair{"Neo", 12});   // 正确但不太方便
scores.emplace("Tri", 45);             // 使用 emplace() 替代上面的方法
scores.emplace("Ari", 33);

for (auto&& it : scores) {             // "it" 是一个 std::pair
  auto key = it.first;
  auto val = it.second;
  std::cout << key << ": " << val << '\n';
}
```

在现代 C++中，显式地命名 std::pair 类型的需求在不断弱化，我们通常会使用初始化列表（initializer lists）与结构化绑定（structured bindings）隐藏处理对组的细节。下方代码实现了与上方相同的含义，且隐性说明底层使用了 std::pair：

```
auto scores = std::map<std::string, int> {
  {"Neo", 12},                              // 初始化列表
  {"Tri", 45},
  {"Ari", 33}
};

for (auto&& [key, val] : scores) {          // 结构化绑定
  std::cout << key << ": " << val << '\n';
}
```

后面在本章会讨论结构化绑定的相关问题。

顾名思义，std::pair 只能容纳两个值。C++11 中引入了另一个实用类 std::tuple，作为 std::pair 的泛化，元组可以容纳任意数量的元素。

9.2.2　std::tuple

std::tuple 作为一个固定大小的异质集合，可称为任意大小。比如，相比 std::vector，它的大小在运行时无法改变，无法添加或删除元素。

元组的构造可以像下面这样显式地指定其成员类型：

```
auto t = std::tuple<int, std::string, bool>{};
```

或者，也可以用类模板参数来初始化它：

```
auto t = std::tuple{0, std::string{}, false};
```

这会让编译器为此生成这样的一个类：

```
struct Tuple {
  int data0_{};
  std::string data1_{};
  bool data2_{};
};
```

与标准库中其他的类一样，std::tuple 也有一个相应的 std::make_tuple()函数，可以根据参数自动推断类型：

```
auto t = std::make_tuple(42, std::string{"hi"}, true);
```

但如前所述，自 C++17 及以后，这一类以 std::make_开头的函数都成了冗余的，毕竟 C++17 后，类可以根据构造函数推导类型。

9.2.3 访问元组中的成员

std::tuple 中的各个元素可以通过调用自由函数模板 std::get<index>()访问。读者可能会好奇为什么元组没有像其他容器那样提供 at(size_t index)函数访问。主要是因为 at()只允许返回一种类型，而元组则是由不同类型成员组成的集合。相比以索引作为模板参数使用的 at(size_t index)，std::get()，在元组中更为实用：

```
auto a = std::get<0>(t);        // int
auto b = std::get<1>(t);        // std::string
auto c = std::get<2>(t);        // bool
```

我们可以简单的认为 std::get()函数的实现类似于下面这样：

```
template <size_t Index, typename Tuple>
auto& get(const Tuple& t) {
  if constexpr(Index == 0) {
    return t.data0_;
  } else if constexpr(Index == 1) {
    return t.data1_;
  } else if constexpr(Index == 2) {
    return t.data2_;
  }
}
```

所以在创建和访问一个元组时，如下所示：

```
auto t = std::tuple(42, true);
auto v = std::get<0>(t);
```

编译器大概会生成以下代码：

```
// 首先生成 Tuple 类:
class Tuple {
  int data0_{};
  bool data1_{};
public:
  Tuple(int v0, bool v1) : data0_{v0}, data1_{v1} {}
};
// 然后生成类似这样的 get<0>(Tuple) 函数:
auto& get(const Tuple& tpl) { return data0_; }

// 然后调用生成的函数
auto t = Tuple(42, true);
auto v = get(t);
```

这里的例子只是一个编译器构造 std::tuple 的简化版，实际上 std::tuple 的内部构造非常复杂。本节重点是聚焦于理解 std::tuple 类的基本结构，而它的成员可以通过编译时的索引方法。

注意，函数模板 std::get()也可以使用类型名作为参数，像这样调用：

```
auto number = std::get<int>(tuple);
auto str = std::get<std::string>(tuple);
```

注意，这样的调用方式，在元组中有且只有一个元素是这个指定类型时才能成功。

9.2.4　遍历 std::tuple 的元素

从开发者的角度来看，std::tuple 似乎也可以像其他容器那样用常规的 for 循环进行遍历，比如：

```
auto t = std::tuple(1, true, std::string{"Jedi"});
for (const auto& v : t) {
  std::cout << v << " ";
}
```

但 const auto& v 类型只会运算一次，且 std::tuple 包含了多种不同类型的元素，这就导致上方代码根本无法通过编译。

因为迭代器不会改变指向的类型，对其他的算法也同样；这也是 std::tuple 没有提供 begin()或 end()成员函数、没有下标操作符[]用于访问值的原因。为此，我们得想点其他办法来展开元组。

9.2.5 元组展开

鉴于元组无法像其他数据结构那样遍历，需要用元编程的方法来拆解循环。按前面的例子，我们期望编译器可以为我们生成下面这样的代码：

```
auto t = std::tuple(1, true, std::string{"Jedi"});
std::cout << std::get<0>(t) << " ";
std::cout << std::get<1>(t) << " ";
std::cout << std::get<2>(t) << " ";
// 输出 "1 true Jedi"
```

为达成上述期望，需遍历元组中的每个索引，这意味着所需信息要有元组所包含的类型/值的数量。另外，因为元组中含有不同的类型，还需编写一个为每个类型都生成新函数的元函数。

我们先从某个特定索引需要调用的函数开始实现：

```
template <size_t Index, typename Tuple, typename Func>
void tuple_at(const Tuple& t, Func f) {
  const auto& v = std::get<Index>(t);
  std::invoke(f, v);
}
```

接着可以把它和我们在第 2 章学到的 lambda 结合起来：

```
auto t = std::tuple{1, true, std::string{"Jedi"}};
auto f = [](const auto& v) { std::cout << v << " "; };
tuple_at<0>(t, f);
tuple_at<1>(t, f);
tuple_at<2>(t, f);
// 输出 "1 true Jedi"
```

实现了 tuple_at()这个函数后，可开始实现迭代了。首先，我们需要将元组中元素的数量作为编译时常量。可通过类型萃取 std::tuple_size_v<Tuple>获取。然后，再用 if constexpr 创建一个类似遍历的函数，根据索引调用不同的方法：

- 如果索引等于元组数量，就生成一个空函数。
- 否则，就用传入的索引执行 lambda，然后将索引 + 1，并以此生成一个新函数。

如下：

```
template <typename Tuple, typename Func, size_t Index = 0>
void tuple_for_each(const Tuple& t, const Func& f) {
  constexpr auto n = std::tuple_size_v<Tuple>;
  if constexpr(Index < n) {
    tuple_at<Index>(t, f);
    tuple_for_each<Tuple, Func, Index+1>(t, f);
  }
}
```

我们将索引默认设置为零，在遍历时不用再特意指定它了。tuple + for_each()函数可以像下面这样调用：

```
auto t = std::tuple{1, true, std::string{"Jedi"}};
tuple_for_each(t, [](const auto& v) { std::cout << v << " "; });
// 输出 "1 true Jedi"
```

从语法上看，它已经和 std::for_each()的使用很像了。

9.2.6 为元组实现其他算法

基于 tuple_for_each()的实现，可轻松扩展出很多不同的算法。比如，我们可以实现一个适用元组的 std::any_of()算法：

```
template <typename Tuple, typename Func, size_t Index = 0>
auto tuple_any_of(const Tuple& t, const Func& f) -> bool {
  constexpr auto n = std::tuple_size_v<Tuple>;
  if constexpr(Index < n) {
    bool success = std::invoke(f, std::get<Index>(t));
    if (success) {
```

```
      return true;
    }
    return tuple_any_of<Tuple, Func, Index+1>(t, f);
  } else {
    return false;
  }
}
```

该算法可以像下面这样调用：

```
auto t = std::tuple{42, 43.0f, 44.0};
auto has_44 = tuple_any_of(t, [](auto v) { return v == 44; });
```

tuple_any_of()会遍历元组的元素，并为当前所在的元素生成 lambda 函数，然后与 44 比较。在上面这样的情况下，因为最后一个元素是 44，所以 has_44 方法将返回 true。不过，一旦元组中的元素类型无法与 44 比较，比如 std::string，代码就会报错。

9.2.7 元组元素访问

C++17 之前，有两种标准的访问 std::tuple 中元素的方法：

- 想要访问单一元素，可以使用 std::get<N>（tuple）函数。
- 想要访问多个元素，可以使用 std::tie()函数。

这两种方法都能起到作用，但执行简短工作的时候，语法会显得非常冗余，比如：

```
// 先验条件
using namespace std::string_literals; // "..."s
auto make_saturn() { return std::tuple{"Saturn"s, 82, true}; }

int main() {
  // 调用 std::get<N>() 函数
  {
    auto t = make_saturn();
    auto name = std::get<0>(t);
    auto n_moons = std::get<1>(t);
    auto rings = std::get<2>(t);
    std::cout << name << ' ' << n_moons << ' ' << rings << '\n';
```

```
    // 输出: Saturn 82 true
  }
  // 调用 std::tie() 函数
  {
    auto name = std::string{};
    auto n_moons = int{};
    auto rings = bool{};
    std::tie(name, n_moons, rings) = make_saturn();
    std::cout << name << ' ' << n_moons << ' ' << rings << '\n';
  }
}
```

为了能够更优雅的达成这一目标，C++17 中引入了结构化绑定。

9.2.8　结构化绑定

通过结构化绑定，可以简单地使用 auto 加括号内的声明列表一次性初始化多个变量。和其他使用 auto 的地方一样，通过使用相应的修饰符来控制变量是否应该是可变引用、转发引用、常量引用还是值。下面的代码中，我们通过结构化绑定构建了常量引用：

```
const auto& [name, n_moons, rings] = make_saturn();
std::cout << name << ' ' << n_moons << ' ' << rings << '\n';
```

结构化绑定的另一种用法就是在 for 循环中抽取元组的元素，比如：

```
auto planets = {
  std::tuple{"Mars"s, 2, false},
  std::tuple{"Neptune"s, 14, true}
};
for (auto&& [name, n_moons, rings] : planets) {
   std::cout << name << ' ' << n_moons << ' ' << rings << '\n';
}
// 输出:
// Mars 2 false
// Neptune 14 true
```

提示：如果想返回一组具名变量集合而非一个元组，可通过返回一个定义在函数内部的结构体，并使用 auto 关键字作为返回类型：

```
auto make_earth() {
  struct Planet { std::string name; int n_moons; bool rings; };
  return Planet{"Earth", 1, false};
}
// ...
auto p = make_earth();
std::cout << p.name << ' ' << p.n_moons << ' ' << p.rings << '\n';
```

同样的，结构化绑定也适用于结构体，可以直接捕获每个数据成员，比如：

```
auto [name, num_moons, has_rings] = make_earth();
```

这样我们可为标识符起任何名字，与返回一个元组的函数一样，真正与起名相关的是返回的 Planet 数据成员的声明顺序。

接下来，我们看看 std::tuple 和 std::tie()在处理任意数量的函数参数时的用法。

9.3 可变参数模板

可变参数模板让开发者可创建接受任意数量参数的模板函数。

示例：可变参数函数

在没有可变参数模板的帮助下，如要创建一个可接受任意数量的参数，并组合成一个字符串的函数，需要使用 C－风格的变量参数（类似 printf()），或者为所有数量不同的参数情况都创建一个单独的函数：

```
auto make_string(const auto& v0) {
  auto ss = std::ostringstream{};
  ss << v0;
  return ss.str();
}

auto make_string(const auto& v0, const auto& v1) {
```

```
  return make_string(v0) + " " + make_string(v1);
}

auto make_string(const auto& v0, const auto& v1, const auto& v2) {
  return make_string(v0, v1) + " " + make_string(v2);
}
// ... 以此类推，可能会需要多少个参数就要定义多少个函数。
```

我们期望上面的代码可以像这样调用：

```
auto str0 = make_string(42);
auto str1 = make_string(42, "hi");
auto str2 = make_string(42, "hi", true);
```

一旦需要传入大量的参数，这样的实现就会显得很繁琐，但通过可变参数，我们可以简单地将所有的这些可能情况整合成一个接受任意数量参数的函数。

如何构建可变参数

可变参数可以通过类型名前面是否有“...”，以及在参数类型后是否有“...”来识别，此外，可变参数应与正常参数通过逗号隔开：

```
template<typename ...Ts>
auto f(Ts... values) {
  g(values...);
}
```

以下是句法上的解释：

- Ts 是类型列表。
- <typename...Ts>表示函数处理的是一个列表。
- values...表示展开可变参数，并在每个值之间都添加一个逗号。

参考 expand_pack()函数模板：

```
template <typename ...Ts>
auto expand_pack(const Ts& ...values) {
  auto tuple = std::tie(values...);
}
```

可这样调用上方函数：

```
expand_pack(42, std::string{"hi"});
```

这时编译器会生成像下面这样的函数：

```
auto expand_pack(const int& v0, const std::string& v1) {
  auto tuple = std::tie(v0, v1);
}
```

表 9.1 给出了每个可变参数的展开情况。

表 9.1 **展开表达式**

表达式：	展开成：
template<typename...Ts>	template<typename T0,typename T1>
expand_pack(const Ts&...values)	expand_pack(const T0& v0,const T1& v1)
std::tie(values...)	std::tie(v0,v1)

接着来看如何用可变参数模板实现 make_string()函数。

为了将所有参数组合成一个字符串，在第一版 make_string()的基础上，还需对可变参数列表遍历。但又不能直接遍历，一个变通的办法是，从它生成一个元组，然后利用之前封装好的 tuple_for_each()函数模板遍历这个生成的元组：

```
template <typename ...Ts>
auto make_string(const Ts& ...values) {
  auto ss = std::ostringstream{};
  // 创建一个可变参数列表的元组
  auto tuple = std::tie(values...);
  // 遍历元组
  tuple_for_each(tuple, [&ss](const auto& v) { ss << v; });
  return ss.str();
}
// ...
auto str = make_string("C++", 20); // OK: str 是 "C++20"
```

上面的例子中，我们用 std::tie()将可变参数列表转换为 std::tuple，再调用 tuple_for_each()

遍历其中元素。回顾一下，做这样一层转换是为了让代码可以支持任意数量的不同类型的参数。如果该函数只需要支持某一种特定类型的参数，则完全可以用 std::array 加 for 循环来实现：

```
template <typename ...Ts>
auto make_string(const Ts& ...values) {
  auto ss = std::ostringstream{};
  auto a = std::array{values...};          // 仅支持一种类型
  for (auto&& v : a) { ss << v; }
  return ss.str();
}
// ...
auto a = make_string("A", "B", "C");       // OK: 只有一种类型
auto b = make_string(100, 200, 300);       // OK: 只有一种类型
auto c = make_string("C++", 20);           // 错误: 混合多个类型
```

如你所见，std::tuple 是一个具有固定大小和固定元素位置的异质集合，看起来像一个没有具名成员变量的结构体。

要如何在此基础上进一步扩展，让代码可以创建一个动态大小的异质集合呢（像 std::vector、std::list 那样）？我们将在下一节讨论这一问题。

9.4　可动态调整大小的异质集合

我们在本章开始时便指出，C++所提供的能够动态调整大小的容器都是同质的，它们只能存储同一类型的元素。但有时确实需要有一个能够动态调整大小的，可以储存不同类型元素的异质集合。为了实现这一需求，可以使用存储元素类型为 std::any 或 std::variant 的容器。

最简单的解决办法就是用 std::any 作为基础类型。毕竟 std::any 对象可以存储任何类型的值：

```
auto container = std::vector<std::any>{42, "hi", true};
```

这样做也有缺点。首先，在每次访问其中的值时都得测试它，这样代码在编译时就完全丢失了存储值的类型信息，需依靠在运行时的类型检查重新获取。其次，可能会对性能产生巨大的影响，因为它是在堆上分配的对象而非栈上。

如果我们想遍历上面的容器，则需对每个 std::any 对象执行如下操作，如果元素类型是

int，则执行某种操作；如果元素类型是 char 指针，就执行另一种操作。像这样的重复代码显然是不可取的，更何况它的效率远不如稍后要介绍的方法好。

下面的代码可以通过编译，类型被显式的断言和转换：

```
for (const auto& a : container) {
  if (a.type() == typeid(int)) {
    const auto& value = std::any_cast<int>(a);
    std::cout << value;
  }
  else if (a.type() == typeid(const char*)) {
    const auto& value = std::any_cast<const char*>(a);
    std::cout << value;
  }
  else if (a.type() == typeid(bool)) {
    const auto& value = std::any_cast<bool>(a);
    std::cout << value;
  }
}
```

这样做是因为 std::any 对象不知道如何访问所存储的值，所以我们没办法直接调用流运算符打印它。这也是为什么下面的代码无法编译，因为编译器也不知道 std::any 中存储了什么：

```
for (const auto& a : container) {
  std::cout << a;                  // 无法编译
}
```

在日常工作中，往往不需要 std::any 提供的这么大的类型灵活性，多数情况下，最佳实践是采用我们接下来要讨论的 std::vairant。

9.4.1 std::variant

如果不需要容器存储 *any* 类型的能力，而是想在初始化容器时就声明一组固定好的类型，那么使用 std::variant 则是更好的选择。

相较于 std::any，std::variant 有两个突出优势：

- 不会在堆上存储其中包含的类型。

- 可以在 lambda 中调用，无需要明确它包含的类型（关于这一点，我们会在后续详细讨论）。

std::variant 与元组的工作方式相似，不同的是它同一时间只能存储一个对象。它所包含对象的类型和值是最后分配给它的。图 9.2 说明了在 std::tuple 和 std::variant 以相同的类型被实例化时，它们之间的区别：

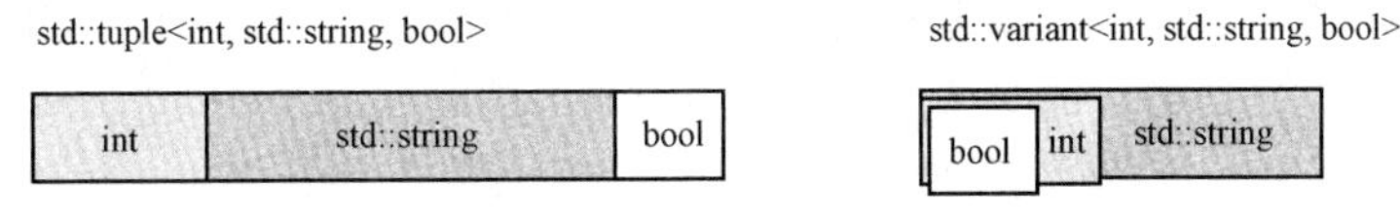

图 9.2 元组中的类型与 std::variant 中的类型

一个使用了 std::variant 的例子：

```
using VariantType = std::variant<int, std::string, bool>;
VariantType v{};
std::holds_alternative<int>(v); // true, int 是首先被选中的
v = 7;
std::holds_alternative<int>(v); // true
v = std::string{"Anne"};
std::holds_alternative<int>(v); // false, int 被覆盖了
v = false;
std::holds_alternative<bool>(v); // true, v 现在是 bool
```

我们可以调用 std::holds_alternative<T>()检查 std::variant 当前是否持有那个指定的类型。在为 std::variant 赋新值时，类型也会发生相应的变化。

除了会存储 std::variant 中实际的值外，它还使用了大小为 std::size_t 的索引来追踪当前持有的可选值（alternative）。也就是说，std::variant 的总大小通常是最大的可选值的大小，加上索引的大小。我们可以通过对类型使用 sizeof 操作符进行验证：

```
std::cout << "VariantType: "<< sizeof(VariantType) << '\n';
std::cout << "std::string: "<< sizeof(std::string) << '\n';
std::cout << "std::size_t: "<< sizeof(std::size_t) << '\n';
```

使用 Clang 10.0 和 libc++编译并运行这段代码，我们会得到：

```
VariantType: 32
std::string: 24
std::size_t: 8
```

如你所见，VariantType 的大小是 std::string 与 std::size_t 之和。

9.4.2 std::variant 的异常安全性

将一个新值赋给 std::variant 对象时，新值会被置于与 variant 所持有值的位置上。假设，构造或赋新值的时候失败了且抛出了异常，旧值可能无法恢复。variant 就可能会变成了**无值**状态。我们可以通过调用 valueless_by_exception()成员函数检查 variant 对象是否是无值的。我们可以通过调用 emplace()成员函数构造一个对象来证明这一点：

```
struct Widget {
  explicit Widget(int) { // 构造中抛出异常
    throw std::exception{};
  }
};
auto var = std::variant<double, Widget>{1.0};
try {
  var.emplace<1>(42); // 尝试构造 Widget 实例
} catch (...) {
  std::cout << "exception caught\n";
  if (var.valueless_by_exception()) {   // var 可能或
     std::cout << "valueless\n";        // 可能不是 valueless 的
  } else {
   std::cout << std::get<0>(var) << '\n';
  }
}
```

事实上，在异常被捕获后，最初赋的 1.0 可能会消失。因为该操作不像标准库容器那样保证回滚。鉴于性能方面的开销，需要 std::variant 使用堆分配内存，所以它没有提供强大的异常安全保证。而此特点相当实用而非缺陷，因为我们可以在有实时要求的代码中安全地使用 std::variant。

如果需要一个 variant 版本是基于堆分配内存的、有强大的异常安全保证且永不为空，那么 boost::variant 是一个选择。如果你对如何实现这样一个版本的 variant 感兴趣，可以看看 https://www.boost.org/doc/libs/1_74_0/doc/html/variant/design.html。

9.4.3　访问 variant

我们可以使用全局函数 std::visit()访问 std::variant 变量，同时还需使用处理异质类型用到的泛型 lambda：

```
auto var = std::variant<int, bool, float>{};
std::visit([](auto&& val) { std::cout << val; }, var);
```

像上例那样传入 lambda 与 var 调用 std::visit()时，编译器会在概念上将传入的 lambda 转化为一个常规的类，为 variant 中的每个类型都提供一个 operator()重载：

```
struct GeneratedFunctorImpl {
  auto operator()(int&& v)   { std::cout << v; }
  auto operator()(bool&& v)  { std::cout << v; }
  auto operator()(float&& v) { std::cout << v; }
};
```

之后，std::visit()函数会被扩展成使用了 std::holds_alternative<T>()的 if-else 链，或是使用 std::variant 索引的跳转表（jump table），对 std::get<T>()正确调用。

前面的例子中，我们简单地将传入 lambda 值直接传递给了 std::cout，而完全没有考虑当前持有的替代类型。但是，如果我们想根据当前正在访问的类型执行不同的操作该怎么办呢？在这种情况下，可以使用一种模式：定义一个可变参数类模板，该模板将继承一组 lambda 函数。然后，我们需要为要访问的每种类型定义这个模板。这听起来有些麻烦对吧？这一想法乍看起来有点神奇，甚至还非常考验我们的元编程技巧，但一旦我们定义好了这个可变参数类模板，它就会变的易于使用了。

我们接下来从可变参数类模板开始：

```
template<class... Lambdas>
struct Overloaded : Lambdas... {
  using Lambdas::operator()...;
};
```

如果用 C++17 编译器，还需要显式地添加推断指引（deduction guide），从 C++20 开始就不再必要了：

```
template<class... Lambdas>
Overloaded(Lambdas...) -> Overloaded<Lambdas...>;
```

模板类 Overloaded 将继承所有实例化的 lambda，而函数调用的运算符 operator()()则会被每个 lambda 都重载一次。这样就可创建只含有多个重载调用运算符的无状态对象了：

```
auto overloaded_lambdas = Overloaded{
  [](int v)   { std::cout << "Int: " << v; },
  [](bool v)  { std::cout << "Bool: " << v; },
  [](float v) { std::cout << "Float: " << v; }
};
```

可以用不同的传入参数测试它，以验证重载是否被正确调用：

```
overloaded_lambdas(30031);      // 输出 "Int: 30031"
overloaded_lambdas(2.71828f);   // 输出 "Float: 2.71828"
```

这样，我们就可以在 std::visit()中使用它，且不需要将 Overloaded 对象存储在左值中，如下：

```
auto var = std::variant<int, bool, float>{42};

std::visit(Overloaded{
  [](int v)   { std::cout << "Int: " << v; },
  [](bool v)  { std::cout << "Bool: " << v; },
  [](float v) { std::cout << "Float: " << v; }
}, var);
// 输出: "Int: 42"
```

所以一旦有了 Overloaded 模板，我们就可以一直沿用这样便捷的方式为不同类型的参数指定对应的 lambda。下一节中，我们会继续了解如何同时使用 std::variant 与标准容器。

9.5 使用了 variant 的异质集合

上节我们了解了可以存储任何类型的 variant，接下来，我们可以将它扩展为一个异质集合。我们可以直接创建一个 variant 的 std::vector 来实现：

```
using VariantType = std::variant<int, std::string, bool>;
auto container = std::vector<VariantType>{};
```

这样就可以把不同类型的元素添加到向量中了：

```
container.push_back(false);
container.push_back("I am a string"s);
container.push_back("I am also a string"s);
container.push_back(13);
```

它在内存中看起来如下，其中每个元素的大小就是 variant 的大小，本例中就是 sizeof（std::size_t）+sizeof（std::string）（见图 9.3）：

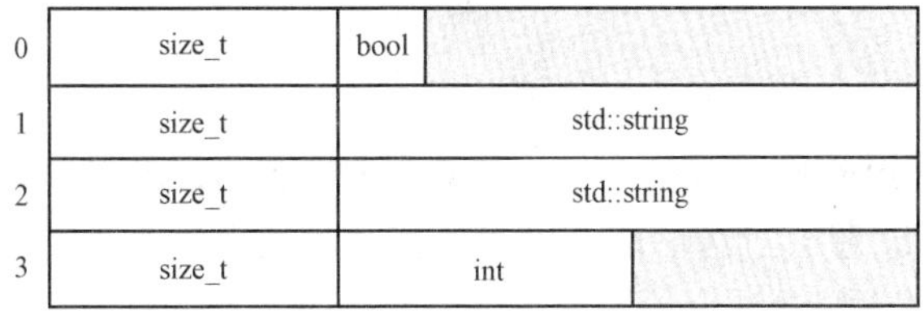

0	size_t	bool	
1	size_t	std::string	
2	size_t	std::string	
3	size_t	int	

图 9.3　variant 向量

当然，我们也可以调用 pop_back()或是容器所允许的任何方式来修改容器：

```
container.pop_back();
std::reverse(container.begin(), container.end());
// 等等...
```

9.5.1　访问 variant 容器中的值

上节结束时，我们新建了一个具有动态尺寸的异质集合，接下来看看如何像使用 std::vector 那样用它：

1. 构建存储 variant 的异质容器：我们在下面构造了能够存放不同类型的 std::vector。注意，初始化列表中包含了多种类型：

```
using VariantType=std::variant<int,std::string,bool>;
auto v=std::vector<VariantType>{ 42, " needle " s,true };
```

2. 使用 for 循环迭代打印其中内容：为使用常规的 for 循环遍历该容器，我们可利用之前讲到的 std::visit()与 lambda 技巧。其中，全局函数 std::visit()会处理类型转换的问题。下面的例子将打印容器中的全部值（与类型无关）：

```
for(const auto& item:v){
  std::visit([](const auto& x){ std::cout<<x<<'\n';},item);
}
```

3. 检查容器中有哪些类型：按照类型检查容器中的元素。可通过全局函数 std::holds_alternative<type>实现。如果 variant 当前持有函数要求的类型就返回 true。下方代码会计算当前在容器中的布尔值数量：

```
auto num_bools = std::count_if(v.begin(), v.end(),
                               [](auto&& item) {
  return std::holds_alternative<bool>(item);
});
```

4. 通过类型与值查找内容：可结合使用 std::holds_alternative()和 std::get()来检查容器的类型和值。下面的代码检查了容器中是否包含值为“needle”的 std::string：

```
auto contains = std::any_of(v.begin(), v.end(),
                            [](auto&& item) {
  return std::holds_alternative<std::string>(item) &&
    std::get<std::string>(item) == "needle";
});
```

9.5.2 全局函数 std::get()

全局函数模板 std::get()可应用于 std::tuple、std::pair、std::variant 和 std::array。可使用索引或类型的方式实例化该函数：

- **std::get<Index>()**：当 std::get()与索引一同使用时，如 std::get<1>(v)，会返回 std::tuple、std::pair 或 std::array 中索引所对应的值；
- **std::get<Type>()**：当 std::get()与类型一同使用时，如 std::get<int>(v)，它就会返回 std::tuple、std::pair 或 std::variant 中相应的值。在 std::variant 情况下，如果 variant 中没有找到该类型，则会抛出 std::bad_variant_access 异常。注意，如果 v 的类型为 std::tuple，且 Type 有不止一个，则需使用索引来访问该类型的值。

在了解了 Utility 库里的常用模板后，来看涉及本章包含的知识点的一些实例吧。

9.6 实际案例

本章最后，我们将探索两个实际案例，std::tuple、std::tie()和很多模板元编程技巧可以让我们写出整洁又高效的代码。

9.6.1 示例 1：投影与比较运算符

在 C++20 中，为类实现比较运算符的需求急剧减少，但想为特定场景下的对象实现自定义排序时，还是需要提供对应的比较函数。比如：

```
struct Player {
  std::string name_{};
  int level_{};
  int score_{};
  // 等等...
};

auto players = std::vector<Player>{};
// 在这添加 player...
```

假设我们想按照 player 的属性排序：以 level_为主，score_为辅，这样的代码在实现时并不少见：

```
auto cmp = [](const Player& lhs, const Player& rhs) {
  if (lhs.level_ == rhs.level_) {
    return lhs.score_ < rhs.score_;
  }
  else {
    return lhs.level_ < rhs.level_;
  }
};

std::sort(players.begin(), players.end(), cmp);
```

按这样的实现方式，一旦排序考虑的属性数量增加时，用这样的嵌套 if-else 代码块的实现很快就会产生错误。我们实际想表达一个 player 属性的*投影*（一个严格的子集），std::tuple 可以让我们以一种更简洁优雅的方式写这段代码，而不需要 if-else。

可以使用 std::tie()创建一个 std::tuple 用来持有传递给它的左值引用。下面的代码创建了两个投影 p1 与 p2，然后使用<运算符比较它们：

```
auto cmp = [](const Player& lhs, const Player& rhs) {
  auto p1 = std::tie(lhs.level_, lhs.score_); // 投影
  auto p2 = std::tie(lhs.level_, lhs.score_); // 投影
  return p1 < p2;
};
std::sort(players.begin(), players.end(), cmp);
```

与最初的 if-else 版本相比，该写法非常简洁且易读。但这样的方式真的能满足需要吗？毕竟需创建临时对象来比较两个 player。在微基准测试中验证这段代码，会发现使用 std::tie()没有任何开销；实际上，在本例中使用了 std::tie()的代码甚至比 if-else 版本还略快一些。

我们还可以让代码变得更简洁，通过将 player 的投影传递给范围算法 std::range::sort()来完成排序：

```
std::ranges::sort(players, std::less{}, [](const Player& p) {
  return std::tie(p.level_, p.score_);
});
```

综上所述，我们会发现 std::tuple 可应用于无完整成员的结构体，且不影响代码的清晰性。

9.6.2 示例 2：反射

术语**反射**是指，在不了解某个类具体内容的情况下验证该类的能力。和其他语言相比，C++没有内置的反射能力，需要自己来实现。反射预计会在未来的 C++标准中出现。期待能在 C++23 中看到这一功能。

我们在本例中将反射技术局限在，让类具有“像之前遍历元组成员那样”的遍历成员的能力。通过使用这样的反射技术，为序列化或打印 log 创建适配任何类的泛型函数。这样极大降低了模板代码的工作量，正如 C++类一直被期望的那样。

实现能够反射成员的类

因为我们的最终目标是自己实现全部的反射能力，我们可以通过先实现 reflect()函数的公开成员变量的方式来初步达成这一目标。我们会继续使用上一节中的 Player 类作为实例。下

面是新增了 reflect()成员函数与构造函数后的代码：

```
class Player {
public:
  Player(std::string name, int level, int score)
      : name_{std::move(name)}, level_{level}, score_{score} {}

  auto reflect() const {
    return std::tie(name_, level_, score_);
  }
private:
  std::string name_;
  int level_{};
  int score_{};
};
```

如你所见，reflect()函数通过调用 std::tie()，返回一个由类中成员变量的引用组成的元组。不过在开始使用 reflect()函数前，还是有必要说明一下手工实现反射技术的替代方法。

简化了反射实现的 C++库

事实上，在 C++库的世界里，已经有相当多的方法用于简化创建反射的过程了。其中之一就是 Louis Dionne 的元编程库 Boost Hana，它只需简单的宏就能赋予类反射的能力。另外，最近 Boost 也增加了 Anthony Polukhin 的 Precise and Flat Reflection，它只需要所有成员都是简单类型，就能自动地反射出类的 public 内容。

不过，为了能够更加聚焦，本例中，我们还是会只使用刚才编写的 reflect()函数。

利用反射

目前为止，我们的 Player 类已经具备了反射其内部成员变量的能力，为了避免手工地一遍一遍地输入每个成员变量，我们希望有一个通用功能可以自动创建它们。在此之前，你或许已经知道 C++可以自动生成构造函数、析构函数以及比较运算符，但其他的运算符需要开发者自定义。举个例子，其中<<()运算符会将内容输出到一个流中，以便将这段内容存储到文件中，或以更常见的方式，将其记录在日志中。

通过重载 operator<<()并使用本章前面实现了的 tuple_for_each()函数模板，我们可以简化类的 std::ostream 输出的创建：

```
auto& operator<<(std::ostream& ostr, const Player& p) {
  tuple_for_each(p.reflect(), [&ostr](const auto& m) {
    ostr << m << " ";
  });
  return ostr;
}
```

这样，Player 类就能够与任何 std::ostream 类一同使用了：

```
auto v = Player{"Kai", 4, 2568};
std::cout << v;                    // 输出: "Kai 4 2568 "
```

通过使用元组存放反射出的类成员，在类中的成员新增/删除时，我们只需要更新反射函数即可，而不用对每一个函数以及遍历所有的成员变量进行更新。

有条件地重载全局函数

这样我们就有了可以使用反射编写通用函数的机制，而不必手动挨个输入变量。不过仍能发现可以优化的地方，我们还是需要为每个类型都编写这种简单的通用函数。该怎么进一步简化这一过程呢？

我们可以通过使用约束条件，让所有实现了 reflect()的成员函数的类都能够使用 operator<<()。

首先，我们要创建一个新的概念，来表明这是针对实现了 reflect()成员函数的类：

```
template <typename T>
concept Reflectable = requires (T& t) {
  t.reflect();
};
```

上面的概念实际上只检查了某个类是否含有名为 reflect()的成员函数，但实际工作中我们应该对这种“只使用一个成员函数判定概念”这类的“弱概念”保持警惕。鉴于本例是为了满足需求，所以我们在此先忽略这一问题。经过上面的定义之后，我们终于可以在全局命名空间中重载 operator<<()，并让所有实现了反射的类都具备了比较并打印到 std::ostream 的能力：

```
auto& operator<<(std::ostream& os, const Reflectable auto& v) {
```

```
  tuple_for_each(v.reflect(), [&os](const auto& m) {
    os << m << " ";
  });
  return os;
}
```

上面的函数模板只会在具有 reflect()成员函数的类型时实例化，所以不会与其他重载产生冲突。

测试反射的能力

这样一来我们就做好了准备：

- 即将接受测试的 Player 类实现了 reflect()成员函数，并返回一个由对其成员变量引用的元组。
- 具备反射能力的类型完成了全局 std::ostream& operator<<()的重载。

下面是验证该功能的简单测试：

```
int main() {
  auto kai = Player{"Kai", 4, 2568};
  auto ari = Player{"Ari", 2, 1068};

  std::cout << kai; // 输出 "Kai 4 2568"
  std::cout << ari; // 输出 "Ari 2 1068"
}
```

上面的例子足以证明，在与元编程技术相结合时，像 std::tie()和 std::tuple 这类小而有效的库所具备的实用性。

9.7　总结

本章我们讲述了如何使用 std::optional 在代码中表示可选值。以及如何将 std::pair、std::tuple、std::any 和 std::variant 连同标准容器与元编程技术结合使用，来存储和遍历不同类型的元素。我们还了解到，可以应用于投影与反射的、概念简单却功能强大的工具 std::tie()。

第 10 章中，我们会看到如何通过学习构建隐藏的代理对象，从而进一步扩展我们的 C++ 工具箱。

第 10 章　代理对象和惰性求值

本章我们将讨论如何利用代理对象与惰性求值技术，将一些代码的执行推迟到需要时进行。而使用代理对象可以让我们的代码优化工作放在幕后进行的同时，使对外暴露的接口保持完整。

本章将涵盖以下内容：

- 惰性求值和急切计值。
- 使用代理对象避免多余的计算。
- 处理代理对象时重载运算符。

10.1　惰性求值和代理对象简介

首先要说明的是，本章使用的技术旨在将库的优化对库的用户隐藏起来。这是非常实用的，因为如果将每个优化都作为单独的函数暴露给用户，将会增加用户的关注和学习成本。此外，大量特定函数的存在也会使代码难以阅读和理解。通过使用代理对象技术，我们可以在背后实现优化，同时确保代码既具有优化效果，又具备可读性。

10.1.1　惰性求值与急切计值

惰性求值（Lazy evaluation）是一种将求值操作延迟到其结果真正被需要时才执行的技术。相反，立即执行求值操作的技术就是**急切计值（eager evaluation）**。某些情况下，比如，我们最终可能会构建一个完全用不上的值，这时急切计值就是不可取的了。

为了说明急切计值与惰性求值的区别，我们用实现一个有多个关卡的游戏需求作为举例。在这个游戏中，每当玩家完成一个关卡，就会显示当前关卡的分数。在这里，我们会集中讨论这里面的几个部分：

- 一个负责显示用户分数的 ScoreView 类，如果用户获得了奖励，它还会展示一个 optional 的奖励图片。
- 表示加载到内存中的图像的 Image 类。
- 从磁盘加载图像的 load()函数。

本例中，我们不关注类与函数的具体实现，但我们可以看下它们的声明如下：

```
class Image { /* ... */ };                    // 能够存放 JPG 数据的缓冲区
auto load(std::string_view path) -> Image; // 从路径中加载图像

class ScoreView {
public:
  // 急切计值，需要加载好了的 bonus 图像
  void display(const Image& bonus);

  // 惰性求值，仅在必要时加载 bonus 图像
  void display(std::function<Image()> bonus);

  // ...
};
```

在这里，我们对外提供了两个版本的 display()函数：前者需要传入一个已经完成加载了的 bonus 图像；后者则会接受一个函数，只有在需要 bonus 图像时才会被调用。可以像这样调用第一个急切计值的版本：

```
// 始终直接加载 bonus 图像
const auto eager = load("/images/stars.jpg");
score.display(eager);
```

使用第二个惰性求值版本，则如下：

```
// 如果需要，则惰性加载默认图像
auto lazy = [] { return load("/images/stars.jpg"); };
score.display(lazy);
```

急切计值的版本，哪怕默认图片从未用过，也永远会把它加载到内存里。而惰性求值的版本，则只会在 ScoreView 真的需要显示图片时才会加载它。

上面只是一个简单的实例，但也能明显看出，惰性求值的表达方式和急切计值的声明方式几乎相同。接下来，我们介绍另一种将惰性求值的技术细节隐藏起来的技术——代理对象。

10.1.2 代理对象

确切地说，代理对象是作为库的内部对象存在的，库的使用者并不直接看到它们。代理

对象的任务是延迟执行操作，并在需要时收集数据，直到可以对其进行求值和优化。我们期望代理对象在背后默默地工作，不应该对库的用户可见。使用代理对象技术，我们可以将优化封装在库中，并保持接口的完整性。下面让我们看一下，如何使用代理对象技术来实现惰性求值和高阶表达式。

10.2 避免使用代理对象构建对象

如前所述，急切计值可能会造成多余的、不必要的构建对象这样的不良后果。当然了，这通常不算什么问题，不过一旦这个对象的构建成本足够高（比如堆分配），就有合理的理由来优化这种不必要而不起任何作用的短命对象了。

10.2.1 使用代理比较连接的字符串

我们接着通过一个使用了代理对象的小例子，说明什么是代理对象，它可以做什么。注意本例并不是一个可用于生产环境的优化字符串比较的解决方案。

至此，我们来看看下面的代码片段，它将两个字符串拼接起来，并对结果做比较：

```
auto a = std::string{"Cole"};
auto b = std::string{"Porter"};
auto c = std::string{"ColePorter"};
auto is_equal = (a + b) == c;         // true
```

图 10.1 是刚才那段代码的可视化表示。

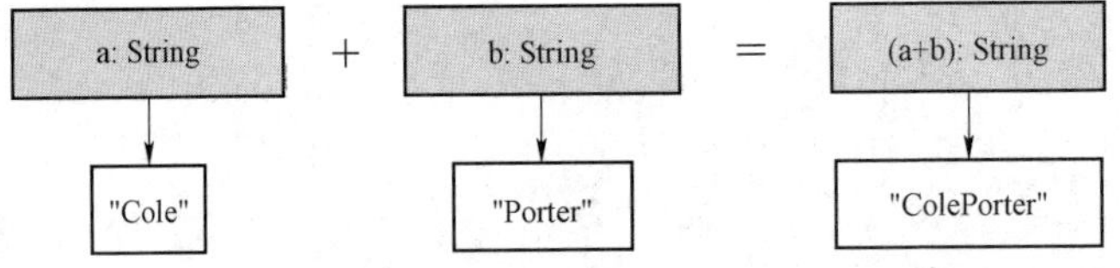

图 10.1　将两个字符串拼接成一个新的字符串

上面的问题在于，（a+b）构建的是一个全新的临时字符串，然后再跟 c 比较。与其构建一个全新的字符串，不如像这样直接对拼接进行比较：

```
auto is_concat_equal(const std::string& a, const std::string& b,
                     const std::string& c) {
  return
```

```
    a.size() + b.size() == c.size() &&
    std::equal(a.begin(), a.end(), c.begin()) &&
    std::equal(b.begin(), b.end(), c.begin() + a.size());
}
```

接着，就可以这样调用它了：

```
auto is_equal = is_concat_equal(a, b, c);
```

从性能的角度来说，我们已经取得了胜利，但从语法层面来看，像上面这样充满了各种取巧的“便利”函数的代码库是很难维护的。因此，接着我们来看看如何在保持原有语法情况的同时，还能实现上面这样的优化。

10.2.2　实现代理

首先，我们来创建一个代理类，用来表示两个字符串的拼接：

```
struct ConcatProxy {
  const std::string& a;
  const std::string& b;
};
```

之后，我们在创建一个自己的 String 类，它包含了一个 std::string 和重载了的 operator+() 函数。注意，本例是关于如何制作与使用代理对象的，并不推荐像下面这样创建自己的 String 类：

```
class String {
public:
  String() = default;
  String(std::string str) : str_{std::move(str)} {}
  std::string str_{};
};

auto operator+(const String& a, const String& b) {
   return ConcatProxy{a.str_, b.str_};
}
```

图 10.2 是上面的代码片段的可视化表示。

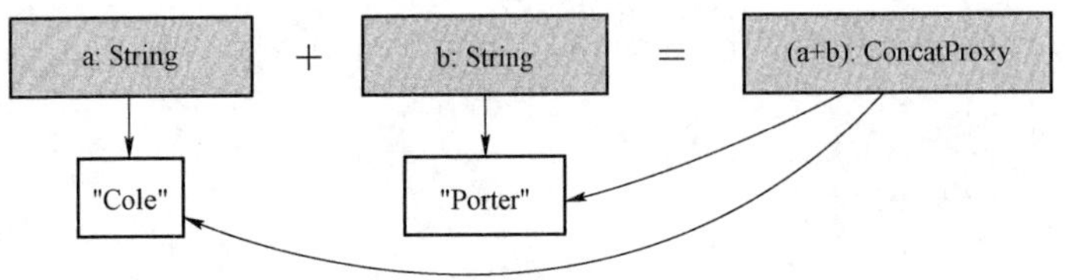

图 10.2 代表两个字符串的拼接的代理对象

最后，我们创建一个全局的 operator==()函数，而它会调用优化好了的 is_concat_equal()函数：

```
auto operator==(ConcatProxy&& concat, const String& str) {
  return is_concat_equal(concat.a, concat.b, str.str_);
}
```

这样，我们就把所有需要的都准备好了，而刚刚好，它也能满足我们从性能与语法两方面的需求：

```
auto a = String{"Cole"};
auto b = String{"Porter"};
auto c = String{"ColePorter"};
auto is_equal = (a + b) == c;      // true
```

也就是说，我们既获得了 is_concat_equal()的性能便利，又保留了使用 operator==()的表意性语法。

10.2.3 右值修饰符

上节的代码中，全局 operator==()函数只接受 ConcatProxy 右值：

```
auto operator==(ConcatProxy&& concat, const String& str) { // ...
```

相反，如果我们同意接受 ConcatProxy 左值，则可能会意外地滥用代理，比如：

```
auto concat = String{"Cole"} + String{"Porter"};
auto is_cole_porter = concat == String{"ColePorter"};
```

这样做的问题在于，持有“Cole”和“Porter”的临时字符串对象，在执行到比较时就已经被销毁了，这就导致了执行失败（请记住 ConcatProxy 类只持有对字符串的引用）。但在例子中，因为我们强迫 concat 对象是右值，这样前面的代码就不会被编译，从而让我们避免了可能的运行时崩溃。当然，也可以通过使用 std::move(concat)==String(" ColePorter ")将 concat 转换为右值，但这也不现实。

10.2.4 存储拼接好的代理对象

接下来，你可能会有疑惑，如果我们真的想把拼接的字符串存储成新的字符串，而不仅仅是简单的比较，该怎么做？最简单的做法就是重载 operator String()函数，如下所示：

```
struct ConcatProxy {
  const std::string& a;
  const std::string& b;
  operator String() const && { return String{a + b}; }
};
```

这样，两个字符串的拼接就会隐式的将自己转换为一个 String：

```
String c = String{"Marc"} + String{"Chagall"};
```

一个小问题是：没法用 auto 关键字初始化新的 String 对象，因为 auto 会认为这是一个 ConcatProxy：

```
auto c = String{"Marc"} + String{"Chagall"};
// 由于这里的 auto 关键字，c 被认为是一个 ConcatProxy
```

不幸的是，我们没办法绕过这个问题；必须明确地指定结果是一个 String 类型。

现在我们可以看看优化后的版本和原先的版本相比有多快了。

10.2.5 性能评估

为了评估性能上的优势，我们将以拼接并比较 10’000 个大小为 50 的字符串为基准：

```
template <typename T>
auto create_strings(int n, size_t length) -> std::vector<T> {
  // 创建 n 个指定长度的随机字符串
  // ...
}
```

```
template <typename T>
void bm_string_compare(benchmark::State& state) {
  const auto n = 10'000, length = 50;
  const auto a = create_strings<T>(n, length);
  const auto b = create_strings<T>(n, length);
  const auto c = create_strings<T>(n, length * 2);
  for (auto _ : state) {
    for (auto i = 0; i < n; ++i) {
      auto is_equal = a[i] + b[i] == c[i];
      benchmark::DoNotOptimize(is_equal);
    }
  }
}
BENCHMARK_TEMPLATE(bm_string_compare, std::string);
BENCHMARK_TEMPLATE(bm_string_compare, String);
BENCHMARK_MAIN();
```

我们在 Intel Core i7 CPU 上执行时，使用 gcc 实现了 40 倍速度的提升。直接使用 std::string 的版本在 1.6ms 内完成，而使用了 String 的代理版本则仅用了 0.04ms。当使用长度为 10 的短字符串运行相同的测试时，速度有 20 倍的提高。这里的差异主要在于，小字符串会通过利用第 7 章中讨论的小字符串优化以避免堆分配。该微基准测试说明了，当我们摆脱了临时字符串和随之而来的可能的堆分配时，使用代理对象的速度是相当快的。

综上所述，ConcatProxy 类帮助我们在比较字符串时隐藏了优化内容。希望你通过这个小例子的启发，能够开始思考如何在实现性能优化的，同时保持对外 API 设计的简洁性。

接下来，我们会看到另一种可以隐藏在代理类背后的、实用的优化。

10.3 延迟 sqrt 计算

本节我们将讨论如何使用代理对象，以便在比较 vector 的长度时，延迟甚至避免使用计算量超大的 std::sqrt()函数。

10.3.1 一个简单的二维向量类

我们从一个简单的二维向量类开始。它分别有 x 和 y 成员变量和一个用于计算从原点到

（x，y）距离的 length()成员函数。我们定义这个类为 Vec2D：

```
class Vec2D {
public:
  Vec2D(float x, float y) : x_{x}, y_{y} {}
  auto length() const {
    auto squared = x_*x_ + y_*y_;
    return std::sqrt(squared);
  }
private:
  float x_{};
  float y_{};
};
```

以下展示了用户将如何使用 Vec2D：

```
auto a = Vec2D{3, 4};
auto b = Vec2D{4, 4};
auto shortest = a.length() < b.length() ? a : b;
auto length = shortest.length();

std::cout << length; // 输出 5
```

上面的例子中，我们创建了两个向量，然后比较它们的长度，最后将长度最短的向量打印出来。图 10.3 展示了向量和计算出来的到原点的长度。

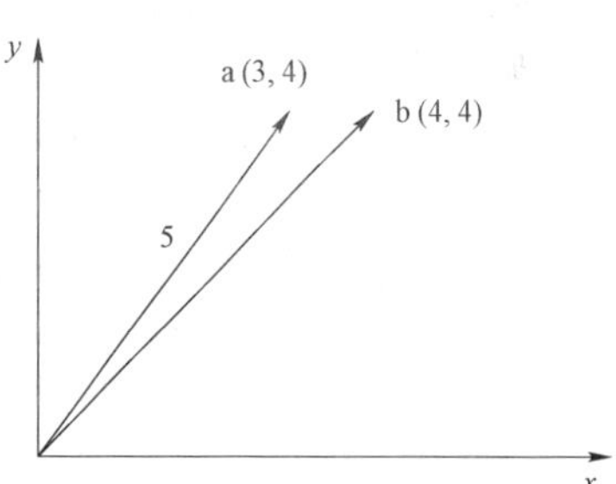

图 10.3　两个不同长度的二维向量，其中向量 a 的长度为 5

10.3.2　示例背后的数学概念

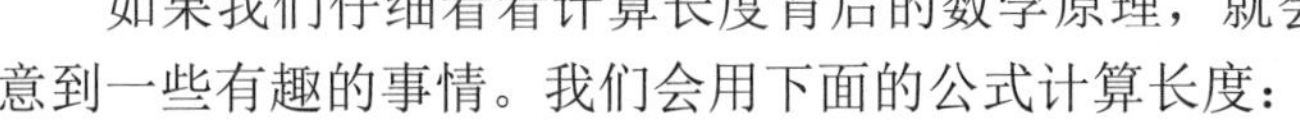

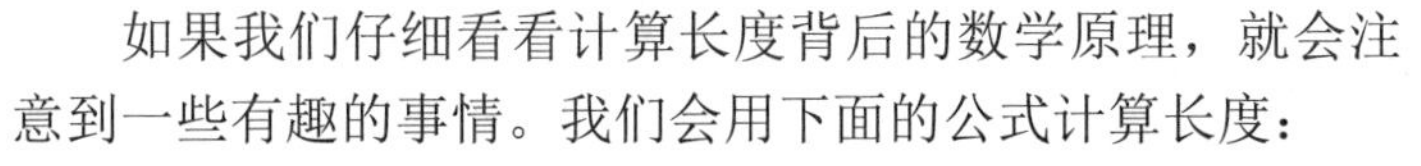

如果我们仔细看看计算长度背后的数学原理，就会注意到一些有趣的事情。我们会用下面的公式计算长度：

$$\text{length} = \sqrt{x^2 + y^2}$$

不过，如果我们只需要比较两个“向量距原点的长度”，那么长度的平方就够用了：

$$\text{length}^2 = x^2 + y^2$$

如果要计算平方根，那么可以调用 std::sqrt()函数。不过，如果我们只想比较两个向量的长度，那其实并不需要平方根运算。尽管 std::sqrt()是个较慢的操作，但它带来的一个好处是如果我们通过长度来比较大量的向量，那么我们可以明显感受到性能上的差别。问题是，要怎样才能在保留简介语法的同时提升性能呢？接下来，我们看看如何在比较长度时，使用代理对象在库内部进行优化。

为了清楚起见，我们还是从原先的 Vec2D 类开始，只不过把 length()函数分成两部分：length_squared()和 length()，如下所示：

```
class Vec2D {
public:
  Vec2D(float x, float y) : x_{x}, y_{y} {}
  auto length_squared() const {
    return x_*x_ + y_*y_;
  }
  auto length() const {
    return std::sqrt(length_squared());
  }
private:
  float x_{};
  float y_{};
};
```

这样用户如果想在只比较向量的长度时，有更好的性能，就可以直接调用 length_squared()函数。

假设我们想实现一个快捷的实用函数，返回一组 Vec2D 对象的最小长度。这时我们就有两个选择，比较时要么使用 length()，要么使用 length_squared()。她们相应的实现如下所示：

```
// 使用 length() 的简易版本
auto min_length(const auto& r) -> float {
  assert(!r.empty());
  auto cmp = [](auto&& a, auto&& b) {
    return a.length () < b.length();
  };
  auto it = std::ranges::min_element(r, cmp);
```

```
  return it->length();
}
```

使用 length_squared()进行比较的优化版本代码则是这样的：

```
// 使用 length_squared() 的高性能版
auto min_length(const auto& r) -> float {
  assert(!r.empty());
  auto cmp = [](auto&& a, auto&& b) {
           return a.length_squared() < b.length_squared(); // 更快
  };
  auto it = std::ranges::min_element(r, cmp);
      return it->length(); // 但要记住在这里使用 length()!
}
```

第一版在 cmp 内部调用的是 length()，它的优点是可读性更好，更容易得出正确的结果。而第二版则更快。请不要忘记，第二版代码之所以速度更快，是因为我们避免了在 cmp 中调用 std::sqrt()函数。

我们期待的最优解就是，能够在使用 length()拥有的第一版语法的同时，还能拥有使用 length_squared()的第二版代码那样的性能。

根据这个类潜在的使用上下文来看，我们有很充分的理由将 length_squared()这样一个函数公开出去。不过我们先假设在实际的团队中，其他的同事不太能理解要实现 length_squared()函数的理由，而且还觉得很困惑。因此我们决定，找出一个更好的办法，来避免计算长度的函数出现两个版本这样的事。你可能已经猜到，是时候构建一个代理类来隐藏这种复杂性了。

为了实现这一需求，我们就不能像之前那样从 length()中返回浮点数了，而应该返回一个用户不可见的中间对象。依照用户使用这个隐式的代理对象的方式来看，它应该尽可能避免调用 std::sqrt()，直到不得不用到这一函数。在接下来的部分，我们将实现从 Vec2D::length()返回的代理对象 LengthProxy 类。

10.3.3　实现 LengthProxy

接下来是实现 LengthProxy 的时候了，我们设计这个类包含一个表示长度的平方的 float 成员。为了防止该类的用户混淆长度的平方与正常的长度，长度的平方对用户而言是永远不可见的。

取而代之的是，LengthProxy 有一个隐式的友元函数，它会比较长度的平方与正常的长度，如下所示：

```
class LengthProxy {
public:
  LengthProxy(float x, float y) : squared_{x * x + y * y} {}
  bool operator==(const LengthProxy& other) const = default;
  auto operator<=>(const LengthProxy& other) const = default;
  friend auto operator<=>(const LengthProxy& proxy, float len) {
            return proxy.squared_ <=> len*len; // C++20
  }
  operator float() const {           // 允许隐式转换为 float
    return std::sqrt(squared_);
  }
private:
  float squared_{};
};
```

我们还定义了 operator float()以允许从 LengthProxy 到 float 的隐式转换。同时，还让 LengthProxy 对象之间可以相互比较。通过使用 C++20 新的比较语法，我们只需默认相等运算符和三路比较运算符，就可以让编译器为我们生成所有必要的比较运算符了。

接下来，我们重写 Vec2D 类，让它返回 LengthProxy 对象而不是原先的 float：

```
class Vec2D {
public:
  Vec2D(float x, float y) : x_{x}, y_{y} {}
  auto length() const {
    return LengthProxy{x_, y_};          // 返回代理对象
  }
  float x_{};
  float y_{};
};
```

有了这些作为补充，是时候使用我们刚实现的代理类了。

10.3.4　用 LengthProxy 比较长度

本例中，我们将比较两个向量 a 和 b，并确定 a 是不是比 b 要短。注意，如果我们没有使用代理类，代码在语法上看起来是完全一样的：

```
auto a = Vec2D{23, 42};
auto b = Vec2D{33, 40};
bool a_is_shortest = a.length() < b.length();
```

实现之下，最下面的语句会被扩展成类似这样的内容：

```
// 这些 LengthProxy 对象在外部永远是不可见的
LengthProxy a_length = a.length();
LengthProxy b_length = b.length();
// 调用 LengthProxy 上的成员 operator<
// 其实比较的是 squared_
auto a_is_shortest = a_length < b_length;
```

效果很好！std::sqrt()操作被省略了，同时 Vec2D 类的接口仍然是保持不变的。因为省略了 sqrt()操作，我们之前实现的 min_length()的简单版本，现在可以更高效的进行比较了。接下来，是它精简后的实现，它保留了可读的语法的同时，还是很高效：

```
// 简单而高效
auto min_length(const auto& r) -> float {
  assert(!r.empty());
  auto cmp = [](auto&& a, auto&& b) {
    return a.length () < b.length();
  };
  auto it = std::ranges::min_element(r, cmp);
  return it->length();
}
```

这样一来，Vec2D 对象之间长度比较的优化的过程，对使用者来说是完全不可见的了。实现 min_length()函数的开发者，也不需要知道这个优化的细节，就可以从中获益。接下来，我们看看如果需要向量正常的长度该怎么做。

10.3.5 用 LengthProxy 计算长度

在申请使用实际长度时，调用端代码发生了些变化。为了能隐式地转换为 float，我们必须在声明 len 时显式的使用 float，而没办法像原来那样直接使用 auto：

```
auto a = Vec2D{23, 42};
float len = a.length(); // 注意，不能在这里使用 auto
```

如果像之前那样使用 auto，那么 len 对象会被推断为 LengthProxy，而不是我们期待的 float。我们不希望库用户直接处理 LengthProxy 对象，我们期望的是，代理对象做的所有操作对于用户都是黑盒的，且用户只需要利用它的结果（本例中，就是比较的结果以及实际距离）。即使我们像之前那样没法完全隐藏掉代理对象，我们还是可以看看该怎样约束它们的使用，以防用户误用。

防止 LengthProxy 的误用

细心的读者可能已经注意到了，有一种情况下，使用 LengthProxy 类会造成性能变差，即根据代码为了计算长度而多次调用 std::sqrt()函数：

```
auto a = Vec2D{23, 42};
auto len = a.length();
float f0 = len;       // 赋值期间调用了 std::sqrt()
float f1 = len;       // len 中的 std::sqrt() 再次被调用
```

尽管这是一个刻意造成的问题，但在现实工作中却也比比皆是，我们希望能够迫使 Vec2D 的用户对每一个 LengthProxy 对象只调用一次 operator float()。为了防止误用，我们需要让 operator float()只能在右值调用，即 LengthProxy 对象只有在没有与变量绑定的情况下，才能转换为浮点类型。

我们可以通过在 operator float()函数上使用&&修饰符来强制这种行为。&&修饰符的作用与 const 相似，只不过 const 迫使成员函数不去修改对象，而&&则会迫使函数只能操作临时对象。

下面是修改后的代码：

```
operator float() const && { return std::sqrt(squared_); }
```

如果我们要对绑定到变量的 LengthProxy 对象调用 operator float()，编译就会失败：

```
auto a = Vec2D{23, 42};
auto len = a.length();        // len 是 LenghtProxy 类型
float f = len;                // 编译失败：len 不是右值
```

不过，我们依然可以像这样对 length()返回的右值调用 operator float()：

```
auto a = Vec2D{23, 42};
float f = a.length(); // OK: 在右值上调用 operator float()
```

尽管仍然会创建临时 LengthProxy 实例，但因为没有被绑定到变量上，所以我们可以隐式地将它转换为 float。这一操作可以有效防止像先前那样，在 LengthProxy 上多次调用 operator float()的误操作。

10.3.6 性能评估

我们可以看看做了这些改进到底提升了多少性能。我们将基于以下版本的 min_element()代码执行基准测试：

```
auto min_length(const auto& r) -> float {
  assert(!r.empty());
  auto it = std::ranges::min_element(r, [](auto&& a, auto&& b) {
    return a.length () < b.length(); });
  return it->length();
}
```

为了更清楚的对比代理对象的优化程度，我们来编写一个对照代码 Vec2DSlow，这段代码会一直调用 std::sqrt()计算实际长度：

```
struct Vec2DSlow {
  float length() const {                    // 一直使用
    auto squared = x_ * x_ + y_ * y_;       // sqrt() 计算
    return std::sqrt(squared);              // 实际长度
  }
  float x_, y_;
};
```

使用带有函数模板的 Google Benchmark，可以看到在寻找 1000 个向量的最短长度时性能的提升：

```
template <typename T>
void bm_min_length(benchmark::State& state) {
  auto v = std::vector<T>{};
  std::generate_n(std::back_inserter(v), 1000, [] {
    auto x = static_cast<float>(std::rand());
    auto y = static_cast<float>(std::rand());
    return T{x, y};
  });
  for (auto _ : state) {
    auto res = min_length(v);
    benchmark::DoNotOptimize(res);
  }
}

BENCHMARK_TEMPLATE(bm_min_length, Vec2DSlow);
BENCHMARK_TEMPLATE(bm_min_length, Vec2D);
BENCHMARK_MAIN();
```

在 Intel i7 处理器上运行这段基准测试可以得到如下结果：

- 调用未经优化的 Vec2DSlow 总计花费 7900ns。
- 调用使用了代理对象的 Vec2D 总计花费 1800ns。

可以明显看出，性能方面的提升是四倍有余的。

以上就是关于我们该如何解决“不必要的计算”的问题的讨论了。可以看到，我们并没有复杂化原先的 Vec2D 接口，反而是设法将优化封装到代理对象中，以便让用户在优化中获益的同时，也不会影响接口的表意清晰度。

表达式模板是优化 C++中表达式的技术。它是运用模板元编程技术，在编译时生成表达式树。该技术可用于避免临时性，并实现惰性求值。同时，它还用于提升 Boost 的 **Basic Linear Algebra Library**（**uBLAS**）与 **Eigen**（**http://eigen.tuxfamily.org**），线性代数算法与矩阵操作速度的重要技术之一。关于如何设计矩阵类时如何使用表达式模板与聚合操作（fused operations），可以参考 Bjarne Stroustrup 撰写的《C++程序设计语言》（第 4 版）。

本章最后，我们将讨论在代理对象与重载运算符相结合时，还能如何从中获益。

10.4　探索运算符重载和代理对象

如你所见，C++有重载运算符的能力，包括标准数学运算符，如加号与减号。而重载的数学运算符，可以用来创造自定义的数学类，让它们有像内置类型一样的表意性，让代码更具可读性。这之中另一个例子就是流运算符，在标准库中，它可以被重载以便将对象转换为流：

```
std::cout << "iostream " << "uses " << "overloaded " << "operators.";
```

不过，有些库会在别的情况下重载。正像之前讨论的，Ranges 库会使用重载像下面这样组成视图：

```
const auto r = {-5, -4, -3, -2, -1, 0, 1, 2, 3, 4, 5};
auto odd_positive_numbers = r
  | std::views::filter([](auto v) { return v > 0; })
  | std::views::filter([](auto v) { return (v % 2) == 1; });
```

接下来，我们将探讨如何在代理类中使用管道运算符。

作为扩展方法的管道运算符

与其他语言相比，比如 C#、Swift 和 JavaScript，C++并不支持扩展方法，也就是说，我们没法在本地用一个新的成员函数扩展某个类。

比如，我们不能用 contains（T val）函数扩展 std::vector，以便像下面这样调用：

```
auto numbers = std::vector{1, 2, 3, 4};
auto has_two = numbers.contains(2);
```

不过，我们可以通过重载管道运算符的方法，来实现几乎等同的语法效果：

```
auto has_two = numbers | contains(2);
```

通过使用代理类，我们能够非常轻易的实现这一需求。

管道运算符

本节中，我们的目标是实现一个简单的管道运算符，以便可以执行下面的操作：

```
auto numbers = std::vector{1, 3, 5, 7, 9};
auto seven = 7;
bool has_seven = numbers | contains(seven);
```

根据目标，我们发现与 contains()函数需要两个参数：numbers 和 seven。而因为左边的参数，即 numbers 可以是任何类型，同时我们需要用右边这样特定的类型来重载管道运算符。因此，我们可以创建一个保留了右边参数的 ContainsProxy 结构体模板。这样，重载的管道运算符就可以识别到重载了：

```
template <typename T>
struct ContainsProxy { const T& value_; };

template <typename Range, typename T>
auto operator|(const Range& r, const ContainsProxy<T>& proxy) {
  const auto& v = proxy.value_;
  return std::find(r.begin(), r.end(), v) != r.end();
}
```

接下来我们可以像这样使用 ContainsProxy：

```
auto numbers = std::vector{1, 3, 5, 7, 9};
auto seven = 7;
auto proxy = ContainsProxy<decltype(seven)>{seven};
bool has_seven = numbers | proxy;
```

尽管从语法上看，明确的指定类型会让语法变得很难看，但我们的管道运算符现在是可以工作的了。为了让语法更简练，我们可以快速创建一个方法，让它接收一个值，然后创建包含类型信息的代理：

```
template <typename T>
auto contains(const T& v) { return ContainsProxy<T>{v}; }
```

这正是我们所需要的！这样，就可以将它应用于任何类型的容器了：

```
auto penguins = std::vector<std::string>{"Ping","Roy","Silo"};
bool has_silo = penguins | contains("Silo");
```

本节示例展示了实现管道运算符的基本方法。实际上，包括 Ranges 库和 Paul Fultz 的 Fit 库（可在 https://github.com/pfultz2/Fit）在内的很多库都实现了适配器，这些适配器接收一个正常函数，并让它可以使用管道语法进行调用。

10.5 总结

本章我们讨论了惰性求值和急切计值间的区别。同时还学到了，如何使用隐藏的代理对象，来实现用户不可见的惰性求值。这意味着，我们现在有能力在保留类的简易接口的同时，实现使用惰性求值的优化。现实中，我们会在工作中发现，想让代码具有更好的可读性，同时减少出错的几率，可以通过将复杂的优化技术隐藏在库的实现细节中，而不是直接暴露在应用中来实现。

第 11 章，我们将切换重点到 C++的并发与并行编程上。

第 11 章　并　　发

第 10 章我们讨论了惰性求值与代理对象，接下来我们继续聊聊在 C++中如何使用具有共享内存的线程编写并发程序。我们将研究如何编写没有数据竞争与死锁的代码，从而保证软件的正确性。同时，本章还会包括“如何让并发代码能够以低延迟、高吞吐量的方式运行”的建议。

在进一步讨论前，我们需要声明，本章并不会对并发编程做完整的介绍，也不会涵盖在 C++中有关并发的全部细节。相对的，本章是对使用 C++编写并发代码的核心环节的介绍，这之中还会夹杂着一些与性能有关的准则建议。所以，如果读者在此之前没有并发程序的相关经验，那么我建议可以先阅读一些概念性的材料，提前了解并发编程理论相关的知识。另外，大家在本章中会看到诸如死锁、临界区、条件变量与互斥锁等概念被拿出来做简单讨论，不过这更多是作为一种复习手段，而非详细讲解。

本章将涵盖以下内容：

- 并发编程基本原理，包括并行执行、共享内存、数据竞争与死锁。
- 关于 C++的 thread support library、atomic library 和内存模型。
- 无锁编程实例。
- 性能准则。

11.1　了解并发的基本概念

所谓并发程序，就是可以在同一时间执行多个任务的代码。一般的，并发编程远比顺序编程困难，但以下几个原因可以说明为什么代码要具备并发能力，并从中获益：

- **效率**：如今的智能手机和台式机都有多个 CPU 内核用以并行执行多项任务。如果我们能设法将一个大型任务拆分成子任务然后并行运行它们，那么理论上的时间就是这个大型任务串行运行的时间除以 CPU 的核数了。而如果这样的代码运行在只有一个核的机器，且某个子任务是 I/O 绑定的，那么仍然可以从中获益，即在这个子任务等待 I/O 时，其他子任务仍然可以继续在 CPU 上执行。
- **响应力和低延迟**：对于那些具有图形界面的程序来说，最重要的就是永远不要让代码变得失去响应而阻塞用户操作。所以，为了预防这一情况，通常会选择让那些执行较长时间的任务（如从磁盘加载文件或从网上获取某些数据）独立运行，这样负责用户界面的线程就不会被这样的任务所阻塞了。而另一边低延迟的例子就是实时音频了，负责产生音频数据缓冲区的函数会在一个独立的、高优先级线程中运行，而程序的其他部分则在低优先级线程中运行来处理用户界面等事项。

- **仿真**：并发可以轻易模拟真实场景中的并发系统。毕竟我们身边绝大多数的情况都是并行发生的，而想用串行模型模拟并发又是非常困难的。当然，我们在本章并不会关注仿真这一部分，而会关注和性能相关的内容。

尽管并发解决了很多问题，但它也引入了新的问题，我们将在接下来讨论它们。

11.2　是什么让并发编程变得困难？

并发编程难的原因有很多，如果你之前有过编写并发程序的经验，那么很可能已经遇到过下面罗列的这些原因：

- 很难在多个线程间以安全的方式共享状态。每当我们碰到那些可以同时读写的数据，就需要想办法保护它们不受数据竞争的影响。后面会有很多这样的例子。
- 因为并行执行的流程，所以梳理并发程序的逻辑通常更加复杂。
- 调试起来很复杂。因为数据竞争而产生的缺陷可能会因为依赖于线程的调度方式而非常难以调试。而且这类问题有时还很难重现，甚至最坏的可能就是在使用调试器运行程序时，那个问题都不会出现！而有时，一个简单的调试追踪甚至会改变多线程程序的行为方式，导致那个错误暂时消失！

在开始研究并使用 C++的并发编程之前，我们先了解一些与并发和并行编程有关的基础概念。

11.3　并发和并行

并发和**并行**这两个术语有时是可以互换的。但其实它们并不相同，所以其实了解它们的区别至关重要。如果一个程序有多个独立控制流（individual control flow）可以在同一时间重叠运行，就可以说它是并发的。在 C++中，当我们说独立控制流时，指的是线程。不过，这些线程可能会也可能不会完全在相同的时间执行。如果它们是在同一时间执行的，那么我们就说它们是并行执行的。而为了让一个并发程序可以并行执行，就需要它运行在一台支持并行执行指令的机器上。也就是说，这台机器需要有多个 CPU 核才行。

出于效率的考量，乍一看，如果可能的话，我们肯定希望并发程序都可以并行的执行。但这其实并不总是可以的。另外，本章后续涉及的很多同步原语（如互斥锁）只是为了支持现成的并行执行。那些非并行运行的并发任务并不需要这种锁机制，而且理解起来代码要容易得多。

11.3.1 时间切片

读者可能会有“在只有一个单核 CPU 上，如何执行并发线程呢？”的疑问，答案就是**时间切片**。这与操作系统用来支撑进程的并发执行的机制相同。为了更容易理解时间切片，如图 11.1 所示，假设我们有两个需要并发执行的独立的指令序列：

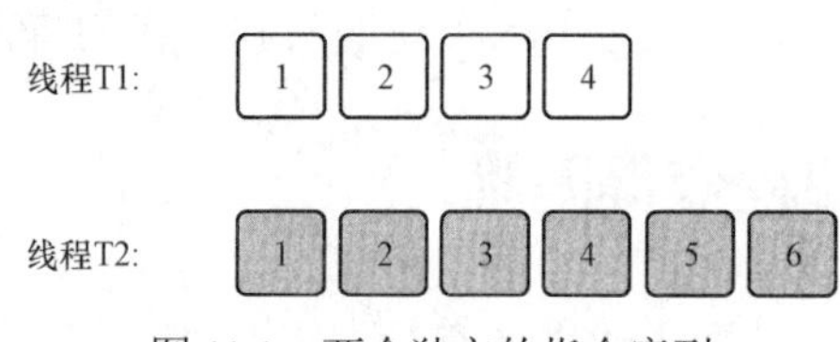

图 11.1 两个独立的指令序列

每个带有编号的正方形都表示一个指令。两个指令序列分别在单独的线程中执行，记为 **T1** 和 **T2**。操作系统会为这两个线程在 CPU 上分配一定的时间，之后执行上下文切换操作。这一操作会存储当前运行线程的状态，然后加载将要执行的线程状态。这样的操作频率很高，所以在表面看起来就像是线程们在同时运行一样。当然，上下文切换是相当耗时的，而且每次新的线程在 CPU 上执行时，都可能会产生大量的高速缓存缺失（cache miss）。所以这也是为什么我们往往不希望上下文切换的过于频繁的原因。

图 11.2 展示了在 CPU 上调度两个线程可能的执行顺序：

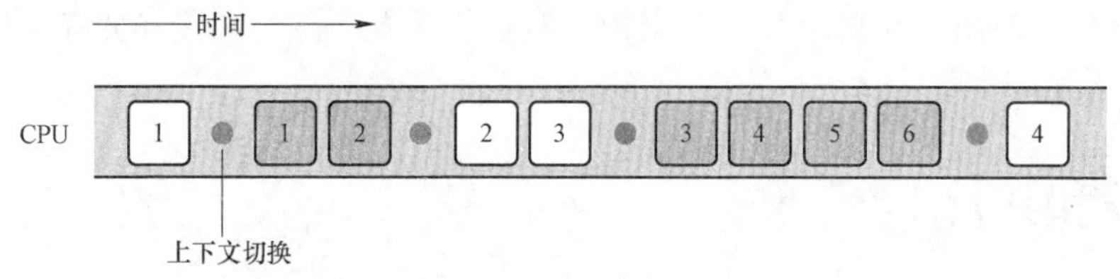

图 11.2 两个线程的可能执行情况，其中圆点表示上下文切换

如图 11.2 所示，我们从线程 T1 的第一条指令开始执行，然后进行上下文切换，执行线程 T2 的前两条指令。因为这样的上下文切换是随机的，所以作为开发者，我们要确保操作系统无论如何调度任务，我们的代码都能够按照预期来运行才行。而假如某个序列出于某种原因而变成了无效的，我们还是有一些办法，比如通过使用锁来控制指令的执行顺序，来补救的，这一方法将在本章后面详细介绍。

如果我们的机器有多个 CPU，那就有了并行执行两个线程的可能。但是，却也不能（甚至不太可能）保证这两个线程在代码的整个生命周期内都不会在一个核上运行。这是因为整个操作系统共享 CPU 的时间，所以调度器也会执行其他进程。这也是为什么线程不会安排专用核的原因之一。

图 11.3 展示了与刚才相同的两个线程运行在双核 CPU 机器上的情况。如你所见，线程 T1 的第二条和第三条指令（白色方框）与线程 T2 的执行时间完全重合，即两个线程这时是并行执行的：

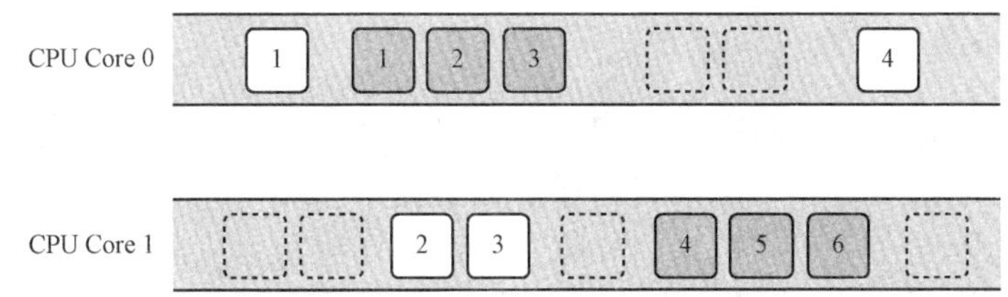

图 11.3　两个线程运行在多核机器上，这让并行执行这两个线程成为可能

接下来，让我们继续探讨共享内存。

11.3.2　共享内存

同一进程中创建的线程会共享同一虚拟内存。也就是说，一个线程可以访问进程内可寻址到的任意数据。这是因为操作系统会使用虚拟内存来保护跨进程的内存，却没有保护进程内那些不准备让线程间共享的内存。总的来说，就是虚拟内存只会确保我们无法访问没有分配给我们的其他进程的内存。

在多个线程间共享内存是一种非常高效的处理线程间通信的方式。不过，相对的，安全的在线程间共享内存也是用 C++编写并发程序时的难点之一。所以我们应该力图让线程间共享资源的数量降到最低。

不过好在并非所有的线程内存都是默认共享的。事实上，每个线程都有自己用于存储局部变量和其他处理函数调用所需数据的栈。除非这个线程将局部变量的引用或指针传递给其他线程，否则其他线程是无法直接访问它的栈的。如果在阅读了本书第 7 章内存管理后，仍无法被说服栈是存放数据的好地方的话，那么现在又多了一个重要理由。

另外还有**线程本地存储（thread local storage，TLS）**，可以用于存储存在于线程上下文中的全局变量，同时也不会在线程间共享。我们可以认为线程局部变量就是一个，每个线程都有自己副本的全局变量。

除了上面提到的，其他的，即，在堆上分配的动态内存、全局变量以及静态局部变量都是默认共享的。所以，每次遇到某个线程修改这些共享数据的时候，我们都得确保不会有其他的线程会在同一时间访问该数据，否则就会出现数据竞争的情况。

还记得第 7 章中进程内存部分用于说明进程虚拟地址空间的图示吗？经过简单的修改

后，我们再一次看看它所展示的一个进程包含多个线程时的情况。如图 11.4 所示，每个线程都有自己的栈内存，但所有线程会共用一个堆内存。

在上面的例子中，进程包含有三个线程。默认情况下，堆内存是由所有线程所共享的。

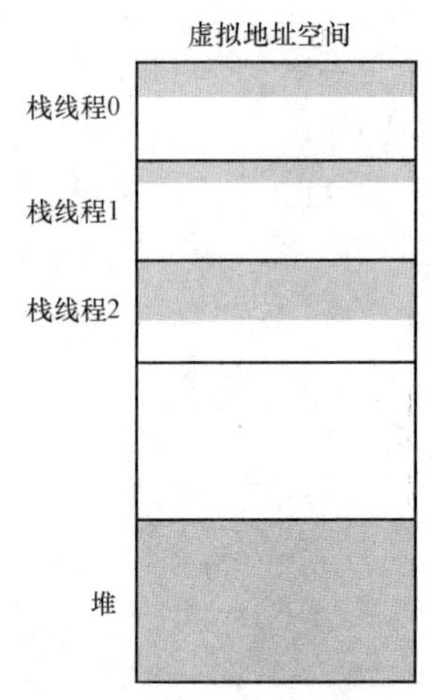

图 11.4 进程中虚拟地址空间布局的一种可能情况

11.3.3 数据竞争

数据竞争发生在两个线程同时访问同一内存，且至少有一个线程改变了对应数据时。一旦代码出现了数据竞争，那就意味着我们的代码存在未定义行为的异常了。而编译器和优化器在工作中会假设代码中没有数据竞争发生，并会基于这一假设对代码优化。这就可能会导致代码运行期间崩溃或代码出现完全摸不着头脑的行为。综上所述，我们应该在任何情况下都不允许代码出现数据竞争的可能。而编译器之所以无法对数据竞争给出警告，是因为在编译时这一行为很难被发现。

对数据竞争调试是很难的，有时还需要诸如 ThreadSanitizer（来自 Clang）或 Concurrency Visualizer（Visual Studio 插件）等工具的辅助。这些工具通常会检测代码，以便运行时库在我们调试代码时，可以及时给出检测、警告或可视化潜在数据竞争的提示。

数据竞争实例

图 11.5 描述了两个要更新名为 counter 整型类型的线程。假设以下场景，这两个线程都会调用++counter 指令递增这个全局计数器（counter）变量。事实证明，递增这样一个 int 类型可能会涉及多条 CPU 指令。当然，这在不同的 CPU 上会有不同的命令，但我们先假设++counter 会产生以下机器指令：

- **R**：从内存中读取计数器。
- **+1**：递增计数器。
- **W**：将新的计数器值写入内存。

接下来，我们假设这两个线程都要更新初始值为 42 的 counter，那么我们期望在这两个线程运行结束后，counter 的结果会变成 44。不过，如图 11.5 所示，我们无法确保这些指令会按照顺序执行，并保证 counter 变量得到正确的递增。

如果没有数据竞争出现，counter 会顺理成章的得到我们期待的 44，但现在它是 43。

在上面的例子里，两个线程都是先读取到了 42，然后再将这个值递增到 43，然后又都写入了更新的值，即 43，也就是说，其实我们的代码从来没有真的得到过期望的正确答案 44。而如果第一个线程能在第二个线程开始读取前就写入 43，那就能得到正确的答案了。另外，值得注意的是，哪怕是单核 CPU，这样的问题也是可能会出现的。单核 CPU 的调度器可能会用类似刚才的方式调度这两个线程，让两个读指令在写指令运行前被运行。

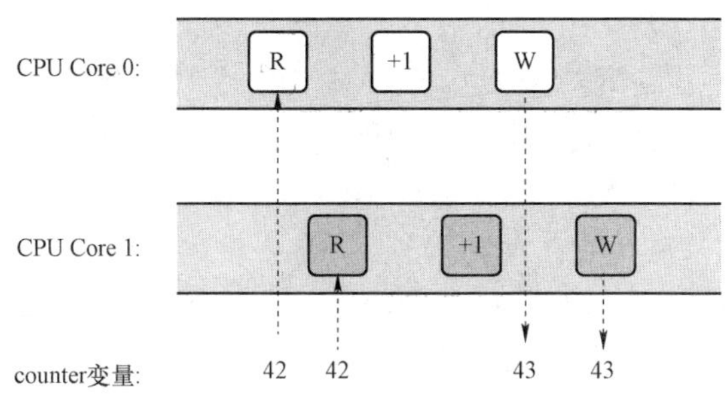

图 11.5　两个线程都在递增同一个共享变量

再次强调，这是一种可能存在的场景，但更重要的则是，这种情况会导致未定义行为异常的产生。一旦数据竞争发生，那么我们需要做好代码可能会出现任何情况的可能。其中就有可能会出现**撕裂**（**tearing**），这是有关**读撕裂**（**torn reads**）和**写撕裂**（**torn writes**）的常用术语。它通常发生在一个线程将某个值的部分写入内存，而同时，另一个线程读取该值，导致最终会遇到一个被损坏的值。

避免数据竞争发生

那么我们要怎样才能避免数据竞争的发生呢？一般主要有两个选择：

- 使用原子数据类型而非 int。这会让编译器以原子的方式执行读取、递增值以及写入操作。我们将在本章花费更多的笔墨讨论原子数据类型。
- 使用互斥锁（mutex），确保多个线程不会同时操作同一个临界区。**临界区**就是代码中不能被同时操作的地方。如果它被写入或读取共享内存，就可能会发生数据竞争。

另外，值得一提的是，不可变数据结构是可以被多个线程访问而不存在任何数据竞争风险的。尽量减少对可变对象的使用是有很多好处的，所以在编写并发代码时，也因为前面说的原因变得更加重要。一种比较常见的模式就是，与其改变现存的对象，不如总是创建新的不可变对象，等到新的对象被成功构建并可以作为新状态后，就可以把这个新对象和旧对象交换了。经由这种方法，我们就可以将代码的临界区降到最小了，即此时只有交换是临界区，所以就需要使用原子操作或互斥锁来保护这一操作。

11.3.4 互斥锁

互斥锁（mutex）是一种避免数据竞争的同步原语。当某个线程需要访问临界区时，就会给互斥锁上锁（有时也被称为获取互斥锁）。这就意味着，在持有锁的当前线程解锁该互斥锁前，其他线程是无法给同一个互斥锁上锁的。这样一来，互斥锁就保证了同一时间只有一个线程处于临界区中。

图 11.6 展示了我们是如何通过引入互斥锁，来避免在数据竞争实例中出现的竞争情况的。其中 **L** 指令表示加锁指令，**U** 指令则是解锁指令。如图 11.6 所示，在 Core 0 上执行的第一个线程最先访问临界区，并在读取 counter 前先上锁了互斥锁。之后，在 counter 原先值的基础上加 1，再将更新后的值写回内存，然后解锁。

在 Core 1 上执行的第二个线程，在刚才第一个线程获取互斥锁后才访问临界区。而因为此时互斥锁已上锁，所以该线程直到第一个线程在不受干扰的情况下更新完 counter 并释放互斥锁前，都会被阻断。

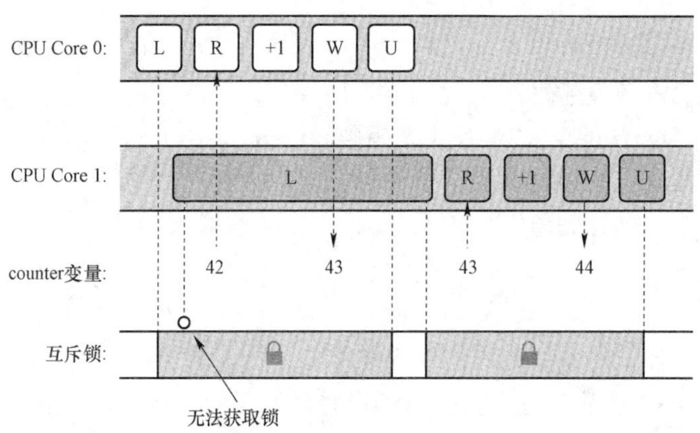

图 11.6 互斥锁保护了临界区，从而避免了变量 counter 发生数据竞争

最终的结果就是，两个线程都能以安全且正确的方式更新这一共享的可变变量。可这也意味着，这两个线程不再能并行运行了。但是，我们从性能角度来看，如果一个线程所做的绝大部分工作都无法在非串行条件下完成，那么就会发现，使用线程就变得没有意义了。

像上面第二个线程被第一个线程所阻塞的状态被称为**争用（contention）**。这也是我们一直在力争避免的事情，毕竟它明显的损害了并发程序的可扩展性。我们也会发现，如果争用的情况过高，哪怕增加再多的 CPU 内核也无法提高性能。

11.3.5 死锁

当我们像上节那样使用互斥锁保护共享资源时，还可能会陷入一种名为**死锁**的状态。这发生在两个线程都在等待对方释放互斥锁，彼此都无法继续进行，然后就都会被卡在死锁状态了。当然，发生死锁需要满足的条件是，一个已经持有锁的线程想要获取另一个锁。实际上，随时系统越来越庞大，想要追踪系统中所有可能被线程使用的锁也变得越来越困难。这就是为什么我们应该力图减少使用共享资源的原因之一，同时也说明了独占锁（exclusive locking）的必要性。

图 11.7 展示了两个都处于等待状态、并尝试获取另一个线程持有的锁的线程。

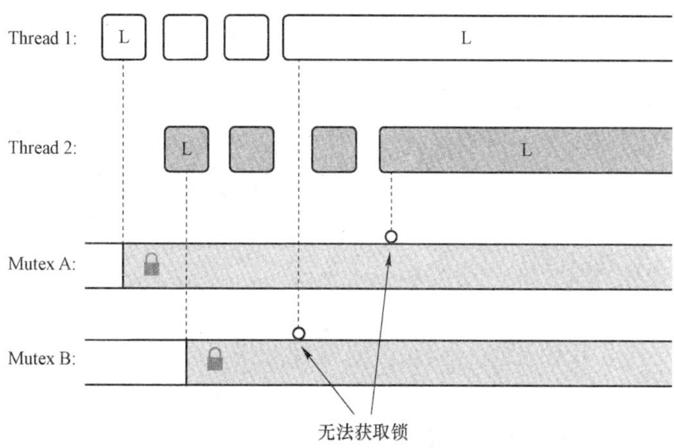

图 11.7 死锁状态的例子

接下来我们来讨论同步任务和异步任务。

11.3.6 同步任务与异步任务

我们将在本章讨论**同步任务**和**异步任务**。同步任务就像正常的 C++函数。每当同步任务完成后，它就会把控制权返回给任务的调用方。任务的调用方在此之前则一直等待或被阻塞。

而异步任务则是立即把控制权返还给调用方，并在同时进行它的工作。

图 11.8 分别展示了调用同步任务和异步任务的区别：

如果你以前没用见过异步任务，乍一看可能会觉得它很奇怪，因为它不像其他的 C++常规函数那样总是在遇到返回语句或者到达函数体最后一行时就停止执行了。不过，随着时间的推移，异步 API 变得越来越普遍，而且你很可能以前就遇到、甚至使用过像异步 JavaScript 这样的技术。

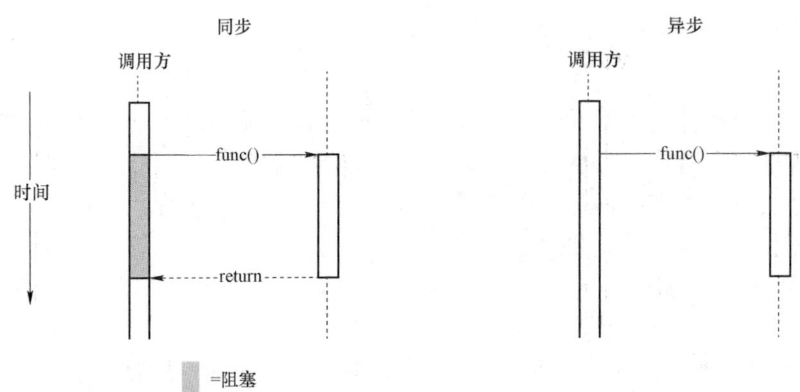

图 11.8 同步与异步调用。异步任务立即返回，但仍会在调用方重新获取控制权后继续工作

有时，我们用**阻塞（blocking）**来表示阻碍了调用方的操作，就是说，需要调用方等待直到操作完成的情况。

在对并发做了一些简单介绍后，接下来，是时候探索 C++对线程编程的支持了。

11.4 C++中的并发编程

C++对并发的支持让我们在编写代码以便并发地执行多个任务成为可能。就像前面说的那样，一般来说，编写一段能够正确运行的 C++并发代码要比编写一段在单线程中顺序执行所有任务的代码难得多。本节将为你展示一些并发编程中常见的陷阱，让大家意识到编写并发程序的困难所在。

对并发的支持是在 C++11 中首次引入的，此后又扩展到 C++14、C++17 和 C++20 中。而在此之前，这一支撑则是通过操作系统、POSIX Threads（pthreads）或一些其他的库得以实现的。

而随着并发在 C++中直接得到了支持，我们终于可以编写跨平台的并发代码了！不过，有时候，在处理平台的并发问题时，我们还是得依赖平台的特定能力才行。比如，C++标准库并不支持为线程设置优先级、配置 CPU 亲和性（CPU 固定，CPU affinity & CPU pinning），或是为新线程设置栈的大小。

另外，还需要补充说明的是，随着 C++20 的发布，线程支持库已经得到了相当的扩充，而且预计在未来的版本中也会增加更多的功能。而同时，随着硬件的发展，我们对良好的并发支持的需求也在日益增加，同时在高并发程序的执行效率、可扩展性以及正确性方面，我们也有很多的东西有待发现。

11.4.1 线程支持库

接下来，就让我们来浏览一下 C++中的线程支持库，然后了解其中的重要组成部分吧。

线程

一个正在运行的程序至少包含一个线程。在主函数被调用时，该函数通常会运行在**主线程**上。每个线程都有线程标识符，这样可以很方便的调试并发程序。下面的代码会输出主线程标识符：

```
int main(){
  std::cout<<"Thread ID:"<<std::this_thread::get_id()<<'\n';
}
```

运行上面的代码可能会得到下面的输出：

```
Thread ID:0x1001553c0
```

我们还可以让某个线程休眠（thread sleep）。实际工作中，线程休眠在生产代码中很少使用，但在调试时却非常有用。比如，如果我们知道有一个只在非常少数情况下才能复现出的数据竞争问题，那么在代码中加入线程休眠可能会增加问题出现的频率，让我们更方便找出问题。下面展示了如何让当前所运行的线程休眠一秒钟的实例：

```
std::this_thread::sleep_for(std::chrono::seconds{1});
```

我们期望代码在插入随机休眠后也不应该发生数据竞争。在添加了休眠后，代码可能会出现各种各样的问题：缓冲区可能会变满、用户界面可能会延迟，等等，但我们的代码应该一直是可以被预测，以及有一种确定的行为的。尽管我们无法控制线程的调度，但随机休眠却从某种程度上帮我们模拟了一种潜在的调度方式。

接着我们用<thread>中的 std::thread 类创建一个表示单独运行的、作为操作系统线程封装器的额外线程。我们还会在这个线程中调用 print()函数：

```
void print(){
  std::this_thread::sleep_for(std::chrono::seconds{1});
```

```
  std::cout<<"Thread ID:"<<std::this_thread::get_id()<<'\n';
}

int main(){
  auto t1=std::thread{print};
  t1.join();
  std::cout<<"Thread ID:"<<std::this_thread::get_id()<<'\n';
}
```

创建线程时，我们需要传入一个可调用对象（callable object，如函数、lambda或函数对象），这样只要线程到了运行的时间就可以开始执行了。同时，我们在上面的例子中还调用了sleep函数以表明为什么我们需要在线程上调用join()。最后，当std::thread对象要被销毁时，它必须是被连接（join）或分离（detached）才行，否则就会导致代码调用std::terminate()。另外，如果在此之前我们没有引入自定义的std::terminate_handler，那么代码会默认调用std::abort()。

上面的例子中，joint()函数在线程运行完毕前都是阻塞的。所以，main()函数也是直到线程t1运行完毕才得以返回，让我们看下下面的代码：

```
t1.join();
```

如果我们用下面的代码替换上面的那行代码，用来分离线程t1：

```
t1.detach();
```

这时我们会发现，主函数会在线程t1 sleep结束并打印信息前就结束了，因此，代码将（很可能）只会输出主线程的线程ID。请记住，我们是无法控制线程的调度的，所以也存在一种可能（其实不大可能），就是主线程在print()函数sleep、唤醒并打印其线程ID *之后*再输出主线程ID。

在上面的这个例子中，使用detach()而非join()还会引入另一个问题。我们在两个线程中都使用了std::cout，而又因为main()不再会等待线程t1完成就会直接运行，所以理论上来说，它们可能会并行地调用std::cout。不过好在std::cout是线程安全的，也就是说，它可以在多个线程中使用而不发生数据竞争，所以不会发生未定义行为的问题。不过线程产生的输出仍可能会产生类似下面的问题：

```
Thread ID:Thread ID:0x1003a93400x700004fd4000
```

如果想避免交错输出，我们就需要将这些字符看作临界区，并需要同步地访问 std::cout。稍后我们会详细讨论有关临界区与竞态条件，但首先，我们还需要再了解些 std::thread 的相关细节。

线程状态

在我们进一步讨论并发编程之前，我们还是应该好好了解 std::thread 对象到底代表了什么含义，以及它的状态都有哪些。到目前为止，我们还没有讨论到在一个执行 C++程序的系统中，都有哪些线程。

图 11.9 展示了一个假想情况下的运行系统快照。

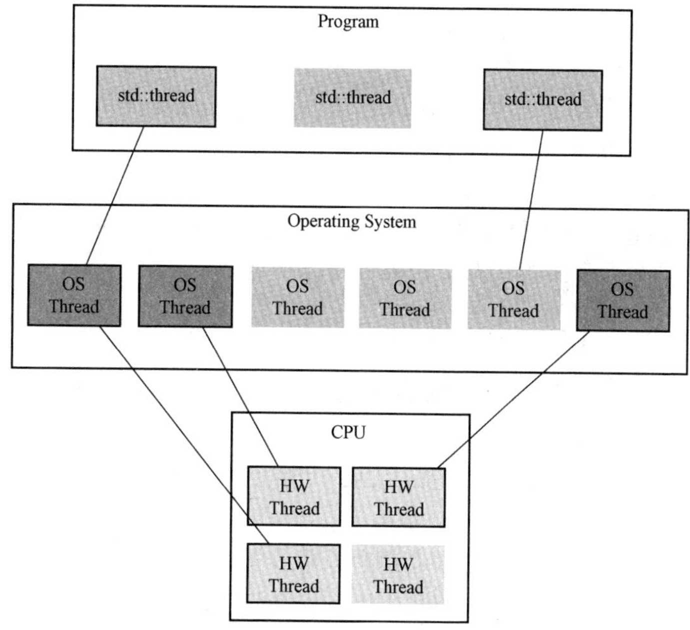

图 11.9 假设运行系统的快照

图 11.9 最底部展示的是 CPU 和它的**硬件线程（hardware threads）**，它们是 CPU 上的执行单元。本例中，CPU 提供了四个硬件线程，这往往意味着它有四个内核，当然也可能是些其他的配置，比如，某些内核可以执行两个硬件线程，即常说的**超线程**。硬件线程的总数可以在运行时通过这样的方式输出：

```
std::cout<<std::thread::hardware_concurrency()<<'\n';
//可能输出:4
```

如果无法确定运行平台上的硬件线程数量，那么上面的代码就会输出 0。

硬件线程之上是**操作系统线程（operating system threads）**，也就是我们说的软件线程。操作系统的调度器会决定硬件线程在什么时间以及多长时间运行哪个线程。在图 11.9 中，我们可以看到六个软件线程中的三个正在执行中。

图 11.9 中最上面的一层是 std::thread 对象。它表示的只不过是一个普普通通的 C++对象而已，它可能与底层操作系统的线程连接，也可能不相连。另外，两个 std::thread 实例无法与同一底层的线程连接。在上面的图中，我们可以看到目前代码中有三个 std::thread 实例，其中两个与底层线程连接，另一个则没有。另外，我们可以用 std::thread::joinable 来了解一个 std::thread 对象所处的状态。而如果一个线程已经是下面的任何一种状态之一了，那么它就是不可连接的：

- 默认构建，即它没有可执行的内容。
- 被移动（move）走了（它相关的运行线程被转移到了另一个 std::thread 对象中了）。
- 已经调用过 detach()。
- 已经调用过 join()。

除此之外，std::thread 对象就是处于可连接的状态。值得注意的是，当 std::thread 对象被析构时，它必须处于不可连接的状态，否则程序会终止。

可连接线程

在 C++20 引入了一个新的线程类 std::jthread。它与 std::thread 很像，不过多了几个重要补充内容：

- std::jthread 支持使用停止请求（stop token）停止一个线程。这在 C++20 之前是需要在使用 std::thread 时手动实现的；
- std::jthread 的析构函数会发送一个停止请求，并在销毁时连接该线程，而不是像以前那样一旦在无法连接状态下销毁线程，就会导致程序终止。

接下来，我们会展开讨论最后一点。首先，我们会使用像下面这样定义的 print()函数：

```
void print(){
  std::this_thread::sleep_for(std::chrono::seconds{1});
  std::cout<<"Thread ID:"<<std::this_thread::get_id()<<'\n';
}
```

它将休眠一秒钟，然后打印当前的线程标识符：

```
int main(){
  std::cout<<"main begin\n";
  auto joinable_thread=std::jthread{print};
  std::cout<<"main end\n";
}//OK:jthread 会自动连接(join)
```

在我的电脑上运行这段代码会产生下面的输出：

```
main begin
main end
Thread ID:0x1004553c0
```

接着，我们继续改写 print()函数，让它可以在循环中连续输出信息。然后，我们需要某种方法向 print()函数传达何时停止的指令。相比于 std::thread，std::jthread 通过使用停止请求内置了这一能力。当 std::jthread 调用 print()时，如果 print()函数接受 std::stop_token 作为参数，就可以直接传入。下面的代码展示了我们是如何使用 stop_token 实现新一版的 print()函数的：

```
void print(std::stop_token stoken){
  while(!stoken.stop_requested()){
    std::cout<<std::this_thread::get_id()<<'\n';
    std::this_thread::sleep_for(std::chrono::seconds{1});
  }
  std::cout<<"Stop requested\n";
}
```

while 每次循环都会调用 stop_requested()检查该函数是否被请求了停止。接下来，我们就可以在 main()函数里通过对 std::jthread 实例调用 request_stop()来请求停止了：

```
int main(){
  auto joinable_thread=std::jthread(print);
  std::cout<<"main:goes to sleep\n";
  std::this_thread::sleep_for(std::chrono::seconds{3});
  std::cout<<"main:request jthread to stop\n";
```

```
  joinable_thread.request_stop();
}
```

当我们运行这段代码时，会得到以下输出：

```
main:goes to sleep
Thread ID:0x70000f7e1000
Thread ID:0x70000f7e1000
Thread ID:0x70000f7e1000
main:request jthread to stop
Stop requested
```

上面的例子里，我们还可以利用之前提过的 jthread 会在销毁时自动调用 request_stop()函数而省略显式地调用这个函数。

这样一个新增的 jthread 类在 C++线程库中得到了广泛好评，日后在 C++中使用线程也可以作为我们的首选。

保护临界区

正如我们在本章早些时候讨论的，我们的代码里一定不能出现任何可能发生数据竞争的可能。但不幸的事实是，我们很容易就会编写出发生数据竞争的代码。因此，在使用线程编写并发代码时，找到并用锁保护临界区，就是我们需要不断思考的重要问题。

好在 C++提供了 std::mutex 类，让我们可以用它保护临界区，从而避免数据竞争。接下来，我们将通过一个经典的例子来学习如何使用互斥锁，一个会被多个线程更新的共享可变的 counter 变量。

我们先定义一个全局可变变量，以及递增计数器的函数：

```
auto counter=0;//注意!这是全局的可变变量!

void increment_counter(int n){
  for(int i=0;i<n;++i)
    ++counter;
}
```

下面的 main()函数会创建两个都会调用 increment_counter()函数的线程。另外值得注意的是，我们在本例中向线程调用的函数传递参数的方法，可以向线程构造函数传递任意数量的参数，以便匹配调用的函数签名中的参数。最后，我们基于代码不存在数据竞争这样的假设，断言 counter 应该达到了我们期望的值：

```
int main(){
  constexpr auto n=int{100'000'000};
  {
    auto t1=std::jthread{increment_counter,n};
    auto t2=std::jthread{increment_counter,n};
  }
  std::cout<<counter<<'\n';
  //如果没有发生数据竞争，则断言成立：
  assert(counter==(n * 2));
}
```

上面的这段代码大概率会因为发生数据竞争，而导致 assert()断言失败。当我们不停地重复运行这段代码时，我们会一直得到不同的 counter 值。有好次我不止没有得到预想中的 200000000，甚至最终结果都没有超过 137182234。细心的读者会发现这与本章早些时候描述的数据竞争例子非常相似。

上面的例子里，表达式++counter 就是代码的临界区，它调用了一个共享的可变变量，并由多个线程执行。为了保护临界区，我们将使用<mutex>中的 std::mutex。本章后面的部分，我们会了解如何使用原子操作避免本例所描述的数据竞争，但现在，我们先聚焦在使用锁来避免这一情况的发生。

首先，我们在 counter 下创建全局 std::mutex 对象：

```
auto counter=0;//counter_mutex 会保护 counter
auto counter_mutex=std::mutex{};
```

这时我们可能会想到一个问题，既然 std::mutex 对象本身就是一个可变的共享变量，那么如果它被多个线程使用，是否也会发生数据竞争呢？答案是，它确实是一个可变的共享变量，但它却不会发生数据竞争。来自 C++线程库的同步原语，如 std::mutex，就是为了这一特殊目的而设计的。所以在这方面，它们非常特别，它们会使用诸如硬件指令，或是平台上所需的任何东西，以保证它们本身不会发生数据竞争。

接着我们就可以在读取和写入 counter 变量的临界区使用互斥锁了。我们可以在 counter_mutex 是调用 lock()与 unlock()成员函数，但我们的首选和更安全的方法始终都是使用 RAII 处理互斥锁。我们可以把互斥锁看作是一种每当使用结束时，都要解锁的资源。线程库为我们提供了一些有用的 RAII 类模板处理锁。这里，我们将使用 std::scoped_lock<Mutex>模板来确保安全地释放互斥锁。下面是使用了互斥锁保护后的新一版代码：

```
void increment_counter(int n){
  for(int i=0;i<n;++i){
    auto lock=std::scoped_lock{counter_mutex};
    ++counter;
  }
}
```

现在我们的代码真正摆脱了数据竞争，并能够按照我们期望的方式工作了。再次运行这段代码，我们的 assert()函数的断言也将始终通过。

避免死锁

本章早些时候提到过，只要一个线程不在同一时间获取一个以上的锁，就不会出现死锁的风险。但有时，确实有必要在获取一个锁的同时，还要再获取另一个新的。在这种情况下，就可以让这个线程同时获得这两个锁来避免死锁的风险。C++可以通过调用 std::lock()函数做到这一点，它可以传入任意数量的锁，然后直到所有的锁都被获取成功前一直阻塞。

下面描述的是一个在账户间转账的例子。在交易过程中，两个账户都需要得到保护，所以我们需要同时获得两个锁。下面是它的工作原理：

```
struct Account {
  Account(){}
  int balance_{0};
  std::mutex m_{};
};

void transfer_money(Account& from,Account& to,int amount){
  auto lock1=std::unique_lock<std::mutex>{from.m_,std::defer_lock};
  auto lock2=std::unique_lock<std::mutex>{to.m_,std::defer_lock};

  //同时为两个 unique_lock 上锁
```

```
  std::lock(lock1,lock2);

  from.balance_-=amount;
  to.balance_+=amount;
}
```

接着我们再次用 RAII 类模板确保每当该函数返回，都能及时释放锁。这样的场景下，我们利用了 std::unique_lock 提供的推迟锁定互斥锁的能力。然后，就可以调用 std::lock()函数显式地同时锁定这两个互斥锁了。

条件变量

条件变量让线程可以保持等待，直到某些特定的条件得到满足。同时，线程也可以使用条件变量向其他线程发出“条件已改变”的信号。

并发程序中有一个常见的模式就是一个或多个线程都在等待消费数据。这些线程常常被称为**消费者**。另一组线程则负责生产和准备那些将要被消费的数据，它们被称为**生产者**。

生产者消费者模式可以通过使用条件变量来实现。我们可以组合使用 std::condition_variable 和 std::unique_lock 来达成这一目标。让我们看一个生产者消费者模式的实例，让讨论不那么抽象：

```
auto cv=std::condition_variable{};
auto q=std::queue<int>{};
auto mtx=std::mutex{};       //保护共享队列
constexpr int sentinel=-1;  //用于表示完成的值

void print_ints(){
  auto i=0;
  while(i!=sentinel){
    {
      auto lock=std::unique_lock<std::mutex>{mtx};
      while(q.empty()){
        cv.wait(lock);        //锁在等待的过程中被释放
      }
      i=q.front();
```

```
      q.pop();
    }
    if(i!=sentinel){
      std::cout<<"Got:"<<i<<'\n';
      }
    }
  }

  auto generate_ints(){
    for(auto i:{1,2,3,sentinel}){
      std::this_thread::sleep_for(std::chrono::seconds(1));
      {
        auto lock=std::scoped_lock{mtx};
        q.push(i);
      }
      cv.notify_one();
    }
  }

  int main(){
    auto producer=std::jthread{generate_ints};
    auto consumer=std::jthread{print_ints};
  }
```

上面的例子总共创建了两个线程：一个消费者线程和一个生产者线程。生产者线程会生成一个整数序列，然后每秒钟会将一个数字放入全局的 std::queue<int>中。而每当有一个元素被加入队列时，生产者就会调用 notify_one()发出条件已改变的信号。

然后消费者线程就会检查队列中是否有可供消费的数据。另外还要注意的是，在通知条件变量的同时，不需要持有锁。

而消费者线程则负责将数据（上例中就是整数）打印到控制台。它通过条件变量等待空队列的变化。在消费者线程端调用 cv.wait（lock）时，该线程就会进入休眠状态，将 CPU 让给其他线程执行。这里需要重点理解的是，我们为什么在调用 wait()时要将变量 lock 一并传入。除了让线程进入休眠状态外，wait()还会在休眠时解锁互斥锁，然后在返回前重新获取它。

如果 wait()没有释放互斥锁，那么生产者就无法向队列中添加新的元素。

那么为什么消费者的条件变量是被包围在 while 循环而不是 if 判断中呢？因为这是一种常见的模式，有时我们之所以需要这样做，是因为有可能在我们之前，其他消费者先被唤醒并清空了队列。不过在我们的示例中，这不会发生，因为我们只有一个消费者。然而，也有可能发生哪怕生产者线程没有发出信号，消费者仍然从等待中唤醒的可能，这种现象被称为**虚假唤醒**，不过它发生的原因已经超出了本书的范围。

作为使用 while 循环的替代方案，我们还可以使用一个接受断言的 wait()重载。这个版本的 wait()会检查断言是否满足，并自行作出循环。改造上例我们可以得到下面的代码：

```
//...
auto lock=std::unique_lock<std::mutex>{mtx};
cv.wait(lock,[]{ return!q.empty();});
//...
```

另外，你可以在 Anthony Williams 撰写的《C++并发编程实战》（第 2 版）中找到更多关于虚假唤醒的内容。但是至少现在我们知道了该如何处理发生虚假唤醒的情况，即总是在 while 循环中检查条件，或使用接受断言的 wait()函数重载。

无论是前面讲到的条件变量还是互斥锁都是 C++的同步原语，它们自 C++引入线程后就一直是可用的。C++20 又为同步线程提供了很多实用的类模板，如 std::counting_semaphore、std::barrier 和 std::latch。这些内容我们会在本章后面继续讨论。但是接下来，我们先花点时间讨论一下返回值与错误处理方面的内容。

返回数据与错误处理

到目前为止，本章介绍的所有例子都是在使用共享内存作为线程间沟通的媒介。同时，我们还使用互斥锁避免数据竞争。但随着代码量的增大，如果我们还像之前那样一直用共享数据和互斥锁来实现的话，那就很难保证代码的正确性了。毕竟在维护这种显式使用锁的代码时，有很多工作其实是分散在代码库中的。毕竟追踪共享内存状态、使用显式的锁会让我们在编写代码时分散注意力，无法聚焦在我们真正想要完成的任务上。

此外，我们还没有谈及错误处理的问题。我们想想，如果某个线程需要向其他线程抛出错误该怎么办？我们又该如何使用异常，像平时在函数抛出运行时错误那样，来完成这一任务呢？

在标准库<future>中，可以找到一些类模板来帮助我们编写没有全局变量和锁的并发程序，而且，我们还可以在线程间传递异常以处理错误。接下来，我们将讨论 **future** 和 **promise**，它们分别代表了值的两面。future 是值的接收端，promise 则是值的返回端。

下面是使用了 std::promise 返回结果给调用端的示例：

```
auto divide(int a,int b,std::promise<int>& p){
  if(b==0){
    auto e=std::runtime_error{"Divide by zero exception"};
    p.set_exception(std::make_exception_ptr(e));
  }
  else {
    const auto result=a/b;
    p.set_value(result);
  }
}

int main(){
    auto p=std::promise<int>{};
    std::thread(divide,45,5,std::ref(p)).detach();

    auto f=p.get_future();
    try {
      const auto& result=f.get();//直到准备就绪都是阻塞的
      std::cout<<"Result:"<<result<<'\n';
    }
    catch(const std::exception& e){
      std::cout<<"Caught exception:"<<e.what()<<'\n';
    }
}
```

其中，调用方 main()函数创建了 std::promise 对象并将其传递给 divide()函数。我们需要使用<functional>的 std::ref，以便引用可以正确地从 std::thread 转发到 compute()。

在 divide()函数成功计算结果后，它会通过调用 set_value()将返回值传递给 promise。一旦在计算过程中发生了错误，则会通过调用 set_exception()。

future 代表的是一个值可能被计算或没有被计算的两种情况。而因为 future 是一个正常的对象，也就意味着我们可以，比如将它传递给其他需要这个计算值的对象。最后，当某个使用者需要这个值时，就可以调用 get()获取。如果在调用时值还没有被计算出来，那么对 get()

的调用就会一直阻塞直到计算完成。

还需注意的是，我们是如何在不使用任何共享全局数据以及显式使用锁的情况下，通过恰当的错误处理来回传递数据的。promise 帮我们解决了这一问题，这样我们就可以聚焦在实现代码本身的业务逻辑上了。

任务

通过使用上一节介绍的 future 和 promise，我们成功摆脱了显式使用锁和共享全局数据。事实上，我们建议大家，随着代码量的增大，应尽可能的使用更高级别的抽象，进而从中获益。接下来，我们将进一步讨论能够帮我们自动配置 future 和 promise 的类。同时，我们还会了解如何摆脱手动管理线程，而将这一部分任务留给库帮我们处理。

绝大多数情况下，当我们说我们希望管理线程时，实际上希望的是能够异步执行某个**任务（task）**，并让它与代码的其他部分并发执行，然后将最终结果或出现的错误传递给代码中需要它的部分。同时，这个任务还应在隔离的状态下执行，以尽量减少争用和数据竞争的风险。

接着我们会重写上节中两个数字相除的例子。不过这一次，我们会使用<future>中的 std::packaged_task 帮我们正确配置 promise 要做的工作：

```
int divide(int a,int b){//不再需要在这里传入 promise 的引用了！
  if(b==0){
    throw std::runtime_error{"Divide by zero exception"};
  }
  return a/b;
}

int main(){
  auto task=std::packaged_task<decltype(divide)>{divide};
  auto f=task.get_future();
  std::thread{std::move(task),45,5}.detach();

  //下面的代码同之前的例子相比没有变化
  try {
    const auto& result=f.get();//直到准备就绪都是阻塞的
    std::cout<<"Result:"<<result<<'\n';
```

```
  }
  catch(const std::exception& e){
    std::cout<<"Caught exception:"<<e.what()<<'\n';
  }
  return 0;
}
```

std::packaged_task 是一个可调用对象，所以可以在创建 std::thread 对象时移动（move）给 std::thread 对象。如上所示，std::packaged_task 为我们节省了很多时间，比如不需要自己创建 promise 了。但更重要的是，我们终于可以像写正常的业务代码那样写 divide()函数了，而不需要像早些时候那样通过 promise 返回值或异常，因为 std::packaged_task 已经帮我们做好了。

作为本节的最后一个环节，我们还是想摆脱手动管理线程的拖累。毕竟创建线程的开销并不是免费的，而且我们在本章后面会看到，程序中的线程数量是会影响到性能的。所以这样看来，是否应为 divide()函数创建一个新的线程其实并不一定是由它的调用者决定的。而恰好此时，库在这里又为我们提供了帮助，它提供了一个名为 std::async()的函数模板。针对上例，我们唯一需要做的修改就是把创建 std::packaged_task 和 std::thread 对象的部分替换成 std::async()：

```
auto f=std::async(divide,45,5);
```

这样我们就从基于线程的编程模型迁移到了基于任务的编程模型。完整的代码现在看起来就像下面这样：

```
int divide(int a,int b){
  if(b==0){
    throw std::runtime_error{"Divide by zero exception"};
  }
  return a/b;
}

int main(){
  auto future=std::async(divide,45,5);
  try {
    const auto& result=future.get();
```

```
    std::cout<<"Result:"<<result<<'\n';
  }
  catch(const std::exception& e){
    std::cout<<"Caught exception:"<<e.what()<<'\n';
  }
}
```

我们可以看到在最新版本的代码中，用于处理并发的代码已经非常少了。所以，我们最推荐用于处理异步调用函数的方式就是使用 std::async()。至于详细讨论为什么以及何时首选 std::async()，我强烈推荐大家阅读 Scott Meyers 撰写的《Effective Modern C++》（中文版）中讨论并发的章节。

11.4.2　C++20 中其他的同步原语

C++20 还提供了一些其他的同步原语，即 std::latch、std::barrier 和 std::counting_ semaphore（以及模板特化 std::binary_semaphore）。本节将简述这些新的类型的概念以及它们可能适用的典型场景。首先，我们从 std::latch 开始。

闭锁的使用

闭锁是一种用于同步多个线程的同步原语。它会创建一个所有线程都必须到达的同步点。我们也可以把闭锁当作一个递减的计数器。一般来说，所有线程都会递减这个计数器，然后一直等到闭锁计数器达到零之后再继续操作。

闭锁是通过传入一个初始值给内部计数器构建的：

```
auto lat=std::latch{8};//使用 8 作为初始值构建闭锁
```

随后，线程可以通过调用 count_down()递减计数器：

```
lat.count_down();//递减,但不会等待
```

一个线程可以一直等待闭锁的计数器直到值变为零：

```
lat.wait();//阻塞,直到值为零
```

也可以检查（不会阻塞）计数器是否已经为零：

```
if(lat.try_wait()){
```

```
  //所有线程都到达...
}
```

一般常见的做法是，递减计数器后，立即开始等待闭锁中计数器到零，如：

```
lat.count_down();
lat.wait();
```

实际上，这一模式十分常见，我们可以将它抽成一个成员函数 arrive_and_wait()用于递减闭锁计数器，然后等待计数器直到值变成零：

```
lat.arrive_and_wait();//递减计数器,并在计数器值不为零之前阻塞
```

事实上，连接（join）一组分叉任务（forked task）是处理并发时的常见场景。而如果这些任务只是需要在执行的最后加入，那么我们可以简单的使用一个 future 对象数组（来等待），或是只需要等待所有线程执行完毕即可。但有些其他的情况，我们却希望一组异步任务能够都到达同一个点时，再继续运行。这种情况通常是因为多个线程在开始工作前，需要进行一定程度的初始化造成的。

示例：使用 std::latch 初始化线程

下面的例子说明了如何使用 std::latch 帮助我们在多个线程在开始工作前，执行它们需要的初始化代码。

创建线程时，会有一块连续的内存被分配在栈上。通常来说，它第一次被分配到虚拟地址空间时，这块内存还没有出现在物理内存中。而这时一旦栈被使用到，就会产生页缺失，从而自动地将虚拟内存映射到物理内存。操作系统会自动处理这种映射，而这是一种在需要时惰性映射内存的有效方式。通常情况下，就像前面几章讨论过的，这正是我们所期望的，尽可能晚的、只在必要时付出内存映射的成本。不过，如果是对延迟和性能有要求的情况下，比如在实时代码中，就需要避免出现页缺失这一问题了。栈内存不大可能会被操作系统分页，所以通常运行一些简单的代码就可以让它们产生页缺失问题，进而将虚拟内存映射到物理内存了。这就是所谓的**预分配（prefaulting）**。

实际上，我们没有一种好办法来设置或获取 C++线程栈的大小，所以这里我们先假设栈至少是 500KB 大小。下面的代码是尝试对栈的前 500KB 进行预分配的代码：

```
void prefault_stack(){
  //我们无法知道栈的大小
```

```
  constexpr auto stack_size=500u * 1024u;
  //声明为volatile以避免编译器的优化
  volatile unsigned char mem[stack_size];
  std::fill(std::begin(mem),std::end(mem),0);
}
```

我们在这里的思路是在栈上先分配一个数组，让它占据一块栈内存。然后为了产生页缺失，我们用 std::fill()向数组中写入元素。这里我们遇到了前面没有提到的会让人有些困惑的 volatile 关键字。但它与并发性能无关，之所以在这里添加了它，是为了防止编译器会优化掉这些代码。在这里通过声明 mem 数组是 volatile 可以有效防止编译器省略掉数组写入的操作。

现在，我们聚焦在真正需要关注的 std::latch。假设我们想创建一些栈，它们只有在所有线程的栈都已预分配好之后才会开始工作。就可以使用 std::latch 来实现这种操作：

```
auto do_work(){/*...*/}


int main(){
  constexpr auto n_threads=2;
  auto initialized=std::latch{n_threads};
  auto threads=std::vector<std::thread>{};
  for(auto i=0;i<n_threads;++i){
    threads.emplace_back([&]{
      prefault_stack();
      initialized.arrive_and_wait();
      do_work();
    });
  }
  initialized.wait();
  std::cout<<"Initialized,starting to work\n";
  for(auto&& t:threads){
    t.join();
  }
}
```

只有当所有线程的准备工作完成后，主线程才会开始给这些工作线程分配任务。上面的例子中，所有的线程都会通过调用闭锁的 arrive_and_wait()函数等待其他线程的抵达。一旦闭锁计数器为零，这个闭锁就不能再被重复使用了，因为没有重置闭锁的函数。如果想要设置多个这样的“同步点”，那么可以改用 std::barrier。

屏障（barrier）的使用

与闭锁相似，屏障主要有两个补充：屏障可以重复使用，而且对所有线程都到达屏障的时间没有要求，只要它们都到了就可以运行完成函数。

我们可以通过传入内部计数器的初始值和完成函数来构建一个屏障：

```
auto bar=std::barrier{8,[]{
  //完成函数
  std::cout<<"All threads arrived at barrier\n";
}};
```

同样的，线程也可以像在闭锁中一样到达和等待：

```
bar.arrive_and_wait();//递减但不会等待
```

每当所有线程都到达（也就是说，当屏障内计数器为零时），会发生以下两件事：

- 将传入构造器中的完成函数传递给屏障，用来调用。
- 完成函数执行结束后，内部计数器重置为初始值。

在基于**分叉—合并模型（fork-join model）**的并行算法中，屏障是很有用的。通常来说，迭代算法包含一个可以并行运行的部分和一个需要顺序运行的部分。多个任务被分叉后并行运行。然后，当所有任务都已完成且合并后，执行一些单线程代码以确定算法是否应继续或完成（见图 11.10）。

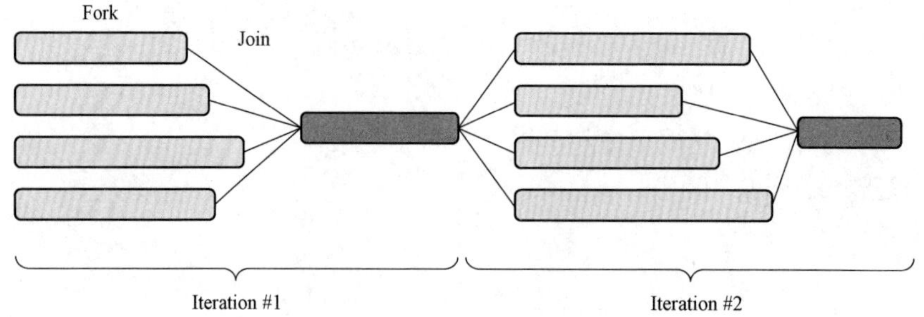

图 11.10 分叉-合并模型实例

遵循分叉—合并模型的并发算法可以从屏障的使用中获益，并能以优雅而高效的方式避免其他显式的锁机制。让我们看看如何使用屏障来解决一个简单的问题，但需要面对两个主要挑战。

示例：使用 std::barrier 分叉与合并

本节我们的例子是一个用于展示分叉—合并模型的简单问题。我们要做的是，编写一段简单的代码，用于模拟掷出一组骰子并计算在所有骰子都为 6 之前所投掷的次数。这其中，掷出一组骰子就是我们可以并发进行的（分叉）。而单线程所执行的合并操作，则是用于检查结果并决定是否要再次投掷的。

首先，我们需要实现一个六面骰子的代码。为了生成 1～6 之间的随机数字，我们可以使用<random>中找到一组类，如：

```
auto engine=
  std::default_random_engine{std::random_device{}()};
auto dist=std::uniform_int_distribution<>{1,6};
auto result=dist(engine);
```

上面的代码中，std::random_device 负责为生成伪随机数的 engine 生成一个种子。为了能以相同的概率在 1～6 中随机抽取整数，我们使用了 std::uniform_int_distribution。变量 result 就是投出骰子之后的结果。

现在我们希望将这段代码封装成一个生成随机整数的函数。由于生成种子和创建随机引擎通常比较耗时，我们需要避免在每次调用时都执行这些操作。通常的解决方案是使用具有静态持续时间的静态随机引擎，这样它就可以在整个程序生命周期中存在。但是，<random>中的类不是线程安全的，因此我们需要以某种方式来保护静态引擎。不过，我们可以利用这个机会来演示如何使用线程本地存储来实现保护，而不是使用互斥锁同步访问（因为这样会让随机数生成器按顺序运行）。

下面是如何将 engine 声明为一个 static thread_local 对象的方法：

```
auto random_int(int min,int max){
  //每个线程有一个 engine 实例
  static thread_local auto engine=
    std::default_random_engine{std::random_device{}()};


  auto dist=std::uniform_int_distribution<>{min,max};
```

```
    return dist(engine);
  }
```

使用 thread_local 存储期的静态变量会为每个线程创建一次。因此，即使不使用任何同步原语，也可以同时从多个线程调用 random_int()函数而不会出现安全问题。有了这个小巧的辅助函数，我们就可以使用 std::barrier 继续实现其余的部分了。

```
int main(){

  constexpr auto n=5;//骰子的数量

  auto done=false;
  auto dice=std::array<int,n>{};
  auto threads=std::vector<std::thread>{};
  auto n_turns=0;

  auto check_result=[&]{//完成函数
    ++n_turns;
    auto is_six=[](auto i){ return i==6;};
    done=std::all_of(dice.begin(),dice.end(),is_six);
  };
  auto bar=std::barrier{n,check_result};
  for(int i=0;i<n;++i){
    threads.emplace_back([&,i]{
      while(!done){
        dice[i]=random_int(1,6);      //掷骰子
        bar.arrive_and_wait();        //合并
      }
    });
  }
  for(auto&& t:threads){
    t.join();
  }
  std::cout<<n_turns<<'\n';
}
```

上面的代码中，lambda check_result()就是完成函数，每当所有线程都到达屏障，就会调用它。这个函数的作用是检查骰子的值，然后决定是否要进行新一轮的游戏，或是直接结束游戏。

传递给 std::thread 对象的 lambda 通过索引 i 来确保每个线程都能有唯一的值。其他的变量，如 done、dice 和 bar 则都是通过引用捕获的。

另外还值得注意的是，由于屏障的作用，我们可以在不同的线程中修改和读取被引用的变量，而不会引入任何数据竞争的风险。

使用信号量（semaphores）进行信号传递和资源计数

信号量（semaphore）的意思是可用于发出信号的东西，比如旗帜或灯等。在下面的例子中，我们将看到如何使用信号量传递其他线程可以等待的不同状态。

类似 std::mutex 限制对临界区的访问，信号量也可以用于控制对资源访问：

```
class Server {
public:
  void handle(const Request& req){
    sem_.acquire();
    //限制的部分从下面开始。
    //最多可以同时处理 4 个请求。
    do_handle(req);
    sem_.release();
  }
private:
  void do_handle(const Request& req){/*...*/}
  std::counting_semaphore<4>sem_{4};
};
```

在上面的这种情况下，信号量的初始值被置为 4，这意味着我们最多可以同时处理四个并发请求。多个线程可以访问相同的代码段，但是受到同时在该代码段中的线程数量的限制，而不是互斥访问。

如果信号量大于 0，则成员函数 acquire()就会递减信号量的值。否则直到信号量允许它继续递减并进入受限区（restricted section）为止都会阻塞。release()则是不会阻塞的递增计数器的函数。一旦信号量在 release()递增前就是 0，那么等待的线程则会触发信号。

除了 acquire()函数之外，还可以使用 try_acquire()函数不阻塞地递减计数器。如果成功递减了计数器，那么它就会返回 true，否则返回 false。try_acquire_for()和 try_acquire_until()函数也是类似的。但是，它们不会在计数器已经为 0 时立即返回 false，而是在指定的时间内自动尝试递减计数器，然后再返回给调用方。

上面的三个函数所采用的模式和标准库中的其他类型相同，比如 std::timed_mutex 及其 try_lock()、try_lock_for()和 try_lock_until()成员函数。

std::counting_semaphore 是一个模板，它接受一个模板参数，用于表示信号量的最大值。如果递增（释放）的信号量超过了其最大值，这将被视为编程错误。

当一个 std::counting_semaphore 的最大值为 1 时，它被称为**二进制信号量（binary semaphore）**。头文件<semaphore>中包含了一个二进制信号量的别名声明：

```
std::binary_semaphore=std::counting_semaphore<1>;
```

一个最大值为 1 的二进制信号量保证比最大值比 1 更大的信号量有更高效的实现。

信号量还有一个重要的属性就是，释放信号量的线程可以不是获取它的线程。这与 std::mutex 相反，后者强制要求了获取到互斥锁的线程也必须释放它。不过，这在信号量中则较为常见，通常会由某种类型的任务做出等待（获取），再由另一种类型的任务释放信号。这会在下面的例子中得到阐明。

示例：使用信号量实现的限界缓冲区

下面的例子展示的是一个具有固定大小的、允许多个线程读取的限界缓冲区（bounded buffer）。在本例中，我们再次使用了之前说明条件变量时使用的生产者消费者模式。生产者线程就是那些会将内容写入缓冲区的线程，而消费者线程则会从缓冲区中读取（和弹出元素）。

图 11.11 展示的是一个缓冲区（固定大小的数组）和两个用于追踪读写位置的变量：

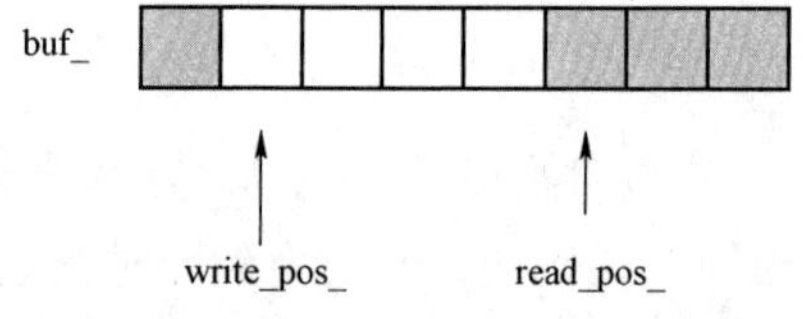

图 11.11 一个固定大小的限界缓冲区

我们将一步一步地进行讲解，并从关注限界缓冲区内部逻辑的版本开始。下一个版本将添加使用信号量进行信号传递的部分。在初始版本中，我们将演示如何使用读写位置：

```
template<class T,int N>
class BoundedBuffer {
  std::array<T,N>buf_;
  std::size_t read_pos_{};
  std::size_t write_pos_{};
  std::mutex m_;

  void do_push(auto&& item){
    /*缺少了一旦缓冲区满了的阻断机制*/
    auto lock=std::unique_lock{m_};
    buf_[write_pos_]=std::forward<decltype(item)>(item);
    write_pos_=(write_pos_+1)%N;
  }

public:
  void push(const T& item){ do_push(item);}
  void push(T&& item){ do_push(std::move(item));}

  auto pop(){
    /*缺少了一旦缓冲区空了的阻断机制*/
    auto item=std::optional<T>{};
    {
      auto lock=std::unique_lock{m_};
      item=std::move(buf_[read_pos_]);
      read_pos_=(read_pos_+1)%N;
    }
    return std::move(*item);
  }
};
```

我们第一次的尝试实现了包含固定大小缓冲区、读和写位置，以及用于保护数据成员免受数据竞争影响的互斥锁。我们期望这一实现应该可以接受任意数量的线程同时调用 push() 和 pop()函数。

代码示例中 push()分别基于 const T&和 T&&做了重载。这是标准库容器所使用的一种优化技术。当调用方传入右值时，T&&版本可以避免多余的复制参数。

为了避免在两个版本的 push()函数出现重复代码，我们抽取了辅助函数 do_push()用于实现真正的逻辑。通过使用转发引用（auto&& item）与 std::forward，参数会被交给移动赋值或拷贝赋值，而这一分配则取决于客户端传入 push()的是左值还是右值。

不过，这个版本的限界缓冲区并不完整，因为它无法保护我们不会让 write_pos 同时指向（或越界）read_pos。类似的，也无法保证 read_pos 不能指向（或越界）write_pos。我们真正想要的缓冲区，是可以在生产者线程在它满时阻塞，而消费者则在它空时阻塞。

上面的例子是一个相当完美的计数信号量实例。当信号量值为零时，它就会阻塞试图继续递减信号量值的线程。而每当信号量从零开始递增时，它就会向被阻塞了的线程发出信号。

对上面的限界缓冲区来说，我们总共需要两个信号量：

- 首先是 n_empty_slots 用于追踪缓冲区中空槽（slot）的数量。它的起始值是缓冲区的大小。
- 其次是 n_full_slots 用于追踪缓冲区满槽的数量。

请确保我们理解了需要两个计数信号量而非只有一个原因，因为有两个不同的状态需要发出信号：一个是缓冲区满的时候，另一个则是缓冲区空的时候。

在添加了两个计数信号量后，限界缓冲区的代码就会变成下面这样（本版本中添加的行会带有“new”标记）：

```
template<class T,int N>
class BoundedBuffer {
  std::array<T,N>buf_;
  std::size_t read_pos_{};
  std::size_t write_pos_{};
  std::mutex m_;
  std::counting_semaphore<N>n_empty_slots_{N}; //New
  std::counting_semaphore<N>n_full_slots_{0};  //New

  void do_push(auto&& item){
    //获取其中一个空槽(可能会阻塞)
    n_empty_slots_.acquire();                    //New
    try {
      auto lock=std::unique_lock{m_};
```

```
      buf_[write_pos_]=std::forward<decltype(item)>(item);
      write_pos_=(write_pos_+1)%N;
    } catch(...){
      n_empty_slots_.release();                    //New
      throw;
    }
    //递增然后发出信号,表示这有一个满槽
    n_full_slots_.release();                       //New
  }

public:
  void push(const T& item){ do_push(item);}
  void push(T&& item){ do_push(std::move(item));}

  auto pop(){
    //获取其中一个满槽(可能会阻塞)
    n_full_slots_.acquire();                       //New
    auto item=std::optional<T>{};
    try {
      auto lock=std::unique_lock{m_};
      item=std::move(buf_[read_pos_]);
      read_pos_=(read_pos_+1)%N;
    } catch(...){
      n_full_slots_.release();                     //New
      throw;
    }
    //递增然后发出信号,表示这有一个空槽
    n_empty_slots_.release();                      //New
    return std::move(*item);
  }
};
```

这样一来，我们的代码就能够支持多个生产者和消费者了。这两种信号的使用也保证了它们都不会越过大于缓冲区最大范围。比如，生产者线程不能在不先检查是否有空槽的情况下新增一个值并递增 n_full_slots。

还需注意的是，acquire()和 release()是由不同线程调用的。比如，消费者线程在 n_full_slots 信号量上等待（acquire()），而生产者线程则会在同一信号量上发出信号（release()）。

C++20 中添加的新的同步原语已经众所周知了，它们通常会在线程库中得到使用。与 std::mutex 和 std::condition_variable 相比，它们提供了方便且通常更高效的同步访问共享资源的替代方案。

11.4.3 C++中的原子操作

标准库包含了对**原子变量（atomic variable）**的支持，有时也叫**原子操作（atomics）**。它是一种可以安全地在多个线程中使用和修改而不会引入数据竞争的变量。

还记得之前看到的数据竞争的例子吗？当时我们用两个线程去更新全局计数器，然后通过在计数器上添加了互斥锁来解决的这一问题。现在，让我们用 std::atomic<int>来替代当时显式地使用锁的解决方案：

```
std::atomic<int>counter;

auto increment_counter(int n){
  for(int i=0;i<n;++i)
    ++counter;//安全的,counter 是一个 atomic<int>
}
```

++counter 是 counter.fetch_add（1）的一种简写。所有可以在原子变量上调用的成员函数都是线程安全的，即可以从多个线程并发地调用。

原子类型定义在<atomic>头文件中。对于所有标量数据类型，都有类似 std::atomic_int 的类型定义，与类似 std::atomic<int>的调用等效。只要自定义类型是可平凡复制的（trivially copyable），就可以将其封装在 std::atomic 模板中。一般来说，这意味着类的对象可以通过其数据成员的位来完全描述。这样，就可以通过仅复制原始字节来使用诸如 std::memcpy()等函数来复制对象。因此，如果一个类包含虚函数、指向动态内存的指针等内容，则不再是可平凡复制的。这可以在编译时检查，因此，如果尝试创建一个不可平凡复制类型的原子类型，则会导致编译错误。

```
struct Point {
```

```
  int x_{};
  int y_{};
};
auto p=std::atomic<Point>{};            //OK:Point 是可平凡复制的
auto s=std::atomic<std::string>{};      //Error:不是可平凡复制的
```

我们也可以创建原子指针。这会让指针本身是原子的，但它所指向的对象却不是。稍后我们会更详细地讨论原子指针和引用的内容。

无锁特性

使用原子变量而不是用互斥锁保护变量的原因之一是避免因为使用了 std::mutex 而引入的性能开销。此外，互斥锁还可能会阻塞线程的执行，引入非确定性的时间延迟，并且可能引入优先级反转的问题（请参阅“线程优先级”一节）。因此，在低延迟场景下使用互斥锁是不可行的。换句话说，代码中可能会有一些具有延迟要求的部分，这会造成无法使用互斥锁。因此在这种情况下，了解原子变量是否使用互斥锁是很重要的。

取决于变量的类型与所使用的平台，原子变量可以使用或不使用锁来保护数据。如果原子变量没有使用锁，那么它就被称为**无锁**。我们可以在运行时查询该变量是否是无锁的：

```
auto variable=std::atomic<int>{1};
assert(variable.is_lock_free());        //运行时断言
```

至少我们可以在运行时对代码所使用的变量对象是无锁的这一事实断言，就很不错。一般来说，同一类型的所有原子对象要么都是无锁的，要么都是有锁的，不过在某些平台上，这个答案可能会略有不同，两个相同类型的原子对象可能是不一样的。

通常来看，了解一个原子类型（std::atomic<T>）在某个平台上是否会被保证为无锁这件事会更有趣些，而更有趣的则是我们可以在编译时就知道这件事，而非运行时。自 C++17 开始，通过调用函数 is_always_lock_free()，可以在编译时验证一个原子特化（atomic specialization）是否是无锁的：

```
static_assert(std::atomic<int>::is_always_lock_free);
```

在上面的这段代码中，一旦 atomic<int>在目标平台上不是无锁的，就会抛出编译错误。这样一来，如果我们想基于 std::atomic<int>不使用锁这样的假设来编译代码，就会失败，而这正是我们期望的结果。

在现代平台上，std::atomic<T>中任何类型的 T 只要适合原生字长宽度（native word size），则通常都是永远无锁的。在现代 x64 芯片上，这甚至适用于双倍的字长宽度。比如，在现代英特尔 CPU 上编译的 libc++中，std::atomic<std::complex<double>>总是无锁的。

原子标志（Atomic flags）

在 C++中，std::atomic_flag 能够保证原子类型永远是无锁的（无论目标平台是什么）。所以 std::atomic_flag 并没有提供像 is_always_lock_free()或是 is_lock_free()这样的函数，毕竟它们一定会返回 true。

原子标志可以用作 std::mutex 的一种替代方案，以保护临界区。鉴于锁在概念上的易于理解的特点，我们将在此使用它作为示例。不过仍需注意的是，我们在本书中所展示的实现锁的代码并不是可以直接用作产品中的代码，仅作为概念描述这一目的所使用。下面的代码展示了如何从概念上实现一个简单的自旋锁（spinlock）：

```
class SimpleMutex {
  std::atomic_flag is_locked_{};                    //默认清除
public:
  auto lock()noexcept {
    while(is_locked_.test_and_set()){
      while(is_locked_.test());                     //在此自旋
    }
  }
  auto unlock()noexcept {
    is_locked_.clear();
  }
};
```

上面代码中的 lock()函数会调用 test_and_set()设置标志，同时获取该标志之前的值。如果 test_and_set()函数返回 false，就意味着调用者成功获取到了锁（在被清除的时候设置标志）。否则，内部的 while 循环就会不断调用 test()函数轮询该标志的状态。在此我们使用额外的内层循环调用 test()的原因主要是因为性能问题：test()不会令缓存行失效，而 test_and_set()则会。这种锁协议被称为 **test 和 test-and-set**。

这样的自旋锁可以正常工作，就是对资源不太友好。线程执行时，它会不断地使用 CPU 反复检查同一条件。解决的办法是可以在每次循环时新增一个带有指数倒退的短暂休眠，但具体方式在不同平台和场景的微调也颇有难度。

所幸 C++20 为 std::atomic 添加了一个等待与通知的 API，这就让线程可以（以一种资源友好的方式）等待另一个原子变量改变它的值。

等待和通知

自 C++20 起，std::atomic 和 std::atomic_flag 开始具备了等待与通知的能力。其中，函数 wait()会在原子变量的值改变前，都阻塞当前线程，并且其他线程也会通知等待的线程。线程可以通过调用 notify_one()或 notify_all()来对外通知变化的发生。

有了这个功能，我们就可以避免连续轮询原子变量的状态了，转而可以用一种对资源更为友好的方式进行等待，直到值产生变化；这一点就和 std::condition_variable 允许我们等待和通知状态变化相似。

通过使用等待和通知，上一节实现的 SimpleMutex 就可以用下面的方式重写：

```
class SimpleMutex {
  std::atomic_flag is_locked_{};
public:
  auto lock()noexcept {
    while(is_locked_.test_and_set())
      is_locked_.wait(true);          //不会自旋,而是等待
  }

  auto unlock()noexcept {
    is_locked_.clear();
    is_locked_.notify_one();          //通知被阻塞的线程
  }
};
```

在这我们把旧值（true）传递给了 wait()。当 wait()返回时，就可以保证原子变量发生了变化，因此它就不再是 true 了。但我们却不能保证能够捕捉到变量的*全部*变化。它在这时可能已经从状态 A 变成了状态 B，然后用从 B 回到了 A，而这个过程中没有通知等待线程。这就是无锁编程中名为 **ABA 问题**的现象。

上面的例子只展示了使用 std::atomic_flag 的等待与通知函数。在 std::atomic 类模板上也有同样的等待与通知 API 可供使用。

再次说明，本章所介绍的自旋锁并不具备应用于生产环境的能力。事实上，要想实现一个高效的锁，通常会涉及如何正确的使用内存序（memory ordering，会在后面讨论）和不可移植的 yield 代码，但这已超出本书所涵盖的范围。详细内容可以在 https://timur.audio/using-lock-in-real-time-audio-processing-safely 中找到。

现在，我们接着讨论原子指针与原子引用。

在多线程环境中使用 shared_ptr

这时，可能会有人问那么 std::shared_ptr 呢？它能在多线程环境中使用吗？当多个线程访问一个“由多个共享指针引用的对象”时，又是如何处理引用计数的呢？

为了更好地理解共享指针和线程安全，我们还是需要回顾一下 std::shared_ptr 一般时如何实现的（参见*第 7 章内存管理*）。让我们思考下面的代码：

```
//线程 1
auto p1=std::make_shared<int>(42);
```

这行代码会在堆上创建一个 int 对象和一个指向该对象的是用了引用计数的智能指针。当我们使用 std::make_shared()创建共享指针时，它会在 int 对象边创建一个控制块（control block）。这个控制块包括了一个用以引用计数的变量，每当创建一个指向这个 int 的新指针时，它就会递增，每当销毁一个指针时，则会递减。总而言之，执行上面的代码时，总共会有三个独立的实体被创建：

- 实质上的 std::shared_ptr 对象 p1（位于栈上的局部变量）。
- 一个控制块（堆对象）。
- 一个 int 对象（堆对象）。

图 11.12 展示了这三个对象间的关系。

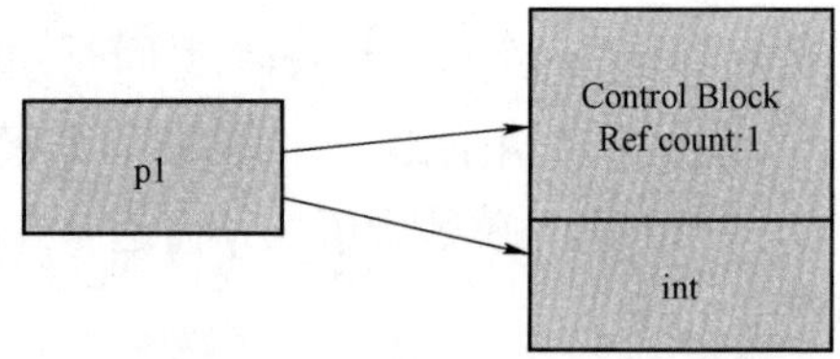

图 11.12　shared_ptr 实例 p1 指向了整型对象和包含了引用计数的控制块。此时，只有一个共享指针引用了 int，所以此时的引用计数为 1

接下来，我们想象一下，如果下面的代码被第二个线程执行，会发生什么事情：

```
//线程 2
auto p2=p1;
```

此时，我们创建了一个新的指针来执行刚才创建好的 int 对象（和控制块）。在创建指针 p2 时，我们会读取 p1，同时也会更新控制块中的引用计数器。又因为控制块定义在堆上，而它又在两个线程间共享，所以它就需要避免数据竞争出现。但因为控制块的实现细节隐藏于 std::shared_ptr 接口背后，我们没法知道要怎么做才能防止数据竞争，但好在事实证明，控制块的实现已经完美防止了这种情况的发生。

通常情况下，控制块会使用一个可变的原子计数器。也就是说，引用计数器的更新时线程安全的，这样我们就可以使用来自不同线程的多个共享指针而不必担心引用计数器的同步问题。这是一个非常好的实践，同时也是在设计类时我们需要考虑的问题，如果我们在方法中改变变量，而这些方法从客户端的角度来看好像又是只读的（const），那么我们就该让可变变量是线程安全的。另一方面来看，所有能被客户端检测到的可变函数都应该交给类的使用者同步。

图 11.13 展示了两个 std::shared_ptr 对象 p1 和 p2，它们都可以访问同一个对象 int。除此之外，还有一个共享对象 int，以及 std::shared_ptr 实例间内部共享的对象——控制块。其中控制块默认是线程安全的。

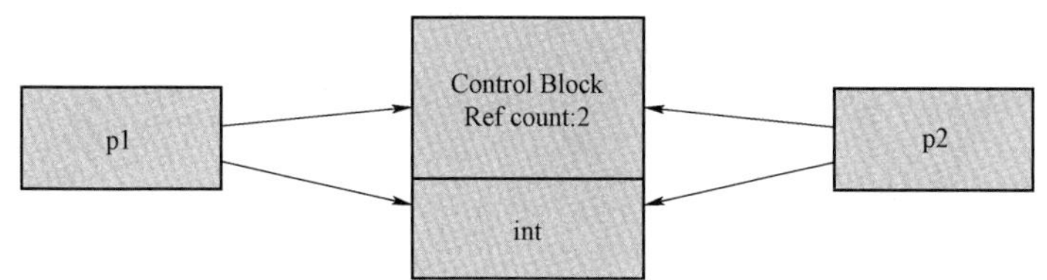

图 11.13　两个 shared_ptr 访问同一对象

总的来说：

● 共享对象，即本例中的 int，并不是线程安全的，如果经由多个线程访问，则需要我们显式的使用锁才行。

● 控制块，则已经是线程安全的了，因此引用计数机制哪怕是在多线程的情况下也可以正常工作。

接着继续看下一节，我们是如何保护 shared_ptr 实例的。

保护 shared_ptr 实例

截止现在为止，就只剩下一部分内容了：前面例子中 std::shared_ptr 类型的对象 p1 和 p2 怎么处理？为了能够理解这一问题，我们接下来使用一个全局的 std::shared_ptr 对象 p：

```
//全局变量，该如何保护它呢？
auto p=std::shared_ptr<int>{};
```

我们要怎样才能从多个线程修改 p 而不引入数据竞争呢？其中一个选择就是，每当使用 p 时，就用一个显式的互斥锁来保护它。或是可以使用 std::atomic 的特化模板代替 std::shared_ptr（C++20 中引入）。也就是说，可以像下面这样把 p 声明成一个原子共享指针：

```
//全局变量,使用 atomic 保护它
auto p=std::atomic<std::shared_ptr<int>>{};
```

这个模板特化可能具有无锁特性，也可能没有。我们可以使用成员函数 is_lock_free()来验证它。另外，需要注意的是，std::atomic<std::shared_ptr<T>>是 std::atomic 可以对任何可平凡复制类型（trivially copyable type）进行特化之外的一个例外。不过，我们很高兴最终在标准库中具备了这个实用的类型。

下面的例子展示了如何从多个线程中原子地加载和存储一个共享指针对象：

```
//线程 T1 调用这个函数
auto f1(){
  auto new_p=std::make_shared<int>(std::rand());
  //...
  p.store(new_p);
}

//线程 T2 调用这个函数
auto f2(){
  auto local_p=p.load();
  //使用 local_p...
}
```

前面的例子里，我们假设了两个线程 T1 和 T2，他们分别会调用函数 f1()和 f2()。在过程中，会通过调用 std::make_shared<int>()在线程 T1 中创建一个新的堆分配的 int 对象。

上面例子还有一个微妙的细节需要考虑：堆分配的 int 是在哪个线程中被删除的？当 f2() 函数中的 local_p 超出作用域时，它可能是指向 int 的最后一个引用（引用计数为零）。这种情况下，int 将会在线程 T2 中被释放。否则，在调用 std::atomic_store()时，int 将会在线程 T1 中被释放。因此，这一问题的答案是释放 int 在两个线程中都可能发生。

原子引用（Atomic references）

截至目前，我们已经看到了许多有关 std::atomic_flag 和 std::atomic<>的实例。其中，std::atomic 可以用来对指针特化，如 std::atomic<T*>，但我们还没有见到如何将引用类型与原子操作相结合。至少写 std::atomic<T&>是不可行的，不过标准库为我们提供了名为 std::atomic_ref 的模板类。

模板类 std::atomic_ref 是从 C++20 开始引入的。它的接口与 std::atomic 相同，而之所以会单独拿出一个名字，是为了避免影响现在已经使用了 std::atomic<T>的通用代码的风险。

原子引用可以让我们对非原子对象进行原子操作，只要我们有对它的引用即可。这在我们引用客户端或一些第三方代码提供的对象时非常方便，因为这些对象通常没有提供内部同步机制。下面，我们将通过一个示例来演示原子引用的实用性。

示例：使用原子引用

假设我们要编写一个函数来实现“让硬币翻转给定次数”：

```
void flip_coin(std::size_t n,Stats& outcomes);
```

硬币翻转的结果会像这样被累积在 Stats 中：

```
struct Stats {
  int heads_{};
  int tails_{};
};

std::ostream& operator<<(std::ostream& os,const Stats &s){
  os<<"heads:"<<s.heads_<<",tails:"<<s.tails_;
  return os;
}
```

使用者可以多次使用 Stats 实例多次调用 flip_coins()，而这些多次的翻转结果也会被累积到 Stats 中：

```
auto outcomes=Stats{};
flip_coin(30,outcomes);
flip_coin(10,outcomes);
```

现在，假设我们想让 flip_coin()支持并行运行，即可以让多个线程修改 Stats。此外，我们可以假设以下情况：

- Stats 的结构不能被改变（毕竟它可能来自第三方库）。
- 我们期望使用者对 flip_coin()的实现是否是并发的是无感的。也就是说，flip_coin()函数的并发性*对调用方来说应该是完全透明的*。

在这个例子中，我们将重新使用之前定义的函数生成随机数：

```
int random_int(int min,int max);//函数定义参见上文
```

接着，我们来定义 flip_coin()函数，它将使用两个线程同时共同对同一个硬币翻转 n 次：

```
void flip_coin(std::size_t n,Stats &outcomes){
  auto flip=[&outcomes](auto n){
    auto heads=std::atomic_ref<int>{outcomes.heads_};
    auto tails=std::atomic_ref<int>{outcomes.tails_};
    for(auto i=0u;i<n;++i){
      random_int(0,1)==0?++heads:++tails;
    }
  };
  auto t1=std::jthread{flip,n/2};          //前一半的翻转次数
  auto t2=std::jthread{flip,n-(n/2)};      //余下的翻转次数
}
```

两个线程只要开始抛出硬币，就会更新非原子对象的 outcomes。在这里我们不使用 std::mutex，而是创建两个 std::atomic_ref<int>变量来原子更新在 outcomes 中的成员变量。重要的是，为了能够保证翻转为正面和反面的两个计数器不受数据竞争的影响，所有对计数器的并发访问都需要使用 std::atomic_ref 来保护。

下面的代码片段演示了在不清楚 flip_coin()的并发实现的情况下调用该函数的例子：

```
int main(){
  auto stats=Stats{};
```

```
  flip_coin(5000,stats);                    //翻转 5000 次
  std::cout<<stats<<'\n';
  assert((stats.tails_+stats.heads_)==5000);
}
```

我在本地运行这段代码生成了如下输出：

```
heads:2592,tails:2408
```

这便结束了关于 C++中各种原子类模板部分的讲解。自 C++11 以来，原子类一直是标准库的一部分，且在不断的演进中。在 C++20 中还引入了：

- 特化的 std::atomic<std::shared_ptr<T>>。
- 原子引用，即，std::atomic_ref<T>模板。
- 等待与通知 API，这是使用条件变量的轻量级替代方案。

接下来，我们将继续讨论 C++的内存模型以及它与原子操作和并发编程的关系。

11.4.4　C++内存模型

在并发编程的章节中为什么要讨论 C++的内存模型呢？这是因为内存模型与并发密切相关，它定义了多个线程对内存的读写应该如何相互可见。这是一个相当复杂的话题，涉及编译器优化和多核计算机架构。然而，好消息是，如果你的代码没有数据竞争，并且使用了 atomics 库默认提供的内存顺序，那么你的并发代码就会按照直观的内存模型运行，易于理解。但是，理解什么是内存模型以及默认内存顺序保证是很重要的。

本节涵盖的概念在 Herb Sutter 的演讲《Atomic Weapons：The C++Memory Model and Modern Hardware 1 & 2》中得到了详细阐述。这些演讲可以在 https://herbsutter.com/ 2013/02/11/atomic-weapons-the-c-memory-model-and-modern-hardware/免费观看，如果想更深入了解这一主题，强烈推荐观看。

指令重排序

为了更好的理解内存模型的重要性，我们首先要了解代码是如何执行的。

当我们编写并运行程代码时，有理由认为源代码中的指令会按照它们出现的顺序执行。但实际上，代码会在最终执行前经历多个阶段的优化，编译器和硬件都会对这些指令进行重新排序，以便更高效地执行程序。这并非新兴技术，编译器早已采用这种优化方式，这也是为什么优化后的构建比未经优化的构建运行更快的原因之一。只要编译器（和硬件）对指令的重新排序在程序运行时无法被感知，就可以随意进行。因此，程序的运行看起来就像按照

程序顺序执行一样。

让我们看看下面的代码片段：

```
int a=10;        //1
std::cout<<a;    //2
int b=a;         //3
std::cout<<b;    //4
//可见的输出是:1010
```

不过上面的代码很明显的可以看出来，第二行和第三行可以交换而不引入任何可观察到的影响：

```
int a=10;        //1
int b=a;         //第 3 行被挪到了上面
std::cout<<a;    //第 2 行被挪到了下面
std::cout<<b;    //4
//可见的输出是:1010
```

下面给出的是另外一个例子，和*第四章数据结构*中的例子有些相似，但并不完全相同。在该例子中，编译器可以对遍历二维矩阵的代码进行优化，从而提高其缓存友好性：

```
constexpr auto ksize=size_t{100};
using MatrixType=std::array<std::array<int,ksize>,ksize>;


auto cache_thrashing(MatrixType& matrix,int v){   //1
  for(size_t i=0;i<ksize;++i)                     //2
    for(size_t j=0;j<ksize;++j)                   //3
      matrix[j][i]=v;                             //4
}
```

正如我们在*第四章*中看到的那样，上面的代码会产生大量的缓存缺失，从而影响了性能。编译器可以像下面这样对 for 循环语句重新排序来优化它：

```
auto cache_thrashing(MatrixType& matrix,int v){  //1
  for(size_t j=0;j<ksize;++j)                    //第 3 行被挪到了上面
```

```
    for(size_t i=0;i<ksize;++i)              //第 2 行被挪到了下面
      matrix[j][i]=v;                        //4
}
```

尽管在运行代码时无法看到这两个版本之间的差异，但后者的运行速度确实会更快。

编译器和硬件（包括指令流水线、分支预测和缓存层次结构）所进行的优化是非常复杂且不断发展的技术。不过好在所有这些对原始程序的转换都可以视为源代码中读取和写入的重新排序。这也意味着，无论是编译器还是硬件的某个部分执行了这些转换都无所谓。对于 C++开发者来说，重要的是要知道指令可以被重新排序，但是不会产生任何可观察的效果。

如果你过去有尝试调试过优化版本的代码，那么你可能遇到过由于重新排序的原因，调试很难逐步执行。因此，通过使用调试器，重新排序在某种意义上是可以被观察到的，但在正常运行程序时却无法观察到。

原子操作和内存顺序

在使用 C++编写单线程代码时，不会存在数据竞争的风险。我们可以开开心心的聚焦代码本身，而无需考虑指令重排序。不过，一旦涉及了多线程代码中的共享变量，那情况就变得完全不同了。编译器（和硬件）只根据对一个线程的真实情况和可观察到的内容进行所有优化。而编译器无法知道其他线程通过共享变量所能观察到的内容是什么，所以我们就需要告诉编译器，允许它进行哪些重排序工作。实际上，当我们使用原子变量或互斥锁保护代码免受数据竞争时，就已经在告诉它可以进行哪些重排序的操作了。

使用互斥锁保护临界区时，只有当前拥有锁的线程可以操作临界区。但是，互斥锁还会在临界区周围创建内存屏障，用来通知系统在临界区边界处不允许某些重排序。在获取锁时，会添加一个获取屏障（acquire fence），而在释放锁时则会添加一个释放屏障（release fence）。

我将通过一个例子来演示这个过程。假设我们有四个指令：**i1**、**i2**、**i3** 和 **i4**。这些指令之间没有依赖关系，因此系统可以任意重排序这些指令，而不会产生任何可观察的影响。不过 i2 和 i3 指令会使用共享数据，因此它们是需要通过互斥锁保护的临界区。添加互斥锁的获取和释放后，这时就会有一些重排序变得不再有效。毕竟显而易见的是，我们不能将临界区的指令移动到它之外，否则它们将不再受互斥锁的保护，单向屏障（one-way fences）可以确保没有指令可以从临界区移出。指令 i1 可以通过获取屏障移动到临界区内部，但不能超过释放屏障。指令 i4 也可以通过释放屏障移动到临界区内部，但不能超过获取屏障。

图 11.14 显示了单向屏障如何限制指令重排序。任何读或写指令都不能在获取屏障之上通过，也不能在释放屏障之下通过。

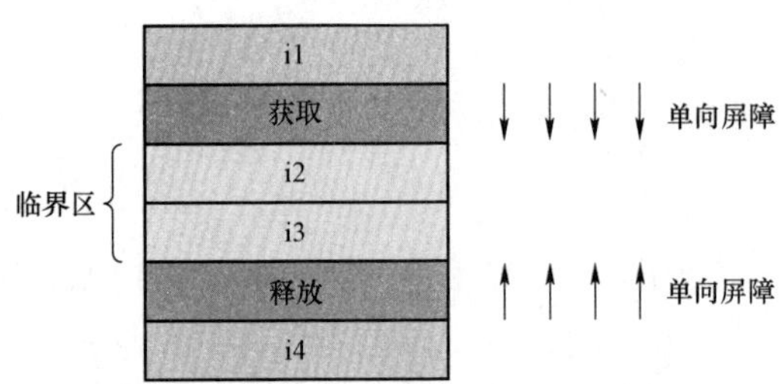

图 11.14 单向屏障限制了指令重排序

当我们获取一个互斥锁时，会创建一个获取内存屏障。这个屏障告诉系统，任何内存访问（读或写）都不能被移动到获取屏障的上方。虽然系统有可能将 i4 指令移动到 i3 和 i2 指令的释放屏障之上，但由于获取屏障的存在，它不能够再向上移动了。

接着，我们来看看原子变量而不是互斥锁。当我们在代码中使用共享的原子变量时，它会为我们带来两件事：

- **防止写入撕裂问题**：原子变量总是原子性地更新，因此读取者不可能读取到部分写入的值。
- **通过添加足够的内存屏障来同步内存操作**：这可以防止某些指令重新排序，确保原子操作指定的特定内存顺序。

如果我们的代码不存在数据竞争，并在使用原子操作时使用默认的内存顺序，那么 C++内存模型就会保证**顺序一致性（sequential consistency）**。那么什么是顺序一致性呢？它保证执行的结果与按照原始代码制定的顺序执行操作后具有相同的结果。指令在不同线程间的交错是任意的，也就是说，我们无法控制线程的调度。这初听起来可能有点复杂，但这可能是你已经思考过的并发程序的执行方式。

顺序一致性的缺点是会影响性能。因此，我们可以使用一个松散内存模型（relaxed memory model）来替代，即使用它与原子操作，这意味着我们仅获得了防止写入撕裂的保护，但没有顺序一致性提供的内存顺序保证。

我强烈建议除非非常了解较弱内存模型可能引入的影响，否则不要使用除默认顺序一致性内存顺序以外的任何其他内存顺序。

我们在这里不会进一步讨论松散内存顺序，因为它超出了本书的范围。但值得一提的是，你可能会有兴趣知道，在增加引用计数时，std::shared_ptr 中的引用计数器使用了一个松散模型（但在减少引用计数时则不使用）。这就是为什么在多线程环境中使用 std::shared_ptr 成员函数 use_count()时，它只报告实际引用的大致数量的原因。

与内存模型和原子操作非常相关的一个领域就是无锁编程。下面的部分我们将了解无锁编程的概念以及相关的应用场景。

11.5　无锁编程

首先，我们得承认无锁编程很难。我们不会花太多时间在本书中讨论无锁编程，而是提供一个非常简单的无锁数据结构实现示例。无锁编程有很多专门介绍概念的资源，包括网站和书籍（例如前面提到的 Anthony Williams 的书籍），就是专门介绍无锁编程概念的，这些概念有助于你在自己实现无锁数据结构之前了解需要理解的概念。本书不会进一步讨论这些概念，比如**比较并交换（CAS）**和 ABA 问题。

示例：无锁队列

接下来，我们将演示无锁队列的示例，这是一个相对简单但非常有用的无锁数据结构。无锁队列可用于与无法使用锁进行共享数据访问同步的线程进行单向通信。

由于仅支持一个读取线程和一个写入线程，因此它的实现相对简单。队列的容量也是固定的，在运行时不能更改。

无锁队列是可能被用于“通常会放弃异常处理的环境”中。因此，下面的队列没有使用异常处理，这使得其 API 与本书中的其他示例不同。

类模板 LockFreeQueue<T>有以下公共接口：

- push()：将元素添加到队列，并在成功时返回 true。此函数必须仅由（唯一的）写入线程调用。为了在使用方提供 rvalue 时避免不必要的拷贝，push()使用 const T&和 T&&进行重载。这种技术也在本章前面介绍 BoundedBuffer 类时使用过。
- pop()：返回一个 std::optional<T>，其中包含队列最前面的元素，除非队列为空。此函数必须仅由（唯一的）读取线程调用。
- size()：返回队列的当前大小。此函数可以由两个线程同时调用。

以下是该队列的完整实现：

```
template<class T,size_t N>
class LockFreeQueue {
  std::array<T,N>buffer_{};      //被两个线程使用
  std::atomic<size_t>size_{0};  //被两个线程使用
  size_t read_pos_{0};          //被读取线程使用
  size_t write_pos_{0};         //被写入线程使用
  static_assert(std::atomic<size_t>::is_always_lock_free);
```

```
  bool do_push(auto&& t){        //辅助函数
    if(size_.load()==N){
      return false;
    }
    buffer_[write_pos_]=std::forward<decltype(t)>(t);
    write_pos_=(write_pos_+1)%N;
    size_.fetch_add(1);
    return true;
  }

public:
  //写入线程
  bool push(T&& t){ return do_push(std::move(t));}
  bool push(const T& t){ return do_push(t);}

  //读取线程
  auto pop()->std::optional<T>{
    auto val=std::optional<T>{};
    if(size_.load()>0){
      val=std::move(buffer_[read_pos_]);
      read_pos_=(read_pos_+1)%N;
      size_.fetch_sub(1);
    }
    return val;
  }
  //上面的两个线程都可以调用size()
  auto size()const noexcept { return size_.load();}
};
```

上面的代码中，唯一需要原子访问的数据成员就是 size_变量。因为 read_pos_仅由读取线程使用，而 write_pos_ 仅由写入线程使用。那 std::array 类型的缓冲区呢？它是可变的，并且也是由两个线程访问的，这难道不需要同步吗？由于算法确保两个线程永远不会同时访问数组中的同一元素，因此 C++保证可以访问数组中的各个元素而不会出现数据竞争。无论元素有多小，即使是 char 数组，也有此保证。

那么这样的非阻塞队列会在什么时候发挥作用呢？一个例子是在音频编程中，当主线程上有一个运行中的 UI 需要与实时音频线程进行数据的发送或接收时，后者不能在任何情况下阻塞。实时线程不能使用互斥锁，分配或释放内存，或者做任何可能导致线程等待低优先级线程的事情。像这样的场景就需要使用无锁数据结构。

LockFreeQueue 中的读取器和写入器都是无锁的，因此我们可以使用两个队列实例在主线程和音频线程之间进行双向通信，如图 11.15 所示。

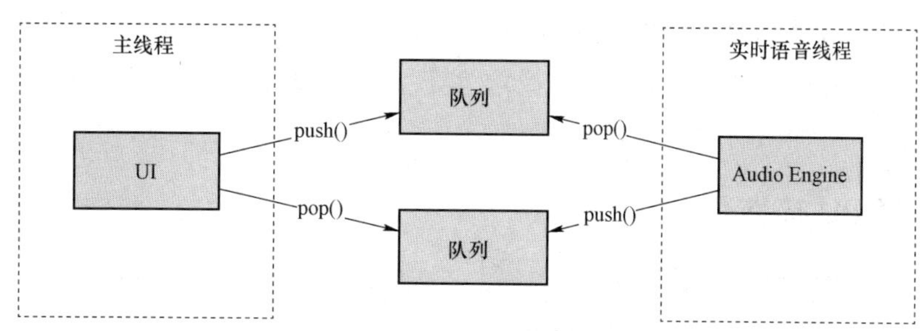

图 11.15　使用两个无锁队列，在主线程和实时音频线程之间传递状态

正如已经提到的，本书只是浅尝辄止地介绍无锁编程。现在，让我们以几个关于编写并发程序时的性能指南来结束本章。

11.6　性能指南

在尝试提升性能之前，让一段并发代码*正确地*运行，其重要性我怎么强调都不为过。另外，在应用这些与性能有关的指南之前，我们首先需要建立一个可靠的方法来度量我们试图改善的内容。

11.6.1　避免竞争

每当多个线程使用共享数据时，就会出现竞争。而竞争会影响性能，有时，竞争所带来的开销会使并行算法比单线程替代方案更慢。

使用会导致等待和上下文切换的锁明显会降低性能，但另外不太明显的事实是，锁和原子操作都会在编译器生成的代码中禁用优化，并且在 CPU 执行代码时也会禁用。这是为了保证顺序一致性。但请记住，解决此类问题的方法绝不是忽略同步，从而引入数据竞争。数据竞争意味着未定义的行为，毕竟执行快但不正确的代码不会让任何人满意。

相反，我们需要尽量减少临界区的消耗时间。可以通过更少地进入临界区，并尽可能地将临界区最小化来实现这一点，以便一旦进入临界区，我们还能尽快离开它。

11.6.2 避免阻塞操作

为了编写一个现代响应式应用，并让它始终保持流畅运行，就意味着绝对不能让主线程阻塞超过几毫秒。一个流畅运行的应用程序每秒更新其界面 60 次。这意味着，如果某些正在执行的操作阻塞 UI 线程超过 16 毫秒，那么帧率就会下降。

在设计应用的内部 API 时我们需要将这一点牢记在心。每当编写一个执行 I/O 或其他可能需要超过几毫秒的操作函数时，它都需要被实现为异步函数。这种模式在 iOS 和 Windows 中已经非常普遍，例如所有网络 API 都已经变成了异步的。

11.6.3 线程/CPU 核数

机器拥有的 CPU 核越多，你可以运行的线程就越多。如果你成功将一个顺序执行的 CPU 密集型任务分解为并行版本，那么就可以通过让多个核并行处理该任务来提升性能。

从单线程算法转换为可以由两个线程运行的算法，在最理想的情况下，可以将性能提升一倍。但是，添加越来越多的线程后，你最终还是会达到一个极限，此时就不再有性能提升。而继续添加线程而超过了这个限制数量，实际上反而会降低性能，因为上下文切换所带来的开销随着加入的线程数量的增加而变得更加显著。

例如，需要等待大量网络数据的 Web 爬虫等 I/O 密集型任务，在达到 CPU 超额占用的极限之前需要大量线程。等待 I/O 的线程很可能会从 CPU 中切换出来，以腾出空间供其他已准备好执行的线程使用。对于像这样的 CPU 密集型任务，通常没有必要使用比机器上的核数更多的线程。

控制大型程序中的总线程数可能很难。但其中一种比较好的办法是使用一个可调整大小以匹配当前硬件的线程池。

在第 14 章并行算法中，我们将看到如何并行化算法以及如何根据 CPU 核数调整并发量的相关案例。

11.6.4 线程优先级

线程的优先级会影响到线程的调度。具有高优先级的线程比具有低优先级的线程更有可能被调度执行。同时，线程的优先级对于降低任务的延迟也至关重要。

操作系统通常提供有优先级的线程。不过当前的 C++线程 API 没有设置线程优先级的方法。但是，通过使用 std::thread::native_handle，可以获取底层操作系统线程的句柄，并使用操作系统提供的本地 API 来设置优先级。

另外，与线程优先级相关的现象之一是**“优先级反转”（priority inversion）**，可能会对性能产生负面影响，应该尽量避免。当一个高优先级的线程正在等待获取一个由低优先级线程持有的锁时，就会发生优先级反转。这种依赖关系会导致高优先级线程被阻塞，直到低优先级线程再次被调度以便释放锁。

这对实时应用来说，是个很大的问题。在工作中，这也意味着我们不能使用锁来保护任何需要由实时线程访问的共享资源。例如，生成实时音频的线程以最高可能的优先级运行，为了避免优先级反转，音频线程不能调用任何可能会阻塞并导致上下文切换的函数（包括 std::malloc()等）。

11.6.5 线程亲和性

线程亲和性可以向调度程序提供提示，以指出哪些线程可以从共享同一 CPU 缓存中受益。换句话说，这是向调度程序发出“希望某些线程在可能的情况下在特定的核上执行”的请求，以最小化缓存未命中。

那么，为什么要将一个线程执行在特定的核上？答案仍然是缓存。在同一内存上操作的线程可以从在同一核心上运行中获益，从而利用热缓存。对于调度程序来说，这只是分配线程到核时需要考虑的众多参数之一，因此这几乎没有任何保证，但是这种行为在不同的操作系统中是非常不同的。线程优先级，甚至是利用所有核（以避免过热）等要求，都是现代调度程序需要考虑的因素。

使用当前的 C++API 无法以可移植的方式设置线程亲和性，但大多数平台都支持在线程上设置亲和掩码（Affinity Mask）的方法。为了访问平台特定的功能，需要获取原生线程的句柄。下面的示例演示了如何在 Linux 上设置线程亲和掩码：

```
#include<pthreads>//不具备可移植性的头文件
```

```
auto set_affinity(const std::thread& t,int cpu){
  cpu_set_t cpuset;
  CPU_ZERO(&cpuset);
  CPU_SET(cpu,&cpuset);
  pthread_t native_thread=t.native_handle();
  pthread_set_affinity(native_thread,sizeof(cpu_set_t),&cpuset);
}
```

注意，上面的示例不是可移植的 C++代码，但如果你正在做以性能为主要目标的并发编程的话，很可能需要对线程进行一些不可移植的配置。

11.6.6 伪共享

伪共享，或破坏性干扰，会显著降低代码的性能。它发生在两个线程使用某些数据（这些数据在逻辑上并不是线程间共享的），但恰好位于同一缓存行中。想象一下，如果这两个线程在不同的核上运行，并且不断更新驻留在共享缓存行上的变量，会发生什么。尽管线程之间没有真的在共享数据，但它们还是会互相影响，导致彼此的缓存行失效。

在使用全局数据或动态分配的线程间共享数据时，最容易发生伪共享。一个可能发生伪共享的例子是，为一组线程分配一个共享数组，但每个线程只使用该数组中的一个元素。

解决该问题的方法是对数组中的每个元素填充（pad），使相邻的两个元素不会位于同一缓存行中。从 C++17 开始，有一种可移植的方法是使用<new>中定义的 std::hardware_destructive_interference_size 常量和 alignas 限定符来实现。下面的示例演示了如何创建一个元素来防止伪共享：

```
struct alignas(std::hardware_destructive_interference_size)Element {
   int counter_{};
};

auto elements=std::vector<Element>(num_threads);
```

这样一来，向量中的元素就会被保证驻留在不同的缓存行中了。

11.7 总结

在本章中，我们学习了如何创建能够同时执行多个线程的程序。同时还介绍了如何通过使用锁或原子操作来保护临界区以避免数据竞争。此外，我们还了解到 C++20 提供的一些实用的同步原语：latch、barrier 和 semaphore。之后又深入探讨了执行顺序和 C++的内存模型，这些概念对无锁编程非常重要。另外，我们还发现了不可变数据结构是线程安全的。最后，我们还了解一些可以改进并发代码性能的指南。

接下来的两章专门讨论了一个 C++20 中全新的特性——协程（coroutines），它让我们可以以顺序的方式编写异步代码。

第 12 章　协程和惰性生成器

计算机已经成为一个充满等待的世界，因此我们需要编程语言的支持来表达等待的概念。一般来说，当流程到达可能需要等待某些事件的点时，我们会暂停当前流程并将执行权转移给其他流程。这些需要等待的事件可以是网络请求、用户点击、数据库操作，甚至是内存访问。如果我们不断地阻塞等待，就会浪费很长时间。但是，如果我们在代码中提前声明需要等待，并继续执行其他流程，然后等到准备好的时候再返回继续执行，就可以提高效率。协程允许我们实现这种方式。

本章我们将聚焦 C++20 新增的协程。我们将了解到它的概念，如何使用它，以及它的性能特征。同时，因为协程这一概念在许多其他语言中也有实现，所以我们还会从更宽泛的角度去讨论它。

目前，C++协程在标准库中的支持非常有限。不过增加标准库对协程的支持是 C++23 版本的高优先级任务。回到现在，为了在日常代码中可以更有效地使用协程，我们就需要实现一些通用的抽象。本书将展示如何实现这些抽象，但其目的是学习和了解 C++的协程，而不是提供可用于生产的代码。

另外，了解已有的各种类型的协程，它可以用来做什么，以及是什么促使 C++新增了语言特性来支持协程，也很重要。

这一章会涵盖很多内容。下一章也同样是关于协程的，但下一章的重点会是异步应用。综上所述，本章我们会看到：

- 有关协程的一般理论，包括有栈协程（stackful coroutines）和无栈协程（stackless coroutines）间的区别，以及它们是如何被编译器转化并运行在硬件中的。
- C++中无栈协程的概念。我们将讨论并演示 C++20 中为协程提供的新语言支持，包括 co_await、co_yield 和 co_return。
- 使用 C++20 协程作为生成器所需的抽象概念。
- 提供一些实际工作中的例子，展示使用协程后为代码带来的可读性和简洁性方面的好处，以及如何通过使用协程编写可组合的组件以实现惰性求值。

如果你曾在其他语言中使用过协程，那么在阅读本章前，请做好以下两方面准备：

- 对你来说，本章可能会包含很基础的内容。尽管 C++协程的工作原理细节并不简单，但其使用示例可能还是会让你觉得它很容易理解。
- 本章使用的部分术语（如，协程、生成器和任务等）可能与你当前对它们的理解不完全一致。

另外，如果你完全没有接触过协程，那么本章的某些部分可能会让你感觉非常神奇，并需要一些时间才能理解。因此，我们将首先展示一些使用了协程的 C++代码示例。

12.1　几个引人入胜的例子

协程是一种类似于 lambda 表达式的特性，它提供了一种完全颠覆我们编写和思考 C++代码的方式。但这个概念也非常普遍，可以用多种不同的方法来应用。为了了解 C++在使用协程时的具体情况，我们在这里将看到两个简短的示例。

让步表达式（yield expression）可用于实现生成器——用于惰性产生值序列的对象。本例中，我们将使用关键字 co_yield 和 co_return 来控制流程：

```
auto iota(int start)->Generator<int>{
  for(int i=start;i<std::numeric_limits<int>::max();++i){
    co_yield i;
  }
}

auto take_until(Generator<int>& gen,int value)->Generator<int>{
  for(auto v:gen){
    if(v==value){
      co_return;
    }
    co_yield v;
  }
}

int main(){
  auto i=iota(2);
  auto t=take_until(i,5);
  for(auto v:t){                              //拉取值
    std::cout<<v<<",";
  }
```

```
  return 0;
}
//打印:2,3,4
```

上面的代码中，iota()和 take_until()就是协程，其中，iota()用于生成一个整数序列，而 take_until()则会产生一些值，直到它找到指定的值为止。至于 Generator 模板则是一种自定义类型，我们将会在本章稍后了解如何设计并实现它。

如你所见，构建生成器是协程的常用场景，另一个就是用于实现异步任务了。下面的例子将为我们展示如何使用操作符 co_await 来等待而不阻塞当前正在执行的线程：

```
auto tcp_echo_server()->Task<>{
  char data[1024];
  for(;;){
    size_t n=co_await async_read(socket,buffer(data));
    co_await async_write(socket,buffer(data,n));
  }
}
```

上面的代码中，co_await 并不是阻塞，而是挂起，直到它被恢复以及异步读写函数完成。不过这里的例子并不完整，因为我们目前还不知道什么任务、套接字、缓冲区和异步 I/O 函数。不过我们会在第 13 章集中讨论异步任务时聊到这些内容。

如果你现在看不懂这些例子的实现原理，请不要担心，我们将在本章花很多时间来深入研究这些技术细节。上面的例子是为了让你大概了解，如果你从没使用过协程，协程可以为我们做些什么。

但在深入研究 C++20 的协程之前，我们还需要讨论一些术语和通用的基础知识，以便更好地理解在 2020 年为 C++添加这样一个相当复杂的语言功能的设计和动机。

12.2 协程抽象

我们向后退一步来看，不仅专注在 C++20 添加的协程，而是讨论协程的一般概念。这会让我们更好地理解为什么协程是有用的，以及有哪些类型的协程，还有它们之间的区别。当然，如果你早已熟练使用有栈协程和无栈协程以及掌握了它们的执行方式，那就可以跳过本节，直接去看下一节 C++中的协程。

事实上，协程的抽象由来已久，已经存在 60 多年了，许多语言也都在语法层面或标准库中采用了某种协程。这就意味着，在不同的语言和环境中，协程所表达的内容可能稍有不同。不过本书毕竟是关于 C++的，因此我们还是会沿用 C++中的标准术语来讨论协程的内容。

其实协程很像子例程。在 C++中，没有一种明确称之为子例程的东西，但是，我们可以编写函数（例如自由函数或成员函数）来创建它。本书后面的内容会交替使用术语**普通函数**和**子例程**进行讨论。

12.2.1　子例程和协程

为了理解协程和子例程（普通函数）之间的差异，我们将在本节集中讨论子例程和协程最基本的特性，即如何启动、停止、暂停以及恢复。我们先从简单的说起，当代码的其他部分调用子例程时，子例程就被启动了。而子例程返回到调用方时，它就停止了：

```
auto subroutine(){
  //代码内容...


  return;          //停止并将控制权返回给调用者
}
subroutine();    //调用子例程以启动它
//子例程完成
```

子例程的调用链是严格嵌套的。如图 12.1 所示，在子例程 g()返回前，子例程 f()是不能返回到 main()中的。

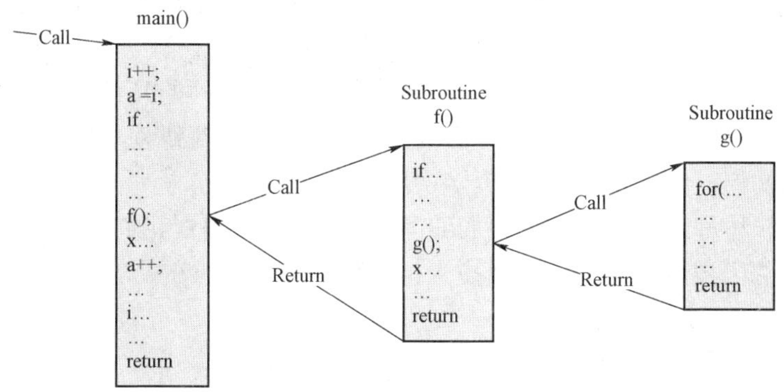

图 12.1　子例程的调用与返回链

协程也可以像上面子例程那样被启动和停止，但它们也可以被**挂起**（暂停）和**恢复**。如果你之前没有用过协程，乍一看可能有点奇怪。协程被挂起和恢复的节点被称为**挂起/恢复点**。

当然了，有些挂起点是隐式的，而有些则是在代码中明确写出来的。下面的伪代码显示了三个是用了 await 和 yield 标记的显式挂起/恢复点：

```
//伪代码
auto coroutine(){
  value=10;
  await something;           //挂起/恢复点
  //...
  yield value++;             //挂起/恢复点
  yield value++;             //挂起/恢复点
  //...
  return;
}

auto res=coroutine();        //调用
res.resume();                //恢复
```

在 C++中，显式的挂起点使用关键字 co_await 和 co_yield 进行标记。图 12.2 展示了一个协程是如何从一个子例程中被调用，然后在代码的不同部分被恢复执行的：

协程中的局部变量状态在被挂起时会得到保留。这些状态是属于协程的某个调用的，而不是像静态局部变量那样，在函数的所有调用中都是全局共享的。

总之，协程时可以被挂起和恢复的子例程。另一看法则是，子例程是协程的一种特殊形式，即一种没法挂起或恢复的协程。

从现在起，由于调用和恢复，以及挂起和返回是完全不同的几件事，所以我们将会非常严格地区分它们。调用协程会创建一个可以被挂起和恢复的新协程实例。从协程中返回则会销毁那个协程的实例，而它也将无法再被恢复。

想要真正理解协程时如何有助于我们编写高效代码，就需要我们去多了解一些底层细节，即，了解 C++中的函数通常是如何被转换为机器代码并被执行的。

12.2.2 在 CPU 上运行子例程和协程

我们在本书中已经讨论了内存层次结构、缓存、虚拟内存、线程调度以及其他硬件和操作系统等概念。但还没有真正讨论 CPU 寄存器和栈如何执行 CPU 指令等相关事宜。不过在我们比较各种类型的子例程时，理解这些概念是非常重要的。

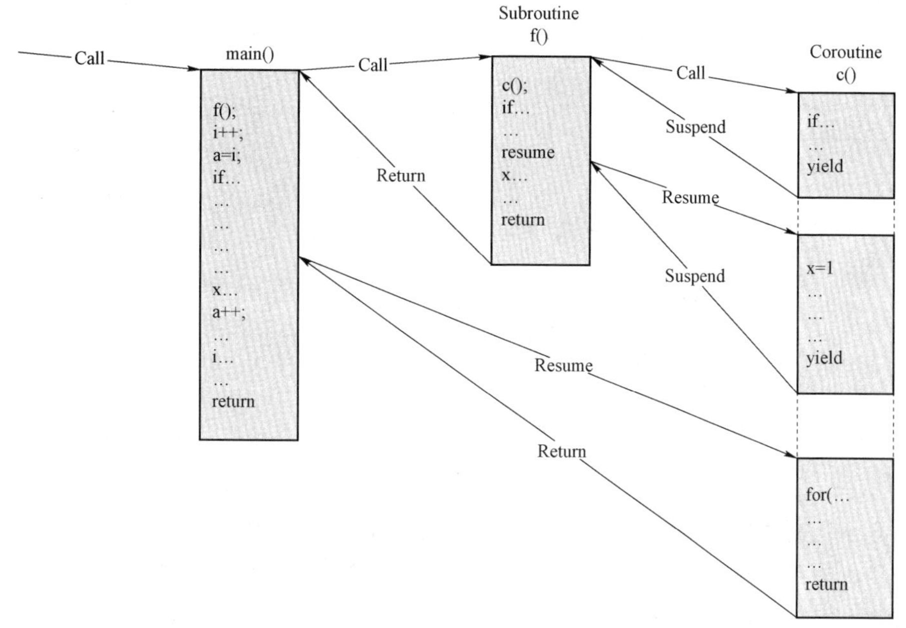

图 12.2　一个协程的调用可以被挂起和恢复。当协程被挂起时，它的内部状态将得到保留

CPU 寄存器、指令和栈

我们会在本节中使用一个简化的 CPU 模型，以便理解上下文切换、函数调用以及有关调用栈的细节。当我在这里谈及 CPU 时，我指的其实是一些类似于 x86 系列的并配备有多个通用寄存器的 CPU。

事实上，一段程序包含了由 CPU 所执行的一些列的指令。这些指令序列会存储在计算机内存中的某个地方。而 CPU 会在一个名为**程序计数器**的寄存器中跟踪当前正在执行的指令的地址。这样一来，CPU 就可以知道接下来要执行的是什么指令了。

CPU 包含有固定数量的寄存器。而寄存器则类似一个具有预定义名称的变量，它可以存储一个值或内存地址。它们是计算机上可用的最快的数据存储，而且也是最接近 CPU 的。实际上，当 CPU 要操作数据的时候，就会用到寄存器了。不过，有一些寄存器对 CPU 来说是有特殊含义的，而其他的则可以被当前执行的程序更为自由地使用。

其中，有两个对于 CPU 来说有特殊意义的重要寄存器（见图 12.3），分别是：

- **程序计数器（Program counter，PC）**：它是一个用于存储当前正在执行的指令的内存地址的寄存器。每当一条指令被执行时，这个值就会自动递增。有时，它也被称为指令指针

(instruction pointer)。

- **栈指针(Stack pointer，SP)**：它存储了当前使用的调用栈顶部的地址。分配与释放栈内存是改变存储在这一寄存器中的值的关键点。

如图 12.3 所示，假设这些寄存器被称为 **R0**、**R1**、**R2** 和 **R3**。那么，一个比较典型的算术指令就可能会像下面这样：

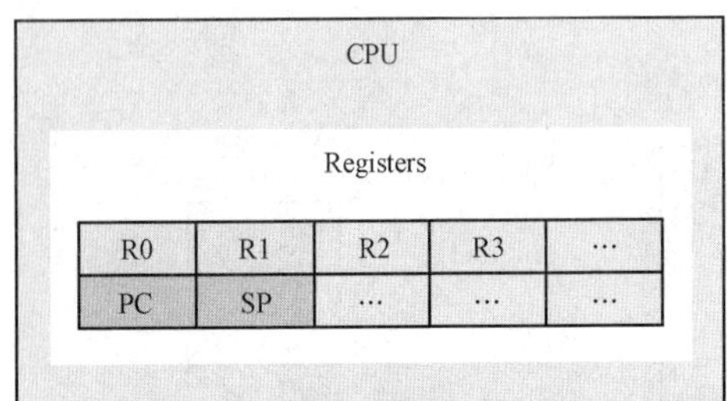

图 12.3 带有寄存器的 CPU

```
add 73,R1    //将存储在 R1 中的值加 73
```

另外，数据也可以在寄存器和内存间复制：

```
mov SP,R2    //将栈指针地址复制给 R2
mov R2,[R1] //将 R2 的值复制到存储在 R1 的内存地址上
```

一组指令隐式地与调用栈相关联。通过栈指针，CPU 知道调用栈的顶部位置。在栈上分配内存只涉及更新栈指针的问题。另外注意，栈指针的值会根据栈向高地址或低地址增长而增加或减少。

下面的指令使用到了栈：

```
push R1      //将 R1 的值推入栈的顶部
```

push 指令将寄存器中的值复制到内存中栈指针所指向的地方，并增加(或减少)栈指针。我们也可以通过使用 pop 指令从栈中取出值，该指令也会读取并更新栈指针：

```
pop R2       //将 R2 的值弹出栈
```

每当一条指令被执行，CPU 就会自动增加程序计数器。不过它也可以通过指令来显式地更新，如跳转指令：

```
jump R3      //将程序计数器设置为 R3 中的地址
```

CPU 可以以用户模式或内核模式运行。在这两种模式下运行时，CPU 所使用的寄存器也是不同的。当 CPU 在用户模式下运行时，其权限受到限制，无法直接访问硬件。而与此相对，内核模式允许 CPU 访问系统的所有资源和内存区域，包括硬件设备，内核模式通常被用于操作系统内核和设备驱动程序等系统级程序。比如，一个 C++的库函数 std::puts()，会将数值打印到 stdout 中，因此必须进行系统调用才能完成这一任务，这样也就迫使 CPU 会在用户模式和内核模式间来回切换。

但是，在这两种模式间来回切换的开销是高昂的。为了理解这一原因，让我们再看看上面的 CPU 示意图。CPU 通过使用其寄存器得以高效运行，因此避免了不必要地将值溢出到栈上。但是，CPU 是所有用户进程和操作系统所共享的资源，这也就是意味着，每当我们需要在不同任务间切换时（比如进入内核模式），处理器的状态，包括其所有寄存器，都需要保存到内存中，以便稍后可以恢复而继续使用。

调用和返回

现在，你已经初步了解了 CPU 如何使用寄存器和栈，这样我们可以继续讨论子例程的调用了。在调用和返回子例程时，有许多机制可以让我们觉得理所当然。另外，当编译器将 C++ 函数转换为高度优化的机器代码时，它也执行了出色的工作。

下面的列表显示了在调用、执行和从子例程返回时需要考虑的方面：

- 调用和返回（在代码中各点间跳转）。
- 参数传递，参数可以通过寄存器或栈传递，或同时使用寄存器和栈。
- 在栈上为局部变量分配内存。
- 返回值，从子例程返回的值需要被存储在一个调用者可以访问的地方。通常来说，那会是一个专门的 CPU 寄存器。
- 在不干扰其他函数的情况下使用寄存器，子例程使用的寄存器需要恢复到它被调用前的状态。

关于如何进行函数调用的确切细节会交由所谓的**调用约定**（**calling convention**）指定。它们为调用者/被调用者提供了一个协议，以便它们可以各司其职并达成一致。另外，调用约定在 CPU 架构与编译器之间有所不同，它是构成**应用程序二进制接口**（**ABI**）的重要组成部分之一。

在调用函数时，该函数的**调用帧**（或激活帧，activation frame）就会被创建。它们包括：

- 传递给函数的参数。
- 函数的局部变量。
- 函数会使用到的寄存器的快照（snapshot of the registers），以便在返回前可以恢复。
- 返回地址，链接到内存中调用者调用该函数的地方。
- 可选的帧指针（frame pointer），指向调用者的调用帧顶部。帧指针在调试器检查栈时非常有用。但在本书中，我们并不会进一步讨论帧指针。

多亏子例程的严格嵌套特性，我们可以将子例程的调用帧保存在栈上，以支持嵌套调用的高效处理。存储在栈上的调用帧通常被称为**栈帧（stack frame）**。

图 12.4 显示了一个调用栈上的多个调用帧，并重点凸显了其中一个调用帧里面的内容：

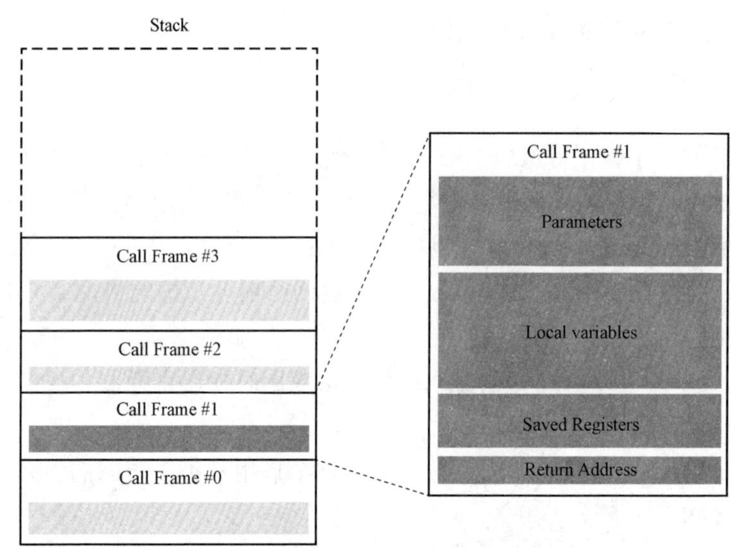

图 12.4 一个有多个调用帧的调用栈。图片右侧的调用帧时一个单独调用帧里面的细节内容

当子例程返回它的调用者时，它使用返回地址来确定要跳转到的位置，恢复已修改的寄存器，并从栈中弹出（释放）整个调用帧。这样一来，栈和寄存器就都恢复到调用子例程前的状态了。但是，还是有两个例外。首先，程序计数器（PC）已经被移动到调用后的指令了。其次，将返回值传回给其调用者的子例程，通常会将返回值存储在一个专用的寄存器上，以便调用者知道要去哪里找到它。

在了解了子例程是如何通过临时使用栈并在返回控制权给调用者之前恢复 CPU 寄存器的方式执行的之后，我们现在可以开始探讨如何暂停和恢复协程了。

挂起和恢复

我们来思考下面的伪代码，它定义了一个具有多个挂起/恢复点的协程代码：

```
//伪代码
auto coroutine(){
  auto x=0;
```

```
  yield x++;          //挂起
  g();                //调用一些其他的函数
  yield x++;          //挂起
  return;             //返回
}

auto co=coroutine();     //调用子例程以启动它
//...                    //协程被挂起
auto a=resume(co);       //恢复协程
auto b=resume(co);       //计算下一个值
```

coroutine()被挂起时，我们不能再像子例程返回给它的调用者时那样删除调用帧。那么为什么会这样呢？因为我们需要保留变量 x 的当前值，同时还要记住在下一次要恢复该程序时，代码应该在哪个位置继续执行。这些信息被放置于一个名为**协程帧（coroutine frame）**的地方。协程帧包含了恢复挂起的协程所需的全部信息。但这也就造成了一些新的问题：

- 协程帧被存在哪？
- 协程帧有多大？
- 当协程调用一个子例程时，它需要一个栈来管理嵌套的调用帧。如果我们尝试从嵌套的调用帧中恢复，会发生什么？那么当协程恢复时，我们需要恢复整个栈。
- 调用和返回协程的运行时间开销是多少？
- 挂起和恢复协程的运行时间开销是多少？

简单来说，这取决于我们讨论的是哪种类型的协程：无栈协程或是有栈协程。

有栈协程有一个单独的额外栈空间（类似线程），包含了协程帧和嵌套调用帧。这就让从嵌套的调用帧中挂起成为可能（见图 12.5）。

挂起和恢复无栈协程

无栈协程需要将协程帧存储在其他地方（一般是堆上），然后使用当前执行线程的栈来存储嵌套的调用帧。

不过这并不是全部。调用者负责创建调用帧，并保存返回地址（程序计数器的当前值），以及栈中的参数。但调用者并不知道它正在调用一个将挂起和恢复的协程。因此，协程本身就需要自己创建协程帧，并在被调用时将参数和寄存器从调用帧复制到协程帧中（见图 12.6）。

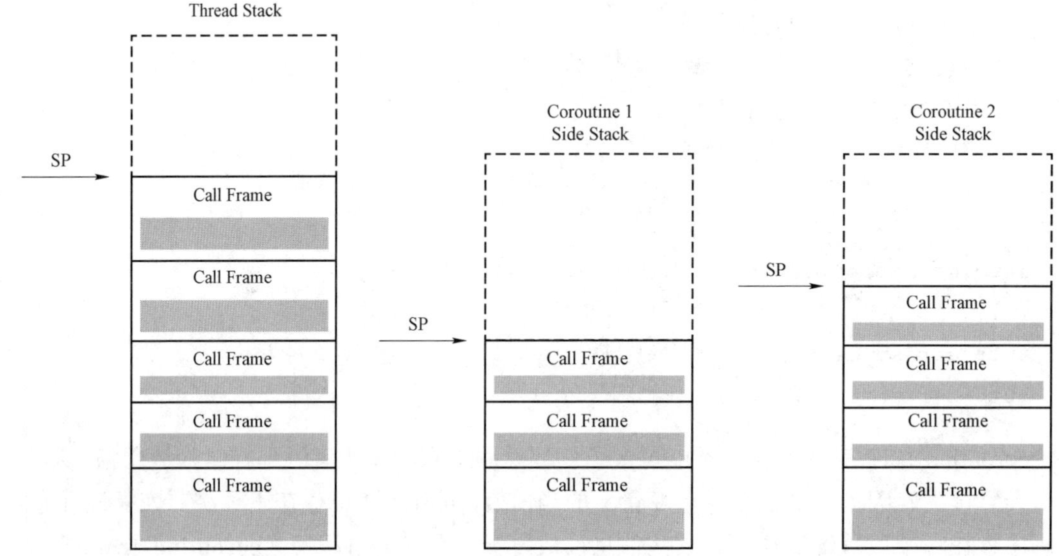

图 12.5 每次调用一个有栈协程都会创建一个单独的额外栈空间，以及一个唯一的栈指针

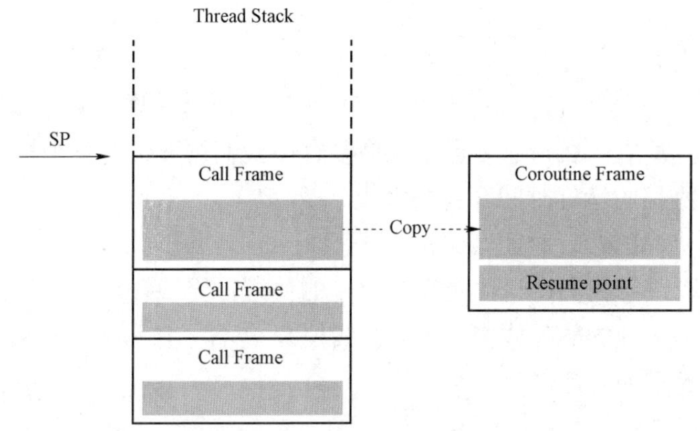

图 12.6 无栈协程又一个单独的协程帧（通常在堆上），包含有恢复协程所需的状态

协程最初被挂起时，协程的栈帧被从栈顶弹出，但协程帧还是会继续存在。而一个指向协程帧的内存地址（句柄/指针）将被返回给调用者（见图 12.7）。

为了恢复这个协程，调用者会使用它先前收到的句柄柄调用恢复函数，然后将协程句柄作为一个参数传给这个函数。恢复函数则使用存储在协程帧中的挂起/恢复点来继续执行协程。刚才提到的，对恢复函数的调用就是普通函数的调用，会产生一个栈帧，如图 12.8 所示。

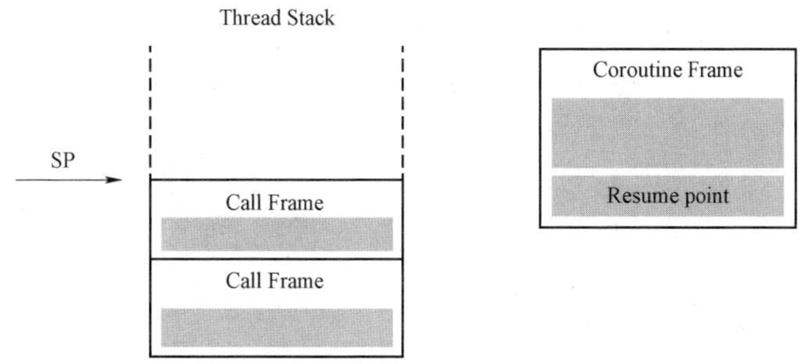

图 12.7　一个挂起的协程，其中协程帧里包含了要恢复该协程所需要的全部信息

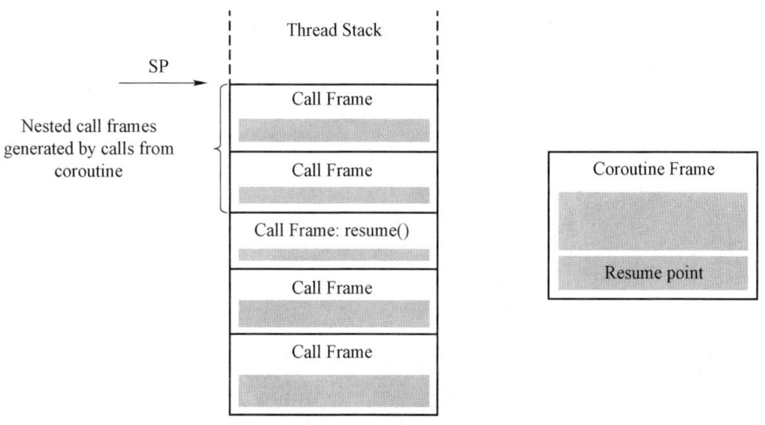

图 12.8　恢复协程会创建一个新的调用帧用于恢复调用。
恢复函数使用处理协程状态的句柄来从正确的挂起点将协程恢复

最后，协程返回时，它通常会被挂起，并最后释放。其栈的状态则如图 12.9 所示。

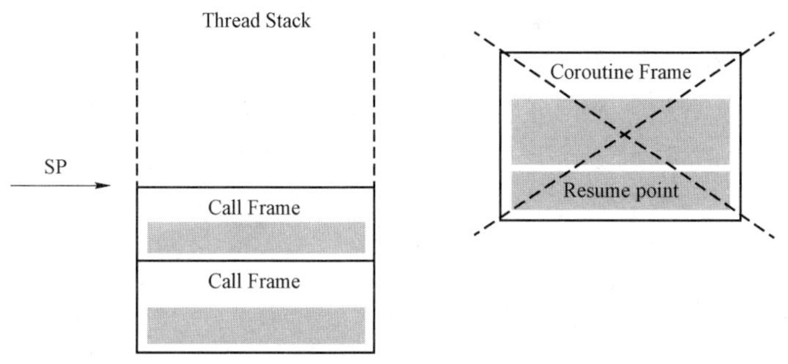

图 12.9　协程帧在返回时被释放

没有为每个协程调用都单独创建一个单独的额外栈空间的直接后果就是，在挂起一个无栈协程时，它无法在栈上留下任何嵌套的调用帧。记住，当控制权转移回调用者时，调用者的调用帧必须位于栈的顶部。

最后说明一定，值得一提的是，在某些情况下，协程帧所需的内存可以在调用者的调用帧内分配。在具体研究 C++20 中的协程时，我们会更为细致的讨论这一问题。

12.2.3 无栈协程和有栈协程

如上节所述，无栈协程使用当前运行线程的栈来处理嵌套函数调用。而这样做的效果就是，无栈协程永远不能从嵌套的调用帧中挂起。

有时候，有栈协程（Stackful coroutines）也被称为**纤程（fiber）**，在 Go 语言中，它们则被称为**协程（goroutines）**。实际上，它之所以会常常让我们想起线程，是因为每个线程都会管理自己的栈。不过，有栈协程（或纤程）与操作系统线程之间还是有两个重要的区别：

- 操作系统线程是由内核调度的，两个线程间的切换是内核模式操作；
- 大多数操作系统采用**抢占式（preemptive）**的方式切换操作系统线程（线程由调度程序中断），而两个纤程之间的切换是**协作（cooperative）**的。运行中的纤程会一直运行，直到将控制权交给某个管理器，该管理器可以调度另一个纤程。

另外，还有一类线程被称为**用户级线程**或**绿色线程**。它们是轻量级的，且不涉及内核模式切换（因为它们在用户模式下运行，所以对内核来说是未知的）。纤程就是这类线程的一个例子。但是，用户级线程也可以被用户库或虚拟机进行抢占式调度。Java 线程就是这种抢占式用户级线程的一个例子。

无栈协程还允许我们编写与组合多个并发运行的任务，但无需为每个流分配一个单独的局部栈（side stack）。同时，无栈协程还和状态机密切相关。我们可以将状态机转换为协程，反之亦然。所以为什么知道这些事实对我们很有帮助呢？首先是因为，它让我们可以更好地理解什么是无栈协程。其次，如果你已经擅长识别可以使用状态机解决的问题，那么你可以更容易地看出协程可能适合作为恰当解决方案的地方。实际上，状态机是非常通用的抽象，可以应用于各种问题。同样的，一些通常应用状态机的领域包括解析、手势识别和 I/O 多路复用等，也都是无栈协程在表达能力和性能方面可以真正发挥作用的领域。

性能开销

实际上，协程是一种，让我们可以以清晰简洁的方式编写惰性求值代码和异步程序，的抽象。但是，与创建和销毁协程以及挂起和恢复协程相关的性能开销也是存在的。当我们比较无栈协程和有栈协程的性能开销时，需要主要考虑两个方面，即内存占用和上下文切换。

内存占用

有栈协程需要一个单独的调用栈来处理在嵌套的调用帧内的挂起。因此，在调用协程时，我们需要动态分配一块内存来作为这个新的局部栈。这就会引出一个问题：我们需要分配多大的栈空间？除非我们有一些策略可以决定协程及其嵌套调用帧可以使用多少栈空间，否则我们就得分配一个与线程的普通调用栈大小相近的栈。

一些实现尝试使用了分段栈，这样就可以在需要时让栈增长。另一个替代方案则是从一个小的连续栈开始，然后在需要时将栈复制到一个更大的新分配的内存区域（类似 std::vector 的增长）。Go 语言中的协程实现（goroutines）就是从使用分段栈切换到了使用动态增长的连续栈。

无栈协程则不需要为单独的局部栈分配内存。相应的，它们只需要单独分配的内存来存储每个协程帧，以支持挂起和恢复操作。这一分配动作发生在协程被调用时（但不是在挂起/恢复时）。当协程返回时，调用帧就会被释放。

总之，有栈协程需要为协程帧和局部栈分配大量的初始内存，或者需要支持增长栈。而无栈协程只需要为协程帧分配内存。调用协程的内存占用可以总结如下：

- 无栈协程：协程帧。
- 有栈协程：协程帧+调用栈。

性能开销的下一个方面与挂起和恢复协程有关。

上下文切换

上下文切换可以发生在不同的维度。通常来说，当我们需要 CPU 在多个正在进行中的任务之间切换时，就需要上下文切换。这时，即将被暂停的任务就需要保存整个 CPU 的状态，以便在稍后恢复时可以被重新加载。

在不同的进程和操作系统线程之间进行切换是成本相当高昂的操作，这需要涉及系统调用，从而需要 CPU 进入内核模式。对于进程切换来说，此时内存缓存会失效，这里包括有虚拟内存和物理内存之间映射关系的表需要被替换。

另外，挂起和恢复协程也是一种上下文切换，因为我们需要在多个并发流之间进行切换。不过，在协程之间进行切换要比在进程和操作系统线程之间切换快得多，部分原因是因为它不涉及任何需要 CPU 在内核模式下运行的系统调用。

不过，在有栈协程之间切换和在无栈协程之间切换还是存在差异的。有栈协程与无栈协程之间切换的相对运行时性能取决于调用模式。但是，一般来说，与无栈协程相比，有栈协程的上下文切换操作更为昂贵，因为在挂起和恢复期间需要保存和恢复更多的信息。而恢复无栈协程则更像是普通函数的调用。

无栈协程与有栈协程的争论在 C++社区中已经持续多年，我将尽力避免这场争论，并给出我的结论：它们都有相应的适合使用的场景，在某些场景中有栈协程更适合些，而其他场景则无栈协程更适合些。

本节稍有些偏题，但目的是让你更好地理解协程的执行和性能。接下来，我们简单回顾一下都学到了什么。

12.2.4 目前为止所学的内容

协程是可以挂起和恢复的函数。普通函数是没有这一能力的，这就让我们可以在一个返回的函数调用帧中移除函数。然而，一个挂起的协程需要保持调用帧的存活状态，以便在恢复时能够恢复协程的状态。协程比子程序更强大，但在生成的机器代码中涉及更多的跟踪记录。不过考虑到协程和普通函数之间的密切关系，现今的编译器非常擅于优化无栈协程。

有栈协程则可以看作是非抢占式的用户级线程，而无栈协程则提供了一种使用 await 和 yield 关键字直接命令式编写状态机的方式，以指定挂起点。

在了解了一般的协程抽象之后，现在是时候了解 C++中是如何实现无栈协程的了。

12.3 C++中的协程

在 C++20 中新增的协程其实是无栈协程。另外，使用第三方库也可以在 C++中使用有栈协程。最为知名的跨平台库是 Boost.Fiber。C++20 无栈协程引入了新的语言结构，而 Boost.Fiber 是一个可与 C++11 及以上版本一起使用的库。不过本书并不会进一步讨论有栈协程，而是会专注于 C++20 中标准化的无栈协程。

C++20 中的无堆协程是基于以下目标设计的：

- 从可扩展性角度来看，它们增加的内存开销非常小。这使得与可能的线程数或有栈协程数相比，可以有更多的协程同时存在。
- 高效的上下文切换。这意味着挂起和恢复协程的成本应该与普通函数调用差不多。
- 高度灵活。C++协程具有 15 个以上的自定义点，这为应用程序开发人员和库编写人员提供了极大的自由度，让他们可以按照自己的意愿配置和塑造协程。有关协程应如何工作的决策可以由开发人员决定，而不是在语言规范中硬编码。一个实际的例子是协程是否应在被调用后直接挂起，还是继续执行到第一个显式的挂起点。这样的问题通常在其他语言中是硬编码的，但在 C++中我们可以使用自定义点来定制这种行为。
- 不需要使用 C++异常来处理错误。这意味着我们可以在禁用异常的环境中使用协程。

值得注意的是，协程是一种类似于普通函数的低级功能，在嵌入式环境和具有实时要求的系统中是非常有用的。

伴随着这些目标，刚开始接触 C++协程时，会觉得它有点难以理解，这并不奇怪。

12.3.1 标准 C++中协程的涵盖内容

在 C++中，一些特性是属于纯粹的库特性（如 Ranges 库），而另一些则是纯粹的语言特性（如使用 auto 关键字进行的类型推断）。不过，有些特性则需要对核心语言和标准库进行扩展。C++协程就属于这一类；它引入了新的关键字，同时也在标准库中新增了新的类型。

在语言层面，C++有以下与协程相关的关键字：

- co_await：用于暂停当前协程的操作符。
- co_yield：将一个值返回给调用者并暂停协程。
- co_return：完成协程的执行，并可以选择返回一个值。

在库层面，C++新增了头文件<coroutine>并包含下列内容：

- std::coroutine_handle：用于引用协程的状态，使得协程可以被暂停和恢复的模板类。
- std::suspend_never：一种平凡可等待类型，表示协程永远不会暂停。
- std::suspend_always：一种平凡可等待类型，会导致协程总是暂停。
- std::coroutine_traits：用于定义协程的 promise 类型。

C++20 自带的库类型是绝对是最低限度可用的。例如，在 C++标准中并没有包含用于协程和调用者之间通信的基础设施。为了在代码中能有效地使用协程，我们需要一些类型和函数，它们已经在新的 C++提案中得以提出，例如模板类 task 和 generator，以及函数 sync_wait() 和 when_all()。因此 C++协程的库部分很可能会在 C++23 中得到补充。

在本书中，我将提供一些简化的类型来填补上面提到的这些空白，而非使用第三方库来实现这一点。通过实现这些类型，我们将深入了解 C++协程的工作原理。但是需要注意的是，设计健壮的库组件，以便与协程一同使用，很难做到不引入生命周期的问题。因此，如果你计划在当前项目中使用协程，使用第三方库可能是比从头开始实现更好的选择。在编写本书时，**CppCoro** 库是这些通用原语的事实标准。该库由 Lewis Baker 创建，可在 https://github.com/lewissbaker/cppcoro 上获取源码。

12.3.2 C++函数成为协程的关键是什么？

如果一个 C++函数包含有关键字 co_await、co_yield 或 co_return 中的任何一个，那么它就是一个协程。此外，编译器对协程的返回类型还有特殊的要求。但是，我们还需要检查定义（函数体）而不仅仅是声明，才能知道面对的是一个协程还是一个普通函数。这意味着协程的调用者不需要知道它所调用的是协程还是普通函数，就可以直接使用。

与普通函数相比，协程还有以下限制：

- 协程不能使用像 f（const char*…）这样的可变参数。
- 协程不能返回 auto 或 concept 类型：auto f()。
- 协程不能被声明为 constexpr。
- 构造函数和析构函数不能是协程。
- main()函数不能是协程。

一旦编译器确定一个函数是协程，它就会将协程与多个类型相关联，以使协程机制可以正常工作。图 12.10 表突出了在调用者使用协程时涉及的不同组件。

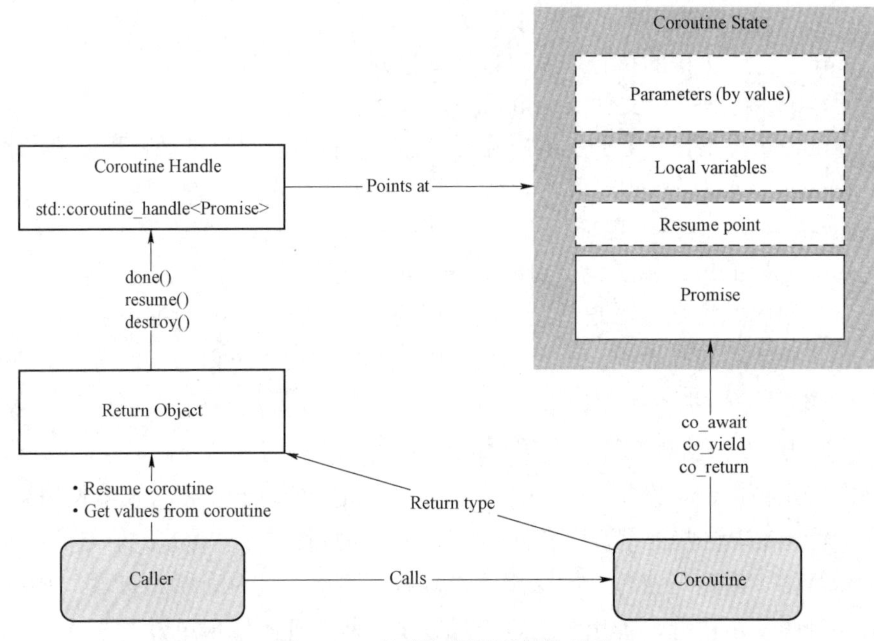

图 12.10 协程与调用者间的关系

调用者和协程是我们通常在代码中实现的实际函数。

返回对象是协程返回的类型，它通常是一个为某些特定用例设计的通用类模板，例如生成器或异步任务。调用者与返回对象交互以恢复协程，并获取从协程发出的值。返回对象通常将其所有调用委托给协程句柄。

协程句柄是指向**协程状态**的非具权句柄。通过协程句柄，我们可以恢复和销毁协程状态。

协程状态是本书早些时候提到的协程帧。它是一个不透明对象，这意味着除非通过句柄，否则我们无法知道它的大小，也无法以任何方式访问它。协程状态存储了恢复协程的所有必要信息，以便在上次暂停的地方继续执行。协程状态还包含有**协程承诺**。

协程通过关键字 co_await、co_yield 和 co_return 间接地与协程承诺对象通信。如果从协程提交了值或错误，则它们首先会到达 promise 对象。promise 对象就像协程和调用者之间的通道，但无论是协程还是调用者都无权直接访问 promise。

诚然，这些内容乍一看信息量相当大。不过，我相信通过一个完整但相对简单的示例会有助于你更好地理解协程中不同的部分。

12.3.3　一个最简但完整的示例

接下来，让我们从一个最简单的示例开始，以便理解协程的工作原理。首先，我们实现一个小的协程，它会在返回之前被暂停和恢复：

```
auto coroutine()->Resumable {        //初始暂停
  std::cout<<"3 ";
  co_await std::suspend_always{};    //显式暂停
  std::cout<<"5 ";
}                                    //最终挂起然后返回
```

然后，我们创建协程的调用者。请注意下面这段代码的输出和控制流：

```
int main(){
  std::cout<<"1";
  auto resumable=coroutine();        //创建协程状态
  std::cout<<"2 ";
  resumable.resume();                //恢复
  std::cout<<"4 ";
  resumable.resume();                //恢复
  std::cout<<"6 ";
}                                    //销毁协程状态
//输出:1 2 3 4 5 6
```

然后，我们定义协程的返回对象 Resumable:

```
class Resumable {                    //返回对象

  struct Promise {/*...*/};          //嵌套类,代码请见后文
  std::coroutine_handle<Promise>h_;
  explicit Resumable(std::coroutine_handle<Promise>h):h_{h} {}
public:
  using promise_type=Promise;
  Resumable(Resumable&& r):h_{std::exchange(r.h_,{})} {}
  ~Resumable(){if(h_){ h_.destroy();} }
  bool resume(){
    if(!h_.done()){ h_.resume();}
    return !h_.done();
  }
};
```

最后，Promise 类型被实现为嵌套在 Resumable 中的一个类，如下所示：

```
struct Promise {
  Resumable get_return_object(){
    using Handle=std::coroutine_handle<Promise>;
    return Resumable{Handle::from_promise(*this)};
  }
  auto initial_suspend(){ return std::suspend_always{};}
  auto final_suspend()noexcept { return std::suspend_always{};}
  void return_void(){}
  void unhandled_exception(){ std::terminate();}
};
```

上面的示例是非常简单的，但也涵盖了很多值得注意和需要理解的内容：

- 函数 coroutine()是一个协程，因为它包含了使用 co_await 的显式暂停/恢复点。
- 这个协程不会生成任何值，但仍需要返回一个具有特定约束的类型（Resumable），以

便调用者可以恢复该协程。

- 我们使用了一个名为 std::suspend_always 的可等待类型。
- Resumable 对象的 resume()函数从暂停的点恢复协程。
- Resumable 是协程状态的所有者。当 Resumable 对象被销毁时，它会使用 coroutine_handle 销毁协程。

调用者、协程、协程句柄、Promise 和 Resumable 之间的关系如图 12.11 所示。

现在是时候更仔细地理解每个部分的内容了。我们先从 Resumable 类型开始。

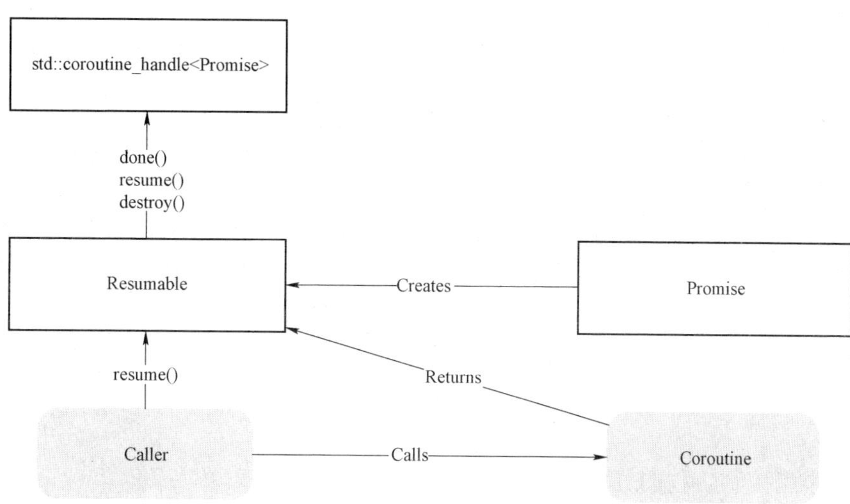

图 12.11　Resumable 示例中的函数/协程和对象之间的关系

协程返回对象

上文中，我们的协程的返回类型是 Resumable。Resumable 类实际上非常简单，它是协程返回的对象，调用者可以使用它来恢复和销毁协程。以下是它的完整定义，以供参考：

```
class Resumable {                       //返回对象
  struct Promise {/*...*/};             //嵌套类
  std::coroutine_handle<Promise>h_;
  explicit Resumable(std::coroutine_handle<Promise>h):h_{h} {}
public:
  using promise_type=Promise;
  Resumable(Resumable&& r):h_{std::exchange(r.h_,{})} {}
```

```
  ~Resumable(){ if(h_){ h_.destroy();} }
  bool resume(){
    if(!h_.done()){ h_.resume();}
    return!h_.done();
  }
};
```

Resumable 是一个只能移动的类型，是协程句柄的所有者（因此才能控制协程的生命周期）。移动构造函数使用 std::exchange()确保协程句柄在源对象中被清除。当 Resumable 对象被销毁时，如果它仍然拥有协程，那么它也会销毁那个协程。

如果协程仍然存在，则 resume()成员函数将恢复调用委托给协程句柄操作。

为什么我们需要在Resumable内部使用成员类型别名promise_type=Promise？因为每个协程都有一个相关的 Promise 对象。当编译器检测到协程时（通过检查函数体），它需要确定相关的 Promise 类型。为此，编译器使用 std::coroutine_traits<T>模板，其中 T 是协程定义的返回类型。你可以提供 std::coroutine_traits<T>的模板特化，或者利用 std::coroutine_traits 的默认实现，在协程的返回类型 T 中查找名为 promise_type 的公共成员类型或别名。在我们的例子中，Resumable::promise_type 是 Promise 的别名。

Promise 类型

Promise 类型控制协程的行为。为方便起见，以下是它的完整定义：

```
struct Promise {
  auto get_return_object(){ return Resumable{*this};}
  auto initial_suspend(){ return std::suspend_always{};}
  auto final_suspend()noexcept { return std::suspend_always{};}
  void return_void(){}
  void unhandled_exception(){ std::terminate();}
};
```

实际上，我们不该直接调用这些函数；相反，当编译器将协程转换为机器代码时，它会插入对 Promise 对象的调用。如果我们不提供这些成员函数，编译器将无法为我们生成代码。其实你可以将 Promise 视为协程控制器对象，它会负责：

- 生成调用协程返回的值。这由函数 get_return_object()来处理；
- 通过实现 initial_suspend()和 final_suspend()函数，来定义协程在创建时和销毁前的行为。在先前的 Promise 类型中，我们通过返回 std::suspend_always 表示协程应在这些点上暂停（详见下一节）。

- 自定义协程最后返回时的行为。如果协程使用 co_return 并返回一个类型为 T 的表达式值，那么 Promise 必须定义一个名为 return_value（T）的成员函数。虽然先前的协程没有返回值，但是 C++标准要求我们提供名为 return_void()的定制点，这里我们将其留空。
- 处理协程体内部未处理的异常。在 unhandled_exception()函数中，我们只需调用 std::terminate()，但是在后面的示例中，我们会有更加优雅的处理方式。

最后，代码中还有一些需要额外关注的内容，即 co_await 表达式和可等待类型。

可等待类型

上例中，我们在代码中使用 co_await 添加了一个显式暂停点，并传递了一个 std::suspend_always 的可等待类型实例。std::suspend_always 的实现大概像下面这样：

```
struct std::suspend_always {
  constexpr bool await_ready()const noexcept { return false;}
  constexpr void await_suspend(coroutine_handle<>)const noexcept {}
  constexpr void await_resume()const noexcept {}
};
```

std::suspend_always 被称为平凡的可等待类型，因为它总是通过表示永远没有准备好（never ready）来让协程暂停。另外，还有一个永远报告准备好的平凡可等待类型，称为 std::suspend_never：

```
struct std::suspend_never {
  constexpr bool await_ready()const noexcept { return true;}
  constexpr void await_suspend(coroutine_handle<>)const noexcept {}
  constexpr void await_resume()const noexcept {}
};
```

我们还可以创建自己的可等待类型，下一章中我们将对此进行讲解，不过现在我们可以使用这两个平凡的标准类型来管理协程的执行流程。

这就完成了上面代码示例的拆分讲解。但是，当我们有了 Promise 和 Resumable 类型时，我们可以做很多实验。接下来看看我们可以用已启动的协程做些什么吧。

将协程传递给其他函数

一旦创建了 Resumable 对象，我们就可以将它传递给其他函数，并从那里恢复它。我们甚至可以将协程传递给另一个线程。下面的示例展示了这种灵活性带来的一些用法：

```
auto coroutine()->Resumable {
  std::cout<<"c1 ";
  co_await std::suspend_always{};
  std::cout<<"c2 ";
}

auto coro_factory(){                    //创建并返回协程
  auto res=coroutine();
  return res;
}

int main(){
  auto r=coro_factory();
  r.resume();                           //从 main 中恢复

  auto t=std::jthread{[r=std::move(r)]()mutable {
    using namespace std::chrono_literals;
    std::this_thread::sleep_for(2s);
    r.resume();                         //从线程中恢复
  }};
}
```

上面的示例表明，一旦我们调用了协程并获得了它的句柄，就可以像使用其他任何可移动类型一样将其移动到任何地方。将协程传递给其他线程的这种能力，实际上，在需要避免在特定线程上进行协程状态的潜在堆分配时非常有用。

12.3.4 分配协程状态

协程状态，或称协程帧，会在协程暂停时存储协程状态。协程状态的生命周期始于协程被调用时，并在协程执行 co_return 语句（或控制流流转到协程体的结尾）时被销毁（除非它通过协程句柄提前被销毁）。

协程状态通常在堆上分配内存。编译器会插入单独的堆分配操作。然而，在某些情况下，可以通过将协程状态内联到调用者的帧中（可以是普通的栈帧或另一个协程帧）来避免这个单独的堆分配操作。不过，仍然无法保证堆分配操作会被省略。

为了让编译器能够省略堆分配操作，协程状态的完整生命周期必须严格嵌套在调用者的生命周期内。此外，编译器需要计算出协程状态的总大小，并通常需要看到被调用协程主体的代码，以便将其部分内联。虚函数调用以及在其他编译单元（translation units）或共享库中调用函数的情况通常会使这种优化无法实现。如果编译器缺少所需的信息，它将插入堆分配操作。

协程状态的堆分配操作使用 operator new 执行。可以在 Promise 类型上提供自定义的类级别 operator new，它将代替全局的 operator new。因此，可以检查堆分配操作是否被省略。如果没有被省略，我们可以找出协程状态需要多少内存。以下是使用之前定义的 Promise 类型的示例：

```
struct Promise {

  /*与上文相同...*/

  static void* operator new(std::size_t sz){
    std::cout<<"custom new for size "<<sz<<'\n';
    return::operator new(sz);
  }
  static void operator delete(void* ptr){
    std::cout<<"custom delete called\n";
    ::operator delete(ptr);
  }
}
```

另一个用来验证使用某个特定 promise 类型的所有协程是否完全省略了堆分配的技巧，是声明 operator new 和 operator delete，但不包含它们的定义。如果编译器插入对这些操作符的调用，代码就会因为未解析的符号而无法链接成功。

12.3.5 避免悬空引用

由于协程可以在代码中传递，因此在处理传递给协程的参数的生命周期时，我们需要格外小心，以避免悬空引用。协程帧包含通常存在于栈上的对象的副本，例如本地变量和传递给协程的参数。如果协程通过引用接受参数，则会复制引用，而不是对象本身。这意味着，按照通常的函数参数准则传递需要通过引用传递的开销较大的对象时，很容易出现悬空引用。

给协程传递参数

下面的协程使用一个对 const std::string 的引用：

```
auto coroutine(const std::string& str)->Resumable {
  std::cout<<str;
  co_return;
}
```

假设我们有一个用来创建并返回协程的工厂函数：

```
auto coro_factory(){
  auto str=std::string{"ABC"};
  auto res=coroutine(str);
  return res;
}
```

最后，我们定义一个调用协程的 main()函数：

```
int main(){
  auto coro=coro_factory();
  coro.resume();
}
```

这段代码会表现出未定义行为，因为包含字符串“ABC”的 std::string 对象在协程尝试访问它时不再存在。但愿这不会让你感到意外。因为这个问题类似于声明一个 lambda 并通过引用捕获一个变量，然后将这个 lambda 传递给其他的代码而未保证被引用对象的生命周期。通过传递捕获变量的 lambda 的例子，可以像下面这样：

```
auto lambda_factory(){
  auto str=std::string{"ABC"};
  auto lambda=[&str](){      //通过引用捕获str
    std::cout<<str;
  };

  return lambda;             //糟糕!str在lambda中变成了悬空引用
}

int main(){
  auto f=lambda_factory();
  f();                       //未定义的行为
}
```

如你所见，lambda 函数也会面临同样的问题。在第 2 章 C++必备技能中，我曾警告过不要使用 lambda 函数捕获引用，最好是使用值捕获来避免这个问题。

避免协程出现悬空引用的解决方案与此类似：在使用协程时避免通过引用传递参数。相反，使用值传递的方式，这样整个参数对象就会被安全地放置在协程帧中：

```
auto coroutine(std::string str)->Resumable {   //通过值传递是没问题的!
  std::cout<<str;
  co_return;
}
auto coro_factory(){
  auto str=std::string{"ABC"};
  auto res=coroutine(str);
  return res;
}
int main(){
  auto coro=coro_factory();
  coro.resume();                               //OK!
}
```

使用协程时，参数是生命周期问题的一个重要而常见的来源，但它们并不是唯一的来源。

现在我们将继续探讨一些与协程和悬空引用相关的其他陷阱。

作为成员函数的协程

成员函数也可以是协程。比如，我们可以在成员函数内部使用 co_await，如下例所示：

```
struct Widget {
auto coroutine()->Resumable {                    //成员函数
    std::cout<<i_++<<" ";                        //访问成员变量
    co_await std::suspend_always{};
    std::cout<<i_++<<" ";
  }
  int i_{};
};

  int main(){
    auto w=Widget{99};
    auto coro=w.coroutine();
    coro.resume();
    coro.resume();
}
//打印:99 100
```

值得注意的是，在本例中，协程（coroutine()）的调用者（本例中为 main()函数）需要确保 Widget 对象 w 在协程的整个生命周期内都保持存活状态。协程会访问它所属的对象的数据成员，但并不会保持 Widget 对象的存活状态。如果将协程传递到代码的其他部分，就很容易出现问题。

现在，假设我们用了之前演示过的某个协程工厂函数，但是返回的是一个成员协程函数：

```
auto widget_coro_factory(){            //创建并返回协程
  auto w=Widget{};
  auto coro=w.coroutine();
  return coro;
}                                      //w 对象在此处被销毁

int main(){
```

```
  auto r=widget_coro_factory();
  r.resume();                              //未定义行为
  r.resume();
}
```

上述代码会表现出未定义行为。原因在于我们遇到了悬空引用，它从协程指向了在 widget_coro_factory()函数中创建和销毁的 Widget 对象。换句话说，我们最终得到了两个具有不同生命周期的对象，其中一个对象引用了另一个对象，但它们彼此之间没有任何显式的所有权关系。

作为协程的 Lambda 表达式

实际上，不止成员函数可以作为协程，我们还可以通过在 Lambda 表达式的主体中插入 co_await、co_return 和/或 co_yield 来创建协程。

不过作为协程的 Lambda 表达式可能会有一些额外的麻烦。理解协程 Lambda 中最常见的生命周期问题的一种方法是，将它视为函数对象。回想一下我们在第 2 章 C++必备技能中的内容，Lambda 表达式由编译器转换为函数对象。该对象的类型是一个实现了调用运算符的类。现在，假设在 Lambda 表达式的主体中使用了 co_return，这意味着调用运算符 operator()()变成了协程。

让我们看看下面使用 Lambda 表达式的代码：

```
auto lambda=[](int i)->Resumable {
  std::cout<<i;
  co_return;                      //让它成为协程
};
auto coro=lambda(42);             //调用,创建协程帧
coro.resume();                    //输出:42
```

Lambda 表达式对应的类型看起来可能像这样:

```
struct LambdaType {
  auto operator()(int i)->Resumable {          //成员函数
    std::cout<<i;                              //函数体
    co_return;
  }
};
```

```
auto lambda=LambdaType{};
auto coro=lambda(42);
coro.resume();
```

这里需要注意的是，实际的协程是一个成员函数，即调用运算符 operator()()。上一节我们已经展示了协程成员函数可能会有的一些问题，即需要在协程生命周期内保持对象的存活。在前面的示例中，这意味着我们需要在协程框架存活时保持名为 lambda 的函数对象存活。

当然，有些 Lambda 表达式的用法很容易在协程框架被销毁之前就意外的销毁了函数对象。例如，通过使用立即调用的 Lambda 表达式，就很容易遇到问题：

```
auto coro=[i=0]()mutable->Resumable {
  std::cout<<i++;
  co_await std::suspend_always{};
  std::cout<<i++;
}();                      //立即调用 lambda
coro.resume();            //未定以行为!函数对象已经被销毁了
coro.resume();
```

尽管这段代码看起来人畜无害，毕竟 Lambda 表达式没有通过引用捕获任何东西。然而，由 Lambda 表达式创建的函数对象是一个临时对象，一旦被调用，就会被销毁，而协程则捕获了对它的引用。因此在协程恢复时，代码很可能会崩溃或产生垃圾值。

与之前相似，更容易理解这件事的方法就是将 Lambda 表达式转换为一个普通的类，并定义 operator()：

```
struct LambdaType {
  int i{0};
  auto operator()()->Resumable {
    std::cout<<i++;
    co_await std::suspend_always{};
    std::cout<<i++;
  }
};
```

```
auto coro=LambdaType{}();    //调用临时对象上的 operator():
coro.resume();               //未定义行为!
```

这样我们就能直观的看到，这种情况与拥有作为成员函数的协程的情况非常相似。函数对象并不会被协程框架保持存活。

预防悬空引用指南

除非有恰当的理由来接受引用参数，否则在编写协程时，选择值传递参数。协程框架会保留你传递给它的对象的完整副本，并保证对象在协程框架存活期间都存在。

如果你正在使用 Lambda 表达式或成员函数作为协程，请特别注意协程所属对象的生命周期。请记住，对象（或函数对象）并不存储在协程框架中。协程的调用者有责任保持对象存活。

12.3.6　错误处理

事实是，我们有多种不同的方法可以将错误从协程传递回调用或恢复它的代码处。因此我们不必使用异常来表示错误。相反，我们可以按需自定义错误处理。

当协程向客户端返回值（即，当协程暂停或返回时）时，它可以通过抛出异常或返回错误代码将错误传递回调用者。

如果我们使用异常，并且将异常从协程的主体中返回出来，那么 promise 对象的 unhandled_exception()函数就会被调用。这个调用发生在编译器插入的 catch 块中，因此可以使用 std::current_exception()获取抛出的异常。std::current_exception()的结果可以作为 std::exception_ptr 存储在协程中，并在以后重新抛出。下一章使用异步协程时，我们将看到这方面的示例。

12.3.7　自定义点

在此之前，我们已经看到过很多自定义点了。所以我认为大家可能会有一个合理的疑惑，即：为什么要有这么多自定义点呢？

- **通用性**：自定义点使得协程可以以多种方式使用。这让 C++协程的使用方式几乎没有任何限制。库的编写者可以定制化 co_await、co_yield 和 co_return 的行为。
- **效率**：某些自定义点的存在是为了根据使用情况启用可能的优化。例如，await_ready()可以返回 true，以避免在值已经计算出来的情况下出现不必要的暂停操作。

还应指出的是，我们暴露于这些自定义点之下，是因为 C++标准没有提供任何用于与协程进行通信的类型（除了 std::coroutine_handle）。一旦这些类型就位，我们就可以重复使用它们，而不必过于担心某些自定义点。然而，了解这些点是有价值的—这能帮我们更好地理解如何有效地使用 C++协程。

12.4 生成器

生成器是一种向其调用者返回值的协程类型。例如，在本章开头，我们看到了生成器 iota()是如何产生递增整数值的。通过实现一个可以充当迭代器的通用生成器，我们可以简化迭代器的实现，使其与基于范围的 for 循环、标准库算法和范围兼容有效隔离。一旦我们有了一个生成器模板类，就可以重复使用它。

到目前为止，在本书中，我们主要看到了在访问容器元素和使用标准库算法时使用的迭代器。然而，迭代器并不一定要与容器绑定。我们是可以编写生成值的迭代器的。

12.4.1 实现生成器

本节我们即将实现的生成器会基于 CppCoro 库中的生成器。我们希望这个生成器模板可以用作协程的返回类型，以产生一个值序列。同时，它还可以与基于范围的 for 循环和接受迭代器和范围的标准算法一起使用。为了实现这一点，我们将实现三个组件：

- 生成器，作为返回对象。
- promise，作为协程控制器。
- 迭代器，作为客户端与 promise 之间的接口。

这三种类型密切相关，三者之间的关系以及与协程状态之间的关系如图 12.12 所示。

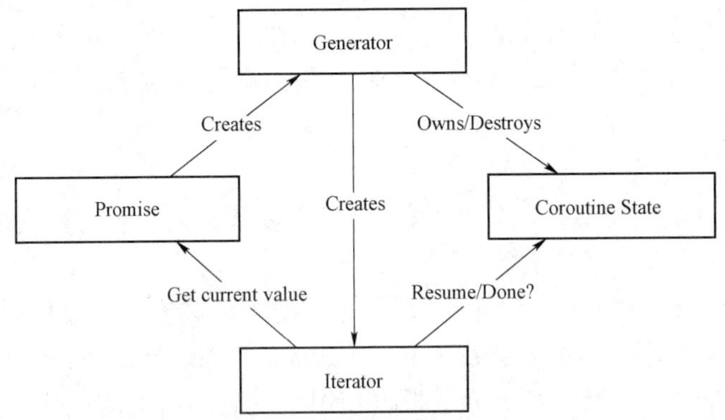

图 12.12 迭代器、生成器、Promise 与协程状态之间的关系

在这种情况下，返回对象（即 Generator 类）与 Promise 类紧密耦合；Promise 类负责创建 Generator 对象，而 Generator 类负责向编译器公开正确的 promise_type。下面是 Generator 的实现代码：

```
template<typename T>
class Generator {
  struct Promise {/*...*/}; //请见下文
  struct Sentinel {};
  struct Iterator {/*...*/};//请见下文

  std::coroutine_handle<Promise>h_;
  explicit Generator(std::coroutine_handle<Promise>h):h_{h} {}

public:
  using promise_type=Promise;

  Generator(Generator&& g):h_(std::exchange(g.h_,{})){}
  ~Generator(){ if(h_){ h_.destroy();} }

  auto begin(){
    h_.resume();
    return Iterator{h_};
    }
  auto end(){ return Sentinel{};}
};
```

我们很快就会实现 Promise 和迭代器，目前请少安毋躁。Generator 与我们之前定义的 Resumable 类并没有太大的不同。Generator 是协程的返回对象，也是 std::coroutine_handle 的所有者。同时 Generator 还是可移动类型。当它被移动时，协程句柄也会被转移到新构造的 Generator 对象中。当拥有协程句柄的 Generator 被析构时，它会调用协程句柄的 destroy 函数来销毁协程状态。

实现了 begin()和 end()函数，让我们的生成器 Generator 可以在基于范围的 for 循环和接受范围的算法中使用。另外，代码中的 Sentinel 类型为空（是一个虚拟类型），而 Sentinel 实例存在是为了能够将某些内容传递给 Iterator 类的比较运算符。其中 Iterator 的实现如下所示：

```
struct Iterator {

  using iterator_category=std::input_iterator_tag;
```

```
    using value_type=T;
    using difference_type=ptrdiff_t;
    using pointer=T*;
    using reference=T&;

    std::coroutine_handle<Promise>h_;  //数据成员

    Iterator& operator++(){
      h_.resume();
      return *this;
    }
    void operator++(int){(void)operator++();}
    T operator*()const { return h_.promise().value_;}
    T* operator->()const { return std::addressof(operator*());}
    bool operator==(Sentinel)const { return h_.done();}
  };
```

迭代器需要在一个数据成员中存储协程句柄，以便它可以委托调用协程句柄和 promise 对象的函数：

- 迭代器被解引用时，它返回 promise 当前持有的值。
- 迭代器被递增时，它会恢复协程的执行。
- 迭代器与终止值进行比较时，迭代器会忽略终止值并将调用委托给协程句柄，而协程句柄会知道是否还有更多元素需要生成。

现在，我们只剩 Promise 类型需要实现了。它的完整定义如下所示：

```
  struct Promise {
    T value_;
    auto get_return_object()->Generator {
      using Handle=std::coroutine_handle<Promise>;
      return Generator{Handle::from_promise(*this)};
    }
    auto initial_suspend(){ return std::suspend_always{};}
    auto final_suspend()noexcept { return std::suspend_always{};}
```

```
  void return_void(){}
  void unhandled_exception(){ throw;}
  auto yield_value(T&& value){
    value_=std::move(value);
    return std::suspend_always{};
  }
  auto yield_value(const T& value){
    value_=value;
    return std::suspend_always{};
  }
};
```

上面的生成器中的 Promise 对象将主要负责：

- 创建生成器对象。
- 定义到达起始和最终暂停点时的行为。
- 跟踪从协程中产生的最后一个值。
- 处理由协程体抛出的异常。

如此一来，所有的部分都已经就位了。我们返回 Generator<T>类型的协程现在可以使用 co_yield 惰性地产生值。协程的调用者可以通过与 Generator 和 Iterator 对象进行交互来获取值。图 12.13 展示了这些对象之间的交互。

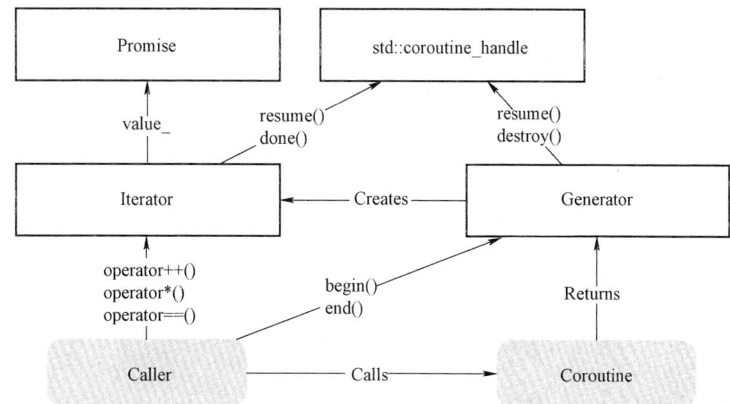

图 12.13 调用者与 Generator 和 Iterator 对象进行通信，并从协程中获取值

现在，让我们看看如何使用新的 Generator 模板，以及它是怎么简化各种迭代器的实现的。

12.4.2 使用 Generator 类

本例的代码灵感来自于 2016 年 CppCon 上 Gor Nishanov 的演讲“C++Coroutines：Under the covers”（https://sched.co/7nKt）。它清楚直白地展示了我们如何从刚刚实现的生成器类型中受益。我们现在可以像这样实现一个小而可组合的生成器：

```
template<typename T>
auto seq()->Generator<T>{
  for(T i={};;++i){
    co_yield i;
  }
}

template<typename T>
auto take_until(Generator<T>& gen,T value)->Generator<T>{
  for(auto&& v:gen){
    if(v==value){
      co_return;
    }
    co_yield v;
  }
}

template<typename T>
auto add(Generator<T>& gen,T adder)->Generator<T>{
  for(auto&& v:gen){
    co_yield v+adder;
  }
}
```

下面的小例子说明了我们可以将生成器传给基于范围的 for 循环：

```
int main(){
  auto s=seq<int>();
  auto t=take_until<int>(s,10);
  auto a=add<int>(t,3);

  int sum=0;
  for(auto&& v:a){
      sum+=v;
  }
  return sum;//返回 75
}
```

我们的生成器是惰性求值的。即，在代码执行到 for 循环之前不会产生任何值，而是 for 循环从生成器链中拉取出这些值。

这段代码的另一个有趣之处在于，当我使用 Clang 10 并开启优化功能编译代码时，整段程序的汇编代码看起来就像这样：

```
main:# @main
mov eax,75
ret
```

这简直太棒了！上面这段汇编代码只是定义了一个返回值为 75 的 main 函数。换句话说，编译器优化器完全能够在编译时评估生成器链，并得出单个值 75。

此外，我们的 Generator 类也可以与范围算法一起使用。在下面的示例中，我们使用 includes()算法来检查序列{5，6，7}是否是生成器产生的数字序列中的子序列：

```
int main(){
  auto s=seq<int>();                                  //与之前相同
  auto t=take_until<int>(s,10);
  auto a=add<int>(t,3);

  const auto v=std::vector{5,6,7};
  auto is_subrange=std::ranges::includes(a,v); //True
}
```

通过像上面这样实现 Generator 模板，我们可以将其重用于各种生成器函数。这样我们就成功实现了一个通用且实用的库组件，我们的业务代码在构建惰性生成器时可以在许多地方受益。

解决生成器问题

接下来的这一节中，首先我将提出一个小问题，然后我们会尝试使用不同的技术来解决它，以了解我们可以用生成器来替换哪些编程习惯。我们将编写一个小工具，用于在一个起始值和终止值之间生成线性间隔序列。

如果你有一直使用 MATLAB/Octave 或 Python NumPy，那可能会认出使用 linspace()函数生成等间隔（线性）数字的方式。它是一个很方便的工具，可以在各种上下文中使用，具有任意的范围。

接下来，我们将称我们的生成器为 lin_space()。以下是一个使用示例，生成在 2.0 和 3.0 之间的五个等间隔值：

```
for(auto v:lin_space(2.0f,3.0f,5)){
  std::cout<<v<<",";
}
//打印:2.0,2.25,2.5,2.75,3.0,
```

生成浮点数时，我们必须要谨慎一点，因为不能简单地计算每一步的大小（在上面的例子中就是 0.25），然后累加它，因为步长可能无法用浮点类型精确表示。每次迭代都可能会产生舍入误差，并在最后产生一组完全无意义的值。反之，我们需要做的是使用线性插值在特定的增量下计算从起始值到终止值之间的数字。

C++20 在中添加了一个易用函数 std::lerp()，它可以计算两个值之间的线性插值，并且可以指定插值的量。在上面的示例中，插值量将是 0.0 到 1.0 之间的值；插值量为 0 时返回起始值，插值量为 1.0 时返回终止值。以下是使用 std::lerp()的代码示例：

```
auto start=-1.0;
auto stop=1.0;
std::lerp(start,stop,0.0);      //-1.0
std::lerp(start,stop,0.5);      //0.0
std::lerp(start,stop,1.0);      //1.0
```

接下来我们要编写的 lin_space()函数都将使用下面这段函数模板：

```
template<typename T>
```

```
auto lin_value(T start,T stop,size_t index,size_t n){
  assert(n>1 && index<n);
  const auto amount=static_cast<T>(index)/(n-1);
  const auto v=std::lerp(start,stop,amount);    //C++20
  return v;
}
```

上面的这个函数会返回线性序列中范围在［start，stop］之间的一个值。index 参数表示当前正在生成的数字在总共 n 个数字序列中的位置。

在有了 lin_value()这样的辅助函数后，我们就可以很容易地实现 lin_space()生成器了。在了解使用协程的解决方案之前，我们会先研究其他常见的技术。接下来的几节我们会探讨实现 lin_space()时可以使用的几种不同方法：

- 立即生成并返回所有值；
- 使用回调（惰性的）。
- 使用自定义迭代器（惰性的）。
- 使用范围库（惰性的）。
- 使用协程与我们之前编写的 Generator 类（惰性的）。

下面，我们将针对每个示例，都给出对应方法优缺点的说明。

立即线性范围求值

首先我们要实现一个简单的立即求值版本，它会计算范围内的所有值并返回一个包含所有值的向量：

```
template<typename T>
auto lin_space(T start,T stop,size_t n){
  auto v=std::vector<T>{};
  for(auto i=0u;i<n;++i)
    v.push_back(lin_value(start,stop,i,n));
  return v;
}
```

因为这个版本的代码会返回一个标准容器，因此可以将返回值与基于范围的 for 循环和其他标准算法一同使用：

```
for(auto v:lin_space(2.0,3.0,5)){
```

```
    std::cout<<v<<",";
  }
  //打印:2,2.25,2.5,2.75,3,
```

这个版本的代码简单明了，相当易读。但缺点是，哪怕调用者不一定对所有值都感兴趣，我们仍需分配一个向量，并为其填充满所有值。同时，因为没有办法在生成所有值之前过滤掉中间的元素，就导致了这一版本代码缺乏组合性。

接下来，我们试试实现一个惰性求值版本的 lin_space()生成器。

使用回调的惰性求值版本

在第 10 章代理对象和惰性求值中，我们就得出过结论，可以通过使用回调函数来实现惰性求值。这一节中，我们要实现的惰性求值版本，就是将回调函数传递给 lin_space()，并在发出值时调用回调函数的方式：

```
template<typename T,typename F>
requires std::invocable<F&,const T&>//C++20
void lin_space(T start,T stop,std::size_t n,F&& f){
  for(auto i=0u;i<n;++i){
    const auto y=lin_value(start,stop,i,n);
    f(y);
  }
}
```

如果我们想打印生成器所产生的值，则可以像这样调用该函数：

```
auto print=[](auto v){ std::cout<<v<<",";};
lin_space(-1.f,1.f,5,print);
//打印:-1,-0.5,0,0.5,1,
```

这样一来，迭代就发生在了 lin_space()函数内部。虽然无法取消生成器，但是通过一些更改，我们却也可以让回调函数返回一个 bool 值，以指示它是否希望生成更多元素。

这种方法可行，但并不十分优雅。在尝试组合生成器时，这种设计的问题就会变得更加明显。如果我们想要添加一个过滤器来选择一些特殊值，那么会得到嵌套的回调函数。

现在我们转过来看看如何实现一个基于迭代器的方案来解决我们的问题。

基于迭代器的实现版本

上面需求的另一选择是实现一种符合 range 概念的类型，然后通过公开 begin()和 end()迭代器来实现。在这里定义的类模板 LinSpace 使得我们可以对线性值范围进行迭代：

```
template<typename T>
struct LinSpace {
  LinSpace(T start,T stop,std::size_t n)
      :begin_{start,stop,0,n},end_{n} {}

  struct Iterator {
    using difference_type=void;
    using value_type=T;
    using reference=T;
    using pointer=T*;
    using iterator_category=std::forward_iterator_tag;
    void operator++(){++i_;}
    T operator*(){ return lin_value(start_,stop_,i_,n_);}
    bool operator==(std::size_t i)const { return i_==i;}
    T start_{};
    T stop_{};
    std::size_t i_{};
    std::size_t n_{};
  };
  auto begin(){ return begin_;}
  auto end(){ return end_;}

private:
  Iterator begin_{};
  std::size_t end_{};
};
```

```
template<typename T>
auto lin_space(T start,T stop,std::size_t n){
  return LinSpace{start,stop,n};
}
```

尽管这种实现非常高效。但它也受到了很多模板代码所带来的困扰，而且我们试图封装的简单算法现在也分散到了不同的部分：LinSpace 构造函数实现了设置起始和停止值的初始工作，而计算值所需的工作则是在 Iterator 类的成员函数中完成的。和之前看过的其他版本相比，这一次的实现要更难理解。

基于范围库的实现版本

我们的另一种选择就是使用 Ranges 库（C++20）中的构建块来组合我们的算法，如下所示：

```
template<typename T>
auto lin_space(T start,T stop,std::size_t n){
  return std::views::iota(std::size_t{0},n)|
    std::views::transform([=](auto i){
      return lin_value(start,stop,i,n);
  });
}
```

上面这段代码中，我们将整个算法封装在一个小函数中。并使用 std::views::iota 生成索引。注意，将索引转换为线性值是一个简单的转换，可以在 iota 视图之后链接。

这个版本的解决方案高效且可组合。从 lin_space()返回的对象是类型为 std::ranges::view 的随机访问范围，可以使用基于范围的 for 循环迭代该范围，或将其传递给其他算法。

最后，是时候看看使用 Generator 类将上面的算法实现为协程会是什么样子的了。

基于协程的实现版本

在看了不下四种针对同一问题的解决方案后，我们终于来到了最终解决方案。在这里，我将呈现一个使用之前就实现了的通用 Generator 类模板的版本：

```
template<typename T>
```

```
auto lin_space(T start,T stop,std::size_t n)->Generator<T>{
  for(auto i=0u;i<n;++i){
     co_yield lin_value(start,stop,i,n);
  }
}
```

可以很明显的看到，这个版本的代码简洁明了，易于理解。通过使用 co_yield，我们可以编写类似于简单立即求值版本的代码，又无需将所有值到存储到一个容器中。此外，我们还能基于协程链接多个生成器，你会在本章末尾处看到。

另外需要注意的是，这个版本也能够与基于范围的 for 循环和标准算法兼容。但是，这个版本公开了一个输入范围，因此不能跳过任意数量的元素，而使用 Ranges 库版本则可以实现此功能。

结论

显而易见的是，在面对这一问题时，我们有多种解决办法。不过为什么在这里我要展示所有的方法呢？

首先，如果你是新手，我想你会希望看到使用协程的优势所在。

其次，Generator 模板和使用 co_yield 让我们可以以非常清晰简洁的方式实现惰性生成器。在将该解决方案与其他版本相比较时，这一点就会变得非常明显。

最后，某些解决办法方法在真正要解决这个示例问题时，可能有点牵强，但在其他上下文中却经常使用。C++默认是一种立即求值语言，许多人（包括我在内）已经习惯于创建类似于立即求值版本的代码。所以使用回调函数的版本看起来就非常奇怪，但在异步代码中这确实是一个常用的模式，协程就刚好可以封装甚至替换那些基于回调的 API。

我们实现生成器类型的部分是基于 CppCoro 库中的同步生成器模板。此外，它还提供了一个 async_generator 模板，这让我们在生成器协程内部使用 co_await 运算符成为可能。本章提供 Generator 模板的目的是为了演示如何实现生成器以及如何与协程交互。但是，如果你计划在代码中使用生成器，请考虑直接使用第三方库。

12.4.3　在实际工作中使用生成器

当遇到相比之前更为复杂的示例时，使用协程来简化迭代器的真正优势才得以凸显出来。如前所示，使用 Generator 类和 co_yield 让我们可以高效地实现并组合简单算法，而无需编写那些繁杂的胶水代码。下面的示例将尝试阐明这一点。

问题定义

本节将通过一个用于“搜索引擎中压缩存储在磁盘上的索引”的压缩算法，演示如何使用我们的 Generator 类来实现。该示例在 Manning 等编写的《Introduction to Information Retrieval》中有详细的描述，该书可在 https://nlp.stanford.edu/IR-book 免费获取。以下是本例的简要背景和问题描述。

通常，搜索引擎会使用一种名为**倒排索引**的数据结构的某个变体。它类似于书末的索引，可以帮助我们找到包含所搜索词条的所有页面。

现在，假设我们有一个充满了食谱的数据库，并且我们为该数据库创建了一个倒排索引。该索引的部分如图 12.14 所示。

如上所示，每个词条都与一个按顺序排列的文档标识符列表相关联。例如，词条 **apple** 包含在 ID 为 **4**、**9**、**67** 和 **89** 的食谱中。如果想要查找既包含 **beans** 又包含了 **chili** 这两个词条的食谱，那么我们可以运行一种类似归并的算法，以找到它们在列表中的交集（见图 12.15）。

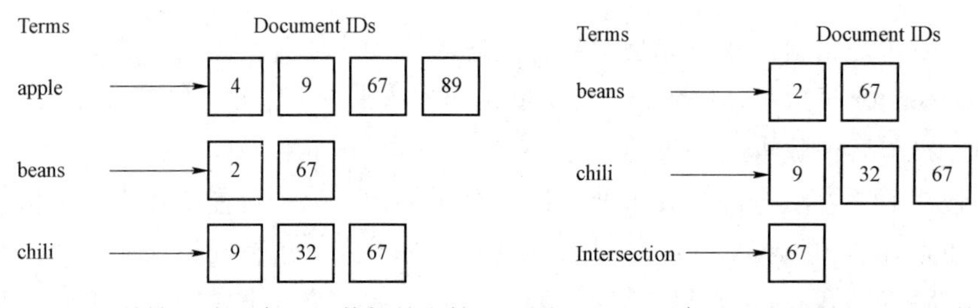

图 12.14 包含有三个词条以及其相关文档引用列表的倒排索引

图 12.15 词条“beans”和“chili”的文档列表交集

现在，假设我们有一个大型数据库，且使用 32 位整数来表示文档标识符。对于出现在许多文档中的词条，文档标识符列表就会变得非常长，因此我们亟需压缩这些列表。一种可行的方法是使用差分编码（delta encoding，或增量编码）结合可变字节编码方案进行压缩。

差分编码

由于列表是有序的，我们可以存储两个相邻元素之间的**差值**，而不是保存文档标识符本身。这种技术就被称为**差分编码（delta encoding）**或**间隔编码（gap encoding）**。图 12.16 展示了使用文档 ID 和差值的示例：

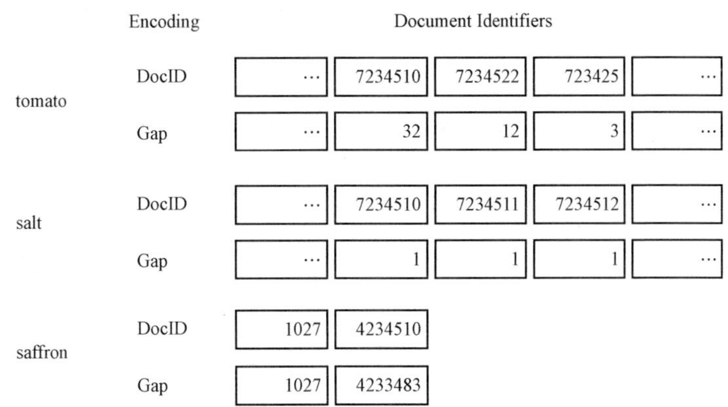

图 12.16　间隔编码（Gap encoding）会将列表中两个相邻元素之间的差值存储下来

由于常用的词条通常会有许多小的间隔，因此间隔编码（Gap encoding）非常适合这种类型的数据。实际上，真正很长的列表只会包含非常小的间隔。所以在对列表进行间隔编码之后，还可以使用可变字节编码方案来实际压缩列表，从而使用更少的字节来表示较小的间隔。

接下来我们先实现间隔编码功能。我们将先编写两个小的协程来执行间隔编码和解码。编码器会将一个有序的整数序列转换为一个间隔序列：

```
template<typename Range>
auto gap_encode(Range& ids)->Generator<int>{
  auto last_id=0;
  for(auto id:ids){
    const auto gap=id-last_id;
    last_id=id;
    co_yield gap;
  }
}
```

通过使用 co_yield，我们不需要立即传入完整的数字列表以及分配一个大的输出间隔列表。相反，协程会逐个数字地进行惰性处理。请注意，gap_encode()函数包含了将文档 ID 转换为间隔的所有信息。当然也可以将它实现为传统的迭代器方式，但这却会让逻辑分散到构造函数和迭代器操作符中。

我们可以给定一个简单的用例来测试这个间隔编码器：

```
int main(){
  auto ids=std::vector{10,11,12,14};
  auto gaps=gap_encode();
  for(auto&& gap:gaps){
    std::cout<<gap<<",";
  }
}//打印:10,1,1,2,
```

相应的，解码器的功能与编码器相反，它会接受一系列间隔作为输入，并将其转换为有序的数字列表：

```
template<typename Range>
auto gap_decode(Range& gaps)->Generator<int>{
  auto last_id=0;
  for(auto gap:gaps){
    const auto id=gap+last_id;
    co_yield id;
    last_id=id;
  }
}
```

通过使用这样的间隔编码，我们可以存储更小的数字。但是，因为我们仍在使用 int 类型的值来存储这些它们，所以即使将它们保存到磁盘中，我们也没有真正获得什么好处。更尴尬的是，我们又无法只使用固定大小更小的数据类型。这是因为仍然存在需要完整的 32 位 int 表示的非常大的间隔的可能。我们实际上希望的是，使用更少的位来存储小间隔的方法，如图 12.17 所示。

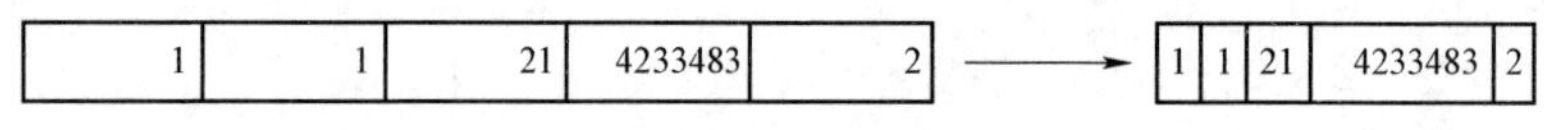

图 12.17 小的数字应该使用更少的字节

为了让这个列表可以在物理空间上更小，我们可以使用**可变字节编码（variable byte encoding）**，这样小的间隔就可以像上图那样，用比大的间隔使用更少的字节编码。

可变字节编码

可变字节编码是一种非常常见的压缩技术。UTF-8 和 MIDI 消息就是使用这一技术的众所周知的编码方式。为了在编码时使用可变数量的字节，我们使用每个字节的 7 位表示实际有效载荷，而每个字节的第一个比特位表示一个**延续位**（**continuation bit**）。如果还有更多的字节需要读取，则该比特位设置为 0；如果是编码数字的最后一个字节，则该比特位设置为 1。编码方案的说明如图 12.18 所示。

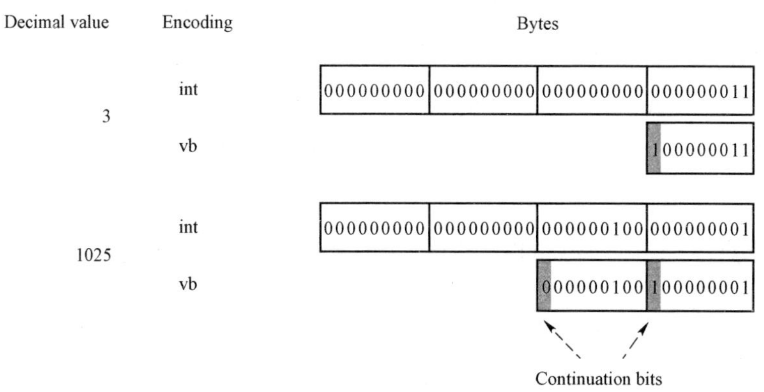

图 12.18 使用可变字节编码，只需要一个字节就可以存储十进制的 3，而编码 1025 则需要两个字节

现在我们准备好实现可变字节编码和解码方案了。它比差分编码要复杂些。可变字节编码器可以将一个数字转换为一个或多个字节的序列：

```
auto vb_encode_num(int n)->Generator<std::uint8_t>{
  for(auto cont=std::uint8_t{0};cont==0;){
    auto b=static_cast<std::uint8_t>(n%128);
    n=n/128;
    cont=(n==0)?128:0;
    co_yield(b+cont);
  }
}
```

在代码中，延续位称为 cont，其值为 0 或 128，对应于比特序列 10000000。在这个例子中，生成字节的顺序是反向的，这样最低有效字节就会出现在第一个。尽管这并不重要，但却可以让编码更容易。当然这也并不成为问题，因为我们完全可以在解码过程中处理它。

有了编码器，就可以很容易地对一系列数字进行编码了，我们可以将它们转换为一系列字节：

```
template<typename Range>
auto vb_encode(Range& r)->Generator<std::uint8_t>{
  for(auto n:r){
    auto bytes=vb_encode_num(n);
    for(auto b:bytes){
      co_yield b;
    }
  }
}
```

当然，可变字节的解码器可能是最复杂的部分。但同样地，它可以完全封装在一个单独的函数中，并提供极其简洁的接口：

```
template<typename Range>
auto vb_decode(Range& bytes)->Generator<int>{
  auto n=0;
  auto weight=1;
  for(auto b:bytes){
    if(b<128){        //检查延续位
      n+=b * weight;
      weight *=128;
    }
    else {
      //处理最后一个字节并生成结果
      n+=(b-128)* weight;
      co_yield n;
      n=0;            //重置
      weight=1;       //重置
    }
  }
}
```

如上所示，这段代码中需要的样板代码很少。每个协程都封装了所有的状态，并清楚地描述了如何逐步处理其中的细节。

我们还剩的最后一部分内容就是将间隔编码器与可变字节编码器组合起来，以便压缩我们排序后的文档标识符列表：

```
template<typename Range>
auto compress(Range& ids)->Generator<int>{
  auto gaps=gap_encode(ids);
  auto bytes=vb_encode(gaps);
  for(auto b:bytes){
    co_yield b;
  }
}
```

相应的，解压只需要将 vb_decode()和 gap_decode()链接在一起即可：

```
template<typename Range>
auto decompress(Range& bytes)->Generator<int>{
  auto gaps=vb_decode(bytes);
  auto ids=gap_decode(gaps);
  for(auto id:ids){
    co_yield id;
  }
}
```

由于 Generator 类对外暴露了迭代器，我们可以进一步扩展这个例子，并轻松地使用 iostreams 流将值从磁盘上读取和写入（不过，更贴切实际的方法是使用内存映射 I/O 来获得更好的性能）。下面两个函数，可以用于将压缩数据写入磁盘，以及从磁盘上读取：

```
template<typename Range>
void write(const std::string& path,Range& bytes){
  auto out=std::ofstream{path,std::ios::out | std::ofstream::binary};
  std::ranges::copy(bytes.begin(),bytes.end(),
                    std::ostreambuf_iterator<char>(out));
}
```

```
auto read(std::string path)->Generator<std::uint8_t>{
  auto in=std::ifstream {path,std::ios::in | std::ofstream::binary};
  auto it=std::istreambuf_iterator<char>{in};
  const auto end=std::istreambuf_iterator<char>{};
  for(;it!=end;++it){
    co_yield *it;
  }
}
```

下面这段测试程序，可以用于本例的回顾与总结：

```
int main(){
  {
    auto documents=std::vector{367,438,439,440};
    auto bytes=compress(documents);
    write("values.bin",bytes);
  }
  {
    auto bytes=read("values.bin");
    auto documents=decompress(bytes);
    for(auto doc:documents){
       std::cout<<doc<<",";
    }
  }
}
//Prints:367,438,439,440,
```

本例旨在展示，我们可以将惰性程序分解为小的封装好的协程。因为 C++协程的低开销使它们非常适合构建高效的生成器。我们最初实现的 Generator 是一个完全可重用的类，它帮助我们在像上面这样的例子中简化代码的体量。

以上就是关于生成器的全部内容了。接下来，我们继续讨论使用协程时需要注意的一些常见的性能问题。

12.5 性能

我们每次创建协程，即第一次调用它时，都会分配一个协程帧来保存协程状态。该帧可以在堆上分配，或在某些情况下在栈上分配。不过我们无法完全避免堆分配的可能。如果你在禁止堆分配的情况下（例如在实时环境中），可以在不同的线程中创建协程并立即将它暂停，然后再将它传递给实际需要使用该协程的代码部分。这样暂停和恢复操作就一定不会分配任何内存，且具有与普通函数调用相似的成本了。

在撰写本书时，编译器对协程仅提供了实验性的支持。小规模的实验结果表明，协程对优化器是友好的，且具有良好的性能。然而，在本书中我不会为你提供协程的任何基准测试。毕竟本章已经展示了无栈协程是如何求值的，以及如何通过最小化开销来实现协程。

生成器的示例说明了协程对编译器可能非常友好。在那个例子中编写的生成器链完全在运行时进行了求值。实际上，这也是 C++协程的非常好的特性。它允许我们编写易于编译器和人类理解的代码。同时，C++协程一般也会生成清晰的、易于优化的代码。

另外，在同一线程上执行的协程是可以共享状态，而无需使用任何锁定原语的。因此可以避免同步多个线程所产生的额外的性能开销。这一点会在下一章中演示。

12.6 总结

在本章中，我们了解了如何使用 C++协程，使用其关键字 co_yield 和 co_return 构建生成器。为了更好地理解 C++无栈协程与有栈协程的区别，我们还对此进行了比较，并查看了 C++协程提供的自定义点。这让我们深入了解了 C++协程的灵活性以及如何高效的利用它们。此外，无栈协程还与状态机密切相关。通过将传统实现的状态机重写为使用协程的代码，我们探索了这一关系的内在，而且还看到了编译器如何将协程转换和优化为机器语言。

第 13 章中，我们会继续探讨协程，这一回我们将重点关注异步编程，并深入了解 co_await 关键字。

第 13 章　用协程进行异步编程

上一章实现的生成器类帮助我们使用协程构建了惰性求值的序列。此外，通过将 C++协程表示为异步计算或**异步任务**，它还可以用于异步编程。尽管异步编程是 C++引入协程最重要的动机，但标准库尚未提供对基于协程的异步任务的支持。如果你希望在异步编程中使用协程，我建议你找到并使用一个与 C++20 协程相补充的库。之前本书已经推荐了 CppCoro（https://github.com/lewissbaker/cppcoro），在撰写本文时，它似乎是最佳的选择。另外你还可以使用经过验证的 Boost.Asio 库来使用异步协程，我们将在本章后面的内容中介绍相关内容。

本章我们将看到使用协程实现异步编程的可能，并了解一些可用的库对 C++20 的协程扩展。具体来说，我们将重点关注以下内容：

- co_await 关键字和可等待类型。
- 基本任务类型的实现，它能从执行一些异步工作的协程中返回。
- 通过使用 Boost.Asio 来演示如何使用协程进行异步编程。

在本章开始之前，还需说明的是，本章没有涉及与性能相关的主题，并且几乎没有提供相应的指南和最佳实践。相反，本章是对 C++中异步协程这一新特性的介绍。我们将通过探索可等待类型和 co_await 语句来开始本章的讲解。

13.1　再谈可等待类型

第 12 章中，我们已经简要讨论过可等待类型。但现在我们需要更加具体地了解 co_await 的作用以及什么是可等待类型。关键字 co_await 是一个一元运算符，意味着它接受一个单一的参数。而我们要传递给 co_await 的参数则需要满足一些要求，我们将在本节进行探讨。

我们在代码中使用 co_await 时，我们表示的是正在*等待*某个可能已准备好或尚未准备好的东西。如果它还没准备好，co_await 会暂停当前正在执行的协程，并将控制权返回给调用者。当异步任务完成时，它应该将控制权转回最初等待任务完成的协程。从现在开始，我们将等待函数称为**继续函数（continuation）**。

我们来看下面这个表达式：

```
co_await X{};
```

为了能够编译这段代码，X 需要是一个可等待类型。到目前为止，我们只使用了简单的可等待类型：std::suspend_always 和 std::suspend_never。实际上，任何直接实现了下列三个成员函数，或者通过定义 operator co_wait()来生成具有这些成员函数的对象的类型的，都是可等待类型：

- **await_ready()**返回一个布尔值，表示结果是否已准备就绪（true），或者是否需要暂停当前协程并等待结果准备完成。
- **await_suspend（coroutine_handle）**，如果 await_ready()返回 false，将使用一个指向执行 co_await 的协程的句柄来调用此函数。该函数为我们提供了一个可以开始异步工作并订阅通知的机会，任务完成后会触发该通知，然后恢复协程的执行。
- **await_resume()**是负责将结果（或错误）返回给协程的函数。如果在 await_suspend()启动的过程中发生错误，此函数可以重新抛出捕获的错误或返回错误代码。整个 co_await 表达式的结果取决于 await_resume()的返回值。

下面这段代码是受 C++20 标准中定义时间间隔的部分代码启发的片段，它可以用于展示 operator co_await()的使用：

```
using namespace std::chrono;
template <class Rep, class Period>
auto operator co_await(duration<Rep, Period> d) {
  struct Awaitable {
    system_clock::duration d_;
    Awaitable(system_clock::duration d) : d_(d) {}
    bool await_ready() const { return d_.count() <= 0; }
    void await_suspend(std::coroutine_handle<> h) { /* ... */ }
    void await_resume() {}
  };
  return Awaitable{d};
}
```

有了上面这段重载，我们就可以将一个时间间隔传递给 co_await 运算符了，如下所示：

```
std::cout << "ust about to go to sleep...\n";
co_await 10ms;                   //调用运算符 co_await()
std::cout << "resumed\n";
```

尽管上面的例子并不完整，但是却能让我们了解如何使用一元运算符 co_await。你可能已经注意到，我们并不直接调用上面提到的三个 await_*()函数。相反，它们是由编译器插入的代码调用的。接下来的例子将会说明编译器做了哪些转换。假设编译器在代码中遇到了下面的语句：

```
auto result = co_await expr;
```

然后，编译器就会（非常）粗略地将代码转换成类似下面的形式：

```
// 伪代码
auto&& a = expr;                    // 对 expr 求值,a 是可等待类型
if (!a.await_ready()) {             // a 还没有准备好,等待结果
  a.await_suspend(h);               // 交给当前协程
                                    // 暂停/恢复会在此发生
}
auto result = a.await_resume();
```

上面的代码，首先调用了 await_ready()函数来检查当前代码是否需要挂起。如果需要挂起，就会使用一个指向将被挂起的协程（具有 co_await 语句的协程）的句柄来调用 await_suspend()。最后，请求并将可等待对象的结果赋值给 result 变量。

隐式暂停点

正如前面许多示例中所展示的，协程通过使用 co_await 和 co_yield 来定义*显式*的暂停点。此外每个协程还有两个*隐式*的暂停点：

- **初始暂停点（initial suspend point）**，它发生在协程初始调用之前，即在执行协程体之前；
- **最终暂停点（final suspend point）**，它发生在协程体执行完成之后，在协程销毁之前。

通过实现 initial_suspend()和 final_suspend()，promise 类型可以定义这两个点的行为。上面两个函数都返回可等待对象。通常情况下，我们在 initial_suspend()函数中传递 std::suspend_always，以便协程可以惰性启动而不是立即启动。

另外，最终暂停点对于异步任务起着关键作用，因为它使我们可以调整 co_await 的行为。通常情况下，已经使用 co_await 暂停的协程应该在最终暂停点恢复等待的协程。

接下来，我们具体看看这三个可等待函数的使用方式以及它们与 co_await 运算符的协作方式。

13.2 实现一个基本任务类型

本节要实现的任务类型是一种可以从表示异步任务的协程中返回的类型。此外，调用者

还可以使用 co_await 来等待。本节的目标是能够编写类似下面这样的异步代码：

```
auto image = co_await load("image.jpg");
auto thumbnail = co_await resize(image, 100, 100);
co_await save(thumbnail, "thumbnail.jpg");
```

实际上，标准库已经提供了一种，允许函数返回调用者可以用来等待计算结果的对象的类型了，即 std::future。我们可以尝试将 std::future 封装成符合可等待接口的形式。不过，std::future 不支持连续操作，这意味着当我们尝试从 std::future 中获取值时，会阻塞当前线程。换句话说，使用 std::future 时，没有办法在不阻塞的情况下组合异步操作。

另一个选择则是使用 std::experimental::future 或来自 Boost 库的 future 类型，它们都支持连续操作。但是上面的两个 future 类型都会分配堆内存，而且会将这一分配过程是，包含在我们任务期望的使用场景外，所不需要的同步原语中。因此，我们将创建一个新的类型，具有最小的开销，并承担以下责任：

- 将返回值和异常转发给调用者。
- 恢复调用者等待的结果。

实际上，已经有一种协程任务类型被提出了（请参阅 http://www7.open-std.org/JTC1/SC22/WG21/docs/papers/2018/p1056r0.html 的 P1056R0），该提案提示了我们需要一种什么样的组件满足我们刚刚提到的需求。下面的实现基于 Gor Nishanov 提出的概念以及 Lewis Baker 共享的源代码，这些代码在 CppCoro 库中可以被找到。

下面是异步任务的类模板实现：

```
template <typename T>
class [[nodiscard]] Task {
  struct Promise { /* ... */ };    // 参见后文
  std::coroutine_handle<Promise> h_;
  explicit Task(Promise & p) noexcept
      : h_{std::coroutine_handle<Promise>::from_promise(p)} {}

public:
  using promise_type = Promise;
  Task(Task&& t) noexcept : h_{std::exchange(t.h_, {})} {}
  ~Task() { if (h_) h_.destroy(); }
```

```
  // 可等待接口
  bool await_ready() { return false; }
  auto await_suspend(std::coroutine_handle<> c) {
    h_.promise().continuation_ = c;
    return h_;
  }
  auto await_resume() -> T {
    auto& result = h_.promise().result_;
    if (result.index() == 1) {
      return std::get<1>(std::move(result));
    } else {
      std::rethrow_exception(std::get<2>(std::move(result)));
    }
  }
};
```

接下来的一节会对上面代码的每个部分进行讲解。但首先我们需要实现一个 promise 类型，它使用 std::variant 来保存值或错误。该 promise 还使用 continuation_数据成员来保持对等待任务完成的协程的引用：

```
struct Promise {
  std::variant<std::monostate, T, std::exception_ptr> result_;
  std::coroutine_handle<> continuation_; // 一个等待中的协程

  auto get_return_object() noexcept { return Task{*this}; }
  void return_value(T value) {
    result_.template emplace<1>(std::move(value));
  }
  void unhandled_exception() noexcept {
    result_.template emplace<2>(std::current_exception());
  }
  auto initial_suspend() { return std::suspend_always{}; }
  auto final_suspend() noexcept {
    struct Awaitable {
```

```
      bool await_ready() noexcept { return false; }
      auto await_suspend(std::coroutine_handle<Promise> h) noexcept {
        return h.promise().continuation_;
      }
      void await_resume() noexcept {}
    };
    return Awaitable{};
  }
};
```

我们使用的两个协程句柄之间有一个重要的区别需要区分：一个用于标识*当前协程*，另一个用于标识*后续协程*。

需要注意的是，由于 std::variant 的限制，上面的实现无法支持 Task<void>，而且我们不能在同一个 promise 类型上同时拥有 return_value()和 return_void()。坦白来说，不支持 Task<void>是有缺憾的，毕竟并非所有的异步任务都必须有返回值。稍后我们将通过为 Task<void>提供模板特化来克服这个限制。

在前面的章节中，我们已经实现了一些协程返回类型（如，Resumable 和 Generator），你已经对“从协程返回的类型的要求”很熟悉了。本章，我们将聚焦一些新的东西，例如异常处理和恢复正在等待我们的调用者的能力。接下来，让我们先看一下 Task 和 Promise 如何处理返回值和异常。

13.2.1　处理返回值和异常

异步任务可以通过返回（值或 void）或抛出异常来完成。返回的值和错误需要传递给一直等待任务完成的调用者。如同往常一样，这是 promise 对象的责任。

Promise 类使用 std::variant 来存储三种可能的结果：

- 完全没有值（std::monostate）。我们在 variant 使用它来默认构造，但不要求其他两个类型是默认可构造的。
- 类型为 T 的返回值，其中 T 是 Task 的模板参数。
- std::exception_ptr，它是对先前抛出的异常的处理。

我们可以在 Promise::unhandled_exception()函数中使用 std::current_exception()函数来捕获异常。然后通过存储 std::exception_ptr，就可以在另一个上下文中重新抛出它。实际上，异常在线程之间传递时，也使用了相同的机制。

使用 co_return value；的协程必须具有实现了 return_value()的 promise 类型。相对的，使

用 co_return；或在不返回值的情况下执行的协程必须具有实现了 return_void()的 promise 类型。但是，如果同时实现了包含 return_void()和 return_value()的 promise 类型就会导致编译错误。

13.2.2 恢复等待中的协程

异步任务完成后，应将控制权传递回等待任务完成的协程。为了能够恢复这个后续协程，Task 对象需要 coroutine_handle 来处理这一事务。这个句柄会被传递给 Task 对象的 await_suspend()函数，并且我们还可以确保将该句柄保存到 promise 对象中，这样用起来就很会方便：

```
class Task {
  // ...
  auto await_suspend(std::coroutine_handle<> c) {
    h_.promise().continuation_ = c;                // 保存句柄
    return h_;
  }
  // ...
```

final_suspend()函数负责在此协程的最终暂停点暂停，并将执行转移到等待的协程。为了方便起见，这是之前 Promise 的重现：

```
auto Promise::final_suspend() noexcept {
  struct Awaitable {
    bool await_ready() noexcept { return false; }   // 暂停
    auto await_suspend(std::coroutine_handle<Promise> h) noexcept{
      return h.promise().continuation_;             //将控制权交还给
    }                                               // 等待中的协程
    void await_resume() noexcept {}
  };
  return Awaitable{};
}
```

首先，从 await_ready()返回 false 将使协程在最终暂停点处保持暂停状态。这样做的原因是为了保持 promise 的存活，并使后续有机会可以从该 promise 中获取结果。

接下来，来看一下 await_suspend()函数。这是我们希望恢复执行的地方。我们可以直接像这样在 continuation_句柄上调用 resume()并等待其完成：

```
// ...
auto await_suspend(std::coroutine_handle<Promise> h) noexcept {
  h.promise().resume();                        // 不推荐这样做
}
// ...
```

不过，这样做会有在栈上创建一个嵌套调用帧的长链的风险，最终可能导致栈溢出。接下来，我们通过一个简单的代码示例来演示这个过程，我们将使用两个协程 a()和 b()：

```
auto a() -> Task<int> { co_return 42; }
auto b() -> Task<int> {                        // 延续/继续
  auto sum = 0;
  for (auto i = 0; i < 1'000'000; ++i) {
    sum += co_await a();
  }
  co_return sum;
}
```

上面代码中，如果与协程 a()关联的 Promise 对象直接在协程 b()的句柄上调用 resume()函数，则会在 a()的调用帧顶部栈上创建一个新的调用帧来恢复 b()。在循环中，这个过程会一遍又一遍地重复，为每次迭代创建新的嵌套调用帧。当两个函数相互调用时，这种调用序列就形成了一种递归形式，有时也称相互递归（见图 13.1）。

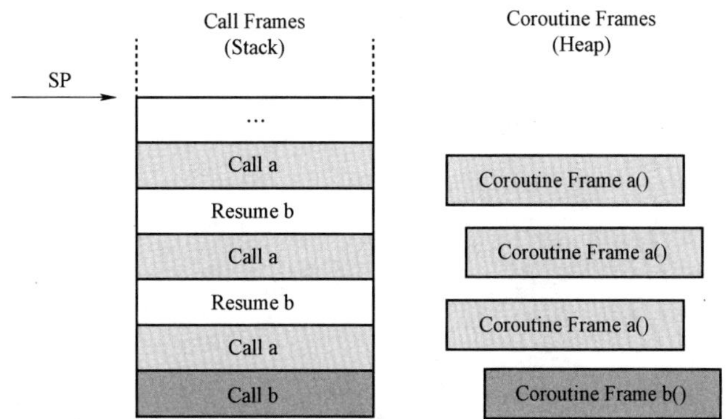

图 13.1　协程 b()调用协程 a()，协程 a()再恢复 b()，b()再调用 a()，a()又恢复 b()，如此往复

尽管同一时间只会有一个协程帧被用于协程 b()，但每次恢复协程 b()的 resume()调用都

会在栈上创建一个新的帧。因此，为了避免这一问题，我们的解决方案是**对称传输（Symmetric transfer）**。该方案不是直接从即将完成的协程中恢复续程，而是从 await_suspend()返回协程句柄来标识是否继续：

```
// ...
auto await_suspend(std::coroutine_handle<Promise> h) noexcept {
  return h.promise().continuation_;                    // 对称传输
}
// ...
```

这样一来，编译器会进行一种叫做*尾调用优化*（*tail call optimization*）的操作。在上述例子中，这意味着编译器将能够直接将控制权转移到延续协程中，而不会创建新的嵌套调用帧。

受限于篇幅，我们不会在对称传输和尾调用优化的细节上花太多时间。如果你对这两个主题感兴趣，可以看看下面这篇深入的解释文章 – Lewis Baker 的 *C++Coroutines：Understanding Symmetric Transfer*，你可在 https://lewissbaker.github.io/2020/05/11/understanding_symmetric_ transfer 上找到。

正如前面所提到的，我们的 Task 模板存在无法处理 void 类型模板参数的限制。现在终于是时候解决它了。

13.2.3 支持 void Task

为了克服之前提到的关于无法处理不生成任何值的任务的限制，我们需要为 Task<void> 进行模板特化。下面的代码仅为阐述的完整性而详细列出。但它与先前的 Task 模板定义本质上并无不同：

```
template <>
class [[nodiscard]] Task<void> {

  struct Promise {
    std::exception_ptr e_;          // 不使用 std::variant,直接用 exception
    std::coroutine_handle<> continuation_;

    auto get_return_object() noexcept { return Task{*this}; }
    void return_void() {}           // 而不是用 return_value()
    void unhandled_exception() noexcept {
```

```
      e_ = std::current_exception();
    }
    auto initial_suspend() { return std::suspend_always{}; }
    auto final_suspend() noexcept {
      struct Awaitable {
        bool await_ready() noexcept { return false; }
        auto await_suspend(std::coroutine_handle<Promise> h) noexcept {
          return h.promise().continuation_;
        }
        void await_resume() noexcept {}
      };
      return Awaitable{};
    }
  };
  std::coroutine_handle<Promise> h_;
  explicit Task(Promise& p) noexcept
      : h_{std::coroutine_handle<Promise>::from_promise(p)} {}

public:
  using promise_type = Promise;

  Task(Task&& t) noexcept : h_{std::exchange(t.h_, {})} {}
  ~Task() { if (h_) h_.destroy(); }

  // 可等待接口
  bool await_ready() { return false; }
  auto await_suspend(std::coroutine_handle<> c) {
    h_.promise().continuation_ = c;
    return h_;
  }
  void await_resume() {
    if (h_.promise().e_)
      std::rethrow_exception(h_.promise().e_);
```

```
  }
};
```

上面的这段模板特化中，promise 类型仅保留对可能未处理的异常的引用。而且，它没有定义 return_value()函数，而是定义了成员函数 return_void()。

这样一来，我们就可以同时表示有返回值和 void 的任务了。但在我们实际构建一个独立的程序来测试这个 Task 类型之前，仍有一些工作要做。

13.2.4 同步等待任务完成

Task 类型的另一重要方面是，无论什么调用返回 Task 的协程，都必须使用 co_await，因此它也算是一个协程。这就创建了一系列协程（延续协程）。例如，假设我们有一个如下的协程：

```
Task<void>async_func(){             //协程
  co_await some_func();
}
```

这样之后，我们就不能用下面这样的方法使用它了：

```
void f(){
  co_await async_func();            //错误:协程无法返回 void
}
```

一旦我们调用返回 Task 的异步函数，就需要在对它使用 co_await，否则就什么都不会发生。这也是为什么将 Task 声明为 nodiscard 的原因。这样如果忽略了其返回值，就会生成一个编译警告，如下所示：

```
void g(){
  async_func();                     //警告:什么都没有做
}
```

强制串联协程的一个有趣的效果是，我们最终会不可避免的到达 main()函数，而 C++标准规定 main()函数不能是协程。这就需要以某种方式进行处理，推荐的解决方案是提供至少一个函数，用于同步等待异步链完成。例如，CppCoro 库包括函数 sync_wait()，它会断开协程链，让普通函数可以使用协程。

可惜实现 sync_wait()函数相当复杂，但为了至少能够编译和测试我们的 Task 类型，我将在此提供一个基于 C++标准提案 P1171R0 的简化版代码。我们的目标是能够编写下面这样的测试代码：

```
auto some_async_func() -> Task<int> { /* ... */ }

int main() {
  auto result = sync_wait(some_async_func());
  return result;
}
```

所以为了让上面这段代码可以运行异步任务，我们继续实现 sync_wait()函数。

实现 sync_wait()

根据前文的内容，我们知道 sync_wait()内部使用了一个专门设计的自定义任务类，称为 SyncWaitTask。它的定义将在稍后揭示。首先让我们看看函数模板 sync_wait()的定义：

```
template<typename T>
using Result = decltype(std::declval<T&>().await_resume());

template <typename T>
Result<T> sync_wait(T&& task) {
  if constexpr (std::is_void_v<Result<T>>) {
    struct Empty {};
    auto coro = [&]() -> detail::SyncWaitTask<Empty> {
      co_await std::forward<T>(task);
      co_yield Empty{};
      assert(false);
    };
    coro().get();
  } else {
    auto coro = [&]() -> detail::SyncWaitTask<Result<T>> {
      co_yield co_await std::forward<T>(task);
      // 该协程在有机会返回前，
      // 就被销毁了。
```

```
      assert(false);
    };
    return coro().get();
  }
}
```

上面的代码中，首先，为了指定任务返回的类型，我们使用了 decltype 和 declval 的组合。这个看起来相当繁琐的 using 表达式说明了，传递给 sync_wait()的任务类型 T 的 T::await_resume()函数的返回类型。

然后，在 sync_wait()内部，我们区分了有返回值的任务和返回值为 void 的任务。之所以在这里区分其实是为了避免需要实现 SyncWaitTask 的模板特化来处理 void 和非 void 类型。此外，这两种情况都会引入一个空的结构体来完成相似的处理逻辑。其中，引入的结构体可以作为模板参数提供给 SyncWaitTask，用于处理返回 void 的任务。

另外，对于有返回值的情况下，使用 lambda 表达式来定义协程，该协程将在结果上进行 co_await，然后最终产出值。需要注意的是，协程可能会从另一个线程上的 co_await 恢复执行，这就要求我们在 SyncWaitTask 的实现中还要使用同步原语。

我们可以看到，代码中，在协程 lambda 上调用 get()会执行直到它产生一个值，再恢复协程的操作。另外 SyncWaitTask 的实现保证，在 co_yield 语句之后，协程 lambda 不会再有机会恢复执行。

前面的章节中，我们已经广泛使用了 co_yield，但还没提到它与 co_await 的关系。即下面的 co_yield 表达式：

```
co_yield some_value;
```

会被编译器转换为：

```
co_await promise.yield_value(some_value);
```

其中 promise 是与当前执行的协程相关联的 promise 对象。了解这一点有助于理解 sync_wait()和 SyncWaitTask 类之间的控制流。

实现 SyncWaitTask

接下来，我们继续研究 SyncWaitTask，它只是一个用于辅助 sync_wait()的类型。因此，我们将其添加到名为 detail 的命名空间下，以明确表示这个类是一个实现细节：

```
namespace detail { // 实现细节
```

```
template <typename T>
class SyncWaitTask { // 仅被 sync_wait() 使用的辅助类
  struct Promise { /* ... */ }; // 详见下文
  std::coroutine_handle<Promise> h_;
  explicit SyncWaitTask(Promise& p) noexcept
      : h_{std::coroutine_handle<Promise>::from_promise(p)} {}

public:
  using promise_type = Promise;

  SyncWaitTask(SyncWaitTask&& t) noexcept
      : h_{std::exchange(t.h_, {})} {}
  ~SyncWaitTask() { if (h_) h_.destroy();}
  // 从 sync_wait() 调用。它会阻塞并从
  // 传递给 sync_wait() 的任务中获取值或错误。
  T&& get() {
    auto& p = h_.promise();
    h_.resume();
    p.semaphore_.acquire();                // 阻塞直到获取到信号
    if (p.error_)
      std::rethrow_exception(p.error_);
    return static_cast<T&&>(*p.value_);
  }
  // 没有可等待接口。该类不会是 co_await 的
};
} // 命名空间内容
```

其中，最值得注意的是函数 get()及其对 promise 对象拥有的信号量的 acquire()阻塞调用。这使得该任务类型可以同步等待结果准备就绪。拥有二进制信号量的 promise 类型如下所示：

```
struct Promise {

  T* value_{nullptr};
```

```
  std::exception_ptr error_;
  std::binary_semaphore semaphore_;

  SyncWaitTask get_return_object() noexcept {
    return SyncWaitTask{*this};
  }
  void unhandled_exception() noexcept {
    error_ = std::current_exception();
  }
  auto yield_value(T&& x) noexcept {              // 收到结果
    value_ = std::addressof(x);
    return final_suspend();
  }
  auto initial_suspend() noexcept {
    return std::suspend_always{};
  }
  auto final_suspend() noexcept {
    struct Awaitable {
      bool await_ready() noexcept { return false; }
      void await_suspend(std::coroutine_handle<Promise> h) noexcept {
        h.promise().semaphore_.release();         // 信号!
      }
      void await_resume() noexcept {}
    };
    return Awaitable{};
  }
  void return_void() noexcept { assert(false); }
};
```

上面有很多是我们之前已经讨论过了的样板代码。这其中需要特别注意 yield_value()和 final_suspend()两个函数，这是这个类中很有趣的部分。回想一下，在 sync_wait()内部的协程 lambda 我们会像这样生成返回值：

```
// ...
auto coro = [&]() -> detail::SyncWaitTask<Result<T>> {
  co_yield co_await std::forward<T>(task);
  // ...
```

因此，一旦值被生成，我们就会进入 promise 对象的 yield_value()。而 yield_value()可以返回一个可等待类型，这使我们有机会自定义 co_yield 关键字的行为。在上面的代码中，yield_value()会返回一个可等待对象，它通过二进制信号量来表示原始 Task 对象产生了一个值。

此外，之所以信号量要在 await_suspend()内部发出的，而不能在此之前发出信号。是因为等待信号的代码的另一端最终会销毁协程。而销毁协程只能在协程处于挂起状态时才能发生。

最后，在 SyncWaitTask::get()内部对 semaphore_.acquire()的阻塞调用将在接收到信号时返回，最后计算得到的值会交给调用 sync_wait()的使用者。

13.2.5 使用 sync_wait()测试异步任务

本节最后，我们来编写一段使用 Task 和 sync_wait()的异步测试程序，如下所示：

```
auto height() -> Task<int> { co_return 20; }        // 虚拟协程
auto width() -> Task<int> { co_return 30; }
auto area() -> Task<int> {
  co_return co_await height() * co_await width();
}

int main() {
  auto a = area();
  int value = sync_wait(a);
  std::cout << value;                          // 输出: 600
}
```

现在，我们已经实现了使用 C++协程进行异步任务的基础设施。但为了能更有效地使用协程进行异步编程，我们仍需要更多的基础设施。这与生成器（在第 12 章中介绍）还是有很大区别的，因为生成器只需要一些较小的准备工作就能得到收益。为了更贴近实际情况，我们将在接下来的章节中使用 Boost.Asio 探索一些使用场景。首先，我们要尝试将基于回调的

API 封装在与 C++协程兼容的 API 中。

13.3 封装基于回调的 API

有很多基于回调的异步 API。一般来说，异步函数会接受调用者提供的回调函数。之后该函数会立即返回，然后等到异步函数计算出一个值或完成等待后，最终调用回调函数（即，完成处理程序）。

为了展示基于异步回调的 API 是如何工作的，我们来简单介绍一下 **Boost.Asio** 这个异步 I/O Boost 库。关于 Boost.Asio 还有很多内容需要学习，但在这里我们只会介绍与 C++协程直接相关的部分。

为了配合本书的排版，代码示例均假设在使用 Boost.Asio 的代码时，都已定义好了如下命名空间别名：

```
namespace asio=boost::asio;
```

下面是一个使用了 Boost.Asio 的完整示例。这段代码用于延迟函数调用而不必阻塞当前线程。同时，这个异步示例将会在单个线程中运行：

```
#include <boost/asio.hpp>
#include <chrono>
#include <iostream>

using namespace std::chrono;
namespace asio = boost::asio;

int main() {
  auto ctx = asio::io_context{};
  auto timer = asio::system_timer{ctx};
  timer.expires_from_now(1000ms);
  timer.async_wait([](auto error) {              // 回调
    // 省略错误处理..
    std::cout << "Hello from delayed callback\n";
  });
  std::cout << "Hello from main\n";
```

```
  ctx.run();
}
```

编译并运行上面这段代码会获得如下的输出：

```
Hello from main
Hello from delayed callback
```

使用 Boost.Asio 时，我们总是需要先创建一个 io_context 对象来运行事件处理循环。此外，代码对 async_wait()的调用是异步的，它会立即返回到 main()函数中，并在计时器到期时调用回调函数（即上面的 lambda 函数）。

上面的计时器示例并没有使用协程，而是使用回调式的 API 来提供异步属性。当然 Boost.Asio 也同时兼容 C++20 协程，这将在稍后进行演示。但在探索可等待类型的过程中，我们将稍作调整。假设我们需要在基于回调的 Boost.Asio API 之上附带提供一个基于协程的 API，该 API 将返回可等待类型。这样，我们就可以使用 co_await 表达式来调用和等待异步任务的完成，而不会阻塞当前线程。与使用回调不同，我们希望能够编写形如下面的代码：

```
std::cout << "Hello! ";
co_await async_sleep(ctx, 100ms);
std::cout << "Delayed output\n";
```

接下来，我们看看如何实现上面提到的 async_sleep()函数，以便同 co_await 结合使用。我们将遵循让 async_sleep()返回一个可等待对象的模式。同时，该对象将实现三个必需的函数：await_ready()、await_suspend()和 await_resume()。我们将在稍后对这段代码做出更详尽的介绍：

```
template <typename R, typename P>
auto async_sleep(asio::io_context& ctx,
                 std::chrono::duration<R, P> d) {
 struct Awaitable {
  asio::system_timer t_;
  std::chrono::duration<R, P> d_;
  boost::system::error_code ec_{};

  bool await_ready() { return d_.count() <= 0; }
  void await_suspend(std::coroutine_handle<> h) {
```

```
      t_.expires_from_now(d_);
      t_.async_wait([this, h](auto ec) mutable {
        this->ec_ = ec;
        h.resume();
      });
    }
    void await_resume() {
      if (ec_) throw boost::system::system_error(ec_);
    }
  };
  return Awaitable{asio::system_timer{ctx}, d};
}
```

再次提醒，我们要创建的是一个自定义的可等待类型，它完成了如下所有必要的工作：

- await_ready()将一直返回 false，除非计时器达到零。
- await_suspend()将启动异步操作，并传递回调函数。回调函数将在计时器到期或产生错误时将被调用。另外，该回调函数保存错误码（如果有）并恢复挂起的协程。
- await_resume()不需要对结果解包（unpack）。这是因为当前我们使用封装的异步函数 boost::asio::timer::async_wait()除了一个可选的错误码外，不返回任何值。

在实际测试 async_sleep()之前，就像之前测试 Task 类型时所做的那样，我们需要启动 io_context 的运行循环然后打破协程链条。在这里，我们会用一种巧妙的方式实现两个函数 run_task()和 run_task_impl()，以及一个简单的协程返回类型 Detached，它忽略错误处理并可以被调用者丢弃：

```
// 下面这段代码只是为了让代码示例可以运行起来
struct Detached {
  struct promise_type {
    auto get_return_object() { return Detached{}; }
    auto initial_suspend() { return std::suspend_never{}; }
    auto final_suspend() noexcept { return std::suspend_never{};}
    void unhandled_exception() { std::terminate(); } // 省略
    void return_void() {}
  };
};
```

```
Detached run_task_impl(asio::io_context& ctx, Task<void>&& t) {
  auto wg = asio::executor_work_guard{ctx.get_executor()};
  co_await t;
}

void run_task(asio::io_context& ctx, Task<void>&& t) {
  run_task_impl(ctx, std::move(t));
  ctx.run();
}
```

Detached 类型会立即启动协程，并将协程与调用者分离（detach）运行。executor_work_guard 则防止 run()的调用在协程 run_task_impl()完成之前返回。

一般来说，我们应该避免启动并分离（detach）操作。这有点类似于分离线程或没有任何引用的已分配的内存。不过在本例中，我们的目的是为了展示可以使用可等待类型做什么，以及如何编写单线程的异步代码，因此可以这样做。

这样一切就都准备就绪了。封装器 async_sleep()将返回 Task，且函数 run_task()可以用于执行任务。现在是时候编写协程来测试这段新代码了：

```
auto test_sleep(asio::io_context& ctx) -> Task<void> {
  std::cout << "Hello!  ";
  co_await async_sleep(ctx, 100ms);
  std::cout << "Delayed output\n";
}

int main() {
  auto ctx = asio::io_context{};
  auto task = test_sleep(ctx);
  run_task(ctx, std::move(task));
};
```

运行上面的代码将得到如下输出：

```
Hello!Delayed output
```

本节我们了解了如何将基于回调的 API 封装在一个函数中，同时让该函数可以通过 co_await 使用。从而允许我们在异步编程中使用协程而不是回调。同时我们还提供了如何使用可等待类型中的函数的示例。不过，正如之前提到的，从 Boost 1.70 版本开始，已经提供了与 C++20 协程兼容的接口。所以下一节中，我们将在构建一个小型 TCP 服务器时使用这个新的协程 API。

13.4 使用 Boost.Asio 实现的并发服务器

本节我们将演示如何编写具有多个执行线程，但只使用一个操作系统线程的并发程序。我们会实现一个，可以处理多个客户端，的单线程并发 TCP 服务。不过，C++标准库中没有网络功能，但好在，Boost.Asio 提供了一个跨平台的接口来处理套接字可用于通信。

为了更清晰易懂地展示协程在异步编程中的实际应用，我们将演示如何使用 boost::asio::awaitable 类，而不是将基于回调的 Boost.Asio API 进行封装。boost::asio::awaitable 类模板对应于我们之前创建的 Task 模板，用于表示协程的返回类型，用于表示异步计算。通过使用 boost::asio::awaitable 类，我们可以更真实地展示使用协程进行异步编程的示例。

13.4.1 实现服务器

我们的服务器部分代码非常简单，它只需要一旦客户端连接，就开始更新一个数字计数器，并在每次更新时将值写回给对应客户端。这次我们将按上到下的顺序分析实现代码。首先我们从 main()函数开始：

```
#include <boost/asio.hpp>
#include <boost/asio/awaitable.hpp>
#include <boost/asio/use_awaitable.hpp>

using namespace std::chrono;
namespace asio = boost::asio;
using boost::asio::ip::tcp;

int main() {
  auto server = [] {
    auto endpoint = tcp::endpoint{tcp::v4(), 37259};
    auto awaitable = listen(endpoint);
```

```
    return awaitable;
  };
  auto ctx = asio::io_context{};
  asio::co_spawn(ctx, server, asio::detached);
  ctx.run(); // 在主线程中运行事件循环
}
```

首先，必需得有 io_context 运行事件处理循环。如果我们希望服务器使用多个操作系统线程执行，那么也可以从多个线程调用 run()。本例中，我们需要只使用一个线程，但希望它可以有多个并发流。此外，函数 boost::asio::co_spawn()会启动一个独立的并发流。最后我们的服务器使用 lambda 表达式实现。它定义了一个 TCP 端点（端口号为 37259），并开始监听该端点上的传入客户端连接。

上面 lambda 表达式中的协程 listen()的实现也很简单，代码如下：

```
auto listen(tcp::endpoint endpoint) -> asio::awaitable<void> {
  auto ex = co_await asio::this_coro::executor;
  auto a = tcp::acceptor{ex, endpoint};
  while (true) {
    auto socket = co_await a.async_accept(asio::use_awaitable);
    auto session = [s = std::move(socket)]() mutable {
      auto awaitable = serve_client(std::move(s));
      return awaitable;
    };
    asio::co_spawn(ex, std::move(session), asio::detached);
  }
}
```

执行器（executor）是负责实际执行异步函数的对象。执行器可以表示线程池或单个系统线程。例如，在未来的 C++版本中，我们可能会看到某种形式的执行器，以便开发者在代码执行的时间和位置等方面拥有比以往更多的控制和灵活性（包括 GPU）。

之后，协程会陷入死循环中，持续等待 TCP 客户端连接。第一个 co_await 表达式在新客户端成功连接到服务器时返回一个套接字。然后，套接字对象被移动到协程 serve_client()中，该协程直到客户端断开连接，都为新连接的客户端提供服务。

最后，服务器的主要应用逻辑会发生在处理每个客户端的协程中，如下：

```
auto serve_client(tcp::socket socket) -> asio::awaitable<void> {
  std::cout << "New client connected\n";
  auto ex = co_await asio::this_coro::executor;
  auto timer = asio::system_timer{ex};
  auto counter = 0;
  while (true) {
    try {
      auto s = std::to_string(counter) + "\n";
      auto buf = asio::buffer(s.data(), s.size());
      auto n = co_await async_write(socket, buf, asio::use_awaitable);
      std::cout << "Wrote " << n << " byte(s)\n";
      ++counter;
      timer.expires_from_now(100ms);
      co_await timer.async_wait(asio::use_awaitable);
    } catch (...) {
      // 出现错误或客户端断开连接，则跳出循环。
    }
  }
}
```

上面的代码中，每个协程的调用，在整个客户端会话期间，都会为一个唯一的客户端提供服务。它会保持一直运行，直到客户端从服务器断开连接。该协程会定期（每 100 毫秒）更新一次计数器，并使用 async_write()将该值异步地写回客户端。请注意，尽管 serve_client()函数调用了两个异步操作：async_write()和 async_wait()，但我们仍然可以以线性的方式编写该函数。

13.4.2 运行并连接服务器

一旦我们启动了服务器，就可以在端口 37259 上连接客户端。为了测试，我们使用了一个叫作 nc（netcat）的工具，它可以用来进行 TCP 和 UDP 进行通信。下面是一个简单的会话示例，展示的是一个客户端连接到运行在本地主机上的服务器：

```
[client]$ nc localhost 37259
0
1
```

```
2
3
```

此外，我们还可以启动多个客户端，它们将由独立的 serve_client()协程调用提供服务，并拥有自己的递增计数器变量的副本，如图 13.2 所示。

图 13.2　一个运行中的服务器，与两个连接了它的客户端

当然，另一种同时为多个会话提供服务的方式是，为每个新连接的客户端创建一个线程。不过，与使用协程的模型相比，线程的内存开销会大大降低会话数量的上限。

上面得示例中，所有协程都是在同一个线程上执行的，这就不必要锁定共享资源了。想象一下，假设我们有一个全局计数器，每个会话都需要更新它。而如果我们使用多个线程，对全局计数器的访问就需要使用上一些同步机制（如使用互斥锁或原子数据类型）。但是，在同一个线程上执行的协程却不需要这样做。也就是说，在同一个线程上执行的协程可以共享状态而无需使用任何锁定原语。

13.4.3　在服务器示例中实现的（以及未实现的）功能

我们在上一节中使用 Boost.Asio 的示例代码向大家说明了协程是可以用于异步编程的。我们可以使用 co_await 语句以线性的方式编写代码，而不必使用嵌套回调来实现延续操作。不过，这个示例是被简化了的，而且避开了一些非常重要的异步编程方面的内容，如：

- 异步读和写操作：我们只实现了，服务器向其客户端写入数据，而省略了同步读写操作的难题。

- 取消异步任务和优雅关闭（graceful shutdown）：服务器在一个无限循环中运行，而完全忽略了进行清理关闭的难题。
- 使用多个 co_await 语句时的错误处理和异常安全。

尽管上面这些话题也同样非常重要，但却超出了本书的涵盖范围。如前所述，我们已经提到了最好避免使用分离操作。因此，在使用 boost::asio::co_spawn()创建分离任务时，应该非常谨慎。一种用于避免分离工作的相对较新的编程范式被称为**结构化并发（structured concurrency）**。它旨在通过将并发封装到通用且可重用的算法（例如 when_all()和 stop_when()）中来解决异常安全性和多个异步任务的取消等问题。关键思路在于永远不允许某个子任务的生命周期超过其父任务。这样就可以安全地传递局部变量的引用给异步子操作了，同时还能提供更好的性能。严格嵌套的并发任务生命周期还使得代码更易于理解和推理。

同时，另一个重要的内容是异步任务应该始终是延迟执行的（立即暂停），以便在任何异常抛出之前都可以附加延续操作。这也是能够安全取消任务的要求之一。

我相信在未来的时间里，可能会有更多关于这一重要主题的讲座、库和文章出现。实际上 CppCon 2019 有两个演讲已经涉及了这一主题：

- 在 C++中实现异步的统一抽象（A Unifying Abstraction for Async in C++），Eric Niebler 和 D.S.Hollman。
- 结构化并发：使用协程和算法编写更安全的并发代码（Structured Concurrency：Writing Safer Concurrent Code with Coroutines and Algorithms），Lewis Baker。

13.5 总结

通过本章内容，你首先了解了如何使用 C++协程编写异步任务。为了能够以 Task 类型和 sync_wait()函数的形式实现基础架构，你需要完全理解可等待类型的概念以及它们该如何用于自定义 C++协程的行为。

然后，通过使用 Boost.Asio，我们可以构建一个真正简洁但功能完整的并发服务器应用程序，以便它能够在处理多个客户端会话的同时，还能在单个线程上执行。

最后，我们简单了解了一种名为结构化并发的方法论，并提供了一些相关的更多信息索引。

第 14 章我们将继续探索并行算法，它是一种通过利用多个核心来加速并发程序的方法。

第14章 并 行 算 法

此外，我之前强调过相对于手工编写的 for 循环，我更喜欢使用标准库的算法。在本章中，你将会看到结合使用 C++17 引入的执行策略和标准库算法所带来的巨大优势。

最后要提及的是，由于算法并行化和并行编程的相关理论过于复杂，无法在本章篇幅内全面涵盖，因此我们不会深入讨论这些内容。此外，也有很多书籍可以作为参考资料。因此，在本章中，我们将以更实用的方式演示如何扩展当前的 C++代码库，既保持代码的可读性，又能更好地利用并行带来的好处。我们的目标是在引入并行化时不影响代码的可读性。相反，我们希望能够将并行化抽象出来，以便在并行化代码时只需修改算法的参数即可。

在这一章中，你将学到：

- 多种实现并行算法的技术。
- 如何度量并行算法的性能。
- 如何适配代码库到使用标准库算法的并行功能。

事实上，并行编程是一个非常复杂的主题，因此在开始之前，我们需要理解引入并行的动机。

14.1 并行的重要性

从开发者的角度来看，如果当前的计算机硬件是一个 100 GHz 的单核 CPU 而非 3 GHz 的多核 CPU，那将会非常方便。因为这样一来，我们就不再需要过多关注并行化的问题。然而，遗憾的是，单核 CPU 的演进已经接近了物理限制。因此，随着计算机硬件朝着多核 CPU 和可编程 GPU 的方向发展，为了充分利用硬件的性能，我们必须采用高效的并行模式。

并行算法为我们提供了一种优化代码的方式，它可以在多核 CPU 或 GPU 上同时执行多个独立任务或子任务。通过这种并行化的方法，我们能够充分发挥硬件的并行处理能力，提高程序的执行速度和效率。利用并行算法，我们可以将任务分解为并行的子任务，并在多个计算资源上同时执行，从而加速程序的运行。

14.2 并行算法

正如在第 11 章并发中提到的，“并发”和“并行”有时很难区分。一起回顾一下，如果一个程序在重叠的时间段内具有多个独立的控制流，那么称其并发运行。相应的，并行程序则是在同一时间执行多个任务或子任务（完全同时执行），这意味着它需要具备多个核的硬件。所以我们是使用并行算法来优化延迟或吞吐量。但如果没有能够同时执行多个任务以实现更好性能的硬件，那么使用并行化算法就没有意义了。接下来我们将引入几个简单的公式，帮助你理解在度量并行算法时都需要考虑哪些因素。

14.2.1 度量并行算法

在本章中，我们将**加速比（speedup）**定义为算法的顺序版本和并行版本之间的比例，定义如下：

$$\text{Speedup} = \frac{T_1}{T_n}$$

其中，T_1 是使用单核执行的顺序算法解决问题所需的时间。T_n 是使用 n 核解决相同问题所需的时间。另外，*时间*指的是墙上的时钟时间（而不是 CPU 时间）。

值得注意的是，与并行算法的等效顺序算法相比，它通常会更加复杂，也需要更多的计算资源（例如 CPU 时间）。但并行版本算法的好处来自于将算法分布到多个处理单元上的能力。

在这个前提下，并非所有的算法在并行运行时都能获得相同的性能提升。我们可以通过下列公式计算并行算法的**效率**：

$$\text{Efficiency} = \frac{T_1}{T_n * n}$$

上面的公式中，n 表示执行算法的核数。由于前面已经提到过 T_1 / T_n 表示加速比（speedup），因此效率也可以表示为 speedup/n。

基于上面的公式，如果效率为 1.0，那就表示算法完美并行化。比如，这意味着在八核计算机上执行并行算法时，我们可以实现 8 倍的加速。但正如我们在第 11 章并发中提到的，在实践中其实存在许多限制并行执行的参数，如创建线程、内存带宽和上下文切换等。因此，通常情况下，效率会远低于 1.0。

并行算法的效率还取决于每个工作块能够独立处理的程度。比如，std::transform()在这方面就很容易并行化，因为每个元素的处理完全独立于其他元素。我们将在本章后面内容中演示。

此外，效率还取决于问题的规模和 CPU 核数。例如，对于小型数据集而言，由于并行算法复杂度的增加所带来的开销，它的性能提升可能性非常低。同样地，在多核上执行程序，也可能会遇到计算机的其他瓶颈，如内存带宽。因此，如果一个并行算法在改变核数和/或输入大小时，效率保持不变，那么我们就称这个算法具有可扩展性。

最后，要记住的是，并非所有代码都能并行化。哪怕有无限数量的核，也会限制代码理论上的最大加速比。我们可以使用**阿姆达尔定律（Amdahl's law）**来计算最大可能的加速比，此定律在第 3 章分析和度量性能中已有介绍。

14.2.2　回顾阿姆达尔定律

本章我们会将阿姆达尔定律应用到并行程序中。它的工作原理如下：程序的总运行时间可以分为两个独立的部分：

- F_{seq} 是代码中只能按顺序执行的部分。
- F_{par} 则是代码中可以并行执行的部分。

而因为这两个部分加起来就构成了整个程序，所以也代表了 $F_{seq} = 1 - F_{par}$。这样一来，阿姆达尔定律告诉我们，在 n 核上执行的程序的**最大加速比**是：

$$\text{Maximumspeedup} = \frac{1}{\frac{F_{par}}{n} + F_{seq}} = \frac{1}{\frac{F_{par}}{n} + (1 - F_{par})}$$

为了更好地理解这一定律，图 14.1 展示了一个程序的执行时间，顺序部分位于底部，而并行部分位于顶部。增加核数只会影响并行部分，这就限制了最大加速比的上限：

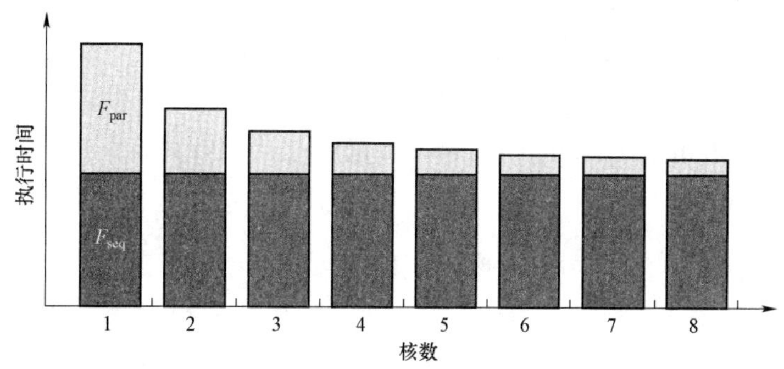

图 14.1　阿姆达尔定律定义了最大加速比。在这种情况下，最大加速比为 2 倍

如上图所示，代码在单个 CPU 上运行时，顺序部分占执行时间的 50%。因此，当执行这样的程序时，通过增加更多核数，我们最多可以达到的加速比为 2 倍。

为了更方便理解如何实现并行算法，现在我们将引入一些示例。我们首先从相对容易分割成多个独立部分的 std::transform()开始。

14.2.3 实现并行 std::transform()

从算法角度来说，实现 std::transform()是相对容易的，但即使是最基本的并行版实现，看上去也要比最初的顺序版实现复杂得多。

我们知道 std::transform()是对序列中的每个元素都调用同一个函数，并将结果存储在另一个序列中。自此我们列出一个可能的顺序版实现，如下所示：

```
template<class SrcIt, class DstIt, class Func>
auto transform(SrcIt first, SrcIt last, DstIt dst, Func func) {
  while (first != last) {
    *dst++ = func(*first++);
  }
}
```

此外，标准库的版本还会返回目标（dst）迭代器，但在示例中忽略了这一点。为了理解实现 std::transform()的并行版本所面临的挑战，让我们从较基础的版本开始。

基础的并行版 std::transform 实现

一种基础的 std::transform()的并行版实现可能要满足：

- 将序列中元素分成与计算机核数相对应的块。
- 将每个块放在一个独立的任务中处理。
- 等待所有任务完成。

我们可以使用 std::thread::hardware_concurrency()来确定计算机支持的硬件线程数，可能如下所示：

```
template <typename SrcIt, typename DstIt, typename Func>
auto par_transform_naive(SrcIt first, SrcIt last, DstIt dst, Func f) {
  auto n = static_cast<size_t>(std::distance(first, last));
  auto n_cores = size_t{std::thread::hardware_concurrency()};
  auto n_tasks = std::max(n_cores, size_t{1});
  auto chunk_sz = (n + n_tasks - 1) / n_tasks;
  auto futures = std::vector<std::future<void>>{};
  // 分别处理各个块
  for (auto i = 0ul; i < n_tasks; ++i) {
```

```
      auto start = chunk_sz * i;
      if (start < n) {
        auto stop = std::min(chunk_sz * (i + 1), n);
        auto fut = std::async(std::launch::async,
          [first, dst, start, stop, f]() {
            std::transform(first + start, first + stop, dst + start, f);
        });
        futures.emplace_back(std::move(fut));
      }
    }
    // 等待所有任务完成
    for (auto&& fut : futures) {
      fut.wait();
    }
  }
```

需要注意的是，如果 hardware_concurrency()由于某种原因无法确定结果，那么它可能会返回 0，然后会被修正到至少为 1。

标准库版本和我们的并行版本之间有一个细微差别，它们对迭代器有不同的要求。std::transform()可以操作输入和输出迭代器，比如绑定到 std::cin 的 std::istream_iterator<>。然而，对于 par_transform_naive()来说，这是不可能的，因为迭代器会被复制并在多个任务中使用。正如你将看到的，在本章中并没有介绍可以操作输入和输出迭代器的并行算法。相反，这些并行算法至少需要支持多次遍历的前向迭代器。

性能度量

我们将通过对比上节实现的并行版本算法与单个 CPU 核心上执行的顺序版本算法来度量它们的性能。

在这个测试中，我们将度量当数据输入的规模变化时，时间（挂钟时间）和 CPU 总耗时。

接下来，我们会使用在第 3 章分析和度量性能中介绍的 Google Benchmark 来进行基准测试。为了避免编写重复代码，我们将实现一个函数来为基准测试设置一个测试夹具（test fixture）。这个夹具需要一个包含一些示例值的源范围，一个用于存储结果的目标范围，以及一个转换函数：

```
auto setup_fixture(int n) {
```

```
  auto src = std::vector<float>(n);
  std::iota(src.begin(), src.end(), 1.0f); // 值从 1.0 到 n
  auto dst = std::vector<float>(src.size());
  auto transform_function = [](float v) {
    auto sum = v;
    for (auto i = 0; i < 500; ++i) {
      sum += (i * i * i * sum);
    }
    return sum;
  };
  return std::tuple{src, dst, transform_function};
}
```

现在我们就配置好了测试夹具，可以开始实现基准测试了。我们将实现两个版本：一个用于顺序版的 std::transform()，另一个用于并行版的 par_transform_naive()：

```
void bm_sequential(benchmark::State& state) {
  auto [src, dst, f] = setup_fixture(state.range(0));
  for (auto _ : state) {
    std::transform(src.begin(), src.end(), dst.begin(), f);
  }
}

void bm_parallel(benchmark::State& state) {
  auto [src, dst, f] = setup_fixture(state.range(0));
  for (auto _ : state) {
    par_transform_naive(src.begin(), src.end(), dst.begin(), f);
  }
}
```

如第 3 章提到的，只有 for 循环内的代码才会被计时。通过使用 state.range（0）我们可以设置输入规模，还可以为每个基准测试附加一系列值，从而生成不同的输入。实际上，我们还需要为每个基准测试指定一些参数，因此可以创建一个辅助函数来配置我们所需的所有设置：

```
void CustomArguments(benchmark::internal::Benchmark* b) {
  b->Arg(50)->Arg(10'000)->Arg(1'000'000)   // 输入规模
      ->MeasureProcessCPUTime()             // 度量全部线程
      ->UseRealTime()                       // 使用挂钟时间
      ->Unit(benchmark::kMillisecond);      // 使用 ms
}
```

关于上面几个自定义参数，有几点需要注意：

- 我们分别将值 50、10 000 和 1 000 000 作为参数传递给基准测试。它们会在 setup_fixture() 函数中用作创建向量时的输入规模。在测试函数中，可以使用 state.range（0）来访问这些值。
- 在默认情况下，Google Benchmark 只度量主线程的 CPU 时间。但是因为我们是对所有线程的总 CPU 时间都感兴趣，所以就需要使用 MeasureProcessCPUTime()。
- Google Benchmark 会决定每个测试需要重复多少次，直到可以获得统计上稳定的结果。我们希望该库使用挂钟时间而不是 CPU 时间进行测量，因此我们应用了 UseRealTime()设置。

这样一来，准备的就差不多了。最后，只需要注册基准测试并调用 main 函数就可以了：

```
BENCHMARK(bm_sequential)->Apply(CustomArguments);
BENCHMARK(bm_parallel)->Apply(CustomArguments);
BENCHMARK_MAIN();
```

在启用优化的情况下（使用 gcc 的 –O3 选项）编译这段代码后，我在一台八核笔记本电脑上执行了这个基准测试。下表显示了当输入规模是 50 个元素时的结果：

Algorithm	CPU	Time	Speedup
std::transform()	0.02 ms	0.02 ms	0.25x
par_transform_naive()	0.17 ms	0.08 ms	0.25x

上表中 CPU 列指的是 CPU 的总耗时。Time 是挂钟时间，这正是我们最感兴趣的指标。Speedup 是顺序版本与并行版本的耗时比较的相对加速比（在本例中为 0.02/0.08）。

显然，对于这个只有 50 个元素规模的小数据集，顺序版本的性能要优于并行版本。但是，当数据集增大到 10 000 个元素时，我们将真正见到并行算法的优势：

Algorithm	CPU	Time	Speedup
std::transform()	0.89 ms	0.89 ms	4.5x
par_transform_naive()	1.95 ms	0.20 ms	4.5x

最后，当使用 1 000 000 个元素规模时，并行算法能获得更高的效率，如下表所示：

Algorithm	CPU	Time	Speedup
std::transform()	9071 ms	9092 ms	7.3x
par_transform_naive()	9782 ms	1245 ms	7.3x

在上面最后一次运行测试中，我们可以看到并行算法的效率非常高。它在八核上执行，所以效率为 7.3x/8＝0.925。这里呈现的绝对执行时间结果或相对加速比结果，仅起到示意作用。因为实际测试的结果取决于计算机架构、操作系统调度器以及在执行测试时机器上当前正在运行的其他工作量等诸多因素。尽管如此，基准测试结果仍然证实了前面讨论的一些重要观点：

- 对于较小的数据集来说，由于创建线程等引起的额外开销，所以顺序版的 std::transform()要比并行版本快得多。
- 与原先顺序版本的 std::transform()相比，并行版本始终会使用更多的计算资源（CPU 时间）。
- 对于大数据集来说，在测量挂钟时间时，并行版本的性能远优于顺序版本。在八核机器上运行时，加速比甚至超过 7 倍。

并行版本的算法之所以高效，其中一个原因是计算成本的均匀分布，以及每个子任务的高度独立性，至少在大型数据集上明显可见。然而，实际情况并不总是如此。

基础版实现的短板

如果每个工作块都包含有相同的计算成本，且算法在没有其他应用程序利用硬件的情况下执行，那么我们的基础实现应该会可以表现得很好。但这种情况太过理想化了。其实我们希望得到的是，一个既高效又具扩展性、表现出色且通用的并行实现。

图 14.2 展示了我们需要避免的问题。即，如果每个工作块的计算成本不相等，那么实现将受限于耗时最长的那个工作块。

而如果应用程序和/或操作系统还需要处理额外其他的进程，那么将无法并行处理所有工作块（见图 14.3）。

正如我们在图 14.3 中所看到的，将操作分割为较小的块，可以让并行化根据当前情况进行调整，从而避免因为单个任务导致整个操作停滞的情况。

此外还需注意，我们基础版的实现在小型数据集规模上并不成功。不过，有许多方法可以调整该实现，来获得更好的性能。例如，我们可以通过将核数乘以大于 1 的某个因子来创建更多任务和规模更小的任务。或者，为了避免在小数据集上产生显著的开销，我们可以让块大小决定要创建的任务数量等。

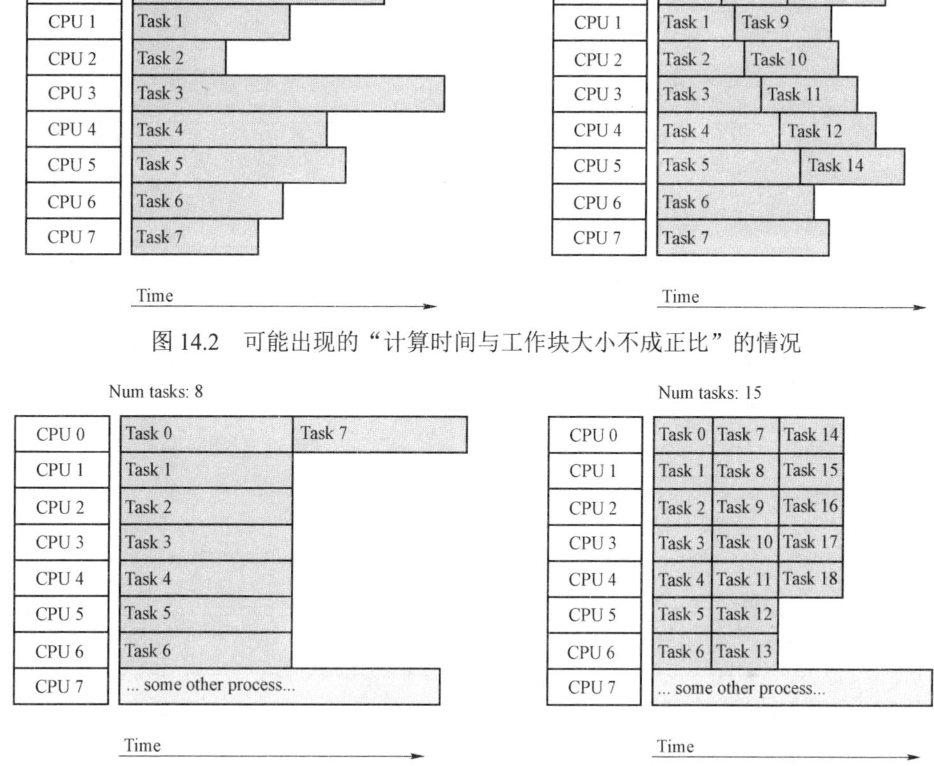

图 14.2　可能出现的“计算时间与工作块大小不成正比”的情况

图 14.3　可能出现的“计算时间与工作块大小成正比”的情况

这样，我们就掌握了如何实现和度量简单并行算法的知识。接下来，我们不会对上面的简单实现进行任何微调。相反，我将展示一种在实现并行算法时，另外一种实用的技术。

分而治之

我们一般会将问题分解为较小的子问题的算法称为**分治算法**。在这里，我们就可以使用分而治之的方式实现另一个版本的并行转换算法。其工作原理如下：如果输入范围小于指定的阈值，则处理该范围，否则，就将它分割为两个部分：

- 第一部分在新创建的任务上进行处理。
- 剩下的部分则递归地在调用线程上处理。

图 14.4 展示了如何使用分治算法递归地转换一个范围，我们将使用以下数据和参数：

- 范围规模：16。

- 源范围包含从 1.0～16.0 的浮点数。
- 块规模：4。
- 转换函数：[ ]（auto x）{ return x*x；}。

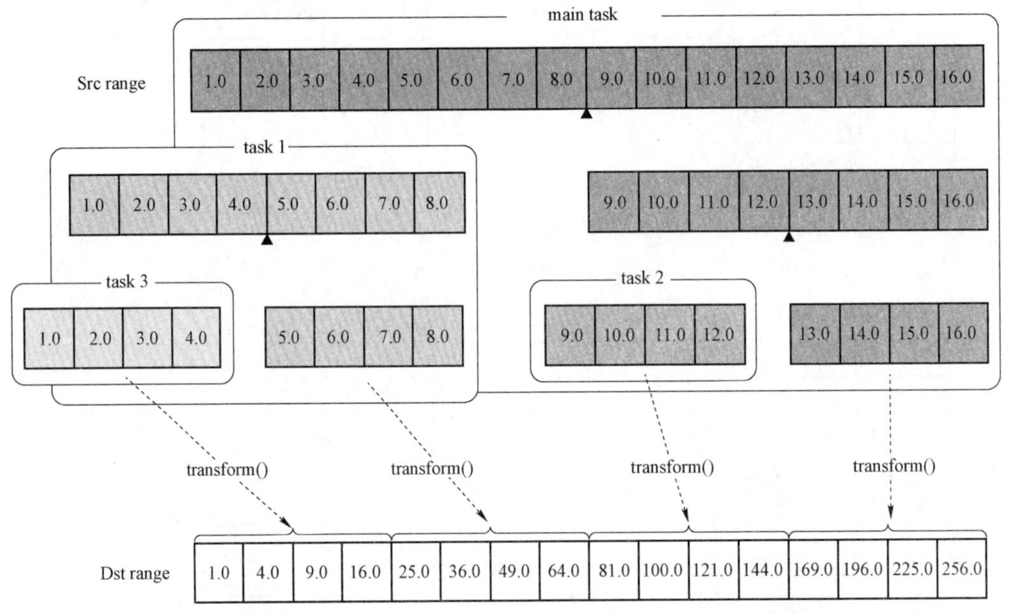

图 14.4　为了并行处理，范围会被递归地分割。这样一来，源数组将包含从 1.0 到 8.0 的浮点数值。目标数组包含转换后的值

在图 14.4 中，我们看到主任务生成了两个异步任务（**任务 1** 和**任务 2**），最后才对范围中最后的一个块转换。其中**任务 1** 有生成了**任务 3**，然后**任务 3** 会转换值 5.0、6.0、7.0 和 8.0 这些剩余元素。接下来，我们就开始实现这一算法吧。

算法实现

上面的算法在实现时，其实只需要很少的代码。传入的范围被递归地分割为两个块。其中第一个块被作为一个新任务调用，而第二个块则在同一个任务上递归处理：

```
template <typename SrcIt, typename DstIt, typename Func>
auto par_transform(SrcIt first, SrcIt last, DstIt dst,
                   Func func, size_t chunk_sz) {
  const auto n = static_cast<size_t>(std::distance(first, last));
  if (n <= chunk_sz) {
```

```
    std::transform(first, last, dst, func);
    return;
  }
  const auto src_middle = std::next(first, n / 2);

  // 第一部分到另一个任务的分支
  auto future = std::async(std::launch::async, [=, &func] {
    par_transform(first, src_middle, dst, func, chunk_sz);
  });

  // 递归地处理剩下的部分
  const auto dst_middle = std::next(dst, n / 2);
  par_transform(src_middle, last, dst_middle, func, chunk_sz);
  future.wait();
}
```

把递归和多线程相结合起来可能需要花一些时间才能理解。在接下来的示例中，你将看到这种模式也可以用于实现更复杂的算法。但首先，让我们看一看这样做的性能如何。

性能度量

我们可以更新 transform 函数来修改基准测试夹具从而可以度量分治算法这一新版本代码，它会根据输入值规模的不同而花费不同的时间。同时，我们还会用 std::iota()来填充范围，从而增加输入值的范围规模。这样做意味着算法需要处理大小不同的任务。下面是更新后的 setup_fixture()函数：

```
auto setup_fixture(int n) {
  auto src = std::vector<float>(n);
  std::iota(src.begin(), src.end(), 1.0f);       // 从 1.0 到 n
  auto dst = std::vector<float>(src.size());
  auto transform_function = [](float v) {
    auto sum = v;
    auto n = v / 20'000;                          // v 越大，
    for (auto i = 0; i < n; ++i) {                // 计算量就越多
      sum += (i * i * i * sum);
```

```
    }
    return sum;
  };
  return std::tuple{src, dst, transform_function};
}
```

这样一来，我们就可以尝试使用递增的参数来找到分治算法使用的最佳块大小了。可以看出与先前的基础版相比，在处理不同大小的任务时分治算法的性能情况。以下是完整的代码：

```
// 分治算法版
void bm_parallel(benchmark::State& state) {
  auto [src, dst, f] = setup_fixture(10'000'000);
  auto n = state.range(0);                    // 块的大小是通过参数传递的
  for (auto _ : state) {
    par_transform(src.begin(), src.end(), dst.begin(), f, n);
  }
}

// 基础版
void bm_parallel_naive(benchmark::State& state) {
  auto [src, dst, f] = setup_fixture(10'000'000);
  for (auto _ : state) {
    par_transform_naive(src.begin(), src.end(), dst.begin(), f);
  }
}

void CustomArguments(benchmark::internal::Benchmark* b) {
  b->MeasureProcessCPUTime()
    ->UseRealTime()
    ->Unit(benchmark::kMillisecond);
}

BENCHMARK(bm_parallel)->Apply(CustomArguments)
```

```
  ->RangeMultiplier(10)                          // 块大小的规模从
  ->Range(1000, 10'000'000);                     // 1k 到 10M
BENCHMARK(bm_parallel_naive)->Apply(CustomArguments);
BENCHMARK_MAIN();
```

图 14.5 展示了当我在 macOS 上使用八核的 Intel Core i7 CPU 运行测试时所获得的结果。

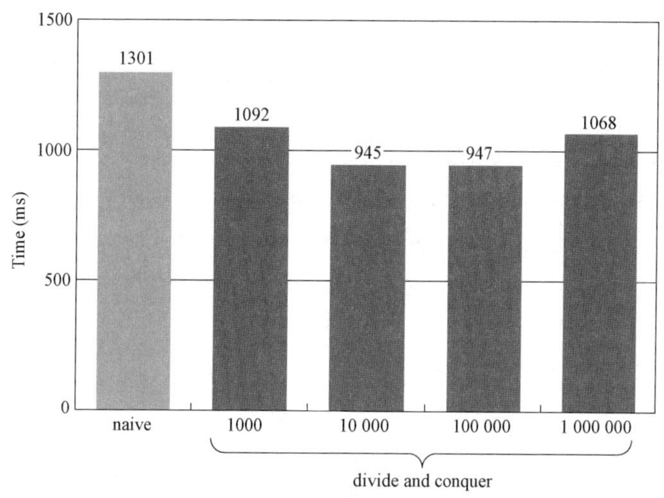

图 14.5　比较基础版算法和使用不同块大小的分治算法的结果

根据上表，我们可以看到，当分治算法版代码使用约 10 000 个元素规模的块（即，创建了 1000 个任务）时，能够获得最佳的效率。同时还能看出，使用过大的块时，性能在处理最后的块所花费的时间是受到瓶颈制约的。而使用过小的块，相对于计算而言又会导致创建和调度任务的开销过大。

从上面的例子我们可以得出结论，即相对于数量少的大任务而言，调度 1000 个较小任务并不会带来性能上的损耗。尽管我们可以通过使用线程池来限制线程的数量，但在这种情况下，std::async()的表现似乎还是相当不错的。一般来说，比较通用的实现往往会选择调度极大数量的任务，而不是尝试与计算机核数完全匹配。

其实在实现并行算法时，如何才能找到最佳的块大小和任务数量是一个很现实的问题。这一问题的答案不止取决于很多变量，还取决于你的优化目的是优化延迟还是吞吐量。能够获得最佳洞见的方法，就是在算法所运行的环境中直接度量。

现在我们已经完整了解了如何使用分治策略来并行化算法了。接下来，让我们看看这种技术该如何应用到其他问题中去。

14.2.4 并行化 std::count_if()

分治算法的好处是，它可以被应用于多种问题。我们可以轻而易举地使用同样的方法并行化 std::count_if()。唯一的区别就是在这里，我们需要累加返回值，如下所示：

```
template <typename It, typename Pred>
auto par_count_if(It first, It last, Pred pred, size_t chunk_sz) {
  auto n = static_cast<size_t>(std::distance(first, last));
  if (n <= chunk_sz)
    return std::count_if(first, last, pred);
  auto middle = std::next(first, n/2);
  auto fut = std::async(std::launch::async, [=, &pred] {
    return par_count_if(first, middle, pred, chunk_sz);
  });
  auto num = par_count_if(middle, last, pred, chunk_sz);
  return num + fut.get();
}
```

如上面代码所示，与先前示例的唯一区别就是需要在函数的末尾对结果进行求和。如果你希望块大小取决于计算机的核数，则可以轻松地将 par_count_if()封装到一个外部函数中：

```
template <typename It, typename Pred>
auto par_count_if(It first, It last, Pred pred) {
  auto n = static_cast<size_t>(std::distance(first, last));
  auto n_cores = size_t{std::thread::hardware_concurrency()};
  auto chunk_sz = std::max(n / n_cores * 32, size_t{1000});

  return par_count_if(first, last, pred, chunk_sz);
}
```

上面代码中的魔数 32 是一个任意的因子，当一旦给定了较大的输入范围是，它起到可以拆分更多且更小块的作用。不过一般来说，我们需要通过进行性能测试来确定一个合适的常数。现在，让我们继续用同样的方法解决一个更复杂的并行算法。

14.2.5 并行化 std::copy_if()

我们之前已经分别研究了 std::transform()和 std::count_if()，它们无论是在顺序实现还是在并行实现上都相对容易。现在，我们来看一个容易在顺序情况下实现，在并行情况下却很难实现的算法，如 std::copy_if()。

顺序实现 std::copy_if()其实很容易：

```
template <typename SrcIt, typename DstIt, typename Pred>
auto copy_if(SrcIt first, SrcIt last, DstIt dst, Pred pred) {
  for (auto it = first; it != last; ++it) {
    if (pred(*it)) {
      *dst = *it;
      ++dst;
    }
  }
  return dst;
}
```

我们可以看看下面的代码理解它的用法，假设，我们有一个包含一系列整数的范围，现在我们希望将其中的奇数拷贝到另一个范围中：

```
const auto src = {1, 2, 3, 4};
auto dst = std::vector<int>(src.size(), -1);
auto new_end = std::copy_if(src.begin(), src.end(), dst.begin(),
                            [](int v) { return (v % 2) == 1; });
// dst 是 {1, 3, -1, -1}
dst.erase(new_end, dst.end());                // dst 现在是 {1, 3}
```

接下来，如果我们沿用先前的思路并行化 copy_if()，就会立刻遇到问题，即我们无法向一个目标迭代器同时写入数据。下面给出的是一个会导致未定义行为的失败示例，因为此时两个任务都会向目标范围的相同地址写入数据：

```
// 警告:未定义行为
template <typename SrcIt, typename DstIt, typename Func>
auto par_copy_if(SrcIt first, SrcIt last, DstIt dst, Func func) {
```

```
  auto n = std::distance(first, last);
  auto middle = std::next(first, n / 2);
  auto fut0 = std::async([=]() {
    return std::copy_if(first, middle, dst, func); });
  auto fut1 = std::async([=]() {
    return std::copy_if(middle, last, dst, func); });
  auto dst0 = fut0.get();
  auto dst1 = fut1.get();
  return *std::max(dst0, dst1); // 只是象征性的返回一个值...
}
```

为了应对上述问题，摆在我们面前有两种简单的方法：一种是用同步写入的索引（使用原子/无锁变量）来解决，另一种则是将算法拆分为两个部分。接下来，我们来深入研究一下这两种方法。

方法一：同步地写入位置

我们能想到的第一种办法可能是通过使用原子 size_t 类型和 fetch_add()成员函数同步写入，就像之前在第 11 章并发中看到的那样。每当一个线程尝试写入一个新元素时，它会原子地获取当前索引并自增。因此，每个值都会被写入到一个唯一的索引位置。

在实现代码时，我们可以把算法分为两个函数：内部函数和外部函数。原子写入索引将在外部函数中定义，而算法的主要部分则会在内部函数中实现。

内部函数

要想实现内部函数，就需要一个原子的 size_t 进行同步写入。但由于算法本身是递归的，因此它本身是无法存储原子 size_t 的。所以才需要一个外部函数来调用该算法：

```
template <typename SrcIt, typename DstIt, typename Pred>
void inner_par_copy_if_sync(SrcIt first, SrcIt last, DstIt dst,
                            std::atomic_size_t& dst_idx,
                            Pred pred, size_t chunk_sz) {
  const auto n = static_cast<size_t>(std::distance(first, last));
  if (n <= chunk_sz) {
    std::for_each(first, last, [&](const auto& v) {
      if (pred(v)) {
```

```
      auto write_idx = dst_idx.fetch_add(1);
      *std::next(dst, write_idx) = v;
    }
  });
  return;
}
auto middle = std::next(first, n / 2);
auto future = std::async([first, middle, dst, chunk_sz, &pred, &dst_idx] {
  inner_par_copy_if_sync(first, middle, dst, dst_idx, pred, chunk_sz);
});
inner_par_copy_if_sync(middle, last, dst, dst_idx, pred, chunk_sz);
future.wait();
}
```

希望你能在一开始就看出这依然是分治算法的思路。在上面的实现里，对写入索引 dst_idx 的原子更新可以确保多个线程不会向目标序列的同一索引位置写入数据。

外部函数

外部函数是供客户端代码调用的，它本质上是一个原子 size_t 的占位符，并将其初始化为零。然后，该函数初始化内部函数，进一步实现代码的并行化：

```
template <typename SrcIt, typename DstIt, typename Pred>
auto par_copy_if_sync(SrcIt first,SrcIt last,DstIt dst,
                      Pred p, size_t chunk_sz) {
  auto dst_write_idx = std::atomic_size_t{0};
  inner_par_copy_if_sync(first, last, dst, dst_write_idx, p, chunk_sz);
  return std::next(dst, dst_write_idx);
}
```

一旦内部函数返回，我们就可以使用 dst_write_idx 来计算目标范围的结束位置。接下来，我们继续研究另一种解决办法。

方法二：将算法拆分成两部分

我们的第二种方法就是将算法拆分为两个部分。首先我们并行化按条件拷贝，然后再将生成出来的稀疏范围压缩成连续范围。

第一部分：将元素并行拷贝到目标范围

方法二的第一部分是将元素按块的方式拷贝，这样就会生成如图 14.6 所示的稀疏目标数组。每个块都以条件拷贝的方式并行执行，然后将结果范围的迭代器存储在 std::future 对象中以供后续使用。

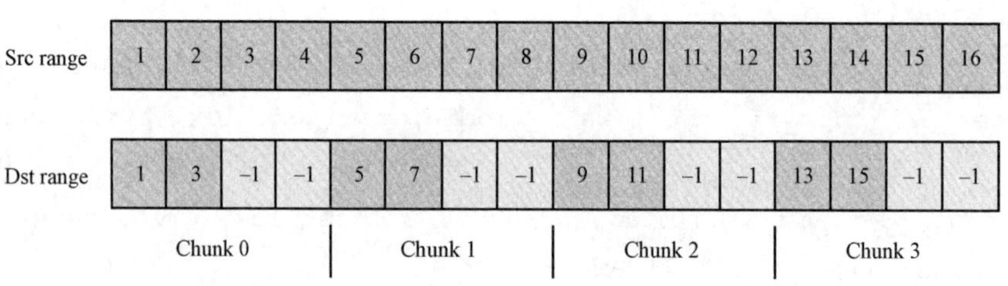

图 14.6　完成条件拷贝之后，就生成稀疏目标范围

以下是算法第一部分的代码实现：

```
template <typename SrcIt, typename DstIt, typename Pred>
auto par_copy_if_split(SrcIt first, SrcIt last, DstIt dst,
                       Pred pred, size_t chunk_sz) -> DstIt {
  auto n = static_cast<size_t>(std::distance(first, last));
  auto futures = std::vector<std::future<std::pair<DstIt, DstIt>>>{};
  futures.reserve(n / chunk_sz);

  for (auto i = size_t{0}; i < n; i += chunk_sz) {
    const auto stop_idx = std::min(i + chunk_sz, n);
    auto future = std::async([=, &pred] {
      auto dst_first = dst + i;
      auto dst_last = std::copy_if(first+i, first+stop_idx,
                                   dst_first, pred);
      return std::make_pair(dst_first, dst_last);
    });
    futures.emplace_back(std::move(future));
  }
  // 未完待续 ...
```

这样我们就将符合条件的元素拷贝到了稀疏目标范围中。下面继续将元素向左移，来填充空白部分。

第二部分：压缩稀疏范围到连续范围

在生成稀疏范围后，我们就要使用每个 std::future 的结果值来将它们合并了。在这里因为每个部分彼此重叠，所以合并操作只能是顺序执行的了：

```
  // ...延续上文...
  // 第二部分:将稀疏范围压缩为连续的范围
  auto new_end = futures.front().get().second;
  for (auto it = std::next(futures.begin()); it != futures.end(); ++it) {
    auto chunk_rng = it->get();
    new_end = std::move(chunk_rng.first, chunk_rng.second, new_end);
  }
  return new_end;
} // 结束 par_copy_if_split 的实现
```

算法的第二部分本质上是将所有子范围都移动到范围的开头（见图 14.7）。

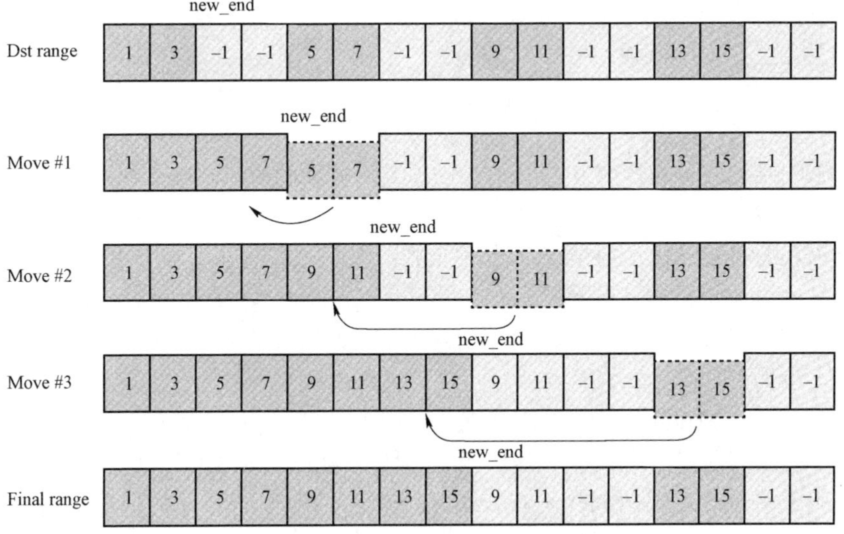

图 14.7　将稀疏范围合并为连续范围

这样我们就实现上文提到的两种解决方案。现在是时候看看它们的性能表现如何了。

性能度量

实际上，使用并行版本的 copy_if()所带来的性能提升很大程度上取决于断言/谓词的开销。因此，在基准测试中，我们使用了两个不同成本的断言。下面是低开销断言的示例：

```
auto is_odd = [](unsigned v) {
  return (v % 2) == 1;
};
```

成本*相对高昂一些的*开销的断言则是检查参数是否为质数：

```
auto is_prime = [](unsigned v) {
  if (v < 2) return false;
  if (v == 2) return true;
  if (v % 2 == 0) return false;
  for (auto i = 3u; (i * i) <= v; i+=2) {
    if ((v % i) == 0) {
      return false;
    }
  }
  return true;
};
```

需要注意的是，上面的方法并不是一种特别优化的 is_prime()的实现方式，它仅被用于基准测试。

碍于篇幅，我们这里就不列举详细的基准测试代码了，你可在本书附带的源码中找到它。我们的基准测试对比了下列三种算法：std::copy_if()、par_copy_if_split()和 par_copy_if_sync()。图 14.8 展示的是使用 Intel Core i7 CPU 进行度量的结果。同时，在基准测试中，我们设置的并行算法块大小为 100 000。

在度量性能时，能很明显观察到的是当使用低开销 is_odd()断言算法时，同步版本的 par_copy_if_sync()的性能非常糟糕。这种灾难性的低性能实际上并不是由于原子写入索引造成的，而是由于多个线程写入同一缓存行，从而破坏了硬件的缓存机制导致的（正如在第 7 章内存管理中所学到的那样）。

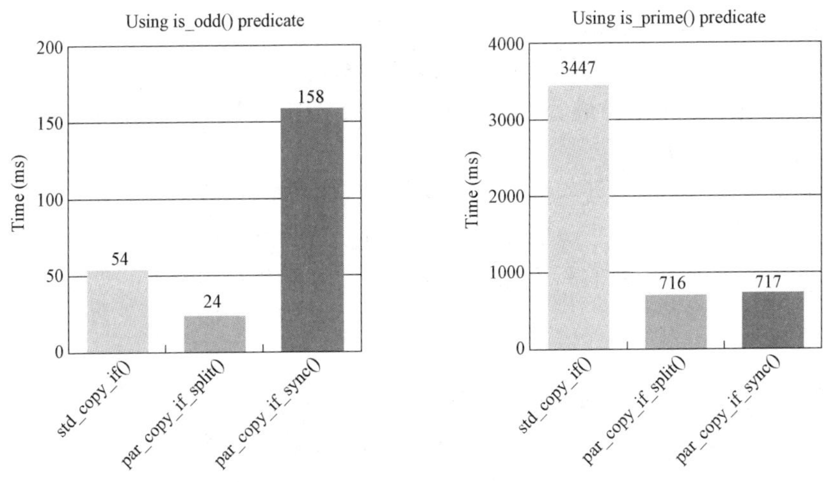

图 14.8　条件拷贝策略与计算开销

有了这个认知，我们现在可以理解为什么 par_copy_if_split()的性能更好了。对于低开销的断言 is_odd()，我们可以观察到 par_copy_if_split()比 std::copy_if()快了大约 2 倍，而对于高开销的 is_prime()，效率增加了近 5 倍。这种明显的效率提升，是因为大部分计算已经在算法的第一部分中并行处理完毕了。

现在，我们已经掌握了一些用于并行化算法的技术。这些新的洞见，将有助于我们理解使用标准库中并行算法时的要求和期望。

14.3　标准库中的并行算法

自从 C++17 起，标准库已经扩展了绝大多数算法的并行版本，尽管并非全部。要使算法支持并行执行，只需简单地添加一个参数，该参数会告诉算法使用哪种并行执行策略。

正如本书前面所强调的，如果你的代码基于标准库算法，或者至少习惯使用算法编写 C++代码，那么在适当的地方添加执行策略几乎可以零成本地获得即时的性能提升：

```
auto v = std::vector<std::string>{
  "woody", "steely", "loopy", "upside_down"
};
// 并行排序
std::sort(std::execution::par, v.begin(), v.end());
```

一旦指定了执行策略，我们就进入了并行算法的领域，与原始的顺序版本相比，它们有一些显著的区别。首先，最低迭代器类别的要求从输入迭代器变为前向迭代器。其次，代码可能抛出来自拷贝构造函数或传递给算法的函数对象的异常，它将不会再传递给我们，而是要求算法调用 std::terminate()。最后，由于并行实现的复杂度增加，算法中包括时间和内存的复杂度保证可能会有所放宽。

就像之前提到的那样，当使用标准库算法的并行版本时，我们需要指定一个执行策略，该策略定义了算法如何并行执行。然而，实现也可以选择顺序执行算法。事实上，一旦比较不同标准库实现中并行算法的效率和可扩展性，我们可能会看到很大的差异。

14.3.1 执行策略

执行策略（execution policy）会向算法提供有关并行执行的方式和条件的信息。在标准库的并行扩展中，包含了四种默认的执行策略。编译器和第三方库可以为特定的硬件和条件扩展这些策略。例如，使用供应商特定的策略，已经可以利用显卡的并行能力来执行标准库算法了。

这些策略是在名为 std::execution 的命名空间中的头文件<execution>中定义的。目前有四种不同的标签类型，每种执行策略对应一种类型。这些类型无法由我们自己实例化，相应地每种类型都有一个预定义的对象。例如，并行执行策略的类型是 std::execution::parallel_policy，而该类型的预定义实例被命名为 std::execution::par。每个策略对应一个*类型*的原因是为了使库在编译时能够区分我们提供的策略。

顺序执行策略

顺序执行策略 std::execution::seq 使算法按顺序执行，没有并行执行，类似于没有额外的执行策略参数的算法运行方式。然而，一旦指定了执行策略，意味着我们正在使用具更宽松的复杂性保证和更严格的迭代器要求的算法版本。同时，它还假设我们提供的代码不会抛出异常，否则算法将调用 std::terminate()。

并行执行策略

并行执行策略 std::execution::par 是并行算法所应用的标准执行策略。但前提是我们提供给算法的代码是线程安全的。一种可以快速理解这一要求的方式是参考顺序版算法中的循环逻辑。例如，本章早些时候详细介绍的 copy_if()的顺序版本，我们可以将其表示为：

```
template <typename SrcIt, typename DstIt, typename Pred>
auto copy_if(SrcIt first, SrcIt last, DstIt dst, Pred pred) {
  for (auto it = first; it != last; ++it)
```

```
  {                                          // 循环开始
    if (pred(*it)) {                         // 调用断言
      *dst = *it;                            // 拷贝构造
      ++dst;
    }
  }                                          // 循环结束
  return dst;
}
```

在上面算法中，循环内的代码会调用我们传入的断言，并对范围内的元素执行拷贝赋值操作。如果我们想将 std::execution::par 传给 copy_if()，那就需要确保循环中的代码是线程安全的，即它们是可以安全并行执行的。

接下来，我会给出一个与上文相反的、不安全的示例。然后再看看可以做些什么来解决这一问题。现在，假设我们有一个字符串向量：

```
auto v = std::vector<std::string>{"Ada", "APL" /* ... */ };
```

如果这时我们想利用并行算法，计算该向量中所有字符串的总长度，那么使用 std::for_each()显然是不合适的，如下：

```
auto tot_size = size_t{0};
std::for_each(std::execution::par, v.begin(), v.end(),
              [&](const auto& s) {
  tot_size += s.size();              // 未定义行为,数据竞争!
});
```

因为上面的代码会从多个线程更新共享变量，导致函数对象的主体不是线程安全的，从而表现出未定义的行为。当然，我们当然可以使用 std::mutex 保护 tot_size 变量，但这会破坏我们想要并行执行代码的目的。毕竟互斥锁只允许一个线程在同一时间执行更新逻辑。当然，使用 std::atomic 是另一种选择，不过这也有降低效率的可能。

针对这一问题，我们的解决方案就是根本*不用* std::for_each()。而是使用 std::transform_reduce()或 std::reduce()，它们是专门为这种任务而设计的。下面是使用 std::reduce()的示例代码：

```
auto tot_size = std::reduce(std::execution::par, v.begin(), v.end(),
                            size_t{0}, [](auto i, const auto& s) {
```

```
    return i + s.size();            // OK! 线程安全
});
```

通过去除 lambda 内部的可变引用，lambda 的主体现在是线程安全的了。我们对 std::string 对象的常量引用是安全的，这是因为它不会修改任何字符串对象，因此也就不会引入数据竞争。

一般来说，我们传递给算法的代码都是线程安全的。除非函数对象会通过引用捕获对象或有其他副作用，例如写入文件。

非顺序执行策略

非顺序执行策略（unsequenced policy）在 C++20 中引入。它告诉算法，循环可以使用矢量化方式执行，如使用 SIMD 指令。实际上这也意味着，在传递给算法的代码中不能使用任何同步机制，因为这可能会导致死锁。

为了理解死锁在这个过程中是如何发生的，让我们回到上节所举的，计算向量中所有字符串总长度的例子。现在，假设我们选择不用 std::reduce()，而是通过添加互斥锁来保护 tot_size 变量，如下所示：

```
auto v = std::vector<std::string>{"Ada", "APL" /* ... */ };
auto tot_size = size_t{0};
auto mut = std::mutex{};
std::for_each(std::execution::par, v.begin(), v.end(),
              [&](const auto& s) {
    auto lock = std::scoped_lock{mut};      // 上锁
    tot_size += s.size();
  }                                         // 解锁
);
```

尽管这样一来，就可以安全地使用 std::execution::par 执行此代码了，但这样做的性能也非常低。而如果我们将执行策略更改为 std::execution::unseq，那么这段代码将不止性能差，而且还有造成死锁的风险！

这是因为非顺序执行策略，通常会以优化编译器不允许的方式重新排列代码指令。

为了使算法能够充分利用矢量化优化，它需要从输入范围中读取多个值，并同时对这些值应用 SIMD 指令。接下来，我们将分析在 for_each()循环中两次迭代的情况，包括是否进行重新排序。以下是没有进行任何重新排序的两次循环：

```
{ // 迭代 1
  const auto& s = *it++;
  mut.lock();
  tot_size += s.size();
  mut.unlock();
}
{ // 迭代 2
  const auto& s = *it++;
  mut.lock();
  tot_size += s.size();
  mut.unlock();
}
```

算法是可以用下面的方式合并这两次遍历的：

```
{ // Iteration 1 & 2 merged
  const auto& s1 = *it++;
  const auto& s2 = *it++;
  mut.lock();
  mut.lock();                          // 死锁!
  tot_size += s1.size();               // 使用矢量化指令
  tot_size += s2.size();               // 替换这些操作
  mut.unlock();
  mut.unlock();
}
```

如上所示，如果我们尝试在同一个线程上执行此代码，将会发生死锁。这是因为，我们连续两次尝试锁定同一个互斥锁。换句话说，在使用 std::execution::unseq 策略时，必须确保传递给算法的代码不会获取任何锁定。

请注意，优化编译器可以随时对代码进行矢量化。然而，在那种情况下，编译器有责任确保矢量化不会改变代码的含义，就像编译器和硬件允许执行的其他任何优化一样。而在我们的示例中，当明确使用 std::execute::unseq 策略时，我们必须确保自己提供的代码是可以安全进行矢量化的才行。

并行非顺序执行策略

std::execution::par_unseq 并行非顺序的执行策略，类似于并行执行策略，但其额外特点是在并行执行算法的同时还可以对循环进行矢量化处理。

除了上面这四种标准的执行策略外，标准库供应商还可以提供，具有自定义行为并对输入施加其他限制的额外策略。例如，Intel Parallel STL 库定义了四种自定义执行策略，这些策略只接受随机访问迭代器。

14.3.2 异常处理

如果我们向算法提供了四种标准的执行策略之一，就必须确保我们的代码不会抛出异常，否则算法将调用 std::terminate()。这与普通的单线程算法有很大的不同，后者总是将异常传递回给调用者：

```
auto v = {1, 2, 3, 4};
auto f = [](auto) { throw std::exception{}; };
try {
  std::for_each(v.begin(), v.end(), f);
} catch (...) {
  std::cout << "Exception caught\n";
}
```

在使用执行策略运行同样的代码时，这会导致算法调用 std::terminate()：

```
try {
  std::for_each(std::execution::seq, v.begin(), v.end(), f);
} catch (...) {
  // 我们永远无法获取到抛出的 std::exception。
  // 因为在此之前调用了 std::terminate()
}
```

你可能会认为，这样意味着并行算法声明其实是 noexcept；但事实并非如此。许多并行算法需要分配内存，因此标准并行算法本身是可以抛出 std::bad_alloc 异常的。

此外，还应指出的是，其他库提供的执行策略可能会以不同的方式处理异常。

现在，我们将继续讨论那些在 C++17 中，首次引入并行算法时，添加和修改的算法。

14.3.3　并行算法的新增和修改

标准库中的大部分算法都可以直接使用其并行版本。然而，有一些值得注意的例外，这里面就包括 std::accumulate()和 std::for_each()，因为它们的原始规范要求它们要按顺序执行。

std::accumulate()和 std::reduce()

std::accumulate()之所以无法被并行化，是因为它必须按照元素的顺序执行。因此，新增了名为 std::reduce()的算法，它的工作方式与 std::accumulate()相似，不过它是以无序方式执行的。

对于那些满足交换律的操作，两者的结果是相同的，因为累积（accumulate）的顺序并不重要。也就是说，如果给定一个整数范围：

```
const auto r = {1, 2, 3, 4};
```

将范围内元素累积相加或相乘：

```
auto sum =
  std::accumulate(r.begin(), r.end(), 0, std::plus<int>{});

auto product =
  std::accumulate(r.begin(), r.end(), 1, std::multiplies<int>{});
```

那么无论使用 std::reduce()还是 std::accumulate()，都会得到相同的结果，因为整数的加法和乘法都是符合交换律的。例如：

```
(1 + 2 + 3 + 4) = (3 + 1 + 4 + 2) and (1 · 2 · 3 · 4) = (3 · 2 · 1 · 4)
```

而如果操作不符合交换律的情况，那就意味着结果是非确定性的。因为结果是取决于参数的顺序。例如，如果我们按如下方式累积字符串列表：

```
auto v = std::vector<std::string>{"A", "B", "C"};
auto acc = std::accumulate(v.begin(), v.end(), std::string{});
std::cout << acc << '\n';              // 打印 "ABC"
```

上面的这段代码始终会生成字符串"ABC"。但是，如果使用的是 std::reduce()，那么结果字符串可能会以任意顺序排列。这是因为字符串的连接操作不符合交换律的。换句话说，就是字符串"A"+"B"不等于"B"+"A"。因此，使用 std::reduce()的代码可能产生不同的结果：

```
auto red = std::reduce(v.begin(), v.end(), std::string{});
std::cout << red << '\n';
// 可能会输出:"CBA" 或 "ACB" ...
```

此外，一个与性能相关的有趣的点是，浮点数运算是不符合交换律的的。在浮点数值上使用 std::reduce()，结果可能会有所不同，但这同时也意味着 std::reduce()可能比 std::accumulate()快得多。因为 std::reduce()允许重新编排操作并利用 SIMD 指令，而在使用严格浮点数运算时，std::accumulate()是不允许这样做的。

std::transform_reduce()

std::transform_reduce()作为标准库算法的补充，被添加到<numeric>头文件中。它的功能与名称相符：首先它会调用 std::transform()对元素进行转换，然后再应用函数对象进行累积操作。与 std::reduce()类似，它也以无序方式累积这些元素：

```
auto v = std::vector<std::string>{"Ada","Bash","C++"};
auto num_chars = std::transform_reduce(
  v.begin(), v.end(), size_t{0},
  [](size_t a, size_t b) { return a + b; }, // Reduce
  [](const std::string& s) { return s.size(); } // Transform
);
// num_chars 是 10
```

总的来说，C++17 在引入并行算法时，添加了 std::reduce()和 std::transform_reduce()。此外，还进行了对 std::for_each()返回类型的必要调整。

std::for_each()

std::for_each()被较少使用到的特性是，它会返回传递给它的函数对象。这使得它可以在带有状态的函数对象内，对值进行累积操作。如下所示：

```
struct Func {
  void operator()(const std::string& s) {
    res_ += s;
  };
  std::string res_{}; // 状态
```

```
};
auto v = std::vector<std::string>{"A", "B", "C"};
auto s = std::for_each(v.begin(), v.end(), Func{}).res_;
// s 是 "ABC"
```

这种用法和 std::accumulate()都可以实现类似的效果，因此在尝试并行化时也会遇到相同的问题：由于调用顺序未定义，以无序方式执行函数对象将导致非确定性的结果。因此，std::for_each()的并行版本只会返回 void。

14.3.4　并行化基于索引的 for 循环

尽管我推荐使用标准库算法，但有时在特定任务中仍然需要使用基于索引的原始 for 循环。正如刚才提到的，标准库算法通过在库中包含的算法 std::for_each()，提供了一个等效的基于范围的 for 循环。

但是，实际上并没有等价于基于索引的 for 循环的算法。换句话说，我们无法简单地通过为其添加并行策略来轻松地并行化下面这样的代码：

```
auto v = std::vector<std::string>{"A", "B", "C"};
for (auto i = 0u; i < v.size(); ++i) {
  v[i] += std::to_string(i+1);
}
// v 现在是 { "A1", "B2", "C3" }
```

那么让我们看看如何通过组合标准库算法来构建一个类似的算法。正如之前已经得出的结论，实现并行算法是复杂的。但针对这一需求，我们可以使用 std::for_each()作为构建块来构建一个 parallel_for()算法，从而将复杂的并行性留给 std::for_each()去解决。

组合使用 std::for_each()和 std::views::iota()

我们可以通过将标准库算法 std::for_each()与范围库中的 std::views::iota()（请参阅第 6 章范围和视图）组合使用来并行化基于索引的 for 循环。具体实现方式如下：

```
auto v = std::vector<std::string>{"A", "B", "C"};
auto r = std::views::iota(size_t{0}, v.size());
std::for_each(r.begin(), r.end(), [&v](size_t i) {
  v[i] += std::to_string(i + 1);
});
```

```
// v 现在是 { "A1", "B2", "C3" }
```

之后我们就可以使用并行执行策略进一步并行化该算法了：

```
std::for_each(std::execution::par, r.begin(), r.end(), [&v](size_t i) {
  v[i] += std::to_string(i + 1);
});
```

正如之前所述，在将引用传递给会在多个线程中调用的 lambda 表达式时，我们必须非常小心。通过仅使用唯一索引 i 访问向量元素，避免了在修改向量中的字符串时引入数据竞争。

使用包装器简化构造过程

为了以简洁的语法迭代索引，我们将前面的代码封装进了了通用函数 parallel_for()中：

```
template <typename Policy, typename Index, typename F>
auto parallel_for(Policy&& p, Index first, Index last, F f) {
  auto r = std::views::iota(first, last);
  std::for_each(p, r.begin(), r.end(), std::move(f));
}
```

之后，就可以像这样直接使用 parallel_for()函数模板了：

```
auto v = std::vector<std::string>{"A", "B", "C"};
parallel_for(std::execution::par, size_t{0}, v.size(),
             [&](size_t i) { v[i] += std::to_string(i + 1); });
```

此外，由于 parallel_for()是基于 std::for_each()构建的，因此它可以接受 std::for_each()可接受的任何执行策略。

最后，我们将以“概念性的简短介绍 GPU 以及它们如何在往后用于并行编程”来结束本章。

14.4 在 GPU 上执行算法

图形处理单元（GPU）最初是为计算机渲染点和像素而设计使用的。简单来说，GPU 的工作原理是从像素数据或顶点数据中提取缓冲区，对每个缓冲区进行简单操作，并将结果存储在新的缓冲区中（最终用于显示）。

下面列出的是一些早期阶段可以在 GPU 上执行的简单且独立的操作示例：

- 将一个点从世界坐标转换为屏幕坐标。
- 在特定点执行光照计算，我所说的光照计算指的是计算图像中特定像素的颜色。

由于这些操作在理论上可以并行执行，因此 GPU 被设计用于并行执行这些小型操作。随后，这些图形操作变得可编程，尽管代码是以计算机图形的方式编写的，即内存读取是基于从纹理中读取颜色，而结果始终作为颜色写入纹理。这些程序就是**着色器**。

随着更多类型的着色器程序被引入。着色器逐渐获取了更接近硬件层级的操作选择，例如从缓冲区中读取和写入原始值，而不仅仅是从纹理中读取颜色值。

此外，从技术角度来看，CPU 通常由几个通用缓存核组成，而 GPU 则是由大量高度专用的核组成的。这意味着，那些对扩展友好的并行算法是非常适合在 GPU 上执行的。

同时，GPU 还拥有自己的内存，算法在 GPU 上执行前，CPU 需要在 GPU 内存中分配内存并将数据从主存复制到 GPU 内存中。接下来，CPU 在 GPU 上启动一个例程（也称为内核）。最后，CPU 将数据从 GPU 内存复制回主内存，使其可以被在 CPU 上执行的“正常”代码访问。另外，因为吞吐量比延迟更重要，所以这也是为什么在 CPU 和 GPU 之间来回拷贝数据所产生的开销是 GPU 更适于批处理任务的原因之一。

现如今，许多库和抽象层都让我们在 GPU 上使用 C++编程更容易，但标准 C++在这方面几乎没有提供任何支持。不过，并行执行策略 std::execution::par 和 std::execution::par_unseq 倒是允许编译器将标准算法的执行从 CPU 转移到 GPU 上。其中一个典型例子就是 NVC++，即 NVIDIA HPC 编译器。它可以配置为将标准 C++算法编译为在 NVIDIA GPU 上执行的算法。

如果想了解现今 C++和 GPU 编程的最新消息，我强烈推荐观看 Michael Wong 在 ACCU 2019 会议上的演讲“GPU Programming with Modern C++”。

14.5　总结

在本章中，我们讨论了手动编写并行算法的复杂性，并学习了如何分析、测量和优化并行算法的效率。我们还通过学习并行算法的知识加深了对 C++标准库中并行算法的要求和行为的理解。此外，C++还提供了四种标准执行策略，并允许编译器供应商进行扩展，为使用 GPU 执行标准算法提供了可能。

可以大胆预测，C++的下一个标准版本 C++23 很可能会增加对 GPU 并行编程的更多支持。

恭喜我们来到本书的结尾！总结一下，性能是代码质量的重要方面，但通常以可读性、可维护性和正确性等其他质量方面为代价。掌握编写高效和清晰代码的技巧需要大量实践。我希望你能将从本书中学到的知识应用于日常软件开发中，以创造出令人印象深刻的软件。

最后，解决性能问题通常需要进一步调查的意愿和勇气。这可能需要对硬件和底层操作系统有足够的了解，以便能够从度量数据中得出结论。因此，在本书中，我们只是简单介绍了这些领域。同时，在第二版中介绍了 C++20 的特性后，我也非常期待将这些特性应用于我的日常软件开发工作中。正如之前提到的，本书中展示的许多代码目前只有部分编译器支持。我将继续更新 GitHub 上的代码库，并添加关于编译器最新支持的信息。祝你好运！

14.6 分享经验

非常感谢你在工作之余抽出时间阅读本书。如果喜欢这本书，请也帮助有需要的人更方便的找到它。请在 https://www.amazon.com/dp/1839216549 上留下评论。

本书贡献者

作者简介

Björn Andrist，独立软件顾问，目前专注于音频应用。在过去的 15 年中，他一直用专业的态度使用 C++工作，项目范围涵盖了从 UNIX 服务器应用到桌面和移动的实时音频应用等多个领域。此外，他还曾教授算法和数据结构、并发编程和编程方法等课程。Björn 拥有瑞典皇家理工学院的计算机工程学士学位和计算机科学硕士学位。

“我非常高兴看到本书第一版得到的积极反馈。这些反馈不仅是我写第二版的主要动力，也是真正的灵感之源。我要感谢所有的读者和评论者！

同时，我也要感谢 Packt 出版社的团队，没有他们，这本书就不会出版并到达读者手中。写作 Expert Insight 系列书籍是一种真正的乐趣。为此，我要特别感谢 Joanne Lovell、Gaurav Gavas 和 Tushar Gupta。

本书的技术审校者们都表现出色。主要的技术审校者 Timur Doumler 在整个项目中都非常认真负责。我非常感谢他们！同时也要感谢 Lewis Baker、Arthur O'Dwyer 和 Marius Bancila。

最后，也是最重要的，我要再次感谢我的家人，感谢他们的支持和耐心。特别要感谢 Aleida、Agnes 和 Clarence。”

Viktor Sehr，小型游戏工作室 Toppluva AB 的创始人和主要开发者。在 Toppluva，他开发了一个定制的图形引擎，为开放世界的滑雪游戏《高山冒险》提供动力。他有 13 年的 C++专业经验，专注于实时图形、音频和架构设计。在他的职业生涯中，他曾在 Mentice 和 Raysearch 实验室开发医学可视化软件，并在 Propellerhead 软件公司开发实时音频应用程序。Viktor 拥有林雪平大学的媒体科学硕士学位。

审校者简介

Timur Doumler，专注于音频和音乐技术的 C++开发人员，同时是一位大会演讲者，并且是 ISO C++标准委员会的积极成员。他致力于编写整洁代码、构建良好的工具、建立包容性的社区和以及推动 C++的演进。

Lewis Baker，专注于并发和异步编程的 C++开发者。他是 C++协程开源库 cppcoro 的作者，同时也是 Facebook 的 folly::coro 协程库和 libunifex 异步编程库的主要贡献者。他还是C++标准委员会的成员，并积极参与了 C++20 协程语言特性的标准化工作。

Arthur O'Dwyer，专业的 C++讲师，他的博客中主要关注 C++语言。他是《Mastering the C++17 STL》（Packt 出版）一书的作者，并偶尔积极参与到 C++标准委员会中。

Marius Bancila，软件工程师，拥有近二十年为工业和金融部门开发解决方案的经验。他是《The Modern C++Challenge》的作者，也是《Learn C# Programming》的合著者。作为一名软件架构师，他专注于微软技术栈，主要使用 C++和 C#开发桌面应用程序。他热衷于与他人分享自己的技术知识，因此自 2006 年以来，他被公认为是微软 MVP，专注于 C++和后期开发技术。Marius 目前居住在罗马尼亚，并活跃于各种在线社区。